电气工程、自动化专业系列教材

智能逻辑控制器应用教程

——基于西门子 LOGO!

郭荣祥　张　新　刘慧博　霍禹同　编著

電子工業出版社
Publishing House of Electronics Industry
北京 • BEIJING

内 容 简 介

本书在概括性介绍微型 PLC 的基础上，重点介绍西门子公司的智能逻辑控制器 LOGO!及其控制系统的硬件组成、编程指令和编程方法，并通过实验加以巩固，以提高实践能力。全书共 6 章，主要内容包括：硬件配置、基本功能块及其应用、开关量特殊功能块及其应用、模拟量特殊功能块及其应用、编程软件、LOGO!通信及组网。书中通过各类指令的若干应用示例帮助理解和掌握智能逻辑控制器 LOGO!的用法，并结合实例介绍使用编程软件 LOGO!Soft Comfort 创建程序和离线仿真的方法，以便在实际应用前通过编程软件进行程序的调试，或者在不具备实验条件的情况下仍能调试程序。本书提供配套的电子课件 PPT 和习题参考答案。

本书可作为应用型高等学校及职业技术类院校智能制造、控制类、电气类、电子信息类、机械类、环境工程类、矿业类、土木工程类等有关专业的教材，也可作为相关领域工程技术人员的参考用书。

图书在版编目（CIP）数据

智能逻辑控制器应用教程：基于西门子 LOGO! / 郭荣祥等编著. —北京：电子工业出版社，2022.4
ISBN 978-7-121-43243-9

Ⅰ. ①智… Ⅱ. ①郭… Ⅲ. ①可编程序控制器－高等学校－教材 Ⅳ. ①TP332.3

中国版本图书馆 CIP 数据核字（2022）第 056380 号

责任编辑：王晓庆
印　　刷：北京七彩京通数码快印有限公司
装　　订：北京七彩京通数码快印有限公司
出版发行：电子工业出版社
北京市海淀区万寿路 173 信箱　　邮编：100036
开　　本：787×1092　1/16　印张：17　　字数：435 千字
版　　次：2022 年 4 月第 1 版
印　　次：2023 年 6 月第 2 次印刷
定　　价：58.00 元

凡所购买电子工业出版社图书有缺损问题，请向购买书店调换。若书店售缺，请与本社发行部联系，联系及邮购电话：（010）88254888，88258888。

质量投诉请发邮件至 zlts@phei.com.cn，盗版侵权举报请发邮件至 dbqq@phei.com.cn。

本书咨询联系方式：（010）88254113，wangxq@phei.com.cn。

前　言

“智能化”正以迅猛的势头融入各行各业，生产过程的智能化、机械设备的智能化、制造业的智能化促使人工智能与自动化技术深度融合，各种智能控制产品涌入市场。基于自动化技术的 PLC 在强化自身功能和性能的同时，正在向网络化、智能化的方向发展。对于市场占有率约为 80%的微型 PLC，其性价比高，特别适用于单体设备的智能化、小型生产过程的自动化和联网控制。目前介绍中小型 PLC 的书籍较多，而介绍微型 PLC 的书籍则较少。针对这种情况，本书基于西门子公司的智能逻辑控制器 LOGO!，介绍微型 PLC 的用法。

本书在概括性介绍微型 PLC 产品的基础上，介绍 LOGO!的硬件配置、编程指令、编程软件及通信和组网等。每部分内容都通过应用示例帮助理解和掌握，并用实验加以消化和巩固。在内容安排上，由浅入深、由易及难，每章都以概括性介绍导入，说明该章的内容和学习目标，并在末尾加以总结。

本书共 6 章。第 1 章介绍硬件配置，在简要介绍国际和国内品牌的微型 PLC 的基础上，主要介绍 LOGO!的硬件组成及各模块的功能、LOGO!控制系统的硬件配置方法和输入/输出线路图。第 2 章介绍基本功能块及其应用，包括与、与非、或、或非、异或、非、上升沿检测的与和下降沿检测的与非 8 个基本功能块及其应用。通过应用示例，从硬件选型及配置、输入/输出点安排及输入/输出线路图、程序的编制几个步骤对采用 LOGO!实现控制的方法加以说明。在此基础上，介绍了采用 LOGO!操作面板编辑基本功能块程序、观察运行状态的方法，并通过几个实验帮助消化本章内容。第 3 章介绍开关量特殊功能块及其应用，包括定时器功能块、继电器功能块、计数器功能块，结合应用示例掌握这些指令的用法及实现控制的步骤。实践内容包括采用操作面板编辑和运行程序的方法，通过实验巩固相关功能块的用法。第 4 章介绍模拟量特殊功能块及其应用，包括模拟量比较器、模拟量阈值触发器、模拟量偏差值触发器、模拟量监视器、模拟量放大器、模拟量斜坡函数发生器、模拟量 MUX（多路复用器）、PI 控制器、模拟算术运算、脉宽调制器、功能块杂项、LOGO!8 增加的指令，结合应用示例对这些指令的用法进行消化，并通过实验加以巩固。在面板操作中，对程序创建、参数设置、数据监控和运行状态、时钟设置、信息文本显示和存储卡操作做介绍。第 5 章介绍编程软件 LOGO!Soft Comfort 的用法，以便读者能够通过计算机实现 LOGO!程序的创建、离线仿真、运行监控、程序的下载、在线测试和上传等。第 6 章在介绍网络项目相关操作的基础上，对 LOGO!的以太网通信进行介绍，包括网络项目的建立，网络项目下程序的上传、下载和在线测试，LOGO!之间的以太网通信，网络模式下 LOGO!8 之间的通信，LOGO!与 S7 系列 PLC 的以太网通信，LOGO!与触摸屏的以太网通信。

在教学过程中，各学校可根据自身情况对有关内容进行取舍。书中的应用示例和实验内容较多，实际中无须全部讲授，对某些示例可根据教学时数安排学生自学。建议前 2 章内容，第 3 章中 3.1.1～3.1.4 节、3.2 节和 3.3 节，第 4 章中 4.1.1～4.1.4 节、4.1.8 节，第 6 章中 6.1 节内容必讲，第 5 章内容则以自学为主。

LOGO!外观小巧，适用于小型机械设备、电气装置、楼宇自动化、小型生产过程及机器设备和工艺的分布式本地控制。LOGO!的特点是主机带有人机操作界面，可在其上直接输入和修改程序，编程软件简单易学、价格低廉。LOGO!安装方便、编程简单，具有很好的抗振性能和很强的电磁兼容性，能够应用于各种气候条件。LOGO!编程软件提供了功能块和梯形图两种编程语言，二者之间可随意切换，从而方便熟悉 PLC 编程方式的技术人员使用LOGO!。LOGO!8.2 是西门子第 8 代智能逻辑控制器 LOGO!8 的升级产品，它在继承LOGO!8 强大功能的同时，融入了新的产品亮点，简化了编程组态，集成的面板可显示更多的内容，并可通过集成的以太网接口轻松组网、高效互联。

本书轻理论、重应用，结合应用示例介绍 LOGO!的软/硬件，以便读者尽快掌握其用法，从而为机械设备和小型生产过程提供一种高性能、低成本的控制途径。只要具备电工基础知识，就可学习书中内容。本书既可作为应用型高等学校及职业技术类院校智能制造、控制类、电气类、电子信息类、机械类、环境工程类、矿业类、土木工程类等有关专业的教材，也可作为相关领域工程技术人员的参考用书。

本书由郭荣祥、张新、刘慧博、霍禹同编著，全书由郭荣祥统稿并定稿。本书提供配套的电子课件 PPT 和习题参考答案，请登录华信教育资源网（https://www.hxedu.com.cn）注册后免费下载。

青年时期是人生获取知识的最佳“窗口期”，珍惜青春期的美好时光，充分接收阳光和营养，在使自己茁壮成长的同时为未来存储能量。无论是处在学生时代还是以后走向工作岗位，最重要的都是学会学习和工作的方法，会观察、会总结、会找规律。万事万物都有其规律，掌握了规律，就能够想出办法。闷头做事不思考，用尽了力气也收效甚微。在学习或工作过程中，首先要有清晰的目标，有思路，然后瞄准目标、聚精会神、认真付诸行动，做好每个细节，最后走向成功。成功需要百分之百的正确，一个错误可能导致满盘皆输。

非常感谢您阅读本书，希望本书能对您的学习和工作有所帮助，同时期待您的意见和建议，更正我们的错误，优化书中内容。意见和建议可反馈至编者的电子邮箱：hongri307@163.com。

编　者

2022 年 4 月

目　　录

第 1 章　硬件配置 …… 2
1.1　微型 PLC 简介 …… 2
1.1.1　产品品牌 …… 2
1.1.2　硬件组成 …… 3
1.1.3　编程语言 …… 6
1.1.4　LOGO!简介 …… 7
1.2　LOGO!主机 …… 8
1.3　LOGO!扩展模块和文本显示器 …… 10
1.3.1　数字量扩展模块 …… 11
1.3.2　模拟量扩展模块 …… 12
1.3.3　通信模块及接口 …… 12
1.3.4　文本显示器 …… 17
1.3.5　LOGO!附件 …… 18
1.4　LOGO!系统配置 …… 20
1.5　LOGO!输入/输出线路图 …… 23
1.5.1　电源和数字量输入/输出线路图 …… 23
1.5.2　模拟量输入/输出线路图 …… 24
1.5.3　通信模块线路 …… 25
本章小结 …… 25
习题 1 …… 26
第 2 章　基本功能块及其应用 …… 28
2.1　编程基础知识 …… 28
2.1.1　编程符号 …… 28
2.1.2　参数保护 …… 29
2.1.3　保持性 …… 29
2.1.4　计算模拟量值的增益和偏置 …… 30
2.1.5　实时时钟备份 …… 30
2.2　AND（与）和 NAND（与非） …… 30
2.2.1　AND 指令（与指令及边沿触发与指令） …… 30
2.2.2　NAND 指令（与非指令及边沿触发与非指令） …… 33
2.3　OR（或）和 NOR（或非） …… 35
2.3.1　OR（或）指令 …… 35

2.3.2 NOR（或非）指令 ········ 37
2.4 XOR（异或）指令 ········ 39
2.5 NOT（非，反相器）指令 ········ 41
2.6 基本功能指令应用示例 ········ 43
2.6.1 热水采暖锅炉辅机的联锁控制 ········ 43
2.6.2 1 台软启动器分时启动 2 台电动机 ········ 45
2.6.3 钻床的控制 ········ 48
2.7 基本功能指令应用实验 ········ 52
2.7.1 用操作面板编辑基本功能块程序 ········ 52
2.7.2 异步电动机的可逆运行控制 ········ 60
2.7.3 2 台电动机的联锁控制 ········ 61
本章小结 ········ 62
习题 2 ········ 62
第 3 章 开关量特殊功能块及其应用 ········ 66
3.1 定时器功能块 ········ 66
3.1.1 接通延时定时器 ········ 66
3.1.2 关断延时定时器 ········ 68
3.1.3 通断延时定时器 ········ 69
3.1.4 保持接通延时定时器 ········ 70
3.1.5 随机通断定时器（随机发生器） ········ 71
3.1.6 周定时器 ········ 72
3.1.7 年定时器 ········ 73
3.1.8 楼梯照明定时器 ········ 75
3.1.9 多功能开关定时器 ········ 76
3.1.10 异步脉冲发生器 ········ 78
3.1.11 定时器功能指令应用示例 ········ 79
3.2 继电器功能块 ········ 91
3.2.1 脉宽触发继电器 ········ 91
3.2.2 边沿触发脉宽继电器（脉冲输出） ········ 92
3.2.3 锁存继电器 ········ 93
3.2.4 脉冲继电器 ········ 94
3.2.5 继电器功能块应用示例 ········ 96
3.3 计数器功能块 ········ 105
3.3.1 增/减计数器 ········ 105
3.3.2 运行小时计数器 ········ 107
3.3.3 阈值触发器 ········ 109
3.3.4 计数器功能块应用示例 ········ 110
3.4 开关量特殊功能指令应用实验 ········ 113

3.4.1 用操作面板编辑开关量特殊功能块程序……113
3.4.2 定时器功能指令实验……116
3.4.3 继电器功能指令实验……117
3.4.4 计数器功能指令实验……118
本章小结……119
习题 3……121
第 4 章 模拟量特殊功能块及其应用……124
4.1 模拟量特殊功能块……124
4.1.1 模拟量比较器……124
4.1.2 模拟量阈值触发器……125
4.1.3 模拟量偏差值触发器……126
4.1.4 模拟量监视器……128
4.1.5 模拟量放大器……129
4.1.6 模拟量斜坡函数发生器……130
4.1.7 模拟量 MUX（多路复用器）……132
4.1.8 PI 控制器……133
4.1.9 模拟算术运算……136
4.1.10 脉宽调制器……139
4.1.11 模拟量功能块应用示例……141
4.2 功能块杂项……148
4.2.1 移位寄存器……148
4.2.2 软开关（软键）……151
4.2.3 信息文本显示器……152
4.2.4 应用示例——贴标机的控制……152
4.3 LOGO!8 增加的指令……156
4.3.1 模拟量滤波器……156
4.3.2 最大值/最小值……157
4.3.3 平均值……158
4.3.4 浮点型/整型转换器……158
4.3.5 整型/浮点型转换器……159
4.4 LOGO!面板操作……160
4.4.1 创建程序……161
4.4.2 设置时钟……162
4.4.3 设置 LCD 显示屏……163
4.4.4 设置菜单语言……163
4.4.5 操作存储卡……164
4.5 特殊功能指令应用实验……165
4.5.1 1 台自耦变压器分时降压启动 2 台电动机……165

4.5.2 水箱水位控制……166
本章小结……167
习题4……170
第5章 编程软件……173
5.1 编程软件LOGO!Soft Comfort介绍……173
5.1.1 下载编程软件……173
5.1.2 编程软件界面介绍……174
5.2 编程软件的使用……187
5.2.1 创建程序……187
5.2.2 离线仿真……193
5.2.3 程序的下载、在线测试和上传……199
5.2.4 文档记录……200
5.3 编程软件的相关操作……202
5.3.1 新建文件……202
5.3.2 保存程序和打开程序……203
5.3.3 网格的显示与隐藏……204
5.3.4 功能块与梯形图之间的选用……204
5.3.5 程序间的比较、程序加密及清除用户程序和密码……204
5.4 离线仿真应用示例……205
5.4.1 照明控制系统的仿真……205
5.4.2 模拟量功能指令仿真示例……208
5.4.3 高压釜控制仿真……214
5.5 编程软件LOGO!Soft Comfort应用实验……220
5.5.1 用编程软件实现异步电动机的可逆运行控制……220
5.5.2 用编程软件实现1台自耦变压器分时降压启动2台电动机……221
5.5.3 用编程软件实现蓄水池水位控制……222
5.5.4 温度控制实验……223
本章小结……224
习题5……225
第6章 LOGO!通信及组网……227
6.1 LOGO!软件LOGO!Soft Comfort V8.2网络模式概述……227
6.1.1 LOGO!Soft Comfort V8.2网络模式界面……227
6.1.2 LOGO!Soft Comfort V8.2网络项目……228
6.1.3 网络模式下LOGO!8通信概览……238
6.2 LOGO!之间主主以太网通信……240
6.3 LOGO!之间主从以太网通信……246
6.3.1 添加主站从站设备……246

6.3.2 主从站通信模式下的网络输入编程……248
6.3.3 主从站通信模式下的网络输出编程……250
6.4 LOGO!与 S7 系列 PLC 的以太网通信简介……252
6.4.1 LOGO!与 S7-200 的以太网通信……252
6.4.2 LOGO!与 S7-1200 的以太网通信……257
6.5 LOGO!与触摸屏的以太网通信……258
6.5.1 设置 LOGO!……258
6.5.2 设置人机界面……260
本章小结……261
习题 6……261
参考文献……262

世界是你们的，也是我们的，但是归根结底是你们的。你们青年人朝气蓬勃，正在兴旺时期，好像早晨八九点钟的太阳。希望寄托在你们身上。

——毛泽东

第 1 章　硬件配置

本章在概括介绍微型 PLC 的基础上，重点介绍西门子公司的智能逻辑控制器 LOGO!的硬件，包括主机、扩展模块（数字量扩展模块、模拟量扩展模块、通信模块等）、电源模块、文本显示器、电缆、存储卡、电池卡，以及 LOGO!控制系统的硬件配置方法。

本章学习目标：

（1）了解国际和国内品牌的微型 PLC 及其特点。

（2）掌握 LOGO!的硬件组成及各模块的功能。

（3）重点掌握 LOGO!控制系统的硬件配置方法和输入/输出线路图。

1.1　微型 PLC 简介

随着微处理器的发展，可编程控制器（Programmable Logic Controller，PLC）的功能不断增强，产品分类不断细化。按照输入/输出（I/O）点数的不同，PLC 可分为微型机、小型机、中型机、大型机和超大型机，其中微/小型 PLC 约占 PLC 应用场合的 80%。微型 PLC 主要进行开关量的逻辑控制，也可进行少量的模拟量输入/输出控制，一般 I/O 点数为几十点，品牌不同，划分点数不完全相同。采用 PLC 进行控制时，根据生产工艺和控制对象的要求，应按照硬件配置、安排输入/输出、编写程序的顺序进行。

1.1.1　产品品牌

目前 PLC 的生产厂家众多，知名厂家主要分布在欧美和日本。欧美厂家主要有德国西门子、法国施耐德、瑞士 ABB、美国 AB、美国通用电气（GE）等，日本品牌有三菱、欧姆龙、富士、松下、日立、东芝等。国产品牌以微型、小型和中型 PLC 为主，有和利时、无锡信捷、厦门海为、北京安控、上海正航、深圳合信、南大傲拓、浙大中控、兰州全志、南京冠德等。图 1.1 所示为两种外国品牌小型 PLC 主机的实物照片。图 1.2 所示为两种国产品牌小型 PLC 主机的实物照片。

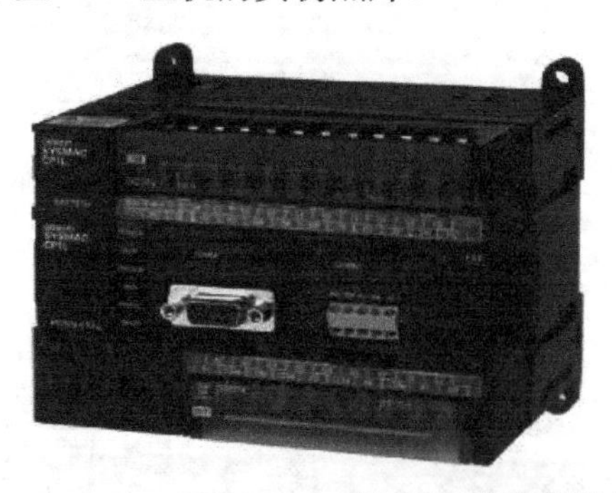

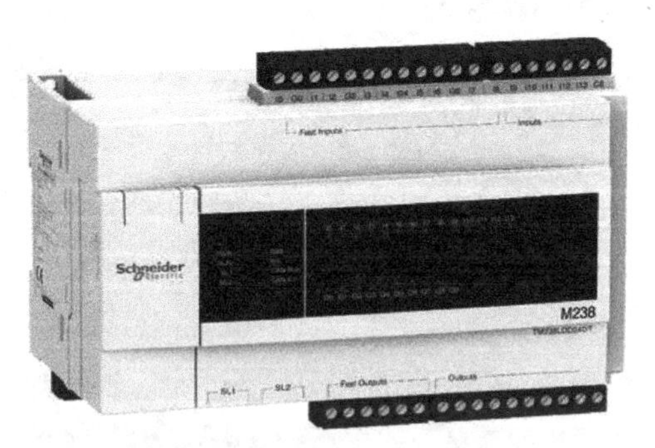

图 1.1　外国品牌小型 PLC 主机的实物照片

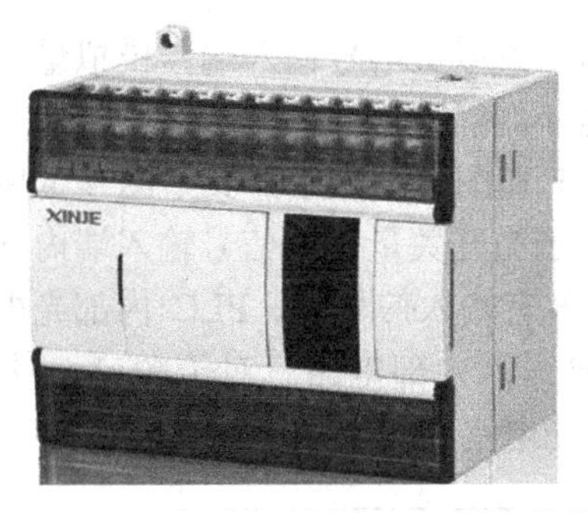

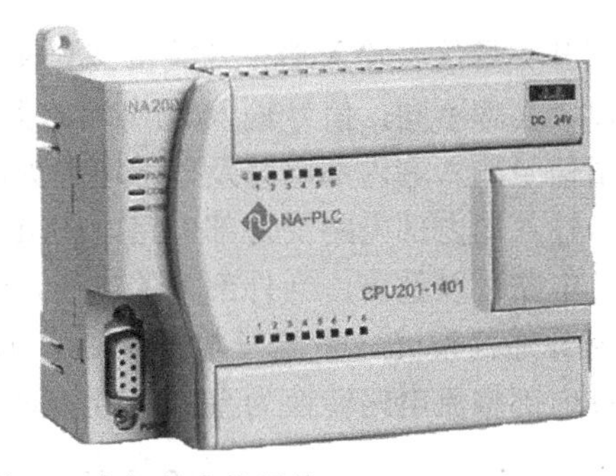

图 1.2　国产品牌小型 PLC 主机的实物照片

微型可编程控制器的产品有德国西门子的 LOGO!、德国 Moeller 的 EASY、法国施耐德的 Zelio Logic、瑞士 ABB 的 AC010、美国 Rockwell 的 Micro Logic 1100/1200/1400、美国邦纳的 BLC、日本欧姆龙的 ZEN、日本三菱的 ALPHA 等。我国产品有台湾台安的 SG2、深圳德天奥科技有限公司的 ELC，有科威、四方电气、伟创电气、智达、科远、易达、北京捷麦顺驰等品牌。图 1.3 所示为 Rockwell、施耐德、台安三种品牌的微型 PLC 主机的实物照片。

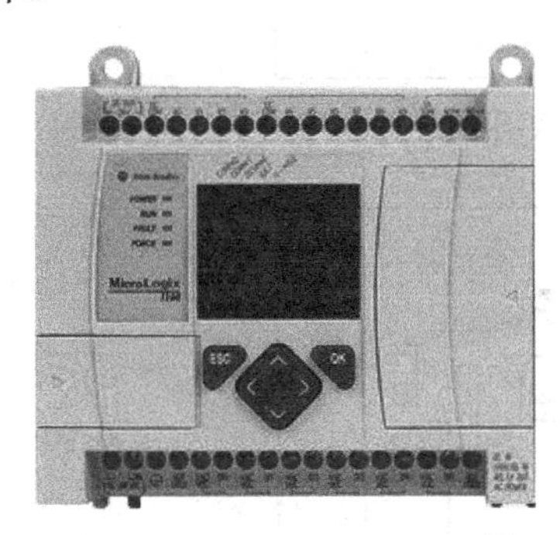

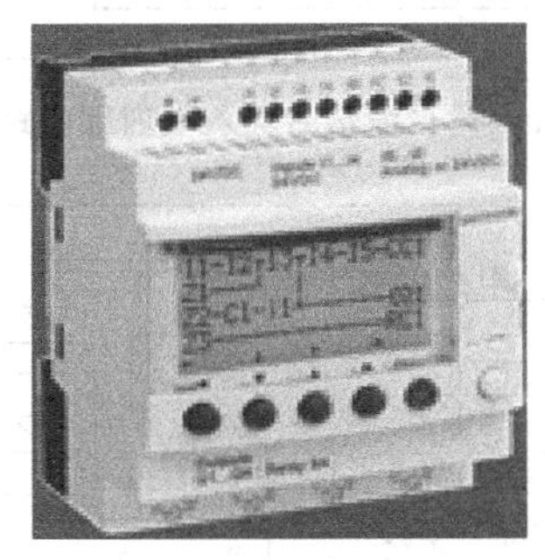

图 1.3　几种微型 PLC 主机的实物照片

1.1.2　硬件组成

微型 PLC 的硬件包括主机（CPU 模块）和扩展模块，扩展模块包括开关量输入模块、开关量输出模块、模拟量输入模块、模拟量输出模块、通信模块及辅助性材料。图 1.4 所示为 Rockwell 的 Micro Logic 1100 主机外加部分扩展模块的微型 PLC 系统的实物照片。

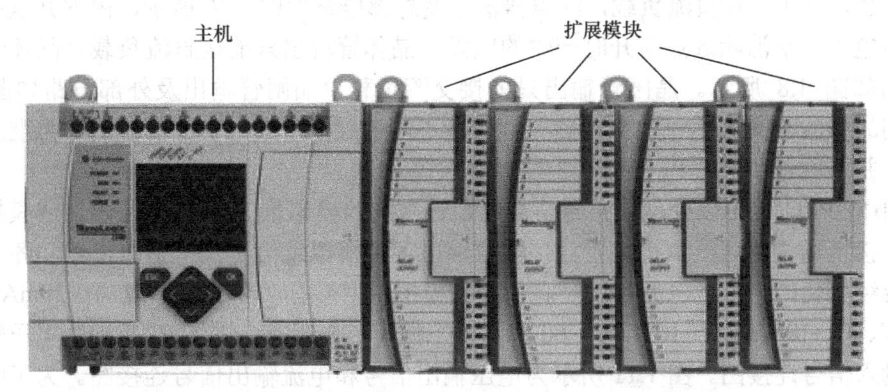

图 1.4　具有扩展模块的微型 PLC 系统的实物照片

主机有开关量信号输入端、开关量信号输出端、模拟量信号输入端、模拟量信号输出端和通信接口。品牌不同，信号输入/输出端的数量也不同。

开关量信号输入端内部电路及外部电路如图 1.5 和图 1.6 所示，其中图 1.5 所示为开关量直流信号输入端内部电路及外部电路，图 1.6 所示为开关量交流信号输入端内部电路及外部电路。从电路可以看出，当外部开关接通，即外部有输入信号时，PLC 内部光电耦合器的发光二极管导通而发光，受光三极管导通，把信号送入内部电路。对于图 1.6 中的交流信号，则通过内部整流电路转换为直流信号从而控制光电耦合器。

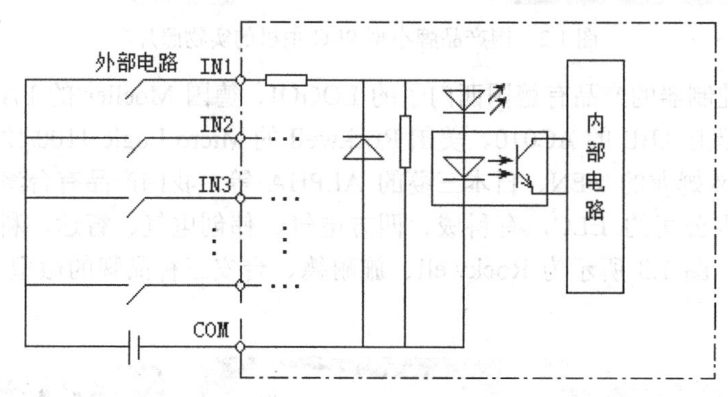

图 1.5　开关量直流信号输入端内部电路及外部电路

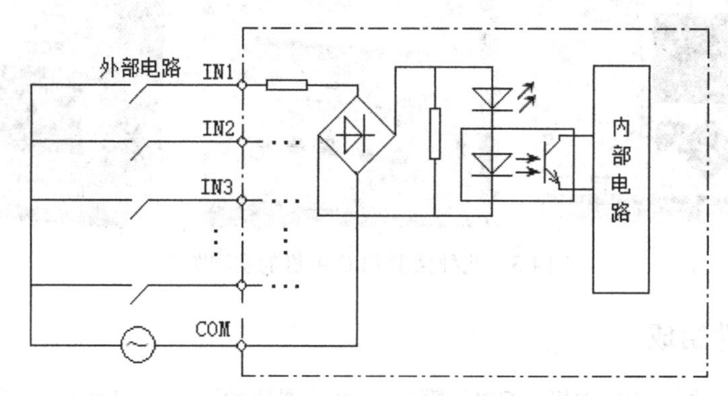

图 1.6　开关量交流信号输入端内部电路及外部电路

开关量信号输出有继电器输出、晶体管输出和晶闸管输出 3 种方式。继电器输出既可以接交流负载，又可以接直流负载，继电器输出及外部电路如图 1.7 所示，内部并联的阻容电路和压敏电阻用来消除触点断开时产生的电弧。晶体管输出只能接直流负载，晶体管输出及外部电路如图 1.8 所示。晶闸管输出只能接交流负载，晶闸管输出及外部电路如图 1.9 所示。不同品牌的 PLC，内部输出电路可能有所不同，应以所采用产品的说明书为准。需要注意的是，并非所有型号的 PLC 都有 3 种输出方式。

微/小型 PLC 也可以处理模拟量信号。通过主机的模拟量信号输入/输出端或模拟量扩展模块，连接现场传感器或执行装置，接收或输出各种模拟量信号，包括电位器和各种变送器提供的连续变化的电压、电流等信号。标准的模拟量信号有 0～20mA 或 4～20mA、0～5V 或 1～5V、0～10V 或 1～10V、0～600Ω、热电偶、热电阻等。图 1.10 所示为电压输入信号和电流输入信号连接图。图 1.11 所示为电压输出信号和电流输出信号连接图。为了防止电磁干扰，常采用双绞屏蔽线。

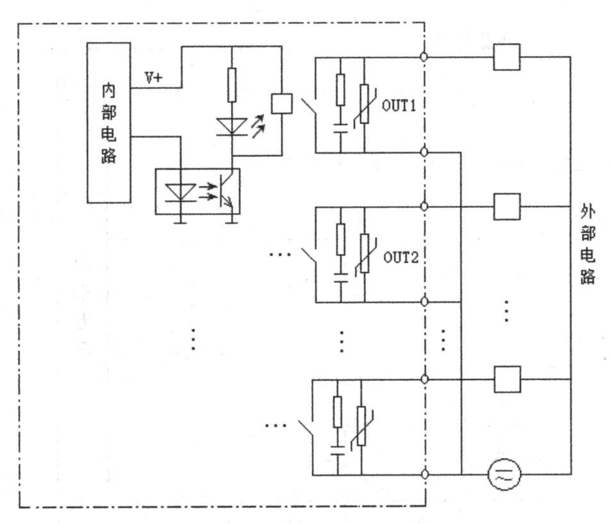

图 1.7　继电器输出及外部电路

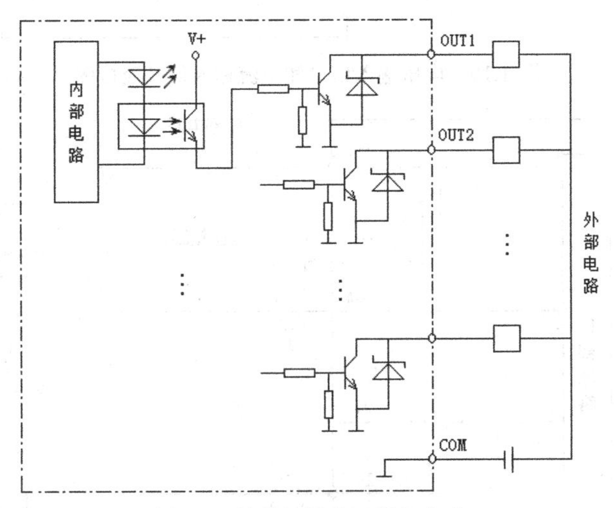

图 1.8　晶体管输出及外部电路

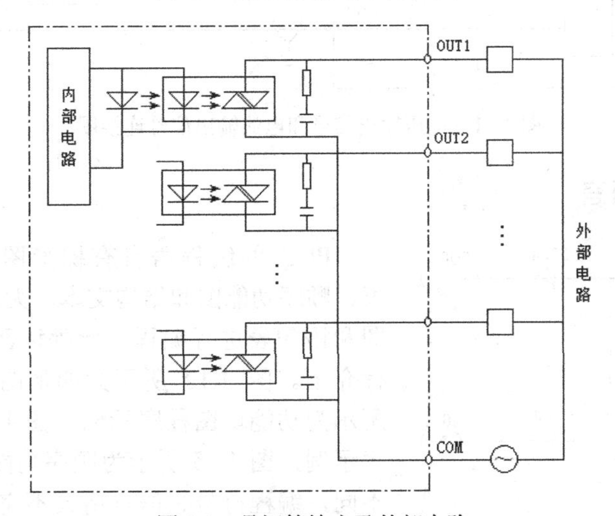

图 1.9　晶闸管输出及外部电路

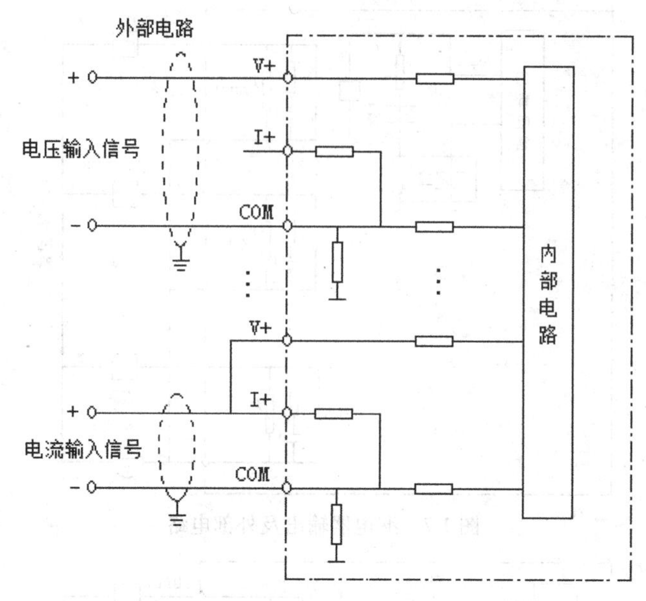

图 1.10　电压输入信号和电流输入信号连接图

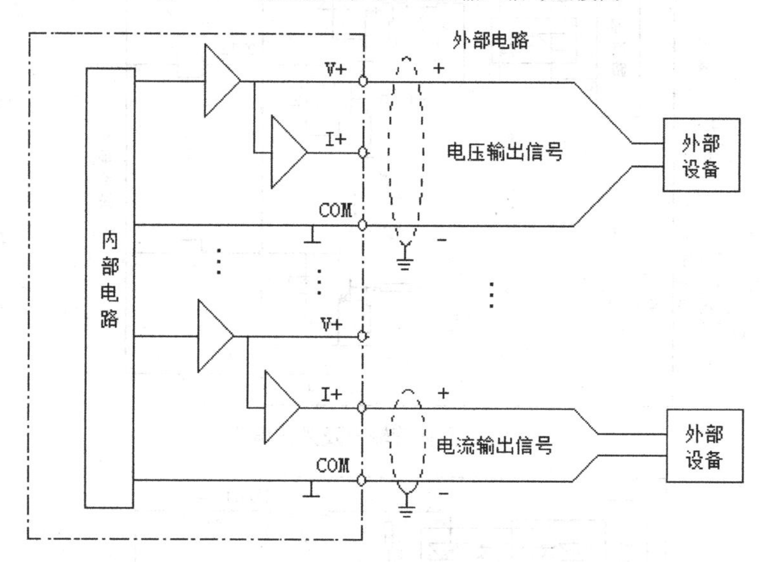

图 1.11　电压输出信号和电流输出信号连接图

1.1.3　编程语言

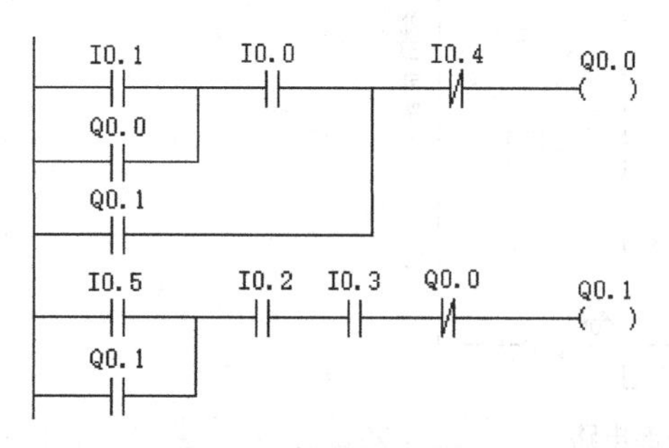

图 1.12　梯形图程序示例

PLC 的编程语言有梯形图、功能块图、语句表、顺序功能图和结构文本，大多数 PLC 采用梯形图和语句表进行编程。此处以西门子的产品为例进行介绍。图 1.12 所示为梯形图程序示例，图 1.13 所示为功能块图程序示例，图 1.14 所示为语句表程序示例，图 1.15 所示为顺序功能图程序示例。品牌不同，编程符号、语言格式不完全相同。

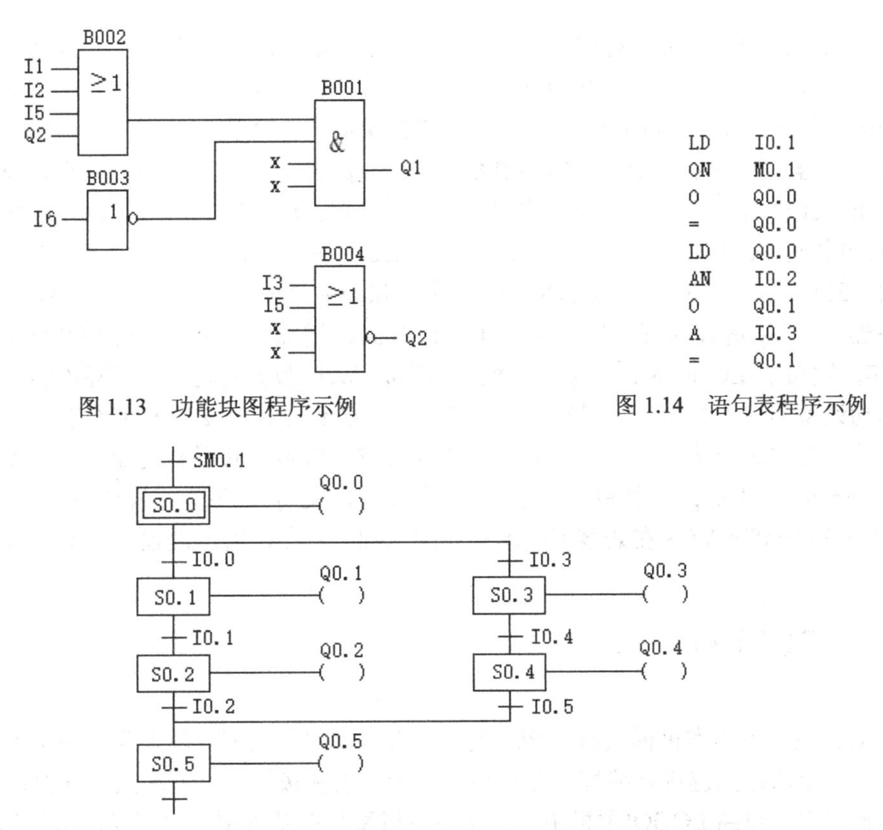

图 1.13　功能块图程序示例

图 1.14　语句表程序示例

图 1.15　顺序功能图程序示例

1.1.4　LOGO!简介

西门子公司的 PLC 产品按照性能和应用的复杂程度（由低到高），可分为 LOGO!（Logic Module，逻辑模块）、S7-200、S7-1200、S7-300、S7-1500、S7-400。LOGO!是一款经济性好、主要进行开关量控制的智能逻辑控制器。在 LOGO!出现之前，对于一些简单的开关量逻辑控制对象，只能采用接触器、继电器等基本电气元器件搭建电气控制线路，满足控制对象的要求，或者采用 PLC 实现逻辑控制，前者线路复杂，后者成本较高。LOGO!的产生填补了继电器与 PLC 之间的技术空间，满足了用户的需求。LOGO!介于继电器与 PLC 之间，对于低端逻辑控制对象具有较大优势。目前，LOGO!已发展成为模块化的标准组件产品。通过集成的 8 种基本功能和特殊功能，LOGO!可以代替数以百计的开关电器，现在还可以进行少量的模拟量检测与控制及联网控制，性能更为优越。新的模块化 LOGO!能够节省控制柜的空间，所需的附件更少，并可根据控制任务所需，随时进行灵活扩展。LOGO!的特点是主机带有人机界面（HMI，Human Machine Interface），可在其上直接输入和修改程序，编程软件简单易学，价格低廉。LOGO!安装方便、编程简单，具有很好的抗振性能和很强的电磁兼容性（EMC，Electromagnetic Compatibility），能够应用于各种气候条件。

1996 年，西门子发行了 LOGO!产品，与 PLC 的区别是在主机上有按键和显示屏，能够直接在 LOGO!上编写简单的应用程序，通过信息文本查看和改变变量与参数，是一个智能化的开关量控制器。以此为基础，又陆续产生了 LOGO!L、LOGO!0BA3、LOGO!0BA4、LOGO!0BA5、LOGO!0BA6 几个版本。LOGO!L 增加了 LOGO!LONG/AS-i 接口。第 3 代产品 LOGO!0BA3 增加了模块化操作并且可以扩展到 24 个数字量输入、16 个数字量输出和 2 个模拟量输入。第 4 代产品 LOGO!0BA4 的编程功能块增加到了 130 个，产品运行速度也提高了 50%。第 5 代产品 LOGO!0BA5 增加了模拟量输出、PI 控制器、斜坡函数发生器、模拟量多路复用器。第 6 代产品 LOGO!0BA6 可以外接显示器，增加了模拟算术和检查、PWM 数字输出。2011 年，西门子公司推出第 7 代产品 LOGO!0BA7，集成了以太网接口，进而实现 LOGO!之间、LOGO!与 SIMATIC S7 系列 PLC 之间、LOGO!与西门子人机界面产品之间的通信。2014 年，第 8 代产品 LOGO!8 问世，该产品集成了 Web Server（Web 服务器，网站服务器），可以进行远程操控，新增了网络模式，增加了 SMS 通信模块和集成 KNX。2017 年，发布了 LOGO!8.2 版本，主机模块集成 Web 服务器功能，可轻松实现手机、计算机等移动设备的远程控制；编程软件 LOGO! Soft Comfort V8.2 充分兼容旧版本程序，可轻松实现编程及仿真调试。2020 年，发布了 LOGO!8.3 版本，其联网功能进一步加强，可使用 IoT（Internet of Things，物联网）直接连接云端，支持用户设置云数据传输；编程软件 LOGO! Soft Comfort V8.3 在兼容旧版本程序的基础上，支持用户设置云数据传输。

1.2 LOGO!主机

LOGO!主机也称本机模块或 CPU 模块，有基本型和经济型两大类。基本型有显示面板和按键，可以通过按键进行编程。经济型无显示面板和按键，只能通过计算机进行编程，再经电缆把程序下载到 LOGO!主机中。经济型主机型号在基本型主机型号的末位加标识符 o，比如基本型主机型号为 LOGO!230RC，经济型主机型号为 LOGO!230RCo。图 1.16 所示为 LOGO!主机的实物照片，其中图 1.16（a）为 LOGO!主机的基本型，图 1.16（b）为 LOGO!主机的经济型。

图 1.17 给出了基本型主机的外部接线端、LCD 显示屏、按键等功能说明。图 1.17（a）所示为 LOGO!主机面板功能。LOGO!主机上方端子为电源端和信号输入端，下方端子为信号输出端，左侧是 LCD 液晶显示屏，右侧为控制按键。图 1.17（b）所示为 LOGO!8 主机的增加功能，在 LOGO!的基础上增加了以太网通信状态指示 LED 和 PE 端，PE 端用于以太网通信接地。LOGO!主机均为 8 输入 4 输出，供电电源有直流、交流两种。主机由微处理器、存储器、输入/输出接口、通信接口和电源电路等组成。

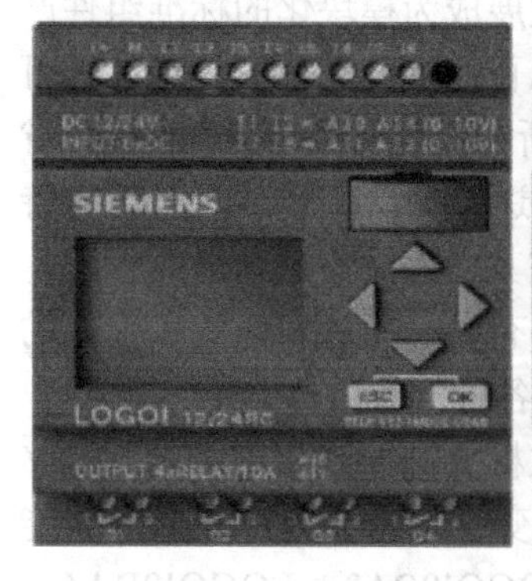

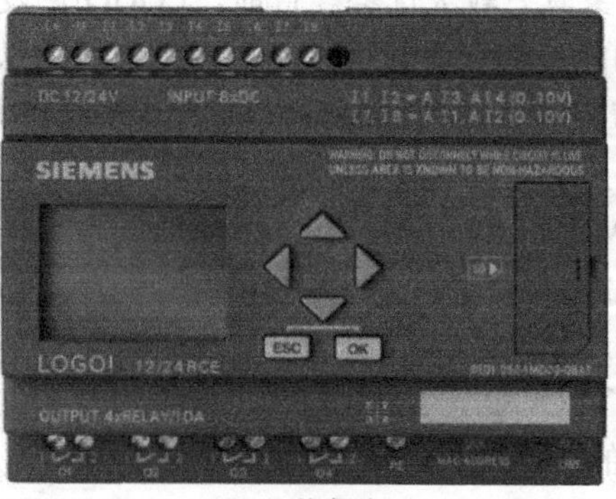

（a）基本型

图 1.16 LOGO!主机的实物照片

（b）经济型

图 1.16 LOGO!主机的实物照片（续）

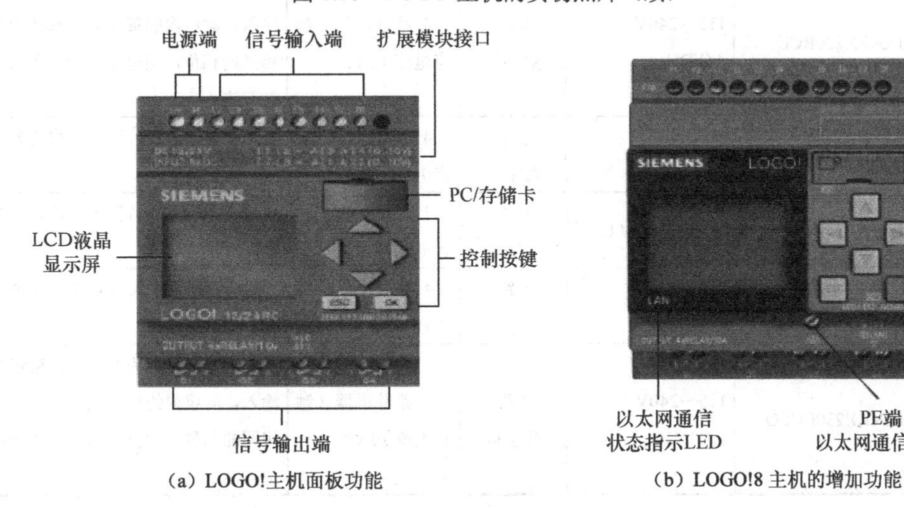

（a）LOGO!主机面板功能　　（b）LOGO!8 主机的增加功能

图 1.17 LOGO!主机功能说明

LOGO!的电源电压有 12V 直流、24V 交/直流和 115～240V 交/直流三个等级。主机输出有晶体管输出和继电器输出两种类型，其中 LOGO!24 和 LOGO!24o 为晶体管输出，其余为继电器输出。继电器输出最大可以承载 10A 电流，而晶体管输出最大可以承载 0.3A 电流。继电器输出有电气隔离，晶体管输出电压为直流 24V，没有电气隔离。

主机模块集成 8 路数字量输入和 4 路数字量输出，其中输入可以包括 4 路 AI。表 1.1 列出了 LOGO!8.2 的主机型号及相关功能。LOGO!0BA6 及以下版本的型号没有字母 E，比如 LOGO!230RC 主机。

从表 1.1 可以看出，LOGO!主机电源电压、输入/输出类型及其功能随型号的不同而不同，其中，型号中有“R”表示继电器输出，无“R”表示晶体管输出，“C”表示具有实时时钟，“O”表示不带显示面板，“E”表示该模块可以同其他自动化设备实现以太网通信，使用时应根据实际情况选用合适的型号。

注意：一些型号的 LOGO!主机的输入端 I3、I4、I5 和 I6 可作为数字量高速输入，输入端 I1、I2、I7 和 I8 既可以作为数字量输入，又可以作为模拟量输入的 AI3、AI4、AI1 和 AI2。

LOGO!8.2 系列产品只能处理 0～10V 模拟量输入信号，快速数字量输入信号的最高频率为 5kHz。LOGO!8.2 集成了数据保持功能，可确保在设备突然掉电的情况下保存当前变量值。LOGO!的扩展比较灵活，主机模块的最大配置可达到 24 路数字量输入、20 路数字量输出、8 路模拟量输入、8 路模拟量输出。LOGO!8.2 支持以太网方式进行程序的上传和下载。

表 1.1 LOGO!8.2 的主机型号及相关功能

类 型	型 号	电源电压	输 入	输 出	说 明
	LOGO!12/24RCE	12/24V DC	8 路数字量	4 路继电器（触点电流 10A）	4 个模拟量输入和 4 个快速数字量输入可交替使用
	LOGO!24RCE	24V AC/ 24V DC	8 路数字量	4 路继电器（触点电流 10A）	数字量输入支持漏电流输入或源电流输入
	LOGO!24CE	24V DC	8 路数字量	4 路固态晶体管（24V/0.3A）	4 个模拟量输入和 4 个快速数字量输入可交替使用
	LOGO!230RCE	115～240V AC/DC	8 路数字量	4 路继电器（触点电流 10A）	230V AC 型分为两组，每组包含 4 个输入，同组内的每个输入都必须连接到相同的相位，相位不同的组之间可以内部互连
	LOGO!12/24RCEO	12/24V DC	8 路数字量	4 路继电器（触点电流 10A）	4 个模拟量输入和 4 个快速数字量输入可交替使用
	LOGO!24RCEO	24V AC/ 24V DC	8 路数字量	4 路继电器（触点电流 10A）	数字量输入支持漏电流输入或源电流输入
	LOGO!24CEO	24V DC	8 路数字量	4 路固态晶体管（24V/0.3A）	4 个模拟量输入和 4 个快速数字量输入可交替使用
	LOGO!230RCEO	115～240V AC/DC	8 路数字量	4 路继电器（触点电流 10A）	230V AC 型分为两组，每组包含 4 个输入，同组内的每个输入都必须连接到相同的相位，相位不同的组之间可以内部互连

1.3 LOGO!扩展模块和文本显示器

LOGO!扩展模块有数字量扩展模块、模拟量扩展模块、通信模块三种类型。主机与扩展模块相连接的实物照片如图 1.18 所示。

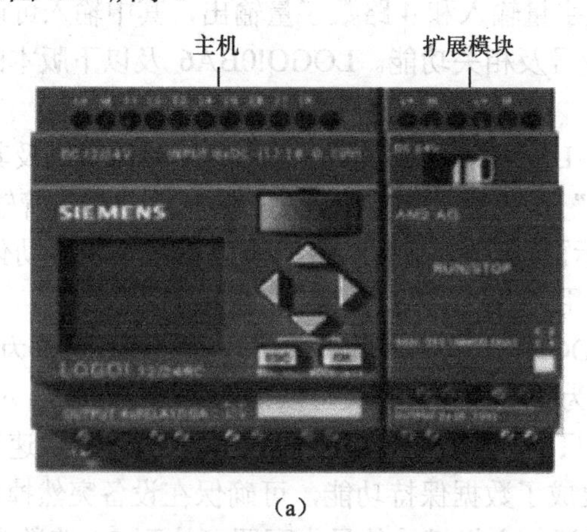

(a)

图 1.18 主机与扩展模块相连接的实物照片

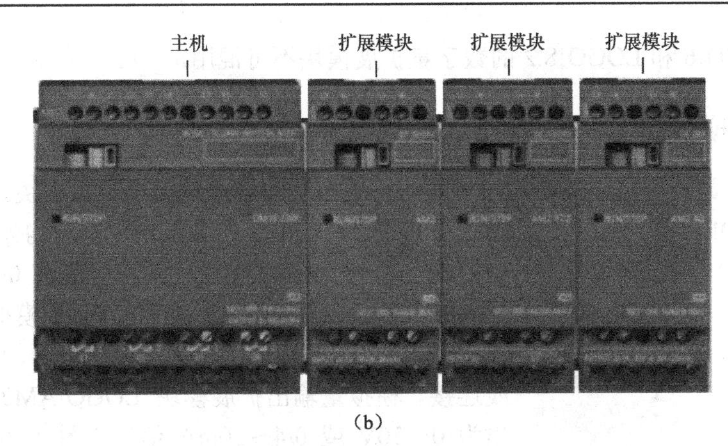

（b）

图 1.18　主机与扩展模块相连接的实物照片（续）

1.3.1　数字量扩展模块

图 1.19 所示为 LOGO!数字量扩展模块的实物照片。数字量扩展模块有 DM8 和 DM16 两种系列。DM8 系列扩展模块为 4 输入 4 输出，如图 1.19（a）所示；DM16 系列扩展模块为 8 输入 8 输出，如图 1.19（b）所示。输出有继电器和晶体管两种类型：继电器输出有电气隔离，输出点可以承载不同的电压等级，最大电流为 5A，如图 1.19（a）所示，下端为常开触点符号；晶体管输出无电气隔离，输出为直流电压，允许通过的最大电流为 0.3A，如图 1.19（b）所示，下端输出点表示为 Q 和 M。

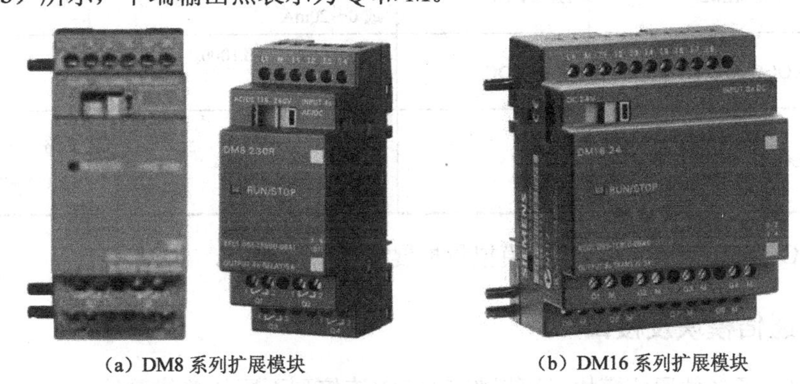

（a）DM8 系列扩展模块　　（b）DM16 系列扩展模块

图 1.19　LOGO!数字量扩展模块的实物照片

表 1.2 列出了 LOGO!8.2 数字量扩展模块的类型及性能。

表 1.2　LOGO!8.2 数字量扩展模块的类型及性能

模　块	型　号	电源电压	输入量	输出量
	LOGO! DM8 12/24R	12/24V DC	4 个数字量	4 个继电器（5A）
	LOGO! DM8 24	24V DC	4 个数字量	4 个晶体管 24V/0.3A
	LOGO! DM8 24R	24V AC/DC	4 个数字量	4 个继电器（5A）
	LOGO! DM8 230R	115～240V AC/DC	4 个数字量	4 个继电器（5A）
	LOGO! DM16 24	24V DC	8 个数字量	8 个晶体管 24V/0.3A
	LOGO! DM16 24R	24V DC	8 个数字量	8 个继电器（5A）
	LOGO! DM16 230R	115～240V AC/DC	8 个数字量	8 个继电器（5A）

说明：LOGO!6 和 LOGO!8.2 的数字量扩展模块不可混用。

1.3.2 模拟量扩展模块

LOGO!模拟量扩展模块包括模拟量输入扩展模块和模拟量输出扩展模块。模拟量输入扩展模块有 LOGO!AM2 和 LOGO!AM2 RTD 两种类型，二者的供电电压均为 12/24V DC。LOGO!AM2 的两个模拟量输入可以处理 0～10V 或 0/4～20mA 信号；LOGO!AM2 RTD 的两个模拟量输入为对应温度在−50～+200℃范围内的热电阻信号，采用 2 线或 3 线连接。模拟量输出扩展模块 LOGO!AM2 AQ 的两路输出为 0～10V 或 0/4～20mA 信号。图 1.20 所示为模拟量输入扩展模块和模拟量输出扩展模块的实物照片。模拟量输入扩展模块、模拟量输出扩展模块的 0～10V 电压信号或 0/4～20mA 电流信号可由用户选择。

图 1.20 模拟量扩展模块的实物照片

LOGO!8.2 模拟量扩展模块的类型及性能如表 1.3 所示。

表 1.3 LOGO!8.2 模拟量扩展模块的类型及性能

模　块	型　号	电源电压	输　入	输　出
	LOGO! AM2	12/24V DC	2 路 0～10V 或 0～20mA	无
	LOGO!AM2 RTD	12/24V DC	2 路 PT100 或 PT1000 −50～+200℃	无
	LOGO!AM2 AQ	24V DC	无	2 路 0～10V 或 0/4～20mA

说明：LOGO!6 和 LOGO!8.2 的模拟量扩展模块不可混用。

1.3.3 通信模块及接口

LOGO!提供了多种通信模块，可以将 LOGO!连接到不同的总线系统。

1. 通信模块 LOGO!CM AS-i

LOGO!通信模块 LOGO!CM AS-i 需要单独电源供电，图 1.21 所示为其实物照片。用 AS-i（Actuator Sensor interface，传感器/执行器接口）通信模块可以将 LOGO!作为智能型从站嵌入 AS-interface 系统中。AS-i 是直接连接现场传感器、执行器的总线系统，只进行简单的数据采集和传输，信息吞吐量小，实时性和可操作性高。AS-i 总线使靠近现场的传感器、执行器和操作员终端等能够连接成最低层控制系统，是自动化技术的一种最简单、成本最低的解决方案，成本优势非常可观。一个最小的 AS-i 网络包括 AS-i 主站、从站模块、供电单元和网络部件 4 部分。AS-i 总线网络为单主站系统，主站在精确的时间间隔内向从站传送数据。从站模块用于连接现场普通 I/O、传感器、智能型从站（内置 AS-i 芯片的传感器，有自己的从站地址）、LOGO!、变频器、电动机软启动器等。供电单元用于向从站供电，电压等级为 DC 30V。网络部件包括电缆、中继器/扩展器、编址和诊断单元。LOGO!CM AS-i 需要专用的 DC 30V 电源为其供电，在编码器应用时，能够通过一根导线同时传送数据和电源。LOGO!CM AS-i 的输入为 4 个虚拟量输入（LOGO!物理输入的后 4 个输入 *In*～*In*+3），输出为 4 个虚拟量输出（LOGO!物理输出的后 4 个输出 Q*n*～Q*n*+3）。

2. 通信模块 LOGO!CM EIB/KNX

通信模块 LOGO!CM EIB/KNX 也需要单独电源供电，图 1.22 所示为其实物照片。通信模块 LOGO!CM EIB/KNX 支持在 LOGO!主站和外部 EIB（European Installation Bus，欧洲安装总线）设备之间通过 EIB 进行通信，该模块用于将 LOGO!集成到一个 EIB 系统中。LOGO!CM EIB/KNX 的供电电压为 24V AC/DC，必须单独电源供电。其输入为最多 16 个虚拟数字量、最多 8 个模拟量；输出为最多 12 个虚拟数字量、最多 2 个模拟量。EIB 是一种标准的总线控制系统，控制方式为对等控制方式，不同于传统的主从控制方式，总线采用四芯屏蔽双绞线，其中两芯为总线使用，另外两芯备用。

图 1.21　LOGO!CM AS-i 实物照片

图 1.22　LOGO!CM EIB/KNX 实物照片

EIB 是电气布线领域使用范围最广的行业规范和产品标准之一。EIB 最大的特点是通过单一多芯电缆替代了传统分离的控制电缆和电力电缆，并确保各开关可以互传控制指令，因此总线电缆可以以线形、树形或星形方式铺设，方便扩容与改装。元件的智能化使其可以通过编程来改变功能，既可独立完成诸如开关、控制、监视等工作，又可根据要求进行不同的组合。与传统安装方式比较，EIB 不增加元件数量而实现了功能倍增，从而具有高度的灵活性。它的开放性更使得不同公司基于 EIB 协议开发的电气设备可以完全兼容，并为后续公司进入 EIB 市场提供可能。

EIB 系统既是一个面向使用者、体现个性的系统，又是一个面向管理者的系统，使用者可根据个人的喜好任意修改系统的功能，达到自己需要的效果，并可通过操作探测器（如按钮开关等）来控制系统的动作。另外，EIB 系统还提供基于 Windows 的软件平台，管理者（如小区物业中心、大楼管理中心、车库管理处等）将安装此套软件的计算机连接至 EIB 系统，即可对 EIB 系统进行控制并进行管理，从而达到集中管理的功能。

使用 EIB 可以让小型自动化系统的功能通过一根公用导线（即总线）来进行信号采集、通断控制、监测及发出状态信息，所有设备皆通过总线进行相互连接。图 1.23 所示为 LOGO!CM EIB/KNX 用于智能家居控制的例子。使用 EIB 通过一根导线把所有传感器和执行器连接起来，从而进行智能控制，具有高效、控制与监测简单、扩展升级方便、可随时进行调整的优点。

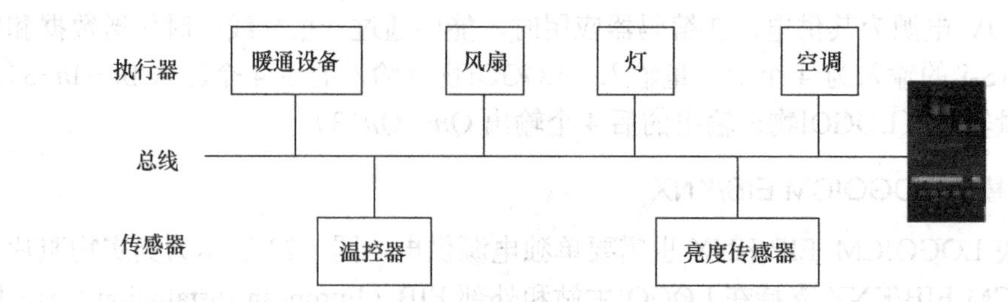

图 1.23　LOGO!CM EIB/KNX 通信模块应用例子

KNX（Konnex 的缩写）是欧洲三大总线协议 EIB、BatiBus 和 EHSA 合并成立的 Konnex 协会所提出的 KNX 协议。该协议以 EIB 为基础，兼顾了 BatiBus 和 EHSA 的物理层规范，吸收了 BatiBus 和 EHSA 中配置模式的优点，提供了家庭、楼宇自动化的完整解决方案。KNX 总线独立于制造商和应用领域系统，通过所有总线设备连接到 KNX 介质（这些介质包括双绞线、射频、电力线或 IP/Ethernet）上进行信息交换。总线设备既可是传感器，又可是执行器，用于控制楼宇管理装置（如照明、遮光/百叶窗、保安系统、能源管理、供暖、通风、空调系统、信号和监控系统、服务界面及楼宇控制系统、远程控制、计量、视频/音频控制、大型家电等）。所有这些功能通过一个统一的系统就可以进行控制、监视和发送信号，不需要额外的控制中心。

KNX 是目前唯一的全球性的住宅和楼宇控制标准。在 KNX 系统中，总线接法是区域总线下接主干线，主干线下接总线，系统允许有 15 个区域，即有 15 条区域总线，每条区域总线或者主干线允许连接多达 15 条总线，而每条总线最多允许连接 64 台设备，这主要取决于电源供应和设备功耗。每条区域总线、主干线或总线都需要一个变压器来供电，总线之间通过隔离器来区分。在整个系统中，所有传感器都通过数据线与制动器连接，而制动器则通过控制电源电路来控制电器。所有器件都通过同一条总线进行数据通信，传感器发送命令数据，相应地址上的制动器执行相应的功能。此外，整个系统还可以通过预先设置控制参数来实现相应的系统功能，如组命令、逻辑顺序、控制的调节任务等。同时所有信号在总线上都以串行异步传输（广播）的形式进行传播，也就是说在任何时候，所有总线设备总是同时接收到总线上的信息的，当总线上不再传输信息时，总线设备即可独立决定将报文发送到总线上。KNX 电缆由一对双绞线组成，其中一条双绞线用于数据传输（红色为 CE+，黑色为 CE−），另一条双绞线给电子器件提供电源。KNX 有线形、树形和星形三种结构。

3．通信模块 LOGO!CMK2000

LOGO!CMK2000 是 LOGO!8.2 的通信模块，其实物照片如图 1.24 所示。该模块通过以太网与 LOGO!8 通信，它将来自 KNX 总线节点的传感器数据传送到逻辑模块，并在此将这些数据与逻辑功能组合。LOGO!控制命令通过通信模块传送到 KNX 执行器，可以组态 50 个 KNX 通信对象，并可将自身功能提供给其他 KNX 节点。

4．工业以太网交换机 LOGO!CSM

LOGO!CSM 是一种具有模块化设计的紧凑型工业以太网交换机，适用于带有工业以太网接口的新一代 LOGO!设备，包括 LOGO!CSM 12/14、LOGO!CSM 230。通过 LOGO!CSM，可将 SIMATIC LOGO!的以太网接口加倍，以便同时与控制和编程设备、其他控制器或办公设备通信，可通过 4 个以太网端口进行外部访问。图 1.25 所示为 LOGO!CSM 12/14 实物照片，图 1.26 所示为采用 LOGO!CSM 的网络拓扑结构。LOGO!CSM 是一种非网管型交换机，无须进行组态。

图 1.24　LOGO!CMK2000 实物照片

图 1.25　LOGO!CSM 12/14 实物照片

5. 无线通信模块 LOGO!CMR

LOGO!CMR 无线通信模块与 LOGO!模块相结合组成一种经济高效的通信系统，有 LOGO!CMR 2020 和 LOGO!CMR 2040 两种，可通过文本信息或电子邮件来监视和控制分布式设备及系统。LOGO!CMR 通过 GPS 天线接收的 GPS 信号确定模块的当前位置。LOGO!8 逻辑模块还可通过 GPS 信号所包含的时间进行时间同步。其中 LOGO!CMR 2020 适合在 GSM/GPRS 移动无线网络中使用，而 LOGO!CMR 2040 适合在 LTE 移动无线网络中使用。图 1.27 所示为 LOGO!CMR 实物照片。

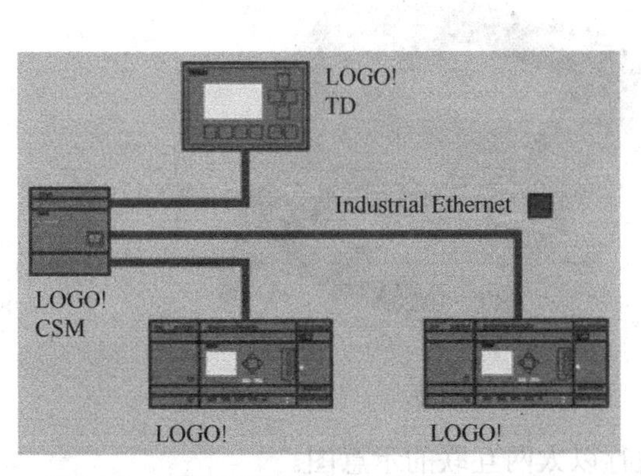

图 1.26　采用 LOGO!CSM 的网络拓扑结构

图 1.27　LOGO!CMR 实物照片

利用 LOGO!CMR 无线通信模块可以方便地执行远程诊断和远程控制，如大门控制、通风系统、供水系统、供暖系统、农业灌溉等；便于实现楼宇自动化、水及污水处理系统中温度、流速、液位、压力、阀门开度等的远程控制和监视；构建简易远程站的监视和控制系统；实现物流系统中的位置监控，如车辆、冷藏卡车、集装箱等的位置监控；进行建筑物内水、暖、电的计量和管理等。

表 1.4 列出了 LOGO!通信模块及其性能。

表 1.4　LOGO!通信模块及其性能

模　块	型　号	电源电压	输　入	输　出
	LOGO! CM AS-i	30V DC	LOGO!物理输入的后 4 个输入 In～In+3	LOGO! 物理输出的后 4 个输出 Qn～Qn+3
	LOGO!CM EIB/KNX	24V DC/AC	最多 16 个虚拟数字量输入（I），最多 8 个虚拟模拟量输入（AI）	最多 12 个虚拟数字量输出（Q），最多 2 个模拟量输出（AQ）
	LOGO!CMK2000	24V DC	带有 KNX 接口的通信模块，可实现 LOGO!8.2 和 KNX 之间信息与数据的交换，传输速率为 9600bps，通过以太网接口进行信息和数据交换的传输速率为 100Mbps，支持 LOGO!通信、Web 服务器	
	LOGO!CSM 12/14	12/24V DC	4 个 RJ45 端口，用于连接至工业以太网	
	LOGO!CSM 230	110/230V AC		
	LOGO!CMR 2020	12/24V DC	GSM/GPRS 移动无线网络中使用，2×DI，2×DO	有 3 个接口：1 个 RJ45 接口，适用于连接工业以太网，速率为 10/100Mbps，通过插接电缆连接到 LOGO!基本模块；1 个 SMA 天线连接器，用于连接 GPS 天线；1 个 SMA 天线连接器，用于连接 GPRS/LTE 天线
	LOGO!CMR 2040	12/24V DC	LOGO!CMR 2040 适合在 LTE 移动无线网络中使用，2×DI，2×DO	

6．LOGO!8.3 标准以太网接口

LOGO!8.3 主机模块在型号中带有字母“E”，表示该模块可以同其他自动化设备实现以太网通信，其接口如图 1.28 所示。

图 1.28　LOGO!8.3 标准以太网接口

图 1.29 所示为 LOGO!8.3 与其他设备进行以太网互联的示意图。

LOGO!8.3 之间的主站/从站连接下，只有主站的 LOGO!8.3 主机模块运行用户程序，从站只作为主站扩展的 I/O 模块。主站最多可以连接 8 个从站，每个从站都可以添加扩展模块到最大配置。从站只需要设定 IP 地址、从站模式和主站 IP 地址，同时还可以通过 OPC（用于过程控制的 OLE：OLE for Process Control；OLE：Object Linking and Embedding 对象连接与嵌入技术）和 PG/PC（PG，PLC 通信接口；PC，计算机通信接口）进行数据交换，或与西门子人机界面产品进行数据交换。主站/从站所连接的最大 I/O 点数可以扩展到 88 点数字量输入、84 点数字量输出、40 点模拟量输入、24 点模拟量输出。

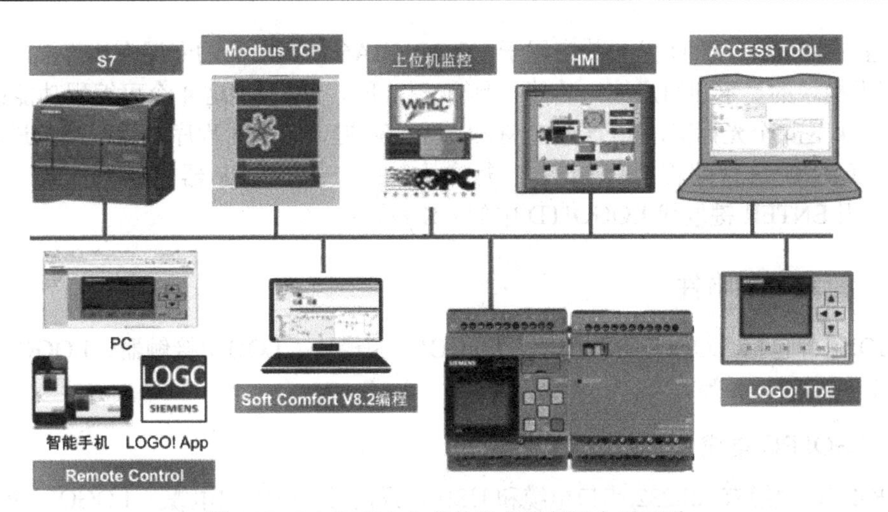

图 1.29　LOGO!8.3 与其他设备进行以太网互联

进行主站/主站连接时，每个 LOGO!8.3 主站在运行自身用户程序的同时又可与其他 LOGO!8.3 主站形成一个较小的网络系统，分享一些基本的通用信息。每个 LOGO!8.3 主站可以同时与其他 8 个 LOGO!8.3 主站通信。每个 LOGO!8.3 主站都可以脱离网络独立运行，同时还可以通过 OPC 和 PG/PC 进行数据交换，或与西门子人机界面产品进行数据交换。

1.3.4　文本显示器

图 1.30 所示为文本显示器的实物照片，其中，图 1.30（a）左侧为 LOGO!TD，右侧为 LOGO!TDE，图 1.30（b）为 LOGO!TD 与 LOGO!主机连接的实物照片。

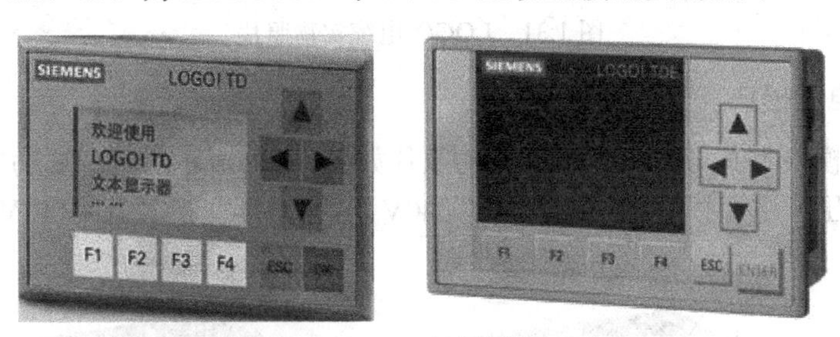

（a）LOGO!文本显示器

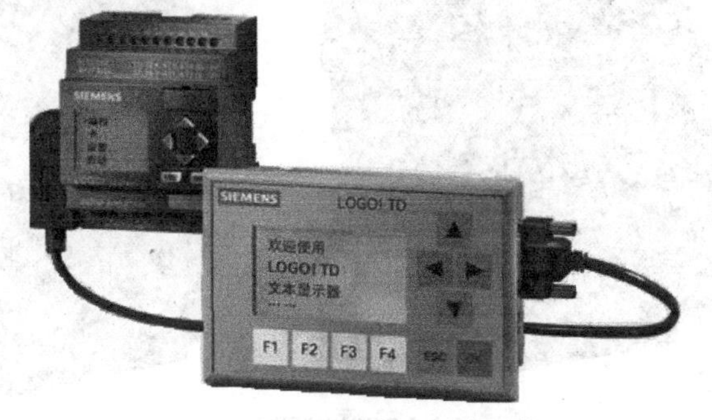

（b）LOGO!TD 与 LOGO!主机连接

图 1.30　LOGO!文本显示器的实物照片

文本显示器 LOGO!TD 是一款应用于 LOGO!0BA6 系列产品的专用人机界面，它扩展了 LOGO!基本模块的显示和用户接口功能，具有 F1、F2、F3、F4 这 4 个可编程功能键，C1、C2、C3、C4 这 4 个光标键，一个 ESC 键和一个 OK 键，可以对程序的运行参数进行编辑，但不能对 LOGO!进行编程，可显示 4 行文本输入。文本显示器 LOGO!TDE 只能连接 LOGO!8，用 ENTER 键取代 LOGO!TD 中的 OK 键。

1.3.5 LOGO!附件

LOGO!附件包括 LOGO! PC 电缆、LOGO!电源模块、LOGO!接触器、LOGO!存储卡和电池卡、LOGO! Prom 等。

1. LOGO! PC 电缆

LOGO! PC 电缆有 RS-232 串口电缆和 USB 电缆两种，LOGO!电缆是 LOGO!主机与 PC 连接的专用数据线，其主要作用是将 PC 中的控制程序下载到 LOGO!或将 LOGO!中的控制程序上传到 PC，同时还可以对程序进行在线检测和调试。图 1.31 所示为 LOGO!电缆实物照片。

图 1.31 LOGO!电缆实物照片

2. LOGO!电源模块

LOGO!电源模块及其与主机连接的实物照片如图 1.32 所示，其主要功能是为 LOGO!提供可靠的直流电压。电源模块将 AC 100～240V 电网电压变换为 DC 12V 或 DC 24V 供 LOGO!使用。

（a）LOGO!电源模块

图 1.32 LOGO!电源模块及其与主机连接的实物照片

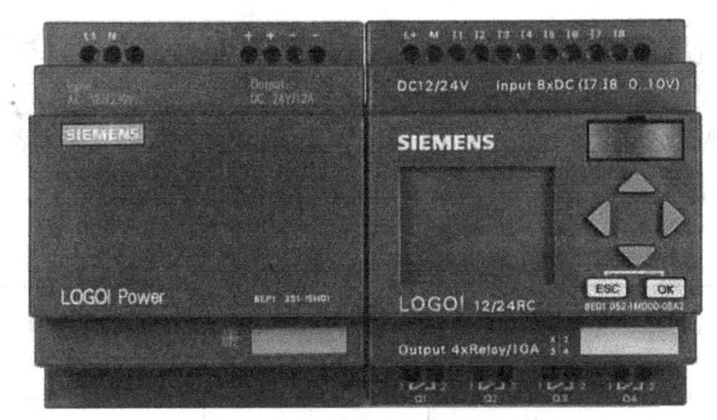

(b) LOGO!电源模块与主机连接照片

图 1.32　LOGO!电源模块及其与主机连接的实物照片（续）

3. LOGO!接触器

LOGO!接触器具有 3 对常开触点、1 对常闭触点，可接通和断开最大 20A 的电阻性负载或最大功率为 4kW 的三相异步电动机，抗干扰能力强，可在噪声敏感的环境下工作，其实物照片如图 1.33 所示。LOGO!Contact 24 的线圈电压为 DC 24V，LOGO!Contact 230 的线圈电压为 AC 230V。

图 1.33　LOGO!接触器实物照片

4. LOGO!存储卡和电池卡

LOGO!存储卡（紫色）可提供 32KB 的存储空间，用于复制程序和保护程序。LOGO!电池卡（绿色）为 LOGO!实时时钟提供最长两年的备用电源。LOGO!存储/电池卡（深棕色）则可同时提供电路编程的 32KB 存储空间和实时时钟的备用电源。图 1.34 所示为相应的实物照片。

图 1.34　LOGO!存储卡和电池卡实物照片

LOGO!存储卡和 LOGO!存储/电池卡用于存储程序，不仅可以将 LOGO!的电路程序复制，而且还可转载程序。在卡内的程序受副本保护的情况下，启动 LOGO!时，卡内的程序不能自动复制到 LOGO!，如果要执行卡内的程序，必须将卡一直插入 LOGO!上。在 LOGO!存储卡和 LOGO!存储/电池卡不受副本保护的情况下，启动 LOGO!时，卡内的程序能够自动复制到 LOGO!，即使将卡取出，程序也依然在 LOGO!中运行。

注意：存储卡并不通用，实际使用时需要查看说明书。

5. LOGO!与卡的兼容性

表 1.5 列出了几种 LOGO!与 LOGO!存储卡的兼容性。LOGO!0BA6 能够读取和写入

LOGO!0BA5 存储卡的数据，不能读取和写入 LOGO!0BA4 存储卡的数据。LOGO!0BA6 存储卡能够用于 LOGO!0BA5 和 LOGO!0BA4 控制器，但不能用于 LOGO!0BA0～LOGO!0BA3 控制器。LOGO!0BA4 不能使用 LOGO!0BA0～LOGO!0BA3 的存储卡。LOGO!0BA4～LOGO!0BA6 存储卡不能用于 LOGO!0BA0～LOGO!0BA3 控制器。

表 1.5 几种 LOGO!与 LOGO!存储卡的兼容性

型号 存储卡	LOGO!0BA6 存储卡	LOGO!0BA5 存储卡	LOGO!0BA4 存储卡	LOGO!0BA0～0BA3 存储卡
LOGO!0BA6	√	√	×	×
LOGO!0BA5	√	—	—	×
LOGO!0BA4	√	—	—	×
LOGO!0BA0～LOGO!0BA3	×	×	×	√

图 1.35 LOGO!8 支持 Micro SD 卡作为外置存储卡

6. Micro SD 卡

Micro SD 卡仿效 SIM 卡的应用模式，可将同一张卡应用在不同型号的移动电话内，堪称可移动式的储存 IC。Micro SD 卡是一种极细小的快闪存储器卡，主要应用于移动电话，因其体积微小且存储容量不断提高，已被用于 GPS 设备、便携式音乐播放器和一些快闪存储器盘中。LOGO!8 支持 Micro SD 卡作为外置存储卡，如图 1.35 所示。

7. LOGO! Prom

LOGO! Prom 用于复制程序模块和从 PC 传送程序至 LOGO!。

1.4 LOGO!系统配置

当 LOGO!本机模块的 I/O 点数不能满足控制要求时，可以通过扩展模块扩展。LOGO!主机配置相应的扩展模块可以完成数字输入量、数字输出量、模拟输入量、模拟输出量等信号的处理及通信功能，从而满足生产设备或生产工艺的要求。图 1.36 所示为 LOGO!主机与相应扩展模块配置的实物照片。

(a)

图 1.36 LOGO!主机与相应扩展模块配置的实物照片

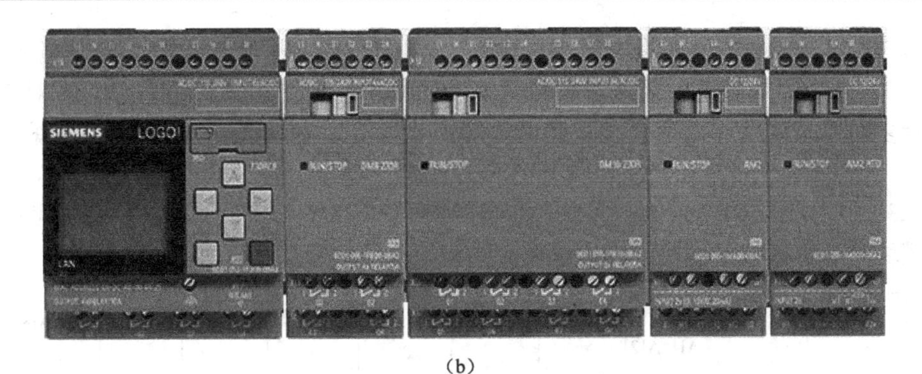

（b）

图 1.36　LOGO!主机与相应扩展模块配置的实物照片（续）

图 1.37 所示为 LOGO!主机与各种扩展模块的配置。扩展模块包括数字量输入/输出模块、模拟量输入模块、模拟量输出模块、热电阻输入模块、AS-i 网络接口模块、EIB 通信模块。

I1～I8 LOGO! 主机 Q1～Q4	8路数字量输入/ 8路数字量输出	2路模拟量 输入 (0～10V， 0～20mA)	2路模拟量 输出 (0～10V， 0～20mA)	2路热电阻 输入 (-50～ 200℃)	AS-i从站 模块 实现低成本 分布式 控制方案	EIB 通信模块

图 1.37　LOGO!主机与各种扩展模块的配置

LOGO!系统最多支持 24 个数字量输入、8 个模拟量输入、16 个数字量输出和 2 个模拟量输出。其中，数字量输入用 I 表示，数字量输出用 Q 表示，模拟量输入用 AI 表示，模拟量输出用 AQ 表示。数字量扩展模块必须与本机模块的电压等级相同，而模拟量模块和通信模块可以连接到任何电压等级的设备上。图 1.38（a）和（b）所示为 LOGO!系统的两种最大配置方式。

LOGO!TD	I1～I8 LOGO! 主机 Q1～Q4	I9～I12 LOGO! DM8 Q5～Q8	I13～I16 LOGO! DM8 Q9～Q12	I17～I20 LOGO! DM8 Q13～Q16	I21～I24 LOGO! DM8	AI1　AI2 LOGO! AM2	AI3　AI4 LOGO! AM2	AI5　AI6 LOGO! AM2	AI7　AI8 LOGO! AM2

（a）4 个数字量模块和 4 个模拟量模块

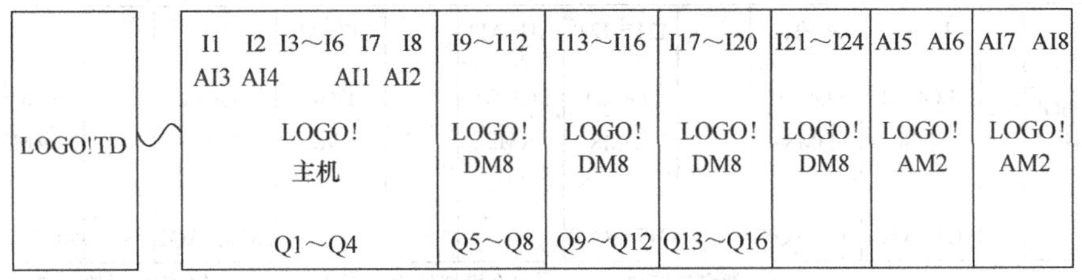

（b）4 个数字量模块和 2 个模拟量模块

图 1.38　LOGO!系统的两种最大配置方式

图 1.38（a）中主机模块没有模拟量输入，可以扩展 4 个数字量模块和 4 个模拟量模块。图 1.38（b）中主机模块有 4 个模拟量输入（I1、I2 对应 AI3、AI4，I7、I8 对应 AI1、AI2），最多可以扩展 4 个数字量模块和 2 个模拟量模块。模拟量模块中模拟量的编号从 AI5 顺延。

图 1.39 中主机的 4 个模拟量输入只使用 2 个（I7、I8 对应 AI1、AI2），最多可扩展 4 个数字量模块和 3 个模拟量模块。模拟量模块中模拟量的编号从 AI3 顺延。

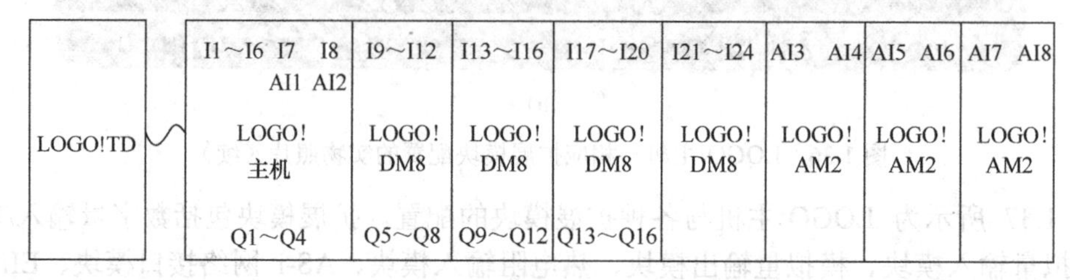

图 1.39　4 个数字量模块和 3 个模拟量模块

LOGO!8.2 和 LOGO!8.3 系列产品最大配置可扩展至 24 路数字量输入、20 路数字量输出、8 路模拟量输入和 8 路模拟量输出。用户可在配置上灵活选择，使用模拟量输出模块解决简单的闭环控制任务；通过集成的 PI 控制、斜坡函数和模拟多路复用器的特殊功能，可将加热和冷却系统设计为与 RTD 一起使用。图 1.40 所示为 LOGO!8.2 的几种最大配置示例。

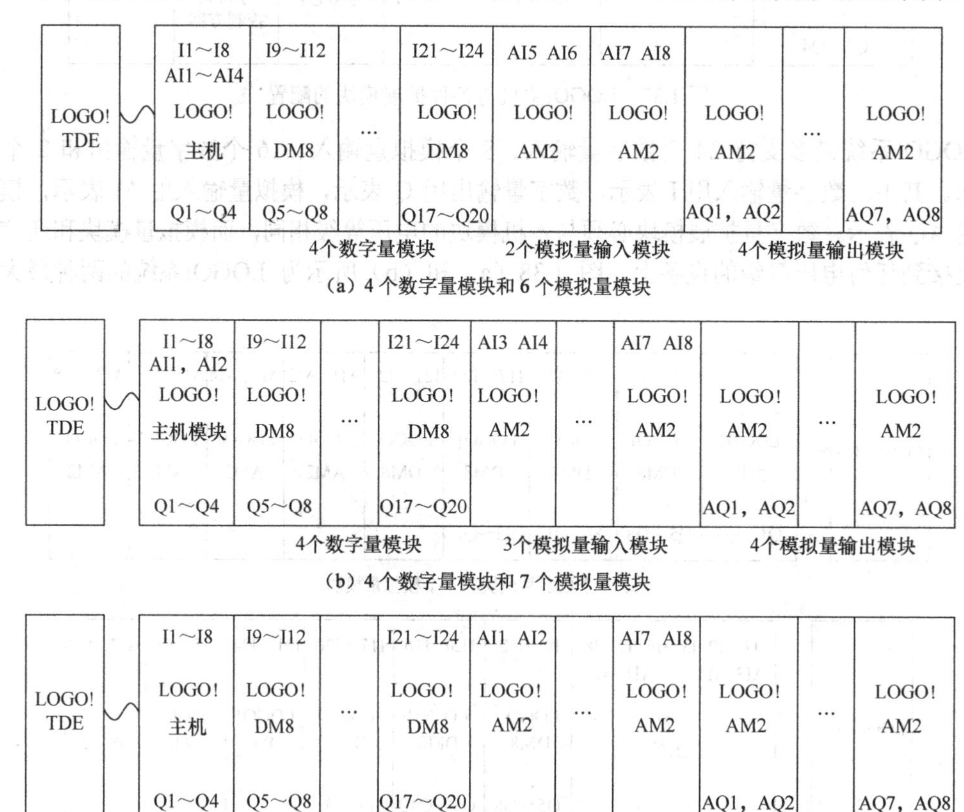

图 1.40　LOGO!8.2 的几种最大配置示例

图 1.41 所示为 LOGO!8.2 的一种配置示例实物照片。

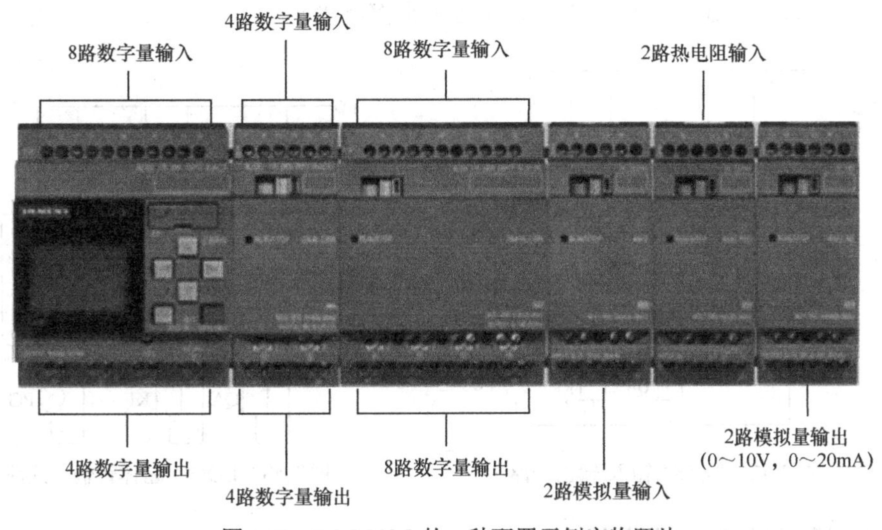

图 1.41　LOGO!8.2 的一种配置示例实物照片

电压等级相同的数字量模块 DM16 可以与两个 DM8 相互替换。模拟量输出模块（LOGO!AM2 AQ）可以插入以上任意一种配置中。为了优化 LOGO!主机和各扩展模块之间的高速通信性能，应先安装数字量模块，再安装模拟量模块，最后安装通信模块，如图 1.37 所示。

LOGO!8.3 是 LOGO!8.2 的升级替换产品，在继承 LOGO!8.2 强大功能的同时，可使用 IoT（Internet of Things，物联网）直接连接云端，支持用户设置云数据传输。

1.5 LOGO!输入/输出线路图

LOGO!多应用于微小型控制系统，以数字量（开关量）控制为主，其输入/输出线路图因型号的不同而不同，线路图根据所选用模块进行设计和绘制。下面分别对数字量和模拟量输入/输出线路图进行介绍。

1.5.1 电源和数字量输入/输出线路图

LOGO!模块的供电电压分为直流和交流两种，表 1.1 已列出了各种模块的电源电压。当模块的电源电压为交流时，为了抑制供电回路中的电压峰值，可以在电源两端并联一个压敏电阻进行保护，如图 1.42 所示。

图 1.42 同时示出了 LOGO!的输入/输出线路图。数字量输入把触点的一端接电源端，另一端接 LOGO!的输入端，输入端电压随模块电源电压等级的变化而变化。数字量输出分为继电器输出和晶体管输出。继电器输出触点的两端分别接电源端和负载，图 1.42 所示即为继电器输出。当负载为接触器、继电器线圈或信号灯时，线圈或信号灯的一端接 LOGO!输出继电器触点的一端，另一端接电源的一端，而 LOGO!输出继电器的另一端接电源的另一端。LOGO!晶体管输出线路如图 1.43 所示。晶体管输出有短路和过载保护，自带负载电

源，无须另加直流电源，图中示出了主机模块和扩展模块的输入/输出接线。晶体管输出一般用于动作频率高的输出，如伺服电机、步进电机控制等。

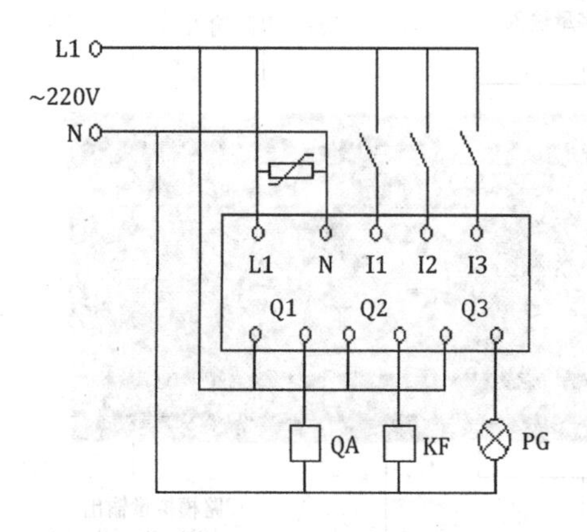

图 1.42　LOGO!输入/输出线路图

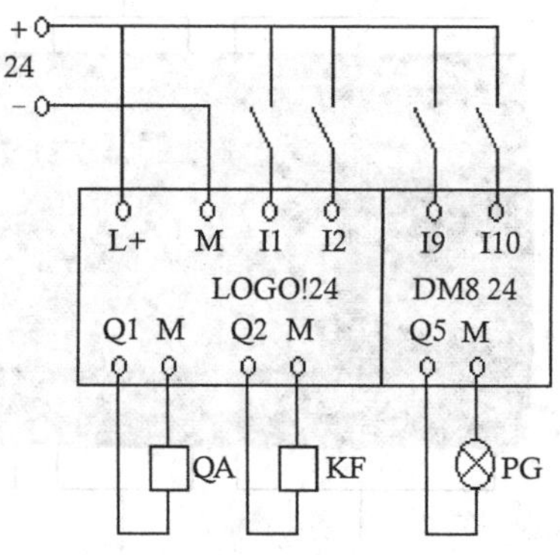

图 1.43　LOGO!晶体管输出线路

1.5.2　模拟量输入/输出线路图

模拟量线路分为主机模块模拟量输入线路和扩展模块模拟量输入线路、扩展模块模拟量输出线路。为了提高抗干扰能力，模拟量信号线应采用绞合线和屏蔽线，并尽量缩短走线距离。

LOGO!12/24RC/RCo 和 LOGO!24/24o 的数字输入 I1、I2、I7、I8 可以作为模拟量输入端，但只能处理 0～10V DC 电压信号。为此，当传感器为电位器或可变电阻且电源电压为 24V 时，需要串联电阻进行分压，以免输入电压超出 10V。图 1.44（a）和（b）所示分别为 24V 电源和 12V 电源时模拟量为电压信号的输入线路。图 1.44（a）中，通过串联电阻使电压降低 14V，使加在电位器上的最大电压值为 10V。图 1.44（b）中，无须串联电阻降压，在传感器上直接施加 12V 电源电压。

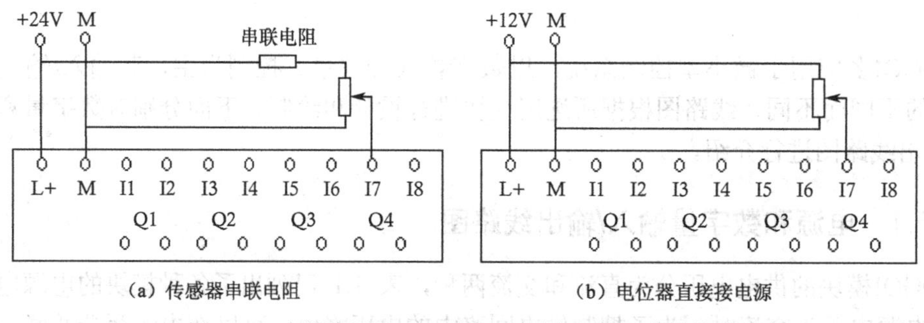

（a）传感器串联电阻　　（b）电位器直接接电源

图 1.44　电源电压为 24V 和 12V 时电压输入信号接法

模拟量输入模块 LOGO!AM2 可以输入 0～20mA 的电流信号和 0～10V DC 电压信号，电流信号接入 I 端与 M 端，电压信号接入 U 端与 M 端，信号线的屏蔽层接 PE 端，PE 端应同时接地，如图 1.45（a）所示。模拟量输入模块 LOGO!AM2 PT100 用于温度测量输入信号，可直接与铂电阻 PT100 相接，接法有两线接法和三线接法，如图 1.45（b）所示。两线接法不能补偿由测量回路电阻产生的误差，误差的大小与线路阻抗成正比，1Ω 的阻抗为 2.5℃，而三线接法能够抑制电缆电阻对测量结果的影响。

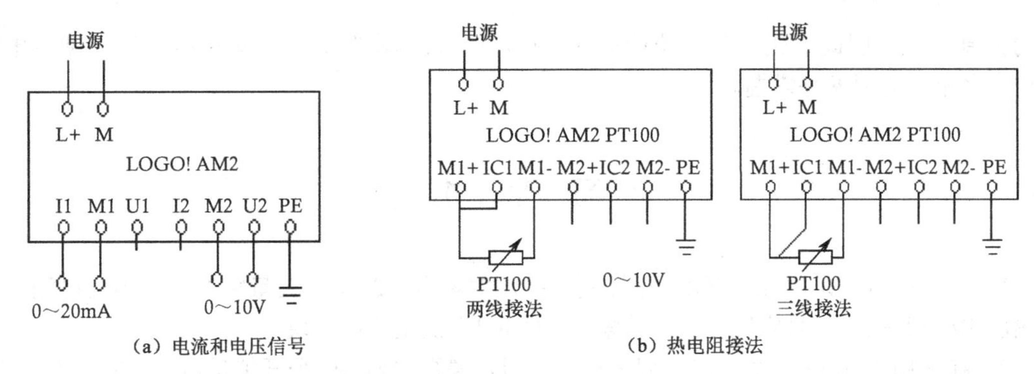

图 1.45　LOGO!AM2 输入接线

模拟量输出模块 LOGO!AM2 AQ 可输出 0～10V 电压信号和 0/4～20mA 电流信号，如图 1.46 所示。V 与 M 端输出电压信号，I 与 M 端输出电流信号。

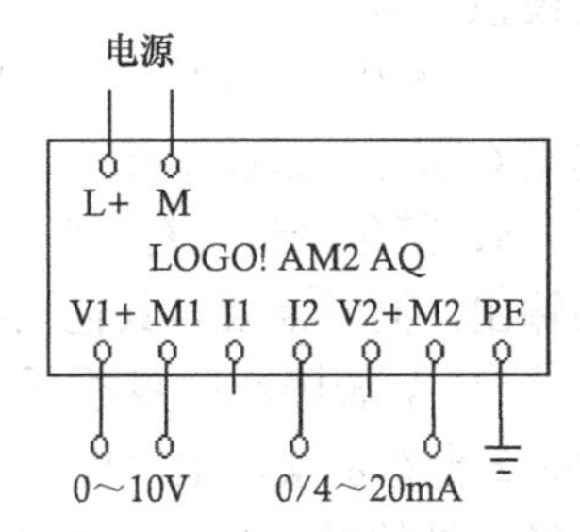

图 1.46　LOGO!AM2 AQ 输出接线

1.5.3　通信模块线路

LOGO!CM AS-i 接口连线和 LOGO!CM EIB/KNX 总线连接如图 1.47（a）和（b）所示。图 1.24 所示的 LOGO!8.2 通信模块 LOGO!CMK2000 通过右上角的接线端接线，左侧红色端接正，右侧黑色端接负。

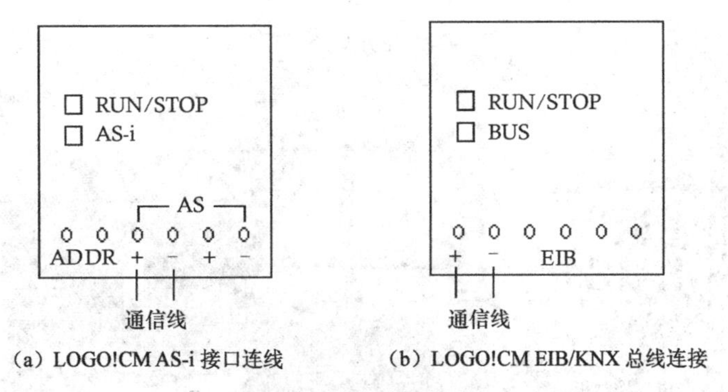

图 1.47　通信模块接线

本 章 小 结

微型 PLC 在小型生产过程和单台机械设备的控制中具有明显优势。本章在概况介绍微/小型 PLC 品牌和软/硬件知识的基础上，重点介绍了西门子智能逻辑控制器 LOGO!的硬件。LOGO!的硬件包括主机、数字量输入/输出模块、模拟量输入/输出模块、电源模块、通信模块等扩展模块和文本显示器及相关配件。在此基础上，介绍了 LOGO!控制系统的配置和输入/输出线路图。

LOGO!主机和扩展模块是硬件的基础，配置合适的模块组成控制系统并画出输入/输出线路图，编写相应的程序方能完成控制任务。只有熟练掌握各种模块及其配置，才能组成合适的控制系统。因此消化工艺、统计输入/输出量、根据实际情况合理选型、设计硬件电路是重中之重，需要熟练掌握。

习　题　1

1．某生产过程采用 LOGO!进行控制，控制对象有 13 个开关量输入信号需要检测，需要输出 10 个开关量信号实现控制。请配置 LOGO!主机及扩展模块。

2．在采用 LOGO!对某生产过程进行控制时，需要检测 10 个开关量信号、2 个 0～10V 的模拟量信号，需要输出 5 个开关量信号，请对 LOGO!控制器进行配置。

3．某生产过程需要对 12 路开关量、3 路 0～20mA 的模拟量信号进行检测，同时需要输出 6 路开关量和 2 路 0～10V 的模拟量，请选择 LOGO!主机并配置扩展模块。

4．某生产过程有 18 路数字量、4 路模拟量需要检测，有 12 路数字量、3 路模拟量需要输出，同时需要与其他设备进行通信。请给出 LOGO!的模块配置。

5．某居民小区冬季采暖通过换热站的换热机组供热，换热机组由换热器、2 台循环泵、2 台补水泵、电气控制柜及压力表、温度表等组成，如图 1.48 所示。热力公司需要收集本换热站的循环泵、补水泵的运行信号、故障信号、机组一次侧进水压力、进水温度、出水温度、二次侧出水压力、回水压力、出水温度、回水温度。采用 LOGO!进行数据及信号采集，请给出 LOGO!及扩展模块的配置。

图 1.48　习题 5 图

狡诈者轻鄙学问，愚鲁者羡慕学问，聪明者则运用学问。知识本身并没有告诉人怎么样运用它，运用的智慧在书本之外。这是技艺，不体验就学不到。

——培根

第 2 章　基本功能块及其应用

LOGO!根据输入信号的情况，执行内部由用户编制的程序，输出相应的信号，使被控对象的各个量随之变化，按要求进行相应动作。LOGO!内部程序由相应编程指令组成。编程指令包括基本功能块和特殊功能块两部分。本章首先介绍各种编程符号等基础性知识，然后对基本功能块进行详细讲解，并结合实际应用示例，对采用 LOGO!进行控制的方法和步骤加以说明，包括硬件设计、程序编制。本章的最后一节是实践性内容，介绍如何使用 LOGO!操作面板编辑基本功能块程序，并通过实验对采用 LOGO!实现控制、观察其运行状态的方法进行实践。

本章学习目标：

（1）掌握各种编程符号等基础性知识。

（2）重点掌握 8 个基本功能块，包括与、与非、或、或非、异或、非、上升沿检测的与和下降沿检测的与非，能够利用这些基本功能块编制一些简单的功能块程序。

（3）掌握采用 LOGO!实现控制的方法和步骤，包括硬件选型及配置、输入/输出安排及输入/输出线路图、逻辑功能块程序的编制。

（4）学会采用 LOGO!操作面板编辑基本功能块程序、观察运行状态。

（5）了解功能块图与梯形图的对应关系。

2.1　编程基础知识

2.1.1　编程符号

LOGO!编程的主要符号包括数字量输入、数字量输出、模拟量输入、模拟量输出、标志位、高/低电平状态、开路连接器、模拟量标志（寄存器）、移位寄存器位等。

数字量输入：以字母 I 标志，并以 I1,I2,…,I24 为其编号，标号按照安装时的顺序，依次与 LOGO!主机和扩展模块上的数字输入端子的编号相对应，最多可使用 24 个数字量输入。LOGO!24、LOGO!24o、LOGO!12/24RC、LOGO!12/24RCo 的数字量输入 I3、I4、I5、I6 还可作为高速数字量输入，用作高速计数器。

数字量输出：以字母 Q 标志，并以 Q1,Q2,…,Q16 为其编号（LOGO!8.2 的输出标号从 Q1 到 Q20），与输入标号一样，输出标号按照安装时的顺序，依次与 LOGO!主机和扩展模块上的数字输出端子的编号相对应，最多可使用 16 个数字量输出（LOGO!8.2 的数字量输出为 20 个）。

模拟量输入：以字母 AI 标志，并以 AI1,AI2,…,AI8 为其编号，标号按照安装时的顺序，依次与 LOGO!主机和扩展模块上的模拟输入端子的编号相对应，最多可使用 8 个模拟量输入，输入信号范围为 0～10V 或 0～20mA，并将输入信号转换为 0～1000 的内部数值。转换后的内部数值为外部输入值除以输入范围再乘以 1000。假如外部输入信号为 2V，则转换后的内部值为 200（2V 除以 10V 再乘以 1000）。

模拟量输出：LOGO!提供了 AQ1 和 AQ2 两个模拟量输出（LOGO!8.2 可提供 AQ1～AQ8 共 8 路模拟量输出）。模拟量输出值的范围有常规的电压 0～10V 和电流 0～20mA（或 4～20mA）两种。

标志位：以字母 M 标志，相当于辅助继电器。LOGO!的版本不同，标志位也不同，LOGO!0BA1 有 4 个标志位（M1～M4），LOGO!0BA2 和 LOGO!0BA3 有 8 个标志位（M1～M8），LOGO!0BA4 和 LOGO!0BA5 有 24 个标志位（M1～M24），LOGO!0BA6 有 27 个数字量标志位（M1～M27），LOGO!0BA8 有 64 个数字量标志位（M1～M64）。LOGO!将 M8 设置在电路程序的第 1 个循环周期内，可将其用作电路程序的启动标志，在第 1 个循环周期结束后 M8 复位。背光标志 M25 和 M26 分别用于控制 LOGO!显示的背光和控制 LOGO!TD（文本显示器）的背光。信息文本字符集标志 M27 用来确定信息文本显示器是显示字符集 1 还是字符集 2。

电平：LOGO!的低电平（lo）对应状态 0，高电平（hi）对应状态 1。

未使用的连接器：以字母 x 标志。如果功能块的输入不与其他功能块连接，则必须以字母 x 标志，否则在下载到 LOGO!时会出错。

模拟量标志（寄存器）：以字母 AM 标志。LOGO!提供了 6 个模拟量标志（AM1～AM6），用来作为模拟量功能块的标记，输出其输入模拟值。LOGO!0BA8 提供 64 个模拟量标志（AM1～AM64）。

移位寄存器位：LOGO!提供了移位寄存器位 S1～S8，这些位在程序中具有“只读”属性，只能通过移位寄存器这一特殊功能修改移位寄存器位的内容。LOGO!8 的只读移位寄存器位的范围为 S1.1～S4.8。

网络输入/输出：只能通过 LOGO!Soft Comfort 软件来配置网络输入/输出。如 LOGO!中的电路程序包含网络数字量/模拟量输入和输出，除 Par 参数外，不可对电路程序的其他任何参数进行编辑。要编辑程序的其他参数，必须将程序上传到 LOGO!Soft Comfort，然后通过 LOGO!Soft Comfort 进行编辑。网络数字量输入以字母 NI 表示，共有 64 个网络数字量输入（NI1～NI64）。网络模拟量输入以字母 NAI 表示，共有 32 个网络模拟量输入（NAI1～NAI32）。网络数字量输出以字母 NQ 表示，共有 64 个网络数字量输出（NQ1～NQ64）。网络模拟量输出以字母 NAQ 表示，共有 16 个网络模拟量输出（NAQ1～NAQ16）。

2.1.2　参数保护

在编写程序时，可以通过参数保护设置，选择“允许读/写参数”和“不允许读/写参数”。在指令的参数赋值菜单中，如果将具有保护功能的功能块设置为“+”，则允许读/写参数；如果设置为“−”，则在参数赋值菜单中不能对其参数进行修改。比如定时器延时时间为 02：00s+，则未进行参数保护设置；为 02：00s−，则进行了参数保护设置。

具体方法参照后面相关编程指令的内容。

2.1.3　保持性

如果编程的指令功能块设置为有保持性状态，则当电源发生故障时，对开关状态和当前数据进行保存，在电源恢复后，功能块指令继续从中断点运行。在编程软件的符号中，

Rem=on 表示状态具有保持性，Rem=off 表示状态无保持性。

具体方法参照后面编程指令中有关功能块的介绍。

2.1.4 计算模拟量值的增益和偏置

传感器将过程变量转换为 1 个模拟量信号并输入 LOGO!，LOGO!将输入的模拟量信号转换为 0～1000 范围内的数值，输入 AI 端的 0～10V 电压信号被转换为 0～1000 范围内的内部数值，1V 对应 100，2V 对应 200，以此类推，超过 10V 的电压仍转换为内部数值 1000。由于实际的过程变量不可能总在 LOGO!预定义的 0～1000 范围内，因此需要将数字量值乘以增益系数，再设置零点偏移，进而得到用户需要的实际过程变量，如下式所示：

Ax 的实际值=输入 Ax 的内部值×增益(Gain)+偏置(Offset)

增益和偏置的计算根据功能的相关高数值和低数值进行，下面通过两个示例加以说明。

示例 1：热电偶的测温范围为−30～70℃，对应的输出电压范围为 0～10V DC，在 LOGO!中的数值范围为 0～1000。

令电压信号为 0V 时 Ax 的内部值为 0，电压信号为 10V 时 Ax 的内部值为 1000，则有如下两个关系式：

$$-30 = (0\times \text{Gain}) + \text{Offset}$$

$$70 = (1000\times \text{Gain}) + (-30)$$

进而可得：Offset = −30，Gain = 0.1。

示例 2：1 个压力传感器的测压范围为 1000～5000mbar（1mbar=100Pa），对应的输出电压范围为 0～10V DC，在 LOGO!中的数值范围为 0～1000。

令电压信号为 0V 时 Ax 的内部数值为 0，电压信号为 10V 时 Ax 的内部数值为 1000，则有如下两个关系式：

$$1000 = (0\times \text{Gain}) + \text{Offset}$$

$$5000 = (1000\times \text{Gain}) + 1000$$

进而可得：Offset = 1000，Gain = 4。

2.1.5 实时时钟备份

LOGO!内部实时时钟具有备份功能，在电源故障或系统断电时仍能继续运行。环境温度会影响备份时间，当环境温度为 25℃时，标准的备份时间为 80 小时。对于 LOGO!0BA6 系列产品，使用可选的 LOGO!电池卡或组合的 LOGO!存储/电池卡，LOGO!内部时钟可保持的时间最长为 2 年。

2.2 AND（与）和 NAND（与非）

2.2.1 AND 指令（与指令及边沿触发与指令）

AND（与）指令有两种，一种为电平触发，另一种为边沿触发，如图 2.1 所示，其中图（a）所示为电平触发，图（b）所示为边沿触发。对于电平触发，只有当所有输入都为 1 时，输出 Q 才为 1，只要有 1 路输入为 0，输出 Q 即为 0，其输出由所有输入的共同作用所决定。相当于当电路中或梯形图中相串联的所有常开触点都闭合时，电路才接通，如图 2.1（c）所示。功能块上没有使用的输入标为 x，视为高电平，即 x=1，可以不予考虑。图 2.1（d）为电平触发逻辑功能时序图，其中 I1、I2、I3、I4 对应图 2.1（a）和（b）中的 4 个输入量。对于边沿触发，当有 3 个输入端为高电平 1，第 4 个输入端的信号从 0 变化到 1（即出现上升沿）时，输出 Q 才变为 1，并且输出 Q 为 1 状态的持续时间只有 1 个循环周期，1 个周期过后又变回为 0。没有使用的输入 x 默认为高电平 1，图 2.1（e）为边沿触发逻辑功能时序图。从图中可以看出，输出 Q 的变化时刻为内部程序循环周期的起始时刻。

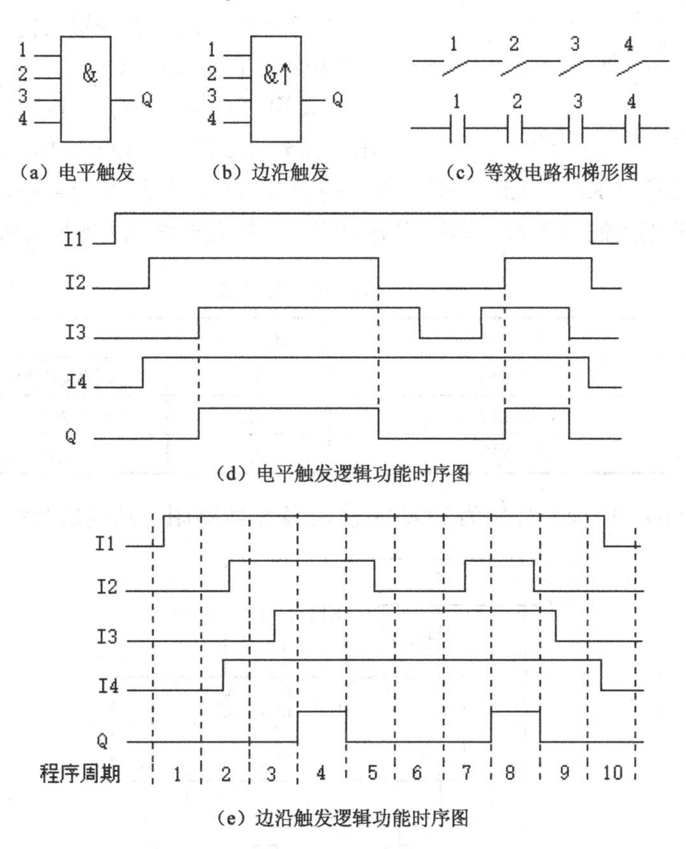

图 2.1　AND（与）指令符号及时序图

AND（与）功能逻辑表如表 2.1 所示。

表 2.1　AND（与）功能逻辑表

I1	I2	I3	I4	Q	I1	I2	I3	I4	Q
0	0	0	0	0	1	0	0	0	0
0	0	0	1	0	1	0	0	1	0
0	0	1	0	0	1	0	1	0	0
0	0	1	1	0	1	0	1	1	0
0	1	0	0	0	1	1	0	0	0
0	1	0	1	0	1	1	0	1	0
0	1	1	0	0	1	1	1	0	0
0	1	1	1	0	1	1	1	1	1

下面通过 1 个例子说明 AND 指令的应用。

某生产过程的 3 台设备分别由 3 台电动机驱动，3 台电动机的主电路如图 2.2 所示。要求 3 台设备的动作顺序为启动运行第 1 台电动机 MA1 后才可启动运行第 2 台电动机 MA2，第 2 台启动运行后方可启动运行第 3 台电动机 MA3。一旦电动机 MA1 停止，MA2 和 MA3 就随之立即停止，MA2 停止后，MA3 也随之停止，但 MA1 仍可运行，第 3 台设备的运行状态不影响第 1 台和第 2 台设备的状态。

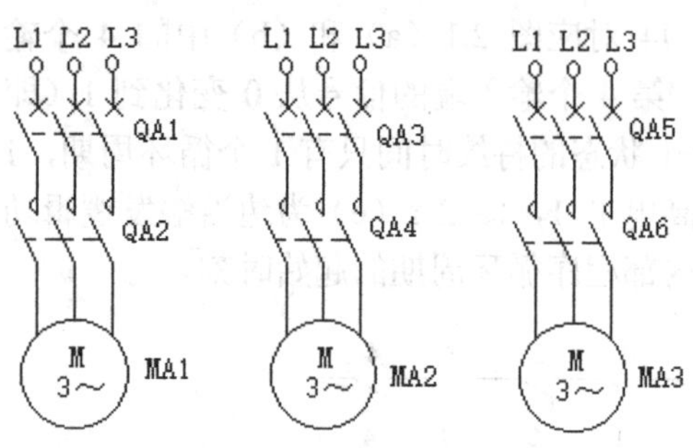

图 2.2　电动机的主电路

采用 LOGO!进行控制时，先安排输入/输出，如表 2.2 所示。LOGO!的 3 个输入 I1、I2、I3 所接的 3 个开关信号 KF1、KF2、KF3 作为控制 3 台电动机运行的条件，LOGO!的 3 个输出 Q1、Q2、Q3 分别控制与 3 台电动机相对应的 3 个接触器线圈 QA2、QA4、QA6。

表 2.2　输入/输出安排表

输　入	说　明	输　出	说　明
I1	开关 KF1	Q1	控制电动机 MA1 的电源接触器 QA2
I2	开关 KF2	Q2	控制电动机 MA2 的电源接触器 QA4
I3	开关 KF3	Q3	控制电动机 MA3 的电源接触器 QA6

图 2.3（a）、（b）和（c）分别为 LOGO!输入/输出线路图、功能块图和梯形图。

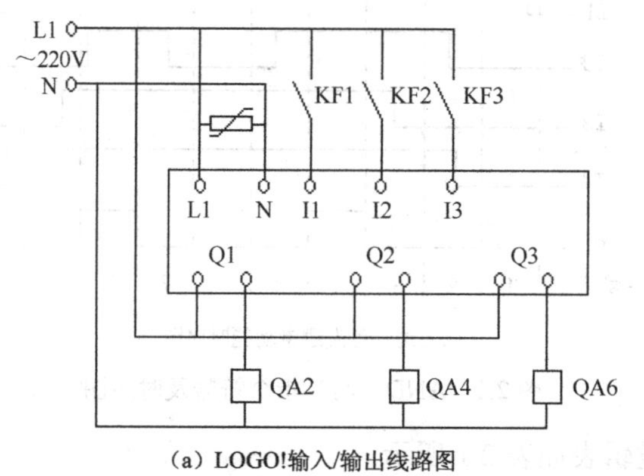

（a）LOGO!输入/输出线路图

（b）功能块图　　　　（c）梯形图

图 2.3　AND 指令应用示例 LOGO!输入/输出线路图、功能块图和梯形图

在图 2.3（b）的程序中，每个功能块都有各自的编号且以字母 B 开头，后面按数字编号顺序排列，如程序中的 B001、B002 等。当触点 KF1 闭合即第 1 台电动机有运行命令信号时，I1 输入为 1，输出 Q1 随之变为 1，接触器 QA2 因线圈得电而吸合，电动机 MA1 启动运行；B001 的输出 Q2 在输出 Q1 为 1 且输入 I2 为 1 时方可接通；同样，B002 的输出 Q3 必须在输出 Q2 为 1 的情况下才可能输出高电平。输出 Q2 受制于 Q1，输出 Q3 则受制于 Q2。当 I1 输入变为 0 时，输出 Q1 随之变为 0，Q2 和 Q3 的状态也变为 0，3 台电动机都停止。在 3 台设备都运行期间，如果 I2 输入变为 0，则输出 Q2 随之变为 0，Q3 的状态也变为 0，电动机 MA2 和 MA3 都停止。图中 B001/1 表示输出 Q1 连接到 B001 的第 1 个输入端，B002/1 表示输出 Q2 连接到 B002 的第 1 个输入端。

2.2.2　NAND 指令（与非指令及边沿触发与非指令）

NAND（与非）指令也有电平触发和边沿触发两种，图 2.4（a）所示为电平触发，图 2.4（b）所示为边沿触发。对于电平触发，当所有输入都为 1 时，输出 Q 为 0。相当于当电路中或梯形图中相并联的所有常闭触点都断开时，电路才断开，如图 2.4（c）所示。功能块上没有使用的输入 x 视为高电平 1，可以不予考虑。图 2.4（d）为电平触发逻辑功能时序图，I1、I2、I3 和 I4 为图 2.4（a）和（b）中的 4 个输入量。对于边沿触发，只有当所有输入都为高电平 1，且至少有 1 个输入出现从 1 到 0 的状态变化时，输出 Q 才能为 1，1 状态的保持时间只有 1 个扫描周期，1 个扫描周期之后变为 0 状态。没有使用的输入 x 为高电平 1，图 2.4（e）为边沿触发逻辑功能时序图。NAND（与非）功能逻辑表如表 2.3 所示。

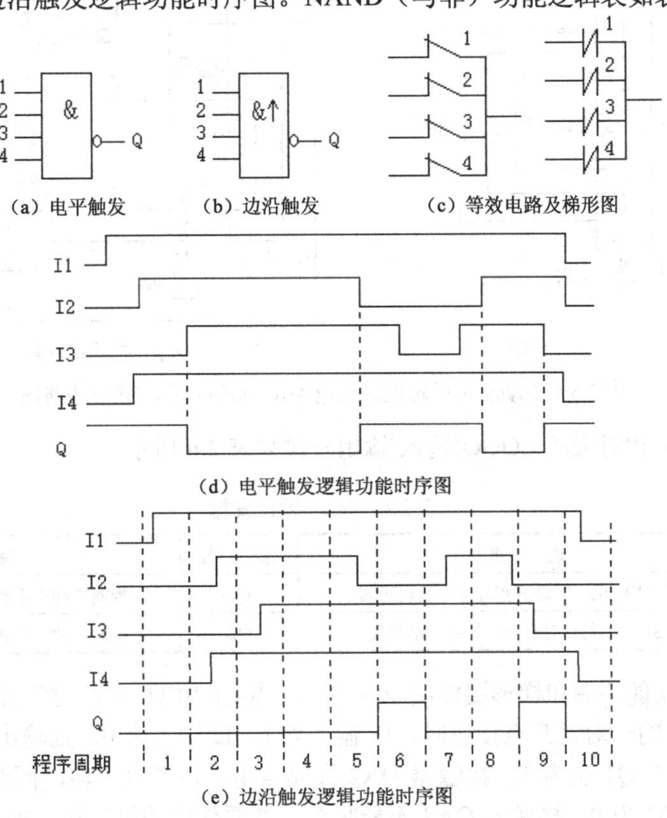

图 2.4　NAND（与非）指令符号及时序图

表 2.3　NAND（与非）功能逻辑表

I1	I2	I3	I4	Q	I1	I2	I3	I4	Q
0	0	0	0	1	1	0	0	0	1
0	0	0	1	1	1	0	0	1	1
0	0	1	0	1	1	0	1	0	1
0	0	1	1	1	1	0	1	1	1
0	1	0	0	1	1	1	0	0	1
0	1	0	1	1	1	1	0	1	1
0	1	1	0	1	1	1	1	0	1
0	1	1	1	1	1	1	1	1	0

下面以三相异步电动机的正反转控制为例，对 NAND 指令的应用进行说明。

电动机运行的主电路如图 2.5（a）所示，接触器 QA2 吸合时电动机正转，接触器 QA3 吸合时电动机反转。为了避免 QA2 和 QA3 同时吸合导致电源短路，应采取相应的措施，以确保 QA2 吸合时 QA3 断开、QA3 吸合时 QA2 断开。LOGO!的输入/输出线路图如图 2.5（b）所示。

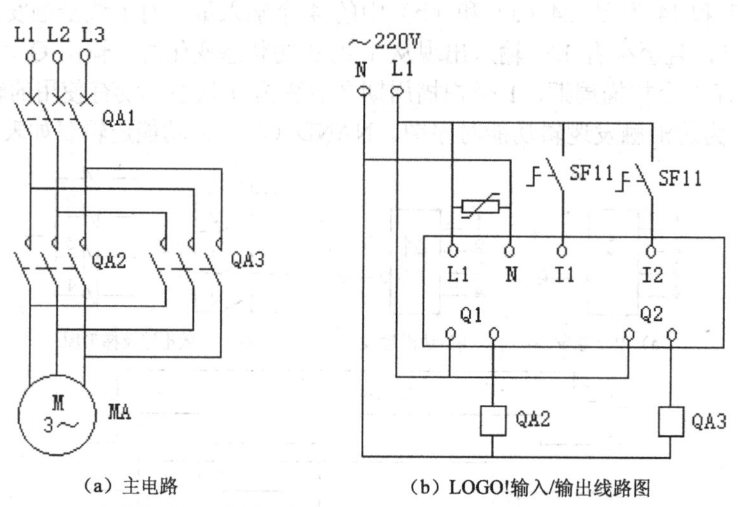

图 2.5　电动机正反转控制主电路及 LOGO!输入/输出线路图

与图 2.5（b）相对应的 LOGO!输入/输出安排如表 2.4 所示。

表 2.4　输入/输出安排

输　入	说　明	输　出	说　明
I1	旋钮 SF11 的一对常开点控制电动机正转	Q1	控制电动机正转接触器 QA2 的线圈
I2	旋钮 SF11 的另一对常开点控制电动机反转	Q2	控制电动机反转接触器 QA3 的线圈

满足要求的功能块图和梯形图如图 2.6 所示。旋钮 SF11 的两对常开点分别控制电动机正反转，当 SF11 的一对常开点接通时，I1 输入为 1，I2 输入为 0，则输出 Q2 为 0，B002 输出为 1，B001 输出 Q1 也为 1，接触器 QA2 线圈得电，电动机正转，同时 B004 输出 0，确保 B003 的输出 Q2 为 0，接触器 QA3 不能吸合。若要使电动机反转，扳动旋钮 SF11，其另一对常开点接通，原来闭合的常开点断开，I1 输入为 0，I2 输入为 1，使得 B003 的输出 Q2

为 1，接触器 QA3 吸合，电动机反转。为了确保可靠，可以分别在 QA2 线圈与 QA3 线圈的上方串联对方的常闭触点实现互锁。当旋钮 SF11 的两对常开点都断开时，LOGO!的两个输入 I1 和 I2 都为 0，输出 Q1 和 Q2 都断开，电动机 MA 停止。

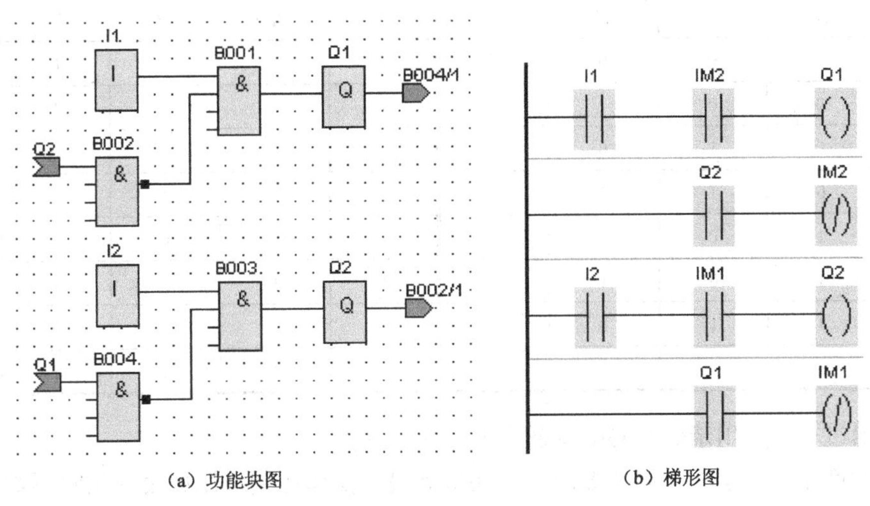

图 2.6　电动机正反转控制程序

2.3　OR（或）和 NOR（或非）

2.3.1　OR（或）指令

OR（或）指令的程序符号如图 2.7（a）所示。只要所有输入中有一个输入为 1，OR（或）功能块的输出就为高电平 1。相当于电路图中多个常开触点并联连接，1 状态相当于触点闭合，如图 2.7（b）所示。功能块上没有使用的输入标为 x，以低电平记，可以不予考虑。图 2.7（c）为其逻辑功能时序图。

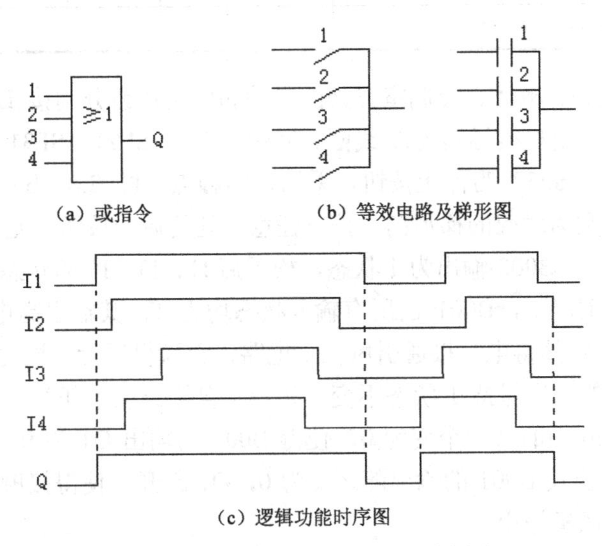

图 2.7　OR（或）指令符号及时序图

OR（或）功能逻辑表如表 2.5 所示。

表 2.5 OR（或）功能逻辑表

I1	I2	I3	I4	Q	I1	I2	I3	I4	Q
0	0	0	0	0	1	0	0	0	1
0	0	0	1	1	1	0	0	1	1
0	0	1	0	1	1	0	1	0	1
0	0	1	1	1	1	0	1	1	1
0	1	0	0	1	1	1	0	0	1
0	1	0	1	1	1	1	0	1	1
0	1	1	0	1	1	1	1	0	1
0	1	1	1	1	1	1	1	1	1

下面通过一个应用示例对 OR 指令的应用进行说明。

某些生产设备的运行与停止要求可以在多处进行操作控制，比如集中供暖锅炉的辅助机械，以锅炉引风机的启动和停止控制为例，要求既可在引风机旁控制（就地操作），又可在电气柜体上操作，还可在集中控制室控制。把每处的按钮通过导线连接到 LOGO!的输入端，而 LOGO!的输出触点用于接通或断开电源和引风机电机接触器线圈之间的电路，输入/输出安排如表 2.6 所示，与之相对应的输入/输出线路图如图 2.8（a）所示。

表 2.6 输入/输出安排

输　入	说　明	输入/输出	说　明
I1	机旁启动按钮（常开点）	输入 I5	集控室启动按钮（常开点）
I2	机旁停止按钮（常闭点）	输入 I6	集控室停止按钮（常闭点）
I3	电气柜启动按钮（常开点）	输出 Q1	引风机电机接触器 QA 的线圈
I4	电气柜停止按钮（常闭点）		

图 2.8（a）中机旁、柜体、控制室三处的启动和停止按钮分别接 LOGO!的 I1～I6 输入端，输出 Q1 接引风机电机接触器 QA 线圈。其中 SF11、SF21、SF31 为启动按钮，采用常开触点，SF12、SF22、SF32 为停止按钮，采用常闭触点。图 2.8（b）所示为满足要求的功能块图，图 2.8（c）则为对应的梯形图。按下任意一处的启动按钮，则 I1、I3、I5 三个输入端中的某一个输入为 1，B002 输出为 1 状态，松手后 I1、I3、I5 的状态恢复为 0 状态。在停止按钮都未被按下的情况下，B001 的所有输入状态均为 1，其输出高电平 1，Q1 内部触点接通，使接触器 QA 线圈得电，接通引风机主电路，引风机运行；同时 B002 的输入端 Q1 的 1 状态使得 B002 的输出保持 1 状态不变，相当于自锁。按下任意一处的停止按钮，B001 的三个输入 I2、I4、I6 中的某一个变为 0，使得 B001 的输出 Q1 为 0，同时 B002 的全部输入变为 0，B002 的输出及 B001 的输出随之变为 0，Q1 断开，使得接触器 QA 线圈失电，断开引风机主电路，引风机停止。

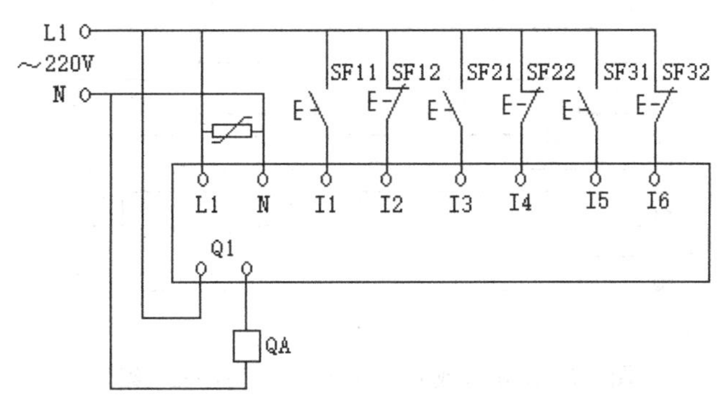

（a）LOGO!输入/输出线路图

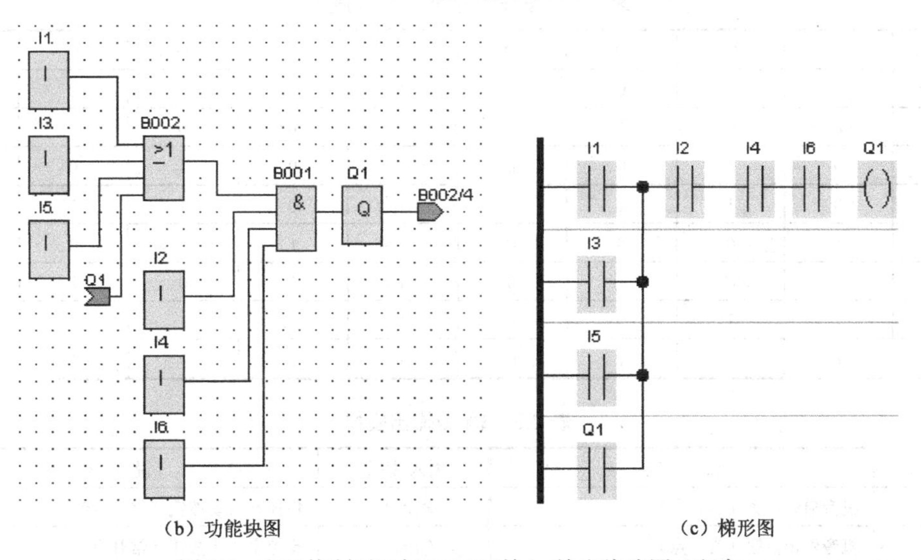

（b）功能块图　　　　（c）梯形图

图 2.8　三处控制引风机 LOGO!输入/输出线路图及程序

2.3.2　NOR（或非）指令

NOR（或非）指令的程序符号如图 2.9（a）所示。当所有的输入都为 0 状态时，输出 Q 为高电平 1，只要有一路输入为 1，功能块输出 Q 就为 0。相当于电路图中的多个常闭触点串联，0 状态相当于常闭触点闭合，如图 2.9（b）所示。图 2.9（c）为其逻辑功能时序图。功能块上没有使用的输入用 x 表示，相当于低电平状态。

NOR（或非）功能逻辑表如表 2.7 所示。

仍以前述锅炉引风机驱动电机的三处控制为例。三处的启动按钮 SF11、SF21、SF31 和停止按钮 SF12、SF22、SF32 全部采用常开触点，输入/输出安排如表 2.8 所示，与之对应的输入/输出线路图如图 2.10（a）所示。

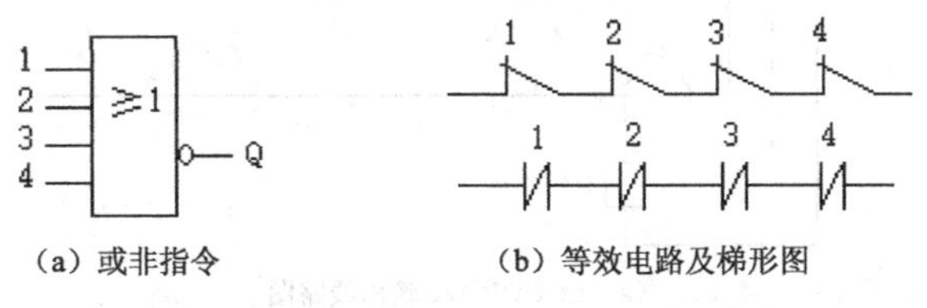

（a）或非指令　　　　（b）等效电路及梯形图

图 2.9　NOR（或非）指令符号及时序图

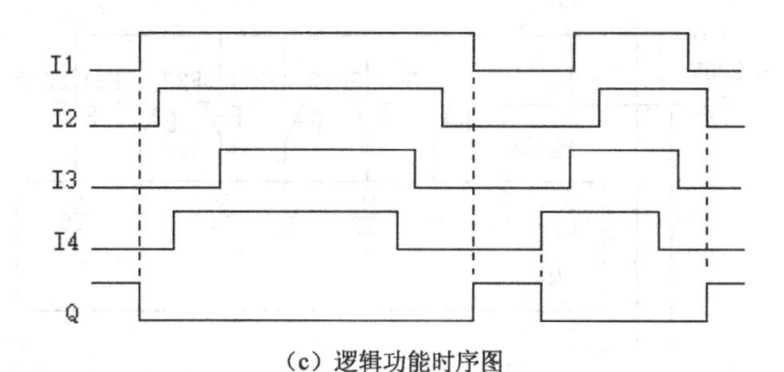

(c) 逻辑功能时序图

图 2.9 NOR（或非）指令符号及时序图（续）

表 2.7 NOR（或非）功能逻辑表

I1	I2	I3	I4	Q	I1	I2	I3	I4	Q
0	0	0	0	1	1	0	0	0	0
0	0	0	1	0	1	0	0	1	0
0	0	1	0	0	1	0	1	0	0
0	0	1	1	0	1	0	1	1	0
0	1	0	0	0	1	1	0	0	0
0	1	0	1	0	1	1	0	1	0
0	1	1	0	0	1	1	1	0	0
0	1	1	1	0	1	1	1	1	0

表 2.8 输入/输出安排

输　入	说　明	输入/输出	说　明
I1	机旁启动按钮（常开点）	输入 I5	集控室启动按钮（常开点）
I2	机旁停止按钮（常开点）	输入 I6	集控室停止按钮（常开点）
I3	电气柜启动按钮（常开点）	输出 Q1	引风机电机接触器 QA 线圈
I4	电气柜停止按钮（常开点）		

满足要求的功能块图和梯形图如图 2.10（b）和（c）所示。按下任意一个启动按钮后，输出 Q1 为 1 并保持在 1 状态，Q1 内部触点接通，接触器 QA 线圈得电，主触点闭合，接通引风机主电路，引风机运行。按下三个停止按钮中的任意一个，B003 的输出都为 0 状态，B001 的输出 Q1 随之变为 0，从而使接触器 QA 线圈失电，主触点断开，断开引风机主电路，引风机停止。

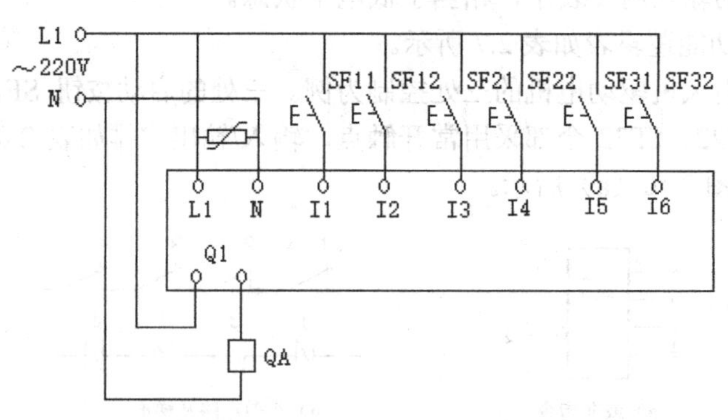

(a) LOGO!输入/输出线路图

图 2.10 NOR 指令应用示例程序

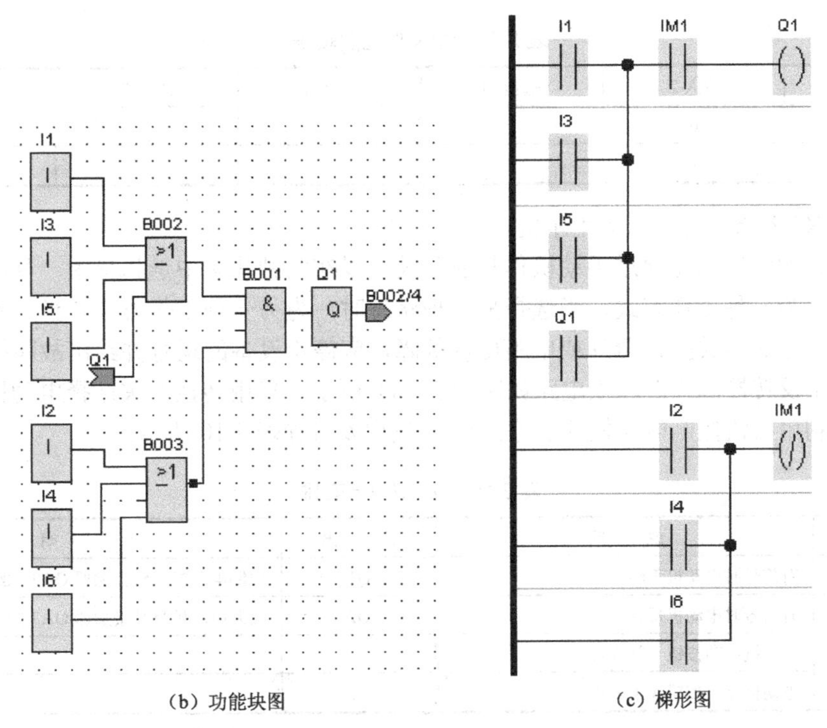

（b）功能块图　　（c）梯形图

图 2.10　NOR 指令应用示例程序（续）

2.4　XOR（异或）指令

XOR（异或）指令的程序符号如图 2.11（a）所示。当两个输入信号不相同时，XOR（异或）功能块的输出为高电平 1，而当两个输入信号相同时，XOR（异或）功能块的输出为低电平 0。图 2.11（b）所示为其等效电路，图 2.11（c）所示为梯形图。图 2.12 所示为 XOR 指令逻辑功能时序图。表 2.9 所示为其功能逻辑表。

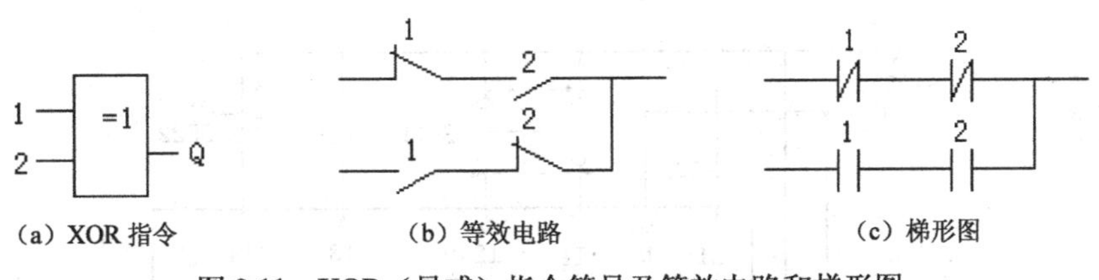

（a）XOR 指令　　（b）等效电路　　（c）梯形图

图 2.11　XOR（异或）指令符号及等效电路和梯形图

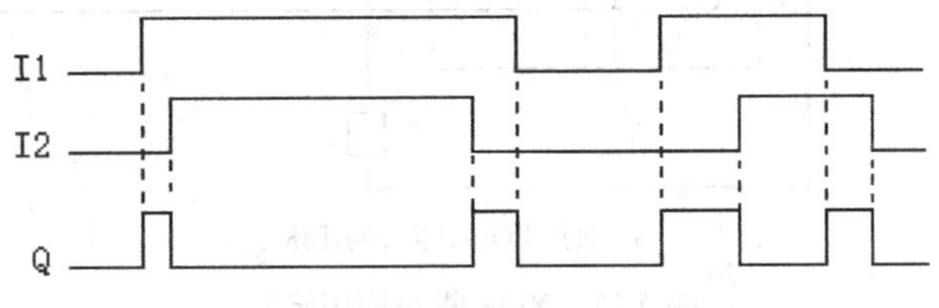

图 2.12　XOR 指令逻辑功能时序图

表 2.9　XOR 功能逻辑表

输入 1	输入 2	输出 Q	输入 1	输入 2	输出 Q
0	0	0	1	0	1
0	1	1	1	1	0

下面为 XOR 指令的一个应用示例。

一些设备的运行状态通过手动操作相应开关可以在两种状态中选择其中一种，当选择某一种状态时，为一种工作方式，当选择另一种状态时，为另一种工作方式。当二者的工作状态相同时，一定是相关操作器件或电路出现故障，应停止设备的运行并给出故障报警信号。仍以电动机正反转控制为例，主电路如图 2.5（a）所示。采用转换开关选择电动机的正反转工作状态，利用按钮控制电动机的启停，输入/输出安排如表 2.10 所示。

表 2.10　输入/输出安排

输　入	说　明	输　出	说　明
I1	有信号时电动机正转	Q1	控制电动机正转接触器 QA2 的线圈
I2	有信号时电动机反转	Q2	控制电动机反转接触器 QA3 的线圈
I3	电动机启动按钮（常开点）		
I4	电动机停止按钮（常闭点）		

采用 LOGO!的控制线路如图 2.13（a）所示。LOGO!的输入端 I1 和 I2 接转换开关 SF11，用于选择电动机的正反转状态，I1 有信号时，选择电动机的正转运行，通过操作按钮 SF21 和 SF22 控制电动机的启停。当按下启动按钮 SF21 时，I3 有输入信号，接触器 QA2 吸合，电动机正转运行。按下停止按钮 SF22 时，电动机停止。而 I2 有信号时，选择电动机的反转运行，仍然通过操作按钮 SF21 和 SF22 控制电动机反转时的启动和停止。接触器 QA3 吸合时，电动机反转运行。当 I1 和 I2 都无信号或者都有信号时，Q1 和 Q2 输出为 0，电动机处于停止状态。相应的功能块图和梯形图如图 2.13（b）和（c）所示。从程序中可以看出，电动机正转时，I1 为 1，I2 为 0，B002 输出 1 状态，按下启动按钮的那一刻，B001 的全部输入为 1，输出 Q1 为 1 状态。正常情况下，由于 I2 为 0，因此 Q2 输出一定为 0 状态。同样，当电动机反转时，I2 为 1，Q2 输出为 1 状态，Q1 输出一定为 0 状态。

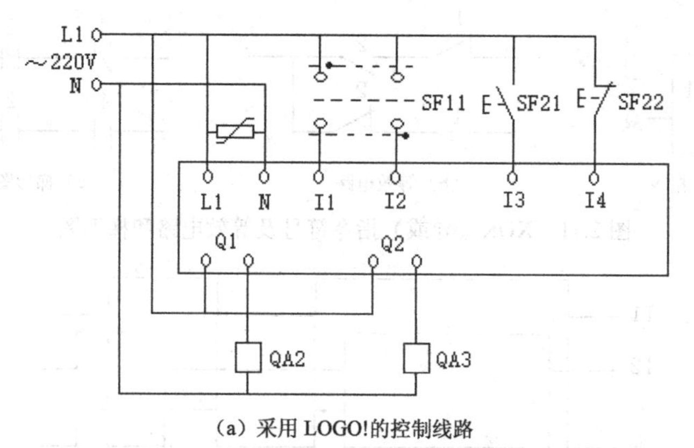

（a）采用 LOGO!的控制线路

图 2.13　XOR 指令应用示例

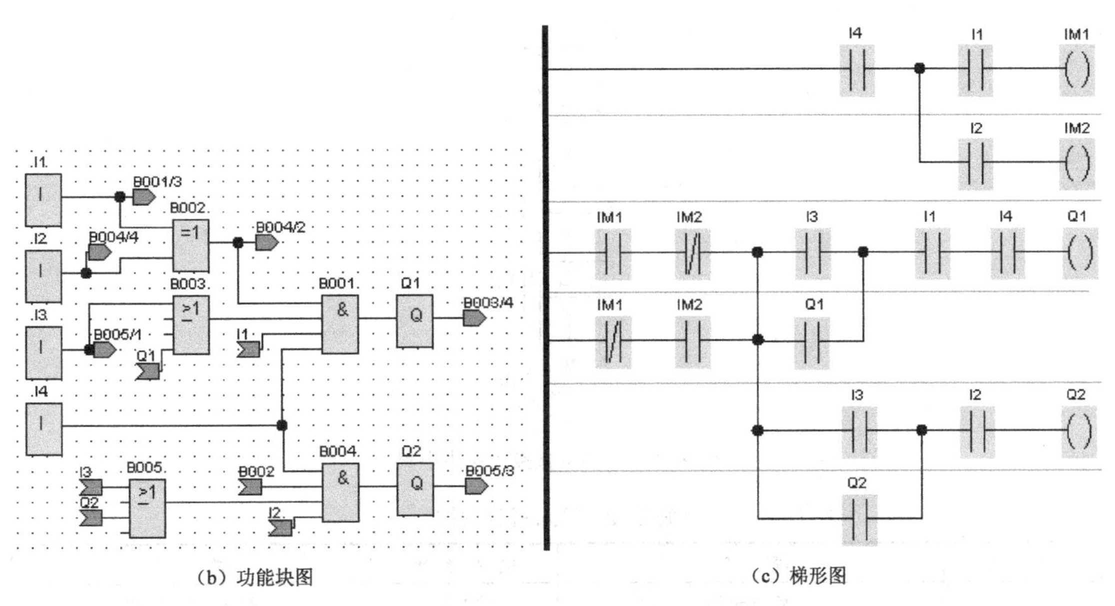

（b）功能块图　　（c）梯形图

图 2.13　XOR 指令应用示例（续）

2.5　NOT（非，反相器）指令

NOT（非）指令的程序符号如图 2.14（a）所示。NOT（非）功能块使输入状态反相，若输入为 0，则输出为 1；若输入为 1，则输出为 0。相当于电路中的常闭触点，如图 2.14（b）所示，其梯形图如图 2.14（c）所示。图 2.15 所示为其逻辑功能时序图。表 2.11 所示为其功能逻辑表。

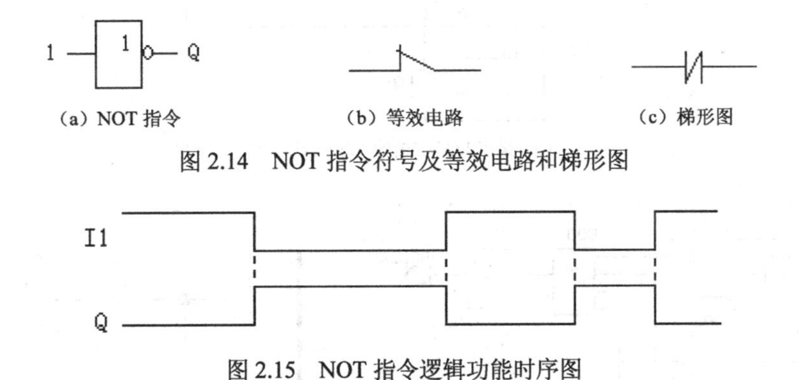

（a）NOT 指令　　（b）等效电路　　（c）梯形图

图 2.14　NOT 指令符号及等效电路和梯形图

图 2.15　NOT 指令逻辑功能时序图

表 2.11　NOT 功能逻辑表

输入 1	输出 Q	输入 1	输出 Q
0	1	1	0

下面以控制电动机的启动和停止为例介绍其应用。

电动机直接启停主电路如图 2.16 所示，启停按钮、热继电器的常闭点共占用 LOGO!的 3 个输入端，接触器线圈占用 1 个输出端。输入/输出安排如表 2.12 所示。

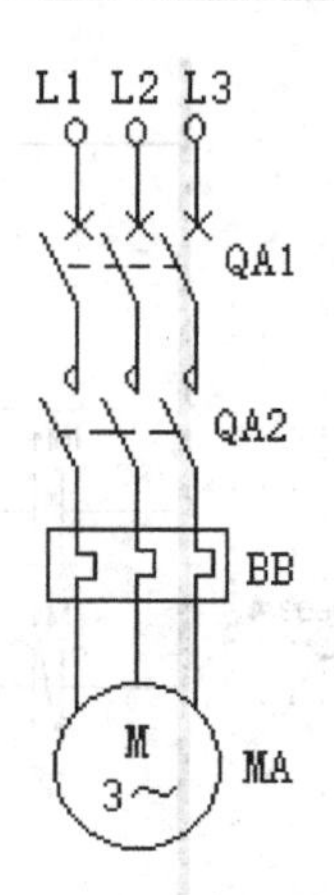

图 2.16　电动机直接启停主电路

表 2.12　输入/输出安排

输　　入	说　　明	输 入 输 出	说　　明
I1	启动按钮	输入 I3	热继电器常闭点
I2	停止按钮	输出 Q1	控制电动机运行接触器 QA2

采用 LOGO!的输入/输出线路图及满足要求的功能块图和梯形图如图 2.17（a）、（b）和（c）所示。

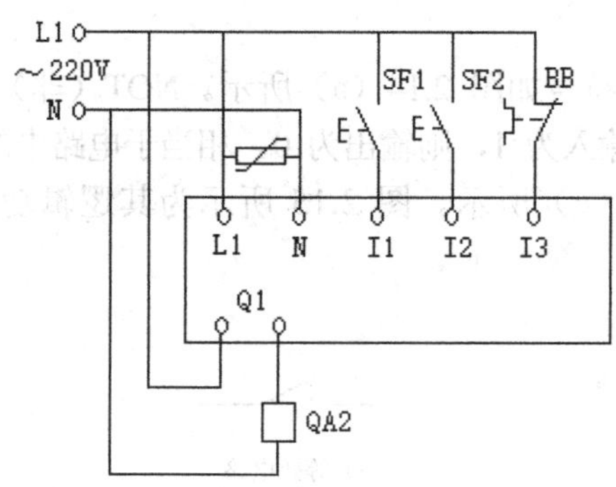

（a）采用 LOGO!的输入/输出线路图

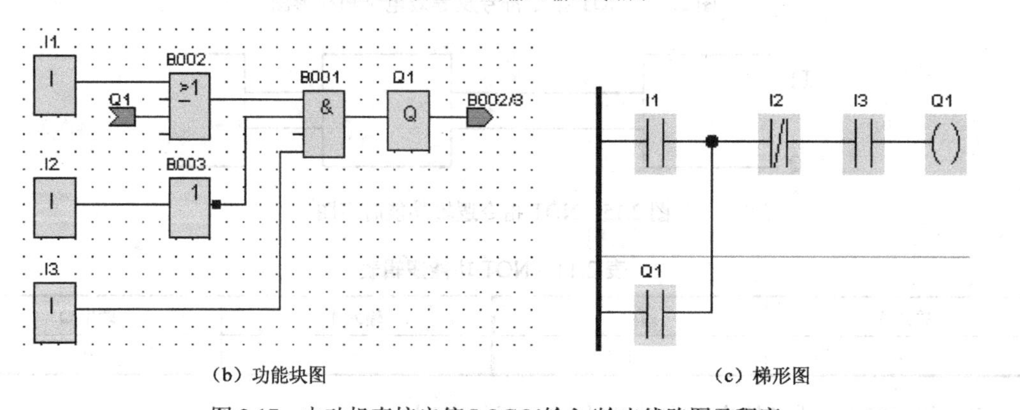

（b）功能块图　　　　（c）梯形图

图 2.17　电动机直接启停 LOGO!输入/输出线路图及程序

操作之前， I1、I2 输入均为 0，I3 输入为 1，功能块 B002 的输出为 0，B003 的输出为 1，B001 的输出 Q1 为 0，接触器 QA2 线圈两端电压为 0，其主触点处于断开状态，电动机

MA 停止。按下启动按钮 SF1，I1 输入为 1，B002 的输出变为高电平，B001 的输出 Q1 随之变为 1，接触器 QA2 线圈得电，其主触点闭合，电动机 MA 运行，同时 B002 输入 Q1 的高电平使得其输出保持 1 状态，相当于自锁，从而使电动机处于运行状态。松开按钮 SF1，I1 输入变为 0 状态。按下停止按钮 SF2 后，输入 I2 变为 1，B003 输出 0 电平，使得 B001 的输出 Q1 变为 0，B002 的输出随之降为 0，相当于解除自锁，接触器 QA2 线圈断电，其主触点断开，电动机停止运行。热继电器 BB 的常闭点接入 LOGO!的 I3 输入端，一旦发生过载，BB 常闭点就断开，I3 输入变为 0，使得 B001 的输出 Q1 变为 0 状态，电动机 MA 停止运行，从而保护电动机。

实际上，在图 2.6 所示的电动机正反转控制程序中，采用 NOT 指令更为合理，图 2.18（a）所示为功能块图，图 2.18（b）所示为对应的梯形图。

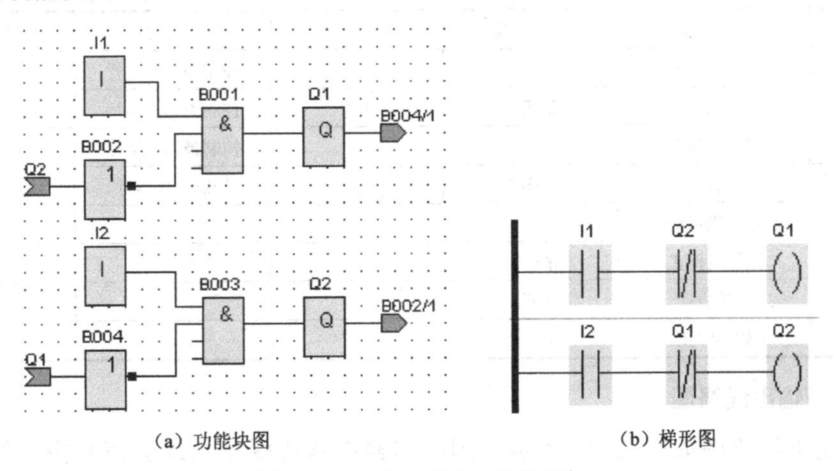

（a）功能块图　　（b）梯形图

图 2.18　电动机正反转控制程序

2.6　基本功能指令应用示例

基本功能指令只能实现一些简单的逻辑控制，下面通过几个示例，帮助理解和掌握采用 LOGO!进行控制的方法和步骤、基本功能指令的用法。

2.6.1　热水采暖锅炉辅机的联锁控制

热水采暖锅炉的主要辅助机械有循环泵、引风机、鼓风机、炉排。锅炉运行时上述机械的动作顺序有一定要求，启动时应按照循环泵、引风机、鼓风机、炉排的动作顺序运行，停止时动作顺序正好相反。为了避免操作失误，需要进行电气联锁。按照上述机械设备的动作顺序要求，启动时只有在前面的设备启动后，后面的设备才可依次顺序启动；停止时只有在后面的设备停止后，前面的设备才能依次顺序停止。为了简化电路，减小故障率，采用 LOGO!进行控制，联锁控制通过编程实现。每台设备的启动和停止通过启动按钮和停止按钮完成，LOGO!的输出继电器触点控制相应的电路以满足控制要求。

1．统计输入/输出点

输入点：每台机械设备的启动和停止按钮，4 台设备共有 8 路开关量输入。

输出点：控制每台设备运行的信号，4 台设备共有 4 路开关量输出。

2．进行系统配置

对于 8 路开关量输入、4 路开关量输出，LOGO!主机即可满足要求。

主机型号：LOGO!230RC，电源电压 115～240V AC/DC，8 路数字量输入，4 路继电器输出（触点电流 10A）。

3．安排输入/输出点

LOGO!输入/输出点安排如表 2.13 所示。

表 2.13　LOGO!输入/输出点安排

输　入	含　义	说　明	输　出	含　义	说　明
I1	循环泵启动	常开点	Q1	控制循环泵运行	经中继 KF1 控制
I2	循环泵停止	常闭点	Q2	控制引风机运行	经中继 KF2 控制
I3	引风机启动	常开点	Q3	控制鼓风机运行	经中继 KF3 控制
I4	引风机停止	常闭点	Q4	控制炉排运行	经中继 KF4 控制
I5	鼓风机启动	常开点			
I6	鼓风机停止	常闭点			
I7	炉排启动	常开点			
I8	炉排停止	常闭点			

4．输入/输出线路图

输入/输出线路图如图 2.19 所示。图中与继电器线圈相并联的信号指示灯用于指示 LOGO!的输出状态，同时也可指示各台设备的运行状态。

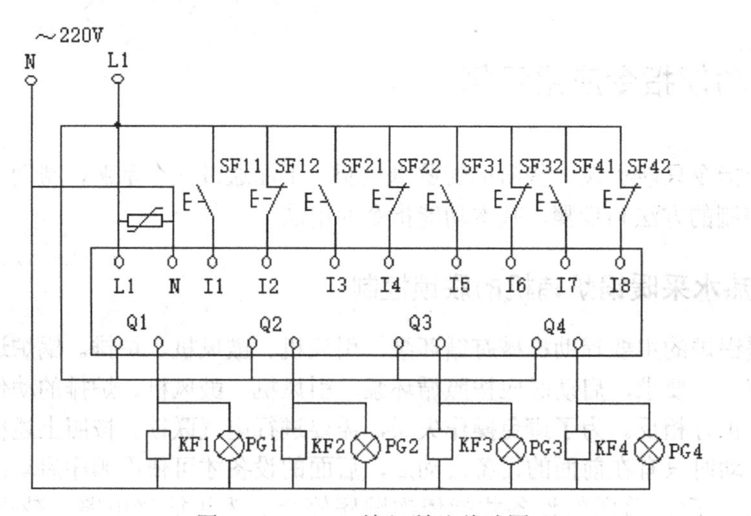

图 2.19　LOGO!输入/输出线路图

5．满足控制要求的程序

满足控制要求的程序如图 2.20 所示。结合表 2.13 和图 2.19，输出 Q1 控制循环泵的运行，按下启动按钮 SF11，I1 端有输入信号，B002 的输出为 1，因 I2 输入端为停止按钮的常闭点，故输入状态为 1，使得 B003 输出 1 状态，从而使 B001 的两个输入均为 1，致使输出 Q1 为 1 状态。尽管启动按钮 SF11 在操作人员松手后变为断开状态，即 I1 输入信号变回到 0 状态，因 B002 的另一个输入端的 Q1 已变为状态 1，故其输出仍为 1，从而保持 Q1 为 1 状态，相当于电气线路中的自锁，继电器 KF1 线圈得电，相应电路动作，循环泵开始运行。在操作人员按下停止按钮 SF12 后，I2 瞬时变为 0，在 Q2 为 0 状态的情况下，Q1 随之变为 0，B002 的输入全为 0，输出为 0 状态，使得 B001 的输出 Q1 保持在 0 状态。即使在停止按钮 SF12 恢复闭合后，因 I1、Q1 均为 0，相当于解除自锁，B001 输出 Q1 一直为 0，循环泵停止运行。B004 的输出 Q2 用于控制引风机的运行，作为 B003 的 1 个输入，用于进行联锁控制，只要引风机运行（Q2 为 1 状态），循环泵就不能停止。只有在循环泵运行后即 Q1 为 1 时，B004 的输出 Q2 才可能为 1。Q2 的状态取决于 B005 和 B006 的输入。在 I3 和 I4 均为 1 状态（按下启动按钮而停止按钮没被按下）的情况下，Q2 输出为 1。Q2 的 1 状态作为 B005 的 1 个输入信号使得 Q2 输出保持在状态 1，相当于自锁，继电器 KF2 线圈得电，相关电路动作，控制引风机运行。B006 的输入 Q3 用于联锁控制，在鼓风机停止运行后即 B007 的输出 Q3 为 0 后，引风机方可停止。其他联锁控制这里不再叙述。

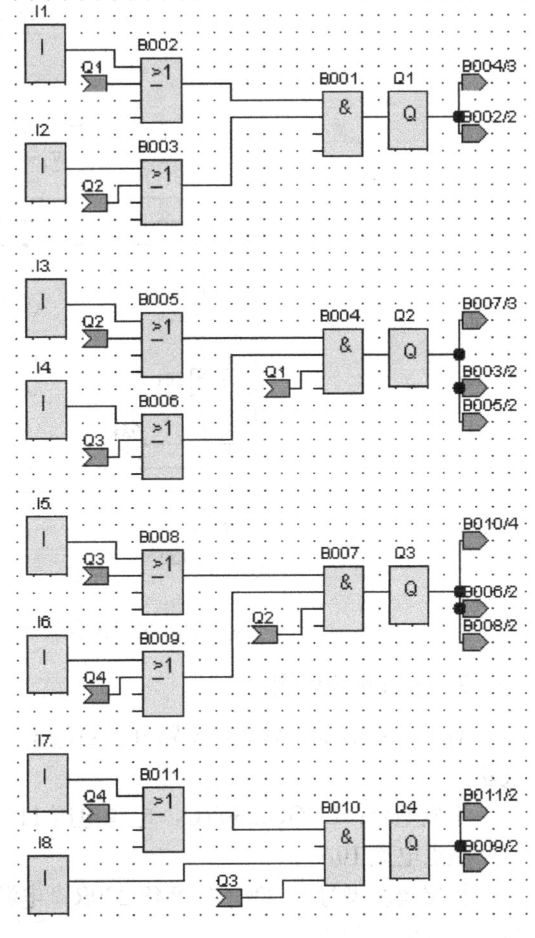

图 2.20　热水采暖锅炉辅机控制程序

本例可以帮助巩固采用 LOGO!实现控制的方法，包括硬件选型、输入/输出安排点和线路、软件编程的方法，以及程序中实现自锁、联锁的方法。

2.6.2　1 台软启动器分时启动 2 台电动机

采用 1 台软启动器启动 2 台电动机的主电路如图 2.21 所示。图中，TB 为电动机软启动器，QA1～QA5 为接触器，BB1、BB2 为热继电器。当电动机 MA1 启动时，接触器 QA3 和 QA4 吸合，电动机 MA1 的电压逐渐升高，转速也随之逐渐上升，当电动机定子电压上升到额定电压时，软启动器内部触点闭合，通过控制电路使旁路接触器 QA1 闭合，电动机 MA1 全压运行，并使软启动器断电。当电动机 MA2 启动时，接触器 QA3 和 QA5 吸合，进行降压软启动，启动过程与 MA1 的类似。

1．统计输入/输出点

输入点：2 台电动机的启动停止按钮、热继电器触点、软启动器内部旁路触点，共有 7 路开关量输入。

输出点：5 个接触器的控制信号，共有 5 路开关量输出。

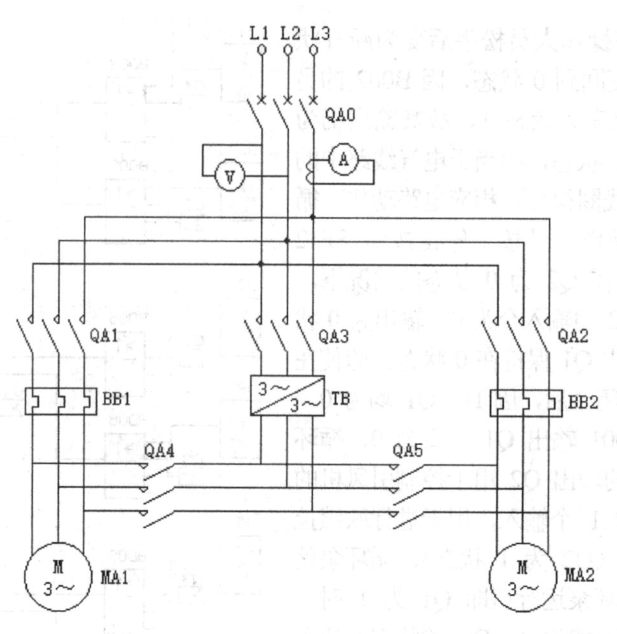

图 2.21 采用 1 台软启动器启动 2 台电动机的主电路

2. 进行系统配置

对于 7 路开关量输入、5 路开关量输出，需配置 LOGO!主机和 1 个 4 输入 4 输出的扩展模块。

主机型号：LOGO!230RC，电源电压 115～240V AC/DC，8 路数字量输入，4 路继电器输出（触点电流 10A）。

扩展模块型号：LOGO! DM8 230R，电源电压 115～240V AC/DC，4 个数字量输入，4 个继电器输出（5A）。

3. 安排输入/输出点

表 2.14 所示为输入/输出点安排。

表 2.14 LOGO!输入/输出点安排

输 入	含 义	说 明	输 出	含 义	说 明
I1	MA1 启动按钮	SF11 常开点	Q1	MA1 软启动	接触器 QA4 线圈
I2	MA1 停止按钮	SF12 常闭点	Q2	MA1 全压运行	接触器 QA1 线圈
I3	MA2 启动按钮	SF21 常开点	Q3	MA2 软启动	接触器 QA5 线圈
I4	MA2 停止按钮	SF22 常闭点	Q4	MA2 全压运行	接触器 QA2 线圈
I5	MA1 热继电器	BB1 常闭点	Q5	控制软启动器 TB 通断电	扩展模块的 Q1，控制接触器 QA3 线圈
I6	MA2 热继电器	BB2 常闭点			
I7	软启动器旁路触点	TB 常开点			

4. 输入/输出线路图

输入/输出线路图如图 2.22 所示。图中，软启动器 TB 内部常开触点 1、2 两端为旁路输出端，5、6 之间为故障输出端，所接指示灯 PG5 用于故障指示。BB1、BB2 是对 2 台电动机进行过载保护的热继电器的 2 对常闭触点。与接触器线圈相并联的指示灯用于指示相应的状态。

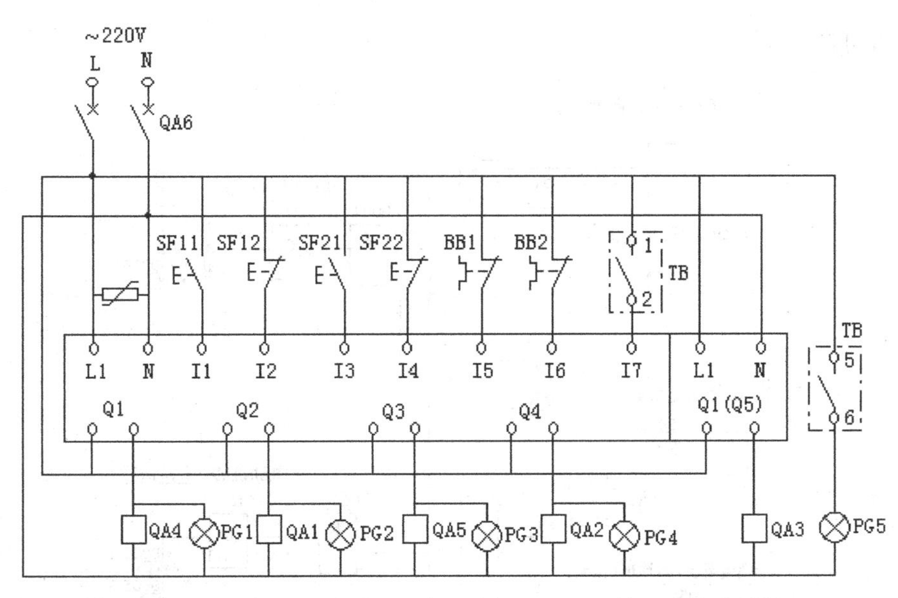

图 2.22 1 台软启动器启动 2 台电动机的 LOGO!输入/输出线路图

当 Q1 端有输出信号时，接触器 QA4 吸合，电动机 MA1 进行降压启动；当 Q3 端有输出信号时，接触器 QA5 吸合，电动机 MA2 进行降压启动。启动过程结束后，Q2 端和 Q4 端有输出，使得接触器 QA1 和 QA2 吸合，相应的电动机全压运行。降压启动过程中，扩展模块的输出端 Q1（程序中对应 Q5）控制软启动器的进线接触器 QA3 动作，使软启动器得电。

5. 编写满足控制要求的程序

采用 1 台软启动器启动 2 台电动机的程序如图 2.23 所示。由于软启动器不能同时启动 2 台电动机，因此程序中应避免 2 台电动机同时启动，只能在 1 台启动过程结束后再启动另 1 台。启动电动机 MA1 时，按下启动按钮 SF11，LOGO!输入端 I1 为高电平状态，B002 的输出状态变为 1。因 I2 输入端所接的停止按钮 SF12 为常闭触点，故 I2 端有信号输入，且此时 Q2 和 Q3 均为 0 状态，使得 B003 的输出状态为 1，从而使得 B001 的输出状态变为 1。同时 B002 的输入端 Q1 升为高电平状态，相当于电气电路中的自锁，即使在 I1 变回 0 状态（启动按钮 SF11 松手）时，输出 Q1 也仍保持 1 状态，相对应的接触器 QA4 线圈得电。程序中 B011 的输出 Q5 随 Q1 升为 1 状态，使接触器 QA3 线圈得电，软启动器进线接触器闭合，电动机进行降压启动。当电动机电压达到全压时，软启动器 TB 的常开触点 1、2 闭合，LOGO!的 I7 输入端有输入信号，B012 使 I7 和 Q1 相与，使得软启动器 TB 的旁路信号只在 MA1 启动过程中有效，限定全压运行的电动机为 MA1。B005 的输出随 I7 的升高也变为 1。在 I2 为 1（未按停止按钮 SF12）的情况下，只要电动机不过载或三相电源不缺相，热继电器 BB1 就不动作，输入 I5 就保持 1 状态，B004 的输出 Q2 升为高电平，Q2 作为 B005 的输入信号，保持输出为高电平状态，接触器 QA1 线圈得电，主电路中的主触点闭合，电动机 MA1 全压运行，并且 Q2 使得 B003 的输出变为 0，从而使 B001 的输出 Q1 和 B011 的输出 Q5 都变为 0，接触器 QA4 和 QA3 线圈断电，软启动器的进出线接触器主触点断开，启动过程结束。按下停止按钮 SF12，I2 输入变为 0，Q1、Q2 输出随之变为 0，Q5 也因此降为 0 状态，相应的接触器线圈断电，主触点断开，电动机 MA1 停止。软启动过程中，同一时间段软启动器只能驱动 1 台电动机，因此程序或电路中应设置必要的互锁，如程序中 B003 的输入 Q3 和 B008 的输入 Q1。电动机 MA2 的启动过程与 MA1

类似，读者可自行分析。

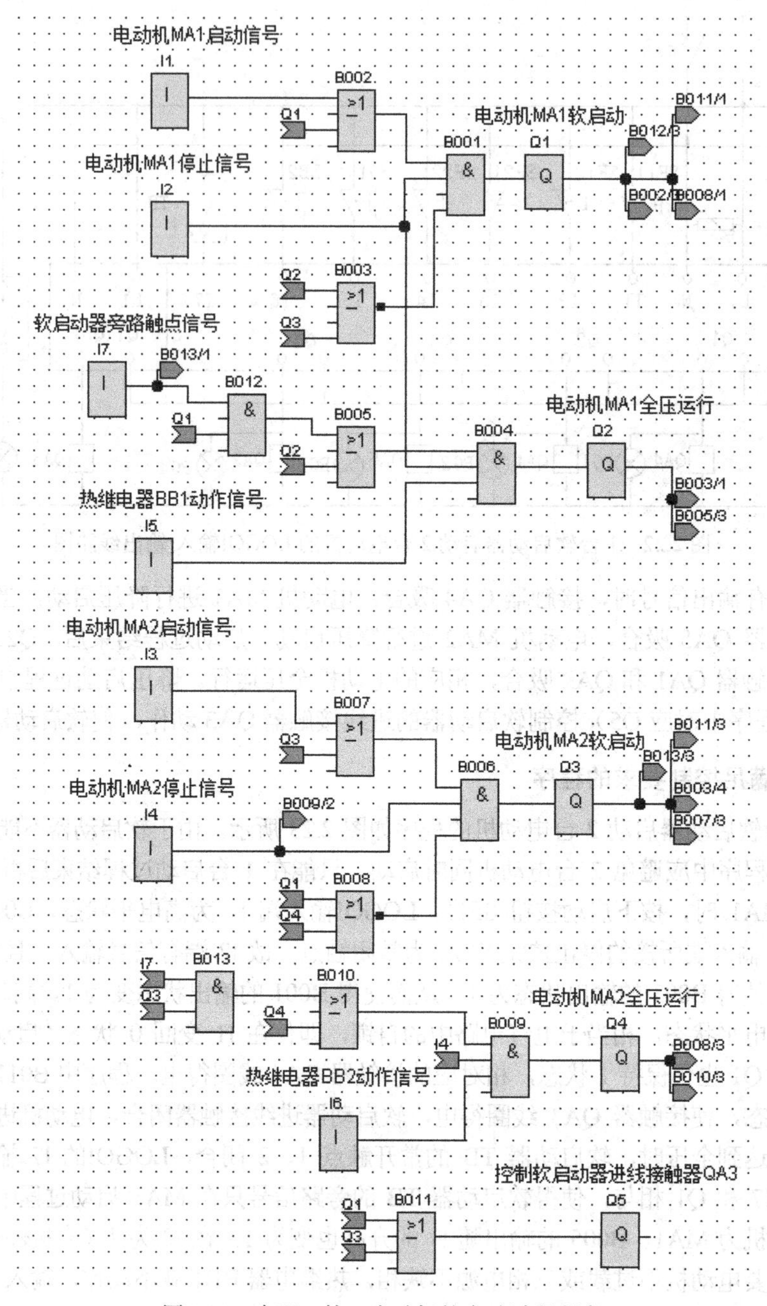

图 2.23　实现一控二电动机软启动过程程序

本例在巩固采用 LOGO!实现控制的基础上，重点消化 LOGO!硬件扩展和在程序中实现互锁的方法。

2.6.3　钻床的控制

钻床用于在工作台上对工件钻孔，需要控制 3 台电动机，分别为主轴电动机 MA1、快速电动机 MA2、慢速电动机 MA3，每台电动机均要求既能够正转运行，又能够反转运行。3 台电动机的启停控制通过工作人员手动操作进行。为了防止电动机运行时钻床的相关部件超出动作范围，应采用行程限位开关对前后左右 4 个方向的动作区间进行控制。当相关部件超出动作范围时，行程开关动作，自动切断电路，停止电动机的运行。电动机的正反转控制电路、快进（MA2 正转）、快退（MA2 反转）及慢进（MA3 正转）、慢退（MA3 反转）电路之间应有相应的互锁，避免电源短路。考虑到电气线路的安全性，控制线路电压采用 36V 及以下的安全工作电压。

钻床电气控制主电路如图 2.24 所示。图中，QA10 为三相电源进线开关，QA11、QA21、QA31 分别为 3 台电动机的正转运行接触器，QA12、QA22、QA32 为 3 台电动机的反转运行接触器，BB1、BB2、BB3 是对 3 台电动机进行保护的热继电器。

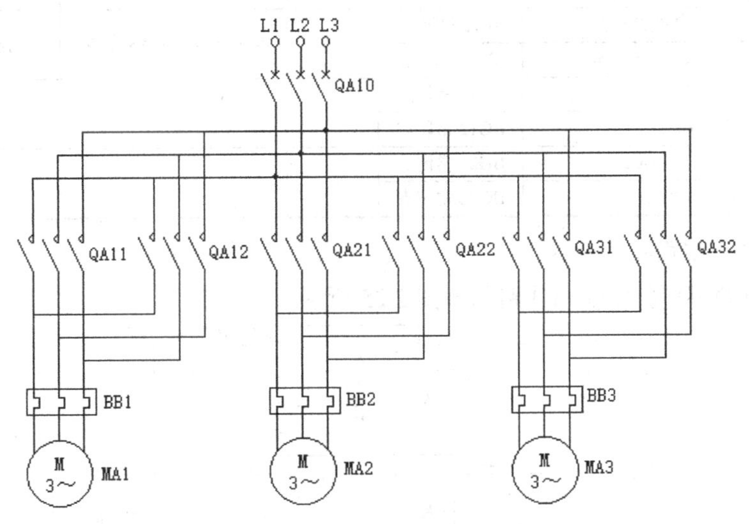

图 2.24　钻床电气控制主电路

1. 统计输入/输出点

输入点：主轴电动机的正转、反转及停止按钮；快速电动机的快进、快退及停止按钮；慢速电动机的慢进、慢退及停止按钮；3 台电动机的热继电器保护触点；前后左右 4 个行程限位开关触点；共有 16 路开关量输入。

输出点：6 个接触器的控制信号，共有 6 路开关量输出。

2. 系统配置

对于 16 路开关量输入、6 路开关量输出，需配置 LOGO!主机、1 个 8 输入 8 输出扩展模块，出于安全考虑，采用低压电源供电，配置 LOGO! 24V 直流电源模块。

主机型号：LOGO!24RC，电源电压 24V AC/24V DC，8 路数字量输入，4 路继电器输出（触点电流 10A）。

扩展模块型号：LOGO! DM16 24R，电源电压 24V DC，8 个数字量输入，8 个继电器输出（5A）。

3. 安排输入/输出点

LOGO!输入/输出点安排如表 2.15 所示。

表 2.15　LOGO!输入/输出点安排

输　入	含　义	说　明	输　出	含　义	说　明
I1	主轴电动机 MA1 左转启动按钮	SF11 常开点	Q1	主轴电动机 MA1 正转	控制接触器 QA11 线圈
I2	主轴电动机 MA1 右转启动按钮	SF12 常开点			
I3	主轴电动机 MA1 停止按钮	SF10 常闭点	Q2	主轴电动机 MA1 反转	控制接触器 QA12 线圈
I4	快速电动机 MA2 快进启动按钮	SF21 常开点			
I5	快速电动机 MA2 快退启动按钮	SF22 常开点	Q3	快速电动机 MA2 正转	控制接触器 QA21 线圈
I6	快速电动机 MA2 停止按钮	SF20 常闭点			
I7	慢速电动机 MA3 慢进启动按钮	SF31 常开点	Q4	快速电动机 MA2 反转	控制接触器 QA22 线圈
I8	慢速电动机 MA3 慢退启动按钮	SF32 常开点			
I9	慢速电动机 MA3 停止按钮	SF30 常闭点	Q5	慢速电动机 MA3 正转	控制接触器 QA31 线圈
I10	主轴电动机 MA1 热继电器	BB1 常闭点			
I11	快速电动机 MA2 热继电器	BB2 常闭点	Q6	慢速电动机 MA3 反转	控制接触器 QA32 线圈
I12	慢速电动机 MA3 热继电器	BB3 常闭点			
I13	左限位行程开关	BG11 常闭点			
I14	右限位行程开关	BG12 常闭点			
I15	前行限位行程开关 BG21	BG21 常闭点			
I16	后退限位行程开关 BG22	BG22 常闭点			

4．输入/输出线路图

钻床控制 LOGO!输入/输出线路图如图 2.25 所示。

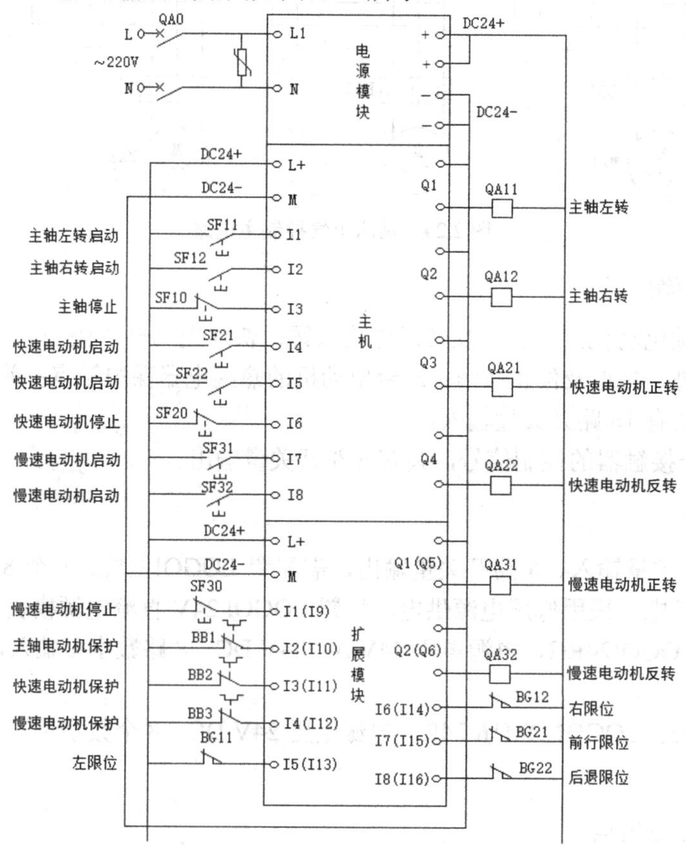

图 2.25　钻床控制 LOGO!输入/输出线路图

5．满足控制要求的程序

满足要求的钻床控制程序如图 2.26 所示。当需要主轴电动机转动时，按下主轴左转启动按钮 SF11，I1 端有信号，B003 的 I1 为高电平，在 Q2（主轴右转）为 0 状态的情况下，B004 输出 1 状态，因此 B003 输出状态为 1，B002 输出随之变为 1 状态，只要 I3（停止按钮）、I10

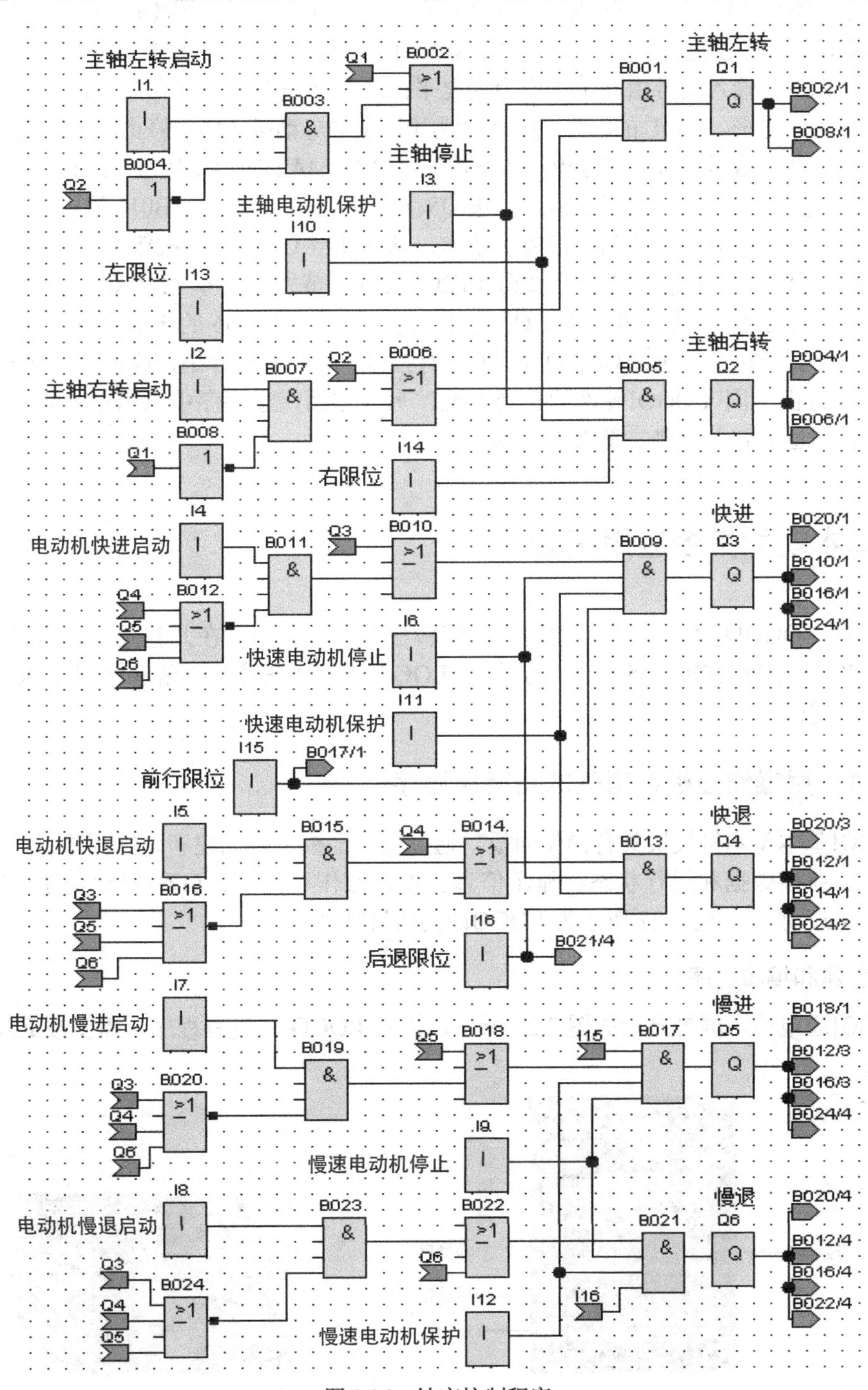

图 2.26　钻床控制程序

（MA1 热继电器）、I13（左限位行程开关）三者状态都为高电平，输出 Q1 就为 1 状态，接触器 QA11 线圈得电，主轴电动机左转。B002 的 1 个输入端接 Q1，确保在按钮 SF11 复位后（I1 为 0 时）B002 的输出仍为 1，相当于电气控制线路中的自锁。B004 的输入接 Q2 的作用是保证主轴右转时不能左转（B003 的输出为 0），相当于电气控制线路中的互锁（Q1 与 Q2 不能同时有输出）。按下主轴电动机 MA1 的停止按钮 SF10，I3 端输入信号由 1 变为 0，B001 的输出 Q1 随之变为 0，主轴电动机 MA1 停止左转。当发生过载或缺相时，热继电器 BB1 动作，I10 端输入信号由高电平变为低电平；或者当左限位行程开关 BG11 动作时，I13 由高电平变为低电平，B001 的输出 Q1 也变为 0，主轴电动机 MA1 停止。主轴电动机 MA1 右转的情况类似，这里不做详细分析。按下快速电动机 MA2 的启动按钮 SF21，在 I6、I11、I15 均为 1 状态的情况下，且快退 Q4、慢进 Q5、慢退 Q6 均为 0 时，B011 输出 1 状态，使得 Q3 为 1，并且在 B010 中保持其输出为 1 状态，从而使得 Q3 在启动按钮 SF21 复位后（I4 为 0）一直为 1 状态，只有在按下停止按钮 SF20（I6=0）或发生故障（I11=0）及位置开关动作（I15=0）时，方可使 Q3 变为 0。只要 Q3 为 1 状态，Q4、Q5、Q6 的状态就不会为 1。快速反转、慢速正转、慢速反转通过 Q4、Q5、Q6 进行控制，这里不再介绍，读者可自行分析。

本例一方面巩固 LOGO!硬件的扩展方法，另一方面，在程序中巩固基本功能指令用法的基础上，巩固自锁、互锁、联锁的方法。

2.7　基本功能指令应用实验

首先对 LOGO!基本型模块创建程序、编辑程序进行介绍，在此基础上，通过两个实验认识 LOGO!、了解 LOGO!的用法，学会在 LOGO!上输入程序，理解和掌握 LOGO!基本功能指令的应用。

2.7.1　用操作面板编辑基本功能块程序

LOGO!基本型本机模块具有操作面板，通过操作面板可以创建和编辑程序、设置参数、设置时钟、监控数据和运行状态、显示信息文本、操作存储卡、启动/停止程序。操作面板如图 1.17（a）所示。图 2.27 所示为 LOGO!显示屏和操作键。

1．创建和编辑程序

LOGO!通电后，屏幕显示如图 2.28 所示，提示 LOGO!内没有程序，需要按 ESC 键输入程序。

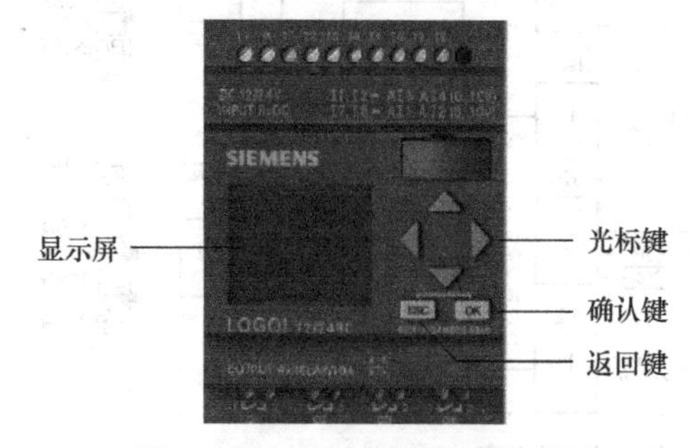

图 2.27　LOGO!显示屏和操作键

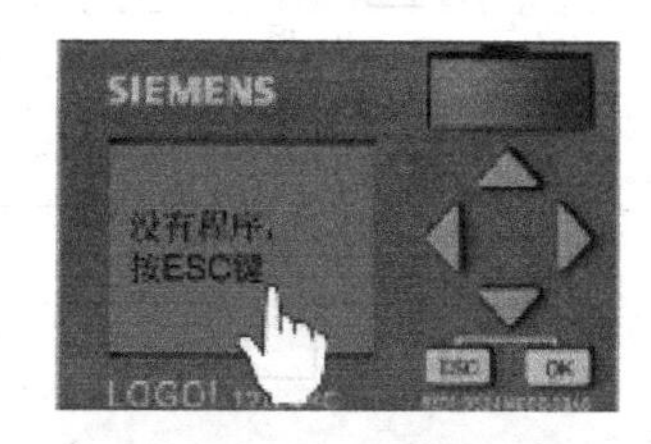

图 2.28　无程序的屏幕显示

按照提示，按下 ESC 键，画面转入主菜单，箭头指向“编程”，如图 2.29（a）所示。按下确认键 OK（或称 OK 键），转向编程选项菜单，箭头指向“编程”处，如图 2.29（b）所示。按下确认键 OK，转向“编程设置菜单”，箭头指向“编辑程序”，如图 2.29（c）所示。

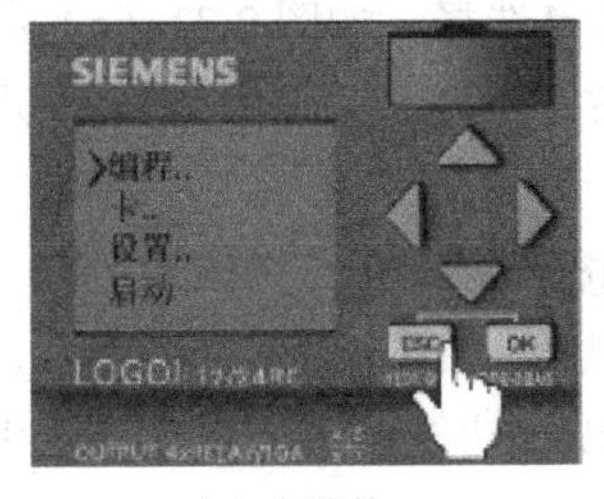

（a）主菜单

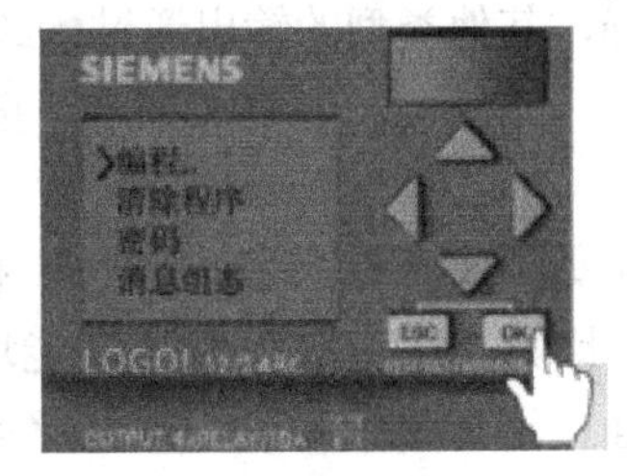

（b）编程选项菜单

（c）编程设置菜单

图 2.29　编程菜单画面

下面以图 2.30 所示的功能块图为例介绍程序编辑过程。

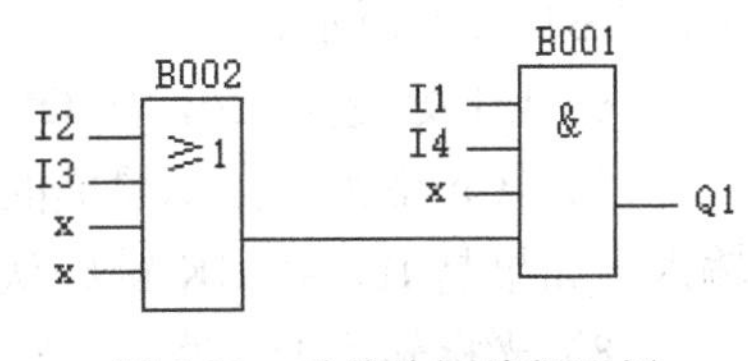

图 2.30　功能块图编辑示例

在“编辑程序”菜单界面下，按下右边的 OK 键，进入程序编辑画面，如图 2.31 所示，先对 B001 的编辑过程分步骤进行介绍。

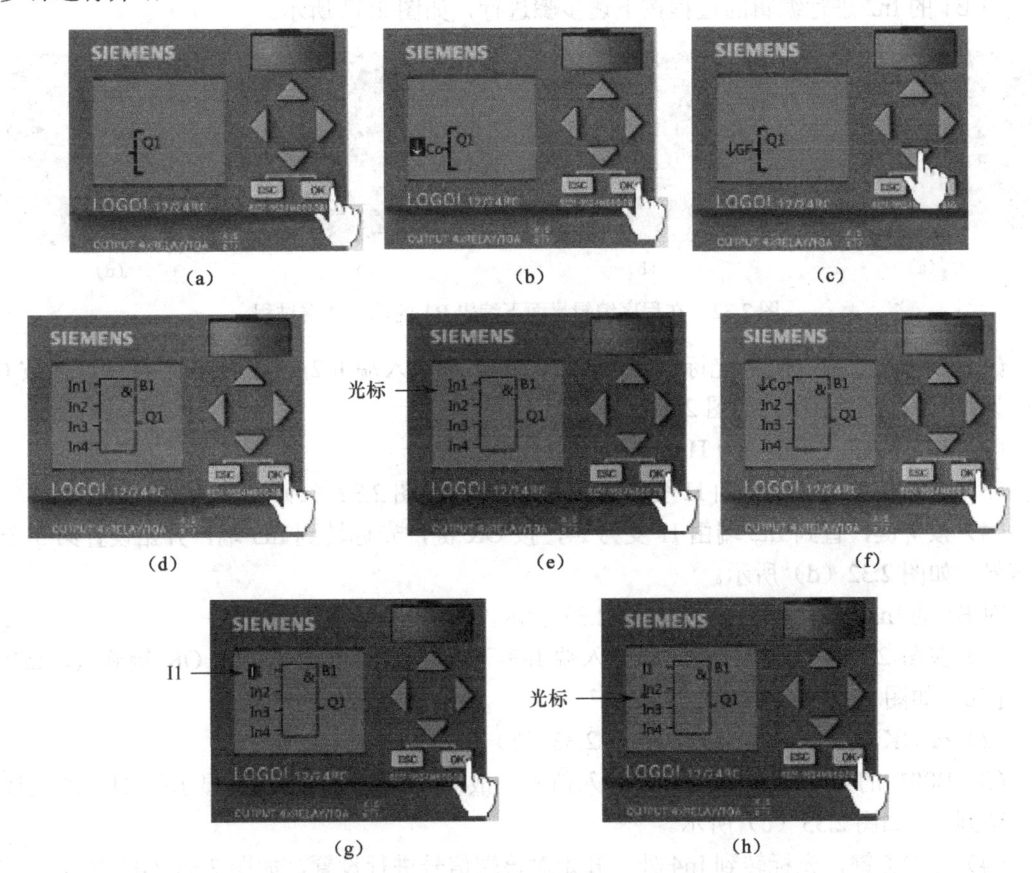

（a）　（b）　（c）

（d）　（e）　（f）

（g）　（h）

图 2.31　在程序编辑界面下编辑 B1 的输入 1 端过程

LOGO!手动编程的过程从输出 Q1 开始，程序的工作过程为反向工作过程。具体过程如下。

（1）在程序编辑画面下，按下 OK 键，确认输出 Q1，如果输出的不是 Q1，而是 Q2、Q3 等其他输出，可通过▼进行选择，其他类型的输出通过▶或◀选择，如图 2.31（a）所示。

（2）光标跳转到 Q1 的左边，显示↓Co（连接器）。按下 OK 键，进入下一步，如图 2.31（b）所示。

（3）按下右边的▼按键，↓Co 变为↓GF（基本功能块）。按下 OK 键，进入下一步。通过▼或▲键可以选择功能块的类型，比如 GF 或 SF（特殊功能块）。如图 2.31（c）所示。

（4）本画面为功能块设置画面，通过▼或▲键可以选择基本功能块，本例中为“与”功能块，按下 OK 键进入下一步。如图 2.31（d）所示。

（5）开始进行输入设置，光标转到 In1 处，In1 处下方的“_”在闪烁，按 OK 键确认。如图 2.31（e）所示。

（6）In1 处变为↓Co，按 OK 键确认。如图 2.31（f）所示。

（7）↓Co 变为有提示黑框的 I1，如果实际输入信号不是 I1，可以通过▼或▲键选择其他输入，如果是 I1，按 OK 键确认。如图 2.31（g）所示。

（8）光标转到 In2 处，开始对该处的输入信号进行设置。如图 2.31（h）所示。

对 B1 的 In2 进行编辑的过程按下述步骤进行，如图 2.32 所示。

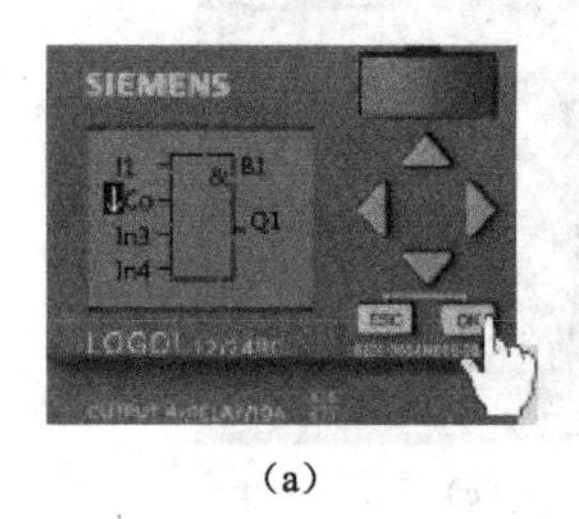

（a）

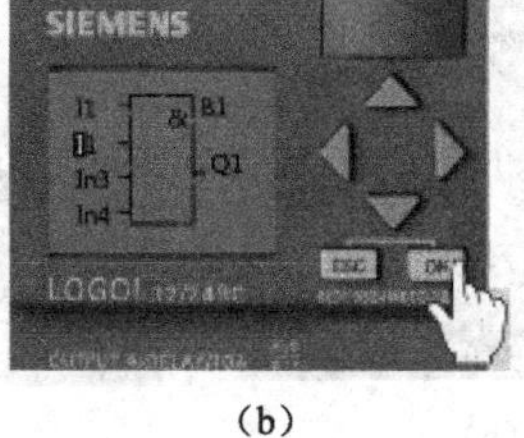

（b）

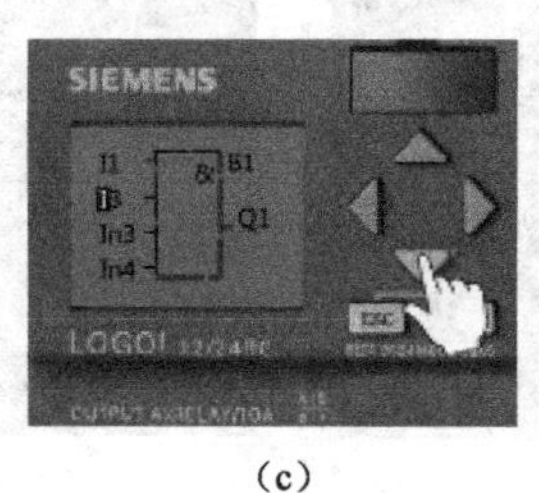

（c）

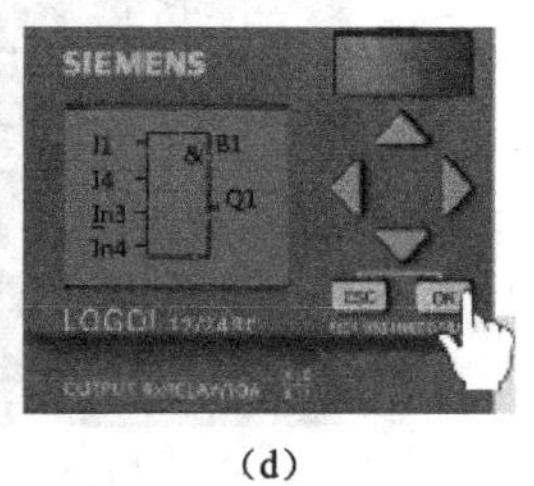

（d）

图 2.32 在程序编辑界面下编辑 B1 的输入 2 端过程

（1）参考图 2.31（h），光标已在 In2 处，第 2 个输入端 In2 下方的“_”在闪烁，按 OK 键确认，In3 处变为↓Co，如图 2.32（a）所示。

（2）按 OK 键，↓Co 变为 I1，如图 2.32（b）所示。

（3）连续按▼键，该端由 I1 变为 I2 再变为 I3，如图 2.32（c）所示。

（4）按▼键，直到 In2 端由 I1 变为 I4，按 OK 键，光标转到 In3 端，开始设置第 3 个输入信号。如图 2.32（d）所示。

对 B1 的 In3 进行编辑的过程如图 2.33 所示。

（1）在图 2.32（d）中，第 3 个输入端 In3 下方的“_”在闪烁，按 OK 键确认，In3 处变为↓Co，如图 2.33（a）所示。

（2）按 OK 键，↓Co 变为 I1，如图 2.33（b）所示。

（3）B001 的第 3 个输入端没有输入信号，故输入端用 x，从最初显示的 I1，通过按▲键调整到 x，如图 2.33（c）所示。

（4）按 OK 键，光标转到 In4 处，开始对该端信号进行设置，如图 2.33（d）所示。

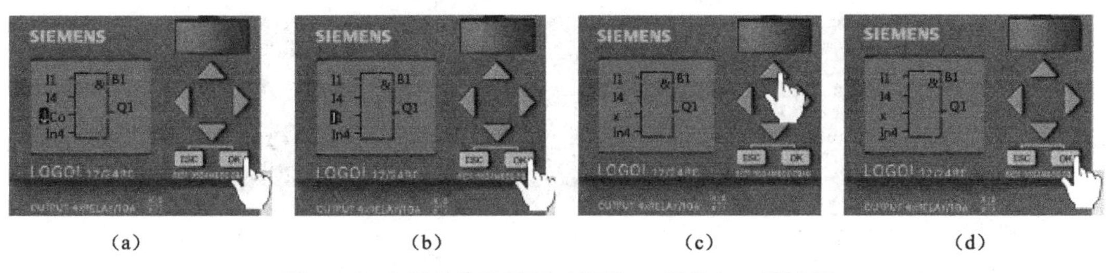

（a）　（b）　（c）　（d）

图 2.33　在程序编辑界面下编辑 B1 的输入 3 端过程

编辑 B1 的 In4 和 B2 的 4 个输入，编辑过程如图 2.34 所示。

（1）在图 2.33（d）中，第 4 个输入端 In4 下方的“_”在闪烁，按 OK 键确认，In4 处变为↓Co，如图 2.34（a）所示。

（2）按 OK 键，第 4 个输入端的↓Co 变为 I1，如图 2.34（b）所示。

（3）按▼键，↓Co 变为↓GF，如图 2.34（c）所示。

（4）按 OK 键，出现第二个功能块 B2（“与”功能块），如图 2.34（d）所示。

（5）按▼键，“与”功能块变为“或”功能块，如图 2.34（e）所示。

（6）按下 OK 键，分别将 4 个输入设为 I2、I3、x、x，如图 2.34（f）所示。再按下 OK 键，程序输入结束。

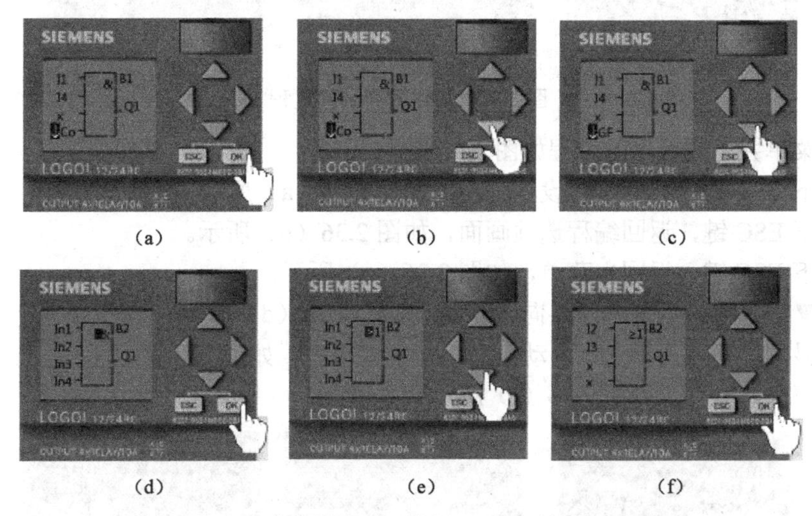

（a）　（b）　（c）

（d）　（e）　（f）

图 2.34　在程序编辑界面下编辑 B1 的 4 端和 B2 的输入

编辑程序名称的过程如图 2.35 所示。使用▲键、▼键选择字母，使用▶键确定字母。

（1）按下 ESC 键，画面转到编程设置界面，如图 2.35（a）所示。

（2）按下一次▼键，画面转到“编辑名称”，如图 2.35（b）所示。

（3）按 OK 键，出现编辑名称画面，如图 2.35（c）所示。

（4）按下一次▼键，出现 A，如图 2.35（d）所示。

（5）按一次▶键，如图 2.35（e）所示。

（6）按两次▼键，出现 B，如图 2.35（f）所示。

（7）按一次▶键，出现图 2.35（g）所示的画面。

（8）按三次▼键，出现 C，如图 2.35（h）所示。

（9）按 OK 键，即把程序的名称设为了 ABC，如图 2.35（i）所示。

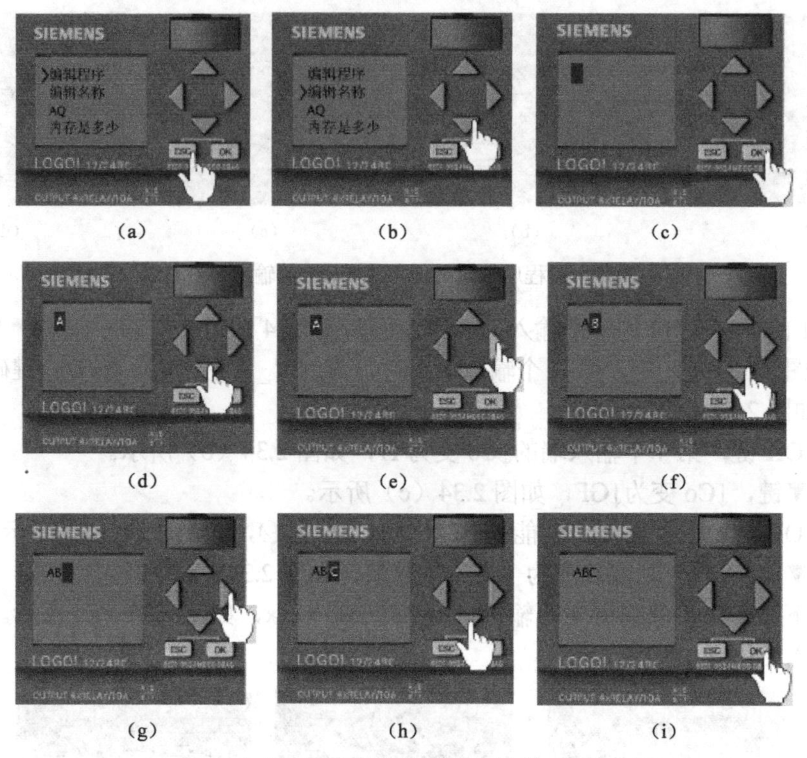

(a) (b) (c)

(d) (e) (f)

(g) (h) (i)

图 2.35 编辑程序名称过程

返回主菜单并运行程序的过程如图 2.36 所示。

（1）按下 ESC 键，返回编程设置画面，如图 2.36（a）所示。

（2）按下 ESC 键，返回编程选项画面，如图 2.36（b）所示。

（3）按下 ESC 键，返回主菜单，如图 2.36（c）所示。

（4）按▼键，使显示屏的箭头向下移动，如图 2.36（d）所示。

（5）在显示屏的箭头指向“启动”后，按下 OK 键，如图 2.36（e）所示。

（6）程序开始运行，如图 2.36（f）所示。

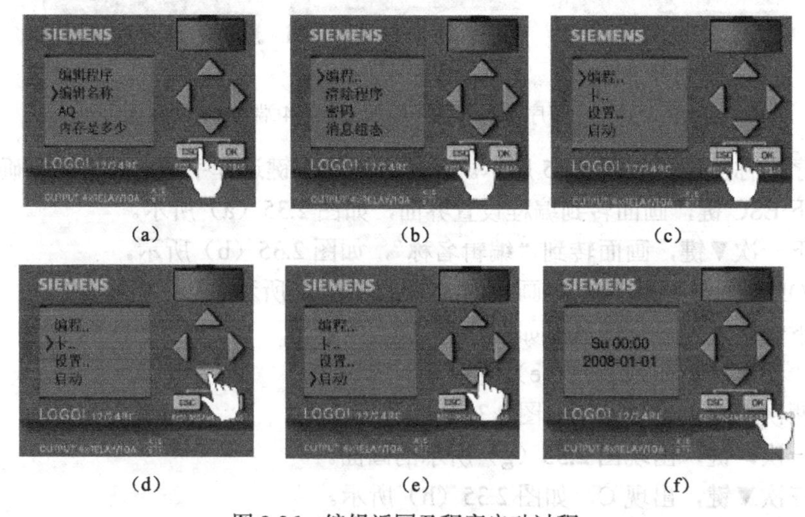

(a) (b) (c)

(d) (e) (f)

图 2.36 编辑返回及程序启动过程

2. 停止程序

停止程序的操作过程如图 2.37 所示。

（1）程序执行过程中，按下 ESC 键，出现停止选择菜单，如图 2.37（a）所示。

（2）在停止选择菜单上按下 OK 键，如图 2.37（b）所示。

（3）出现是否停止程序菜单，如图 2.37（c）所示。

（4）按▼键，使显示屏的箭头向下移动到“是”，按下 OK 键，如图 2.37（d）所示。

（5）停止执行程序，如图 2.37（e）所示。

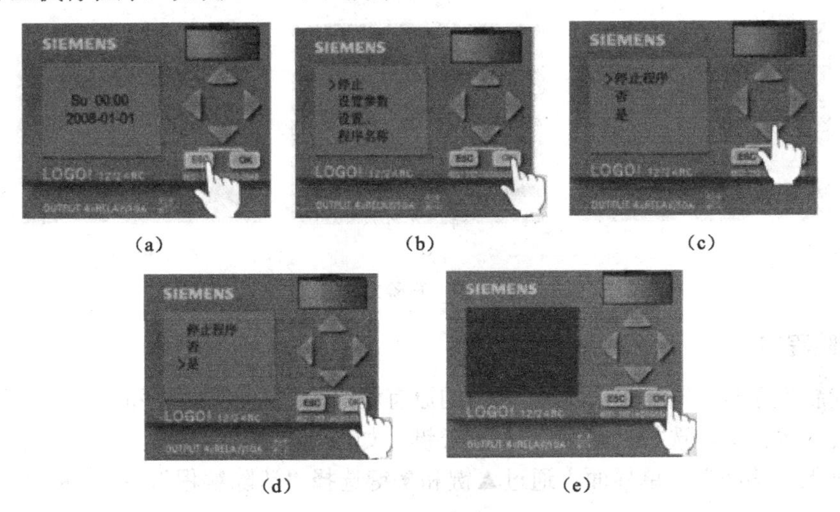

（a）　（b）　（c）

（d）　（e）

图 2.37　停止程序过程

3. 修改程序

当需要修改程序时，分两种情况，一种是增加功能块，另一种是删除功能块。增加功能块（以增加功能块 B1 为例）按下述步骤进行。

（1）进入主菜单，选择“编程”，按 OK 键。如图 2.29（a）所示。

（2）进入编程菜单界面，选择“编程”，按 OK 键。如图 2.29（b）所示。

（3）在程序编辑界面，选择“编辑程序”，按 OK 键，如图 2.29（c）所示。

（4）按▼键，将光标移动到 B1，按 OK 键，如图 2.38（a）所示。如果是修改其他功能块，可通过按键把光标移动到相应的位置。

（5）通过▼键选择“↓GF”（基本功能块），按 OK 键，如图 2.38（b）所示。

（6）通过▲键和▼键选择相应的功能块，比如“与”功能块，按 OK 键，如图 2.38（c）所示。

（7）对新插入功能块的各个输入端进行设置。

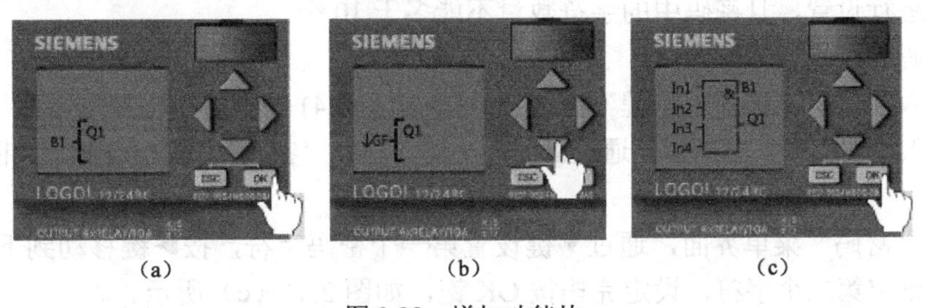

（a）　（b）　（c）

图 2.38　增加功能块

删除功能块（以删除功能块 B2 为例）按下述步骤进行。

（1）进入主菜单，选择“编程”，按 OK 键，如图 2.29（a）所示。

（2）进入编程菜单界面，选择“编程”，按 OK 键，如图 2.29（b）所示。

（3）在程序编辑界面，选择“编辑程序”，按 OK 键，如图 2.29（c）所示。

（4）按▼键，将光标移动到 B2，按 OK 键，如图 2.39（a）所示。

（5）通过▲键和▼键选择“↓BN”列表，如图 2.39（b）所示。

（6）按 OK 键选择 B1，按 OK 键确认，功能块 B2 被删除，如图 2.39（c）所示。

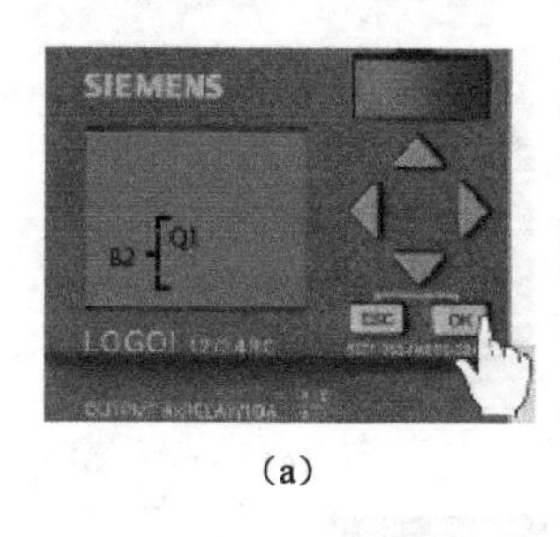

（a）

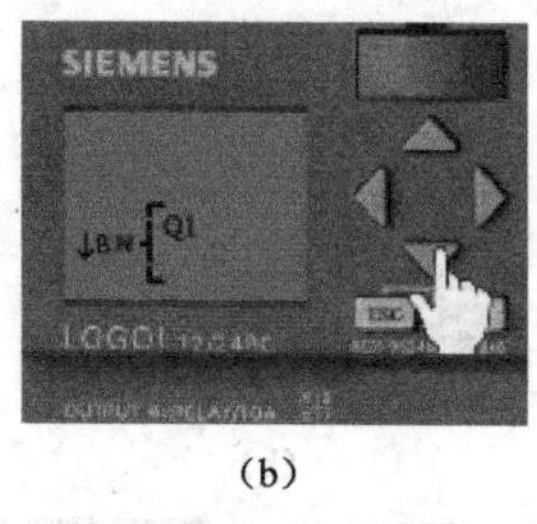

（b）

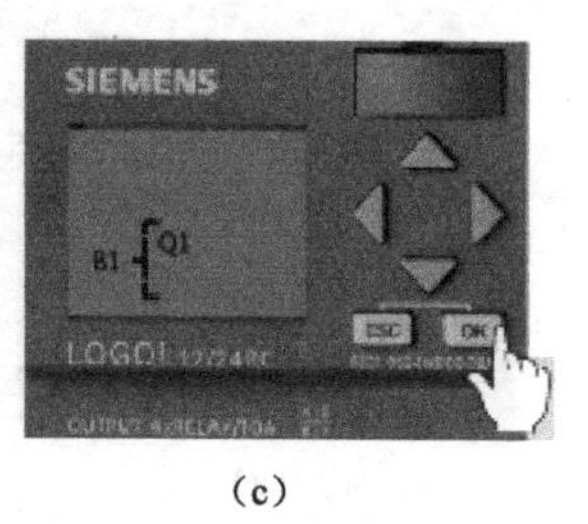

（c）

图 2.39　删除功能块

4．清除程序

当创建新程序时，需要将 LOGO!内部的原有程序清除。清除程序的操作步骤如下。

（1）进入主菜单，选择“编程”，按 OK 键，如图 2.40（a）所示。

（2）进入“编程”菜单界面，通过▲键和▼键选择“清除编程”，按 OK 键，如图 2.40（b）所示。

（3）在“清除程序”界面选择“是”，按 OK 键，如图 2.40（c）所示，LOGO!内部程序被清除。

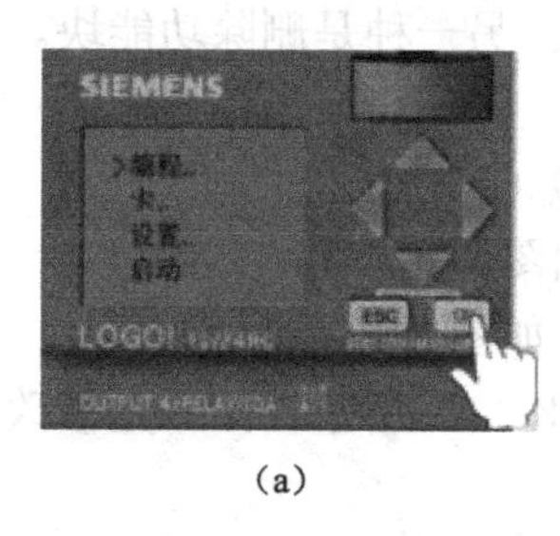

（a）

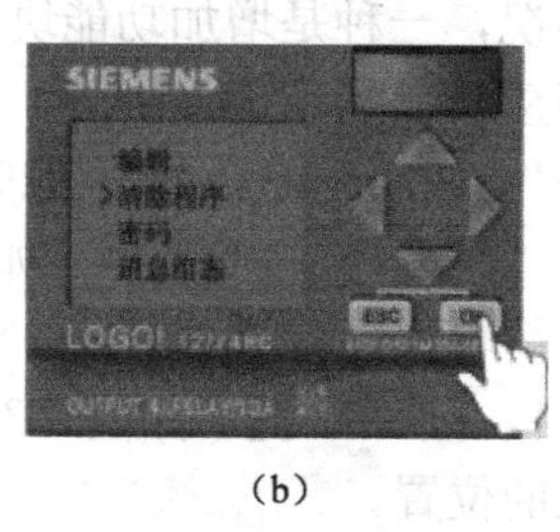

（b）

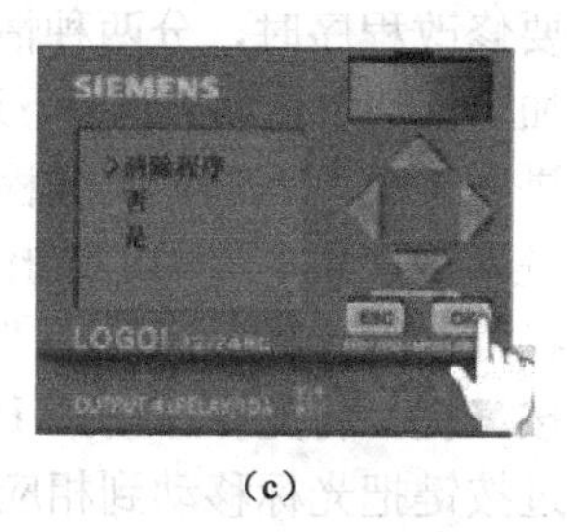

（c）

图 2.40　清除程序

5．保护程序

为了防止意外删除程序或程序被修改，可以设置密码来保护程序。程序密码只能采用大写英文字符进行设置，且密码中的字符数量不能多于 10 个。

创建密码的过程如下。

（1）进入主菜单，选择“编程”，按 OK 键，如图 2.41（a）所示。

（2）进入“编程”菜单界面，通过▲键和▼键，选择“密码”，按 OK 键，如图 2.41（b）所示。

（3）在“密码”菜单界面，通过▼键设置第一个密码字符，按▶键移动到下一个字符位置，按▲键设定第二个字符，设定完毕按 OK 键，如图 2.41（c）所示。

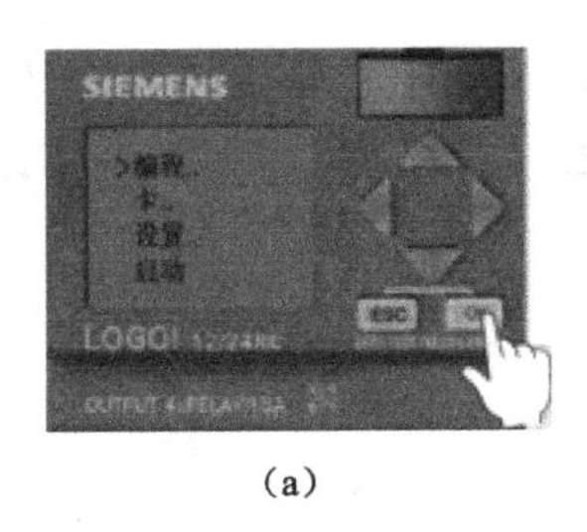

(a)

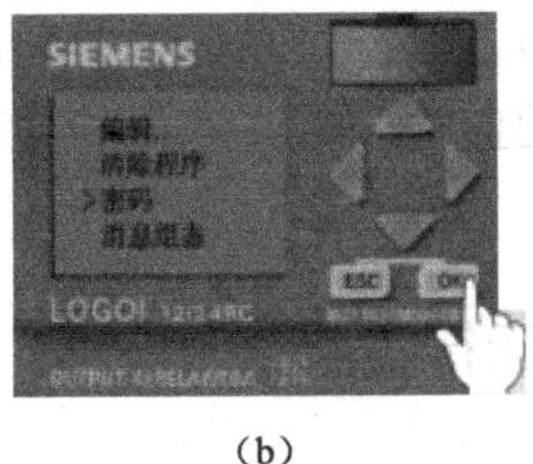

(b)

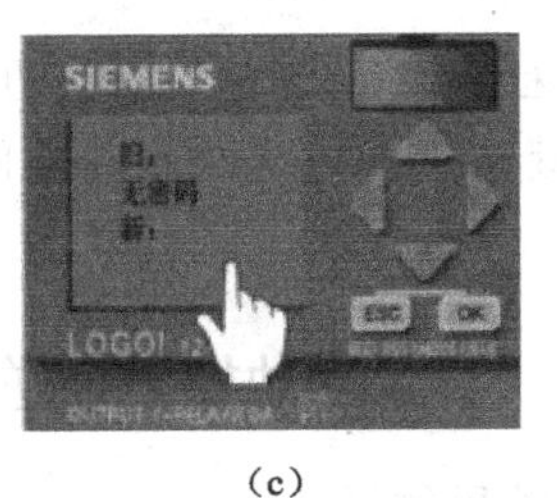

(c)

图 2.41　设置密码

删除密码的过程如下。

（1）进入主菜单，选择“编程”，按 OK 键，如图 2.41（a）所示。

（2）进入“编程”菜单界面，通过▲键和▼键，选择“密码”，按 OK 键，如图 2.41（b）所示。

（3）在“密码”菜单界面，输入旧密码，按 OK 键确认，在新密码处直接按 OK 键，密码即被删除，如图 2.41（c）所示。

修改密码的过程如下。

（1）进入主菜单，选择“编程”，按 OK 键，如图 2.41（a）所示。

（2）进入“编程”菜单界面，通过▲键和▼键选择“密码”，按 OK 键，如图 2.41（b）所示。

（3）在“密码”菜单界面，输入旧密码，按 OK 键确认，在新密码处输入新密码，按 OK 键，即完成了密码修改，如图 2.41（c）所示。

注意：忘记密码时，可以通过清除程序将密码和程序一起清除。

6. 运行状态监控

运行状态过程监控的设置过程如下。

（1）在程序执行过程中，通过按左键◀和右键▶，出现状态监控界面，如图 2.42（a）所示。

（2）状态监控栏画面包括数字量输入、数字量输出、模拟量输入、模拟量输出、数字量标志位、模拟量标志寄存器。图 2.42（b）所示为数字量输入监控画面，其中最上方的 I 表示数字量输入，0..开头的一行表示 I1～I9，1..开头的一行表示 I10～I19，2..开头的一行表示 I20、I21、I22、I23、I24。数字量输入的数字背景为黑色表示该输入端的状态为 1，如图中的 I5 端为高电平状态，有输入信号，其他输入端的输入状态为 0。

（3）按右键▶，切换到数字量输出监控画面，其中最上方的 Q 表示数字量输出，0..开头的一行表示 Q1～Q9，1..开头的一行表示 Q10～Q16。如果某一个数字量输出的数字背景为黑色，表示该端有输出信号。如图 2.42（c）所示。

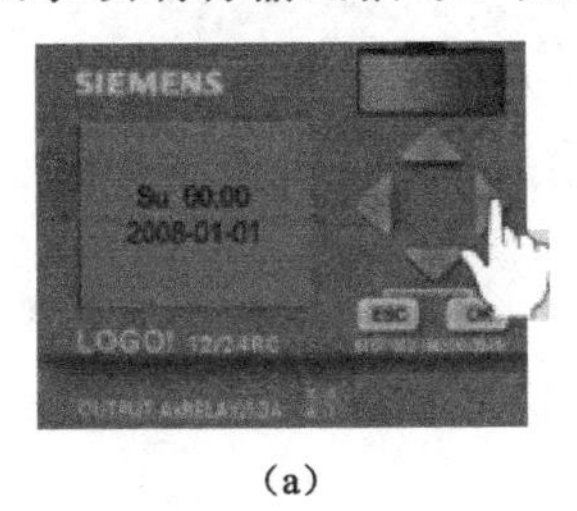

(a)

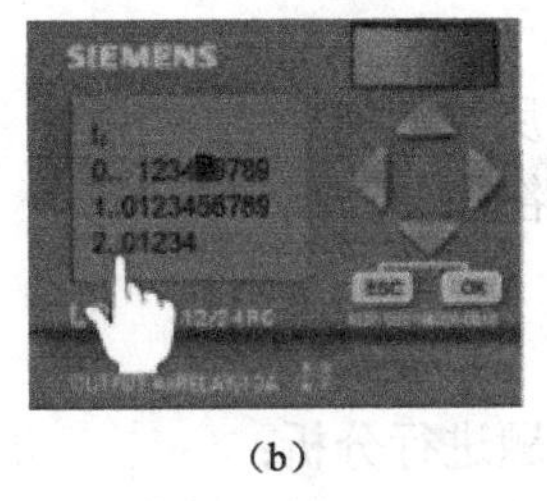

(b)

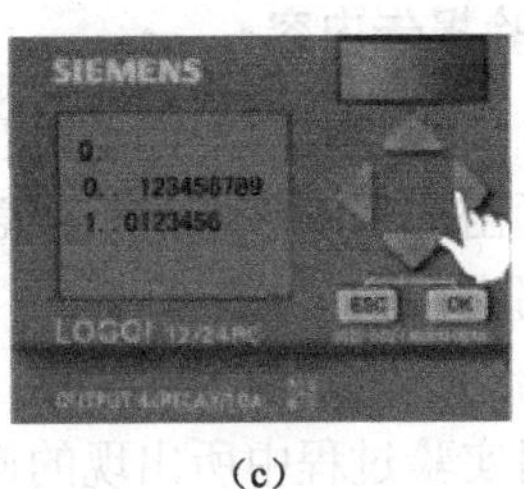

(c)

图 2.42　运行状态监控

（4）继续按右键►，可以切换到模拟量输入、模拟量输出、数字量标志位等监控画面，按左键◄，则可返回到前面的监控画面。在模拟量输入和输出画面中，可以显示模拟量数值。

2.7.2 异步电动机的可逆运行控制

1. 实验目的

学习采用LOGO!进行控制的方法和步骤，消化和理解LOGO!的输入/输出线路图，学会采用基本功能指令进行程序编制的方法，学会在LOGO!主机上输入程序。

2. 实验内容

参照图2.5（a）所示的主电路，要求采用正转启动按钮、反转启动按钮和停止按钮进行控制，同时由热继电器进行保护（图2.5中未画出）。分别对如下两种情况进行实验。

（1）电动机的正—停—反控制；

（2）电动机的正—反—停控制。

3. 实验中使用的设备及相关电器材料

根据电动机容量的大小确定相关电器的容量。

（1）小容量三相异步电动机1台；

（2）三极空气开关1个；

（3）双极空气开关1个；

（4）交流接触器2个；

（5）热继电器1个；

（6）按钮3个；

（7）LOGO!主机LOGO!230RCE。

4. 实验需要重点掌握的知识

（1）LOGO!的输入/输出点安排及其控制线路；

（2）基本功能指令及其用法；

（3）功能块程序的编制方法。

5. 实验前的准备工作

根据要求写出实验步骤，进行输入/输出安排，编制实验程序，以便在实验过程中进行验证。

6. 实验报告内容

（1）画出实验过程中电动机正反转电气控制主电路；

（2）画出LOGO!输入/输出线路图；

（3）写出实验过程；

（4）给出实验过程中的程序；

（5）对实验过程中所出现的问题进行分析；

（6）从硬件与软件上写出防止电动机正转和反转接触器同时吸合的措施；

（7）写出实验过程中使热继电器进行保护的方法或模拟热继电器保护的办法；
（8）在程序中对正—停—反控制和正—反—停控制进行比较。

2.7.3　2 台电动机的联锁控制

1．实验目的

熟悉 LOGO!的控制方法，加深对采用 LOGO!进行控制的理解，巩固对采用 LOGO!进行控制的步骤的掌握，进一步夯实采用基本功能指令进行编程的方法。

2．实验内容

参照图 2.2 所示的主电路，要求只对 MA1 和 MA2 两台电动机进行联锁控制。图 2.2 中没有热继电器，实验过程中应采用热继电器进行保护。分别对如下两种情况进行实验。

（1）MA1 启动后 MA2 方可启动，MA1 处于停止状态时 MA2 不能启动；停止时，MA2 的停止状态对 MA1 没有影响，而按下 MA1 的停止按钮后，MA2 也立即停止。

（2）MA1 启动后 MA2 方可启动，MA1 处于停止状态时 MA2 不能启动；停止时，只有在 MA2 停止后 MA1 才可停止，如果 MA2 处于运行状态，按下 MA1 的停止按钮无效。

3．实验中使用的设备及相关电器材料

根据电动机容量的大小确定相关电器的大小。
（1）小容量三相异步电动机 2 台；
（2）三极空气开关 2 个；
（3）双极空气开关 1 个；
（4）交流接触器 2 个；
（5）热继电器 2 个；
（6）按钮 4 个；
（7）LOGO!主机 LOGO!230RCE。

4．实验需要重点掌握的知识

（1）采用 LOGO!进行控制的方法和步骤；
（2）采用 LOGO!基本功能指令进行编程的方法。

5．实验前的准备工作

根据要求写出实验步骤，安排 LOGO!的输入/输出点，编写实验程序，以便在实验过程中进行验证。

6．实验报告内容

（1）画出实验过程中的电气控制主电路；
（2）安排输入/输出点并画出 LOGO!输入/输出线路图；
（3）写出实验过程；
（4）编写实验程序；
（5）比较实验前和实验过程中修改后的程序，指出二者的差异；

（6）分析实验过程中所出现的问题；

（7）从程序上对实验内容中的（1）和（2）进行比较。

本 章 小 结

本章介绍了 LOGO!的基本功能块指令，并通过若干应用示例说明其用法。这些指令基于电子技术基础知识，便于理解，易于掌握。对于实际的控制对象，在采用包括 LOGO!在内的 PLC 进行控制时，应按照消化工艺、统计检测量和被控制量、进行选型和系统配置、安排输入/输出点、画控制线路、编写程序几个步骤进行设计。最后介绍了通过 LOGO!主机操作面板编辑基本功能块程序的方法，并通过几个实验加强对采用 LOGO!实现控制的消化和掌握。表 2.16 中汇总了本章讲解的 8 个应用最广的基本功能。

表 2.16 LOGO!基本功能

符 号	功 能	符 号	功 能
1、2、3、4 输入，& ，输出 Q	AND（与） 常开触点串联 电平触发	1、2、3、4 输入，≥1，输出 Q	OR（或） 常开触点并联
1、2、3、4 输入，&↑，输出 Q	AND（与） 常开触点串联 上升沿触发	1、2、3、4 输入，≥1，输出 o—Q	NOR（或非） 常闭触点串联
1、2、3、4 输入，&，输出 o—Q	NAND（与非） 常闭触点并联 电平触发	1、2 输入，=1，输出 Q	XOR（异或） 双转换触点
1、2、3、4 输入，&↓，输出 Q	NAND（与非） 常闭触点并联 下降沿触发	1 输入，1，输出 o—Q	NOT（非） 反相器

习 题 2

1．某物品传送系统由 3 条传送带和相应的控制系统组成，如图 2.43 所示。每条传送带由一台三相电动机驱动，在传送系统的相应位置安装着接近开关，用于检测传送带上的物品。按下启动按钮，在接近开关 BG1 检测到物品的情况下，电动机 MA1 旋转，1 号传送带启动。当物品离开 1 号传送带到达 2 号传送带时，接近开关 BG2 动作，电动机 MA2 旋转，启动 2 号传送带，1 号传送带停止。当物品离开 2 号传送带到达 3 号传送带时，接近开关 BG3 动作，启动 3 号传送带电机 MA3，MA2 停止。当物品到达 3 号传送带的末端时，接近开关 BG4 动作，3 号传送带电机 MA3 停止。在传送系统运行过程中，若按下停止按钮，则传送带停止。用 LOGO!实现控制要求。

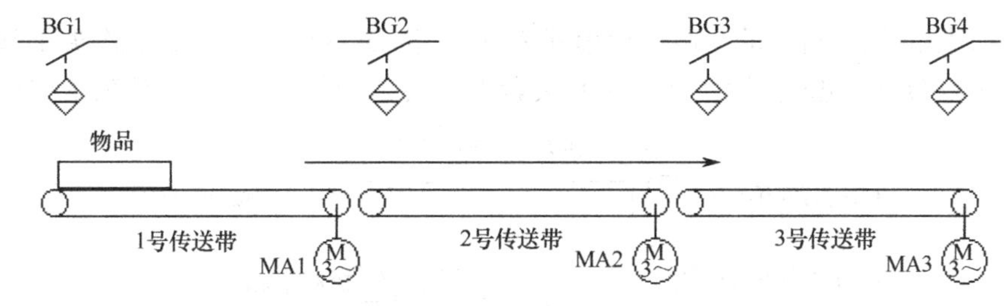

图 2.43 习题 1 图

2．某工作场所的通风系统，由 4 台电动机驱动 4 台风机进行通风换气。为了保证工作环境处于良好状态，一般需要同时运行 3 台风机。用绿、黄、红三色指示灯指示风机的运行状态。当有 3 台风机同时运行时，绿灯亮，表示通风良好；当有 2 台风机运行时，黄灯亮，表示通风状态欠佳，需改善；当只有 1 台风机运行时，红灯亮，并通过报警器报警，表示通风状态太差，需立即疏散工作人员，尽快排除故障。用 LOGO!实现控制要求。

3．加热炉推料机自动上料的控制要求：上料前，加热炉门处于关闭状态，行程开关 BG1 受压，其内部常开触点闭合；按下运行按钮 SF1，开炉门，炉门开到位，行程开关 BG2 受压而动作；随后，推料机往炉内推料，推到位后使得行程开关 BG3 动作；推料机开始后退，后退到压住行程开关 BG4，表示推料机后退到位；开始关炉门，直到炉门关闭，行程开关 BG1 动作，整个过程结束。再按下运行按钮 SF1，重复上述过程。在推料机工作过程中，若按下停机按钮 SF2，则动作过程立即停止。用 LOGO!实现上述控制要求。

4．某机床的动作过程如图 2.44（a）所示，位置开关 BG1 为动力头 1 的原位开关，位置开关 BG2 为其终点限位开关；位置开关 BG3 为动力头 2 的原位开关，位置开关 BG4 为其终点限位开关。按下运行按钮 SF，机床开始按图 2.44（b）所示的动作顺序工作，动力头 1 向右行驶，接触到位置开关 BG2 后，动力头 1 停止，动力头 2 开始向左行驶，接触到位置开关 BG4 后，停止前行，二者同时后退到原位。用 LOGO!实现其控制要求。

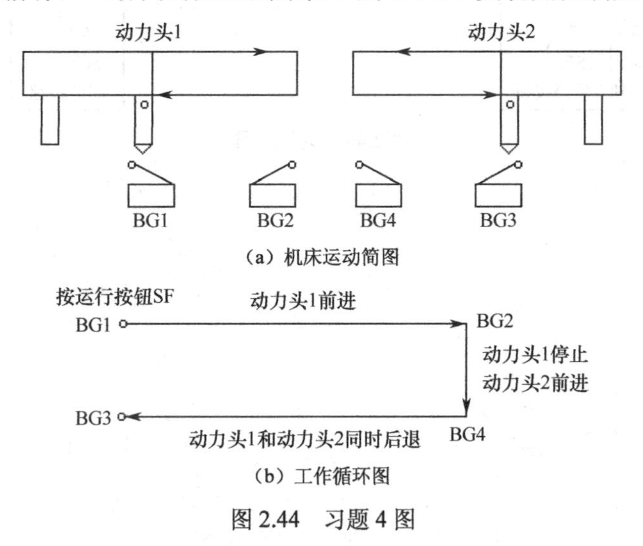

图 2.44 习题 4 图

5．某加工机床如图 2.45 所示。当工件送到工作台上时，定位开关 BG5 动作；夹紧工作头 1 和夹紧工作头 2 将工件夹紧，压力继电器 BP1 和 BP2 常开触点闭合。之后钻孔工作头和铣削工作头同时下降对工件进行加工，对应的下限位行程开关 BG2 和 BG4 动作后，加工完毕，二者退回原位，对应的上限位行程开关 BG1 和 BG3 动作；夹紧工作头 1 和夹紧工作头 2 松开。用 LOGO!完成夹紧工作头 1 和夹紧工作头 2、钻孔工作头、铣削工作头的控制。

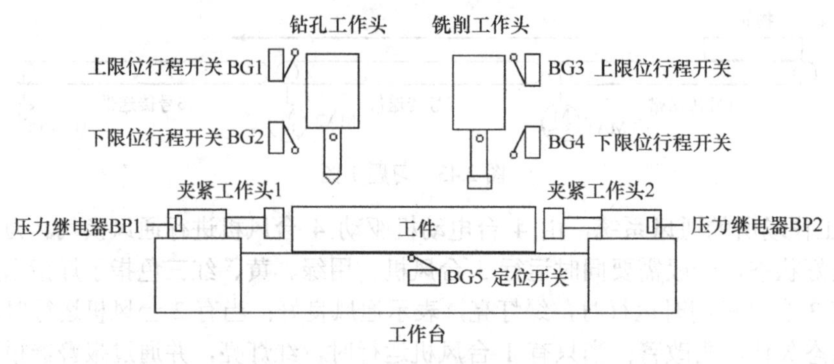

图 2.45　习题 5 图

6．链式传输带由电动机驱动，工作过程如图 2.46 所示。当旋钮 SF1 接通时，通过两处按钮 SF2 和 SF3 中的任一按钮，可以点动控制传输带的动作，当 SF2 和 SF3 中的任一按钮处于压下状态时，可使货物从左端移动到右端，右端的位置开关 BG 用于限制货物超出范围，防止货物从右端掉落。请用 LOGO!实现控制。

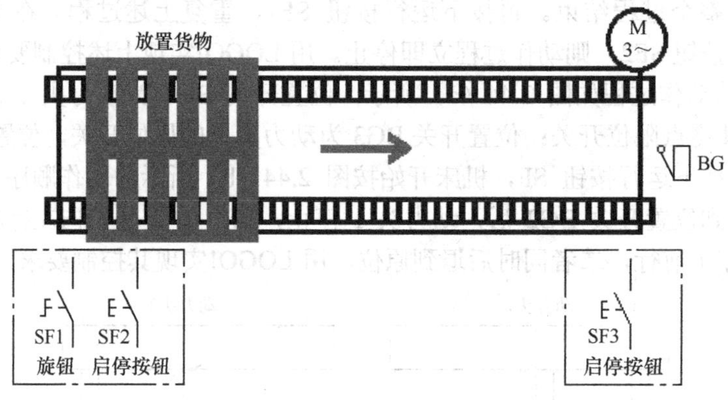

图 2.46　习题 6 图

学而不思则罔，思而不学则殆。

——孔子

第 3 章　开关量特殊功能块及其应用

开关量特殊功能块包括定时器功能块、继电器功能块、计数器功能块，使用开关量特殊功能块编辑用户程序，可在基本功能块的基础上更大程度地满足各种被控对象的控制要求。通过学习本章，应能根据被控对象的具体情况，在设计硬件电路的基础上，采用相关指令编制合适的程序。在实验条件具备的情况下，能够在 LOGO!上输入程序，观察其运行状态。

本章学习目标：

（1）重点掌握接通延时定时器、关断延时定时器、通断延时定时器和保持接通延时定时器功能块及其用法，能够熟练地应用这些功能块进行程序的编制。

（2）了解随机通断定时器、周定时器、年定时器、楼梯照明定时器、多功能开关定时器和异步脉冲发生器功能块及其编程方法。

（3）重点掌握继电器功能块及其用法，能够应用这些功能块编制程序。

（4）掌握计数器功能块及其用法，能够应用相关功能块编制程序。

（5）掌握采用 LOGO!进行控制的方法和步骤，包括硬件设计、程序编制。

（6）学会采用 LOGO!操作面板编辑开关量特殊功能块程序。

3.1　定时器功能块

定时器功能块有接通延时定时器、关断延时定时器、通断延时定时器、保持接通延时定时器、随机通断定时器、周定时器等，下面分别进行介绍。

3.1.1　接通延时定时器

接通延时定时器功能块的符号及时序图如图 3.1 所示。

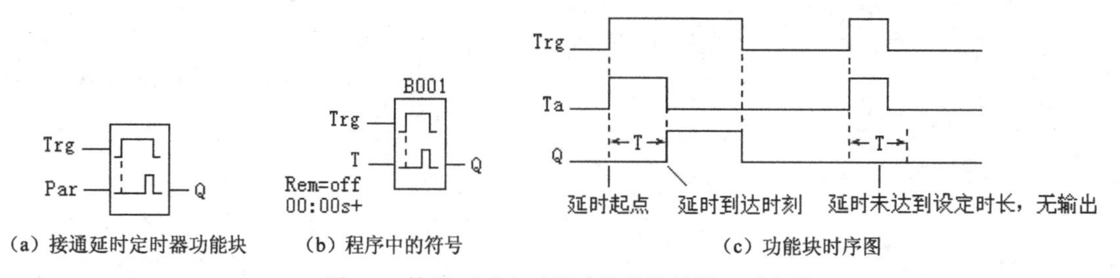

（a）接通延时定时器功能块　（b）程序中的符号　（c）功能块时序图

图 3.1　接通延时定时器功能块的符号及时序图

接通延时定时器有 1 个信号输入端 Trg、1 个参数端 Par 和 1 个输出端 Q。当定时器有输入信号，即输入端 Trg 的信号由 0 变为 1 时，输出 Q 在设置的延时时间之后有输出，即输出 Q 由 0 变为 1，而当输入 Trg 的信号消失时，输出 Q 的信号随之立即消失。

输入端 Trg（Trigger，触发器）：触发器使能输入端，为高电平信号时触发相应的功能，对于接通延时定时器，用于触发定时器的延时功能；为低电平时定时器停止工作，定时时间回零。

参数端 Par（Parameter，参数）：对于定时器，为延时时间设定端，用于设定延时时间。程序中的符号如图 3.1（b）所示。当 Trg 为 0 时，接通延时定时器未被触发，输出 Q 为 0；当 Trg 变为 1 时，触发定时器，开始按设定时间延时，输出 Q 并不立即变为 1，而是经设定的延时时间 T 之后才变为 1，具体变化过程如图 3.1（c）所示。如果 Trg 升为 1 之后，延时时间未达到设定时间 T，则输出 Q 一直为 0；如果在超出延时时间 T 之前 Trg 变回为 0，则输出 Q 不会变为 1，仍为 0 状态。

输出端 Q：该端的状态取决于 Trg 端的信号和时间设定值，波形如图 3.1（c）所示。

图 3.1（c）中 Ta 的波形是 LOGO!内部定时器的实际值。Rem 用于设置保持性，Rem=off 代表无保持性，Rem=on 代表保留当前的数据。所谓保持性，是指电源故障后当前数据的保持状态，当具有保持性时，在电源故障后数据仍可以保留，并且功能块在电源恢复后从中断点开始继续运行，定时器没有被复位，继续运行到设定的时间。当无保持性时，不保留当前数值。设置时间 s 后面的“+”号表示允许读/写参数。

时间 T 的值可以是以时、分、秒为时基的具体数据，也可以是下列根据其他已经配置的功能预设参数 T 中的时间值：模拟量比较器（实际值 Ax−Ay）、模拟量阈值触发器（实际值 Ax）、模拟量放大器（实际值 Ax）、模拟量多路复用器（实际值 AQ）、模拟算术功能块（实际值 AQ）、比例积分控制器（实际值 AQ）、模拟量斜坡函数发生器（实际值 AQ）、计数器（实际值 Cnt）。时间 T 值的三种时基如表 3.1 所示。表中所定义的时间 T 应不小于 0.02s。

表 3.1　定时器的三种时基

时基	_：_
s（秒）	秒：1/100 秒
m（分）	分：秒
h（小时）	小时：分

编程举例：延时脉冲的产生

控制要求：在 LOGO!的 I1 输入端有一个脉冲信号，30s 之后，Q1 输出一个 5s 的脉冲，时序图如图 3.2 所示。

满足控制要求的功能块图如图 3.3（a）所示。当 I1 由 0 变为 1 时，B002 输出为 1，由于此时 M1 为 0 状态，B004 的输出为 0，B003 的输出为 1，从而使得 B001 的输出 M1 为 1 状态，进而使 B004 和 B005 开始延时，延时期间二者的输出状态为 0。即使在 I1 变为 0 时，由于 M1 为 1，因此使得 B002 的输出也保持为 1。在 30s 的延时时间到达后，B005 的输出变为 1 状态，输出 Q1 有信号。而此时 B004 延时时间仍未到设定时间，故 M1 仍保持 1 状态。当 B004 延时时间到达 35s 时，其输出变高，B003 的输出变为 0，使得 B001 的输出变低，M1 为 0 状态，B002 和 B005 的输出随之变为 0，输出 Q1 也变低。图 3.3（b）所示的梯形图与图 3.3（a）所示的功能块图相对应。

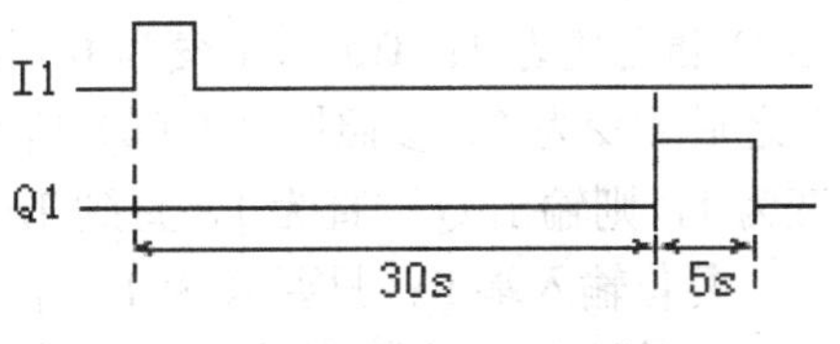

图 3.2　延时脉冲控制时序图

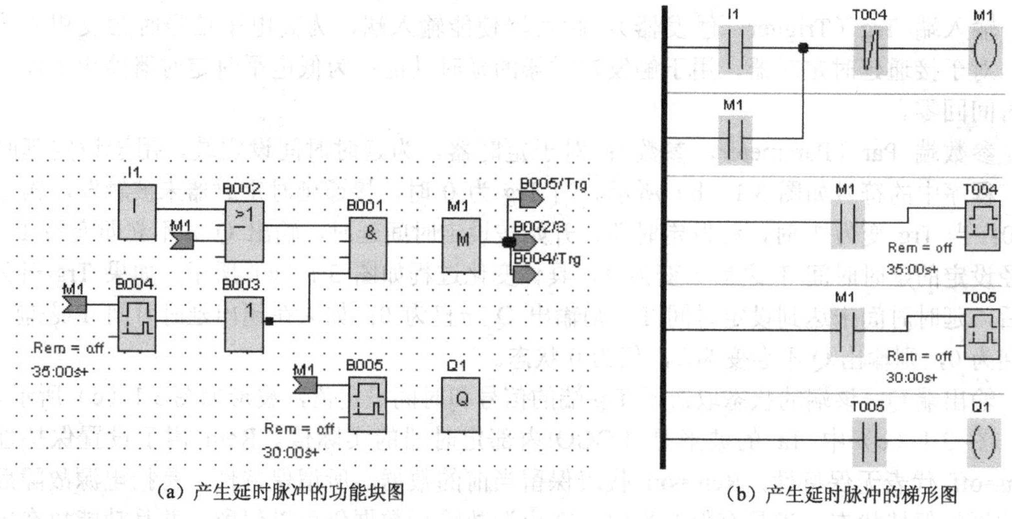

（a）产生延时脉冲的功能块图　　（b）产生延时脉冲的梯形图

图 3.3　产生延时脉冲的程序

3.1.2　关断延时定时器

关断延时定时器的功能块的符号及时序图如图 3.4 所示。

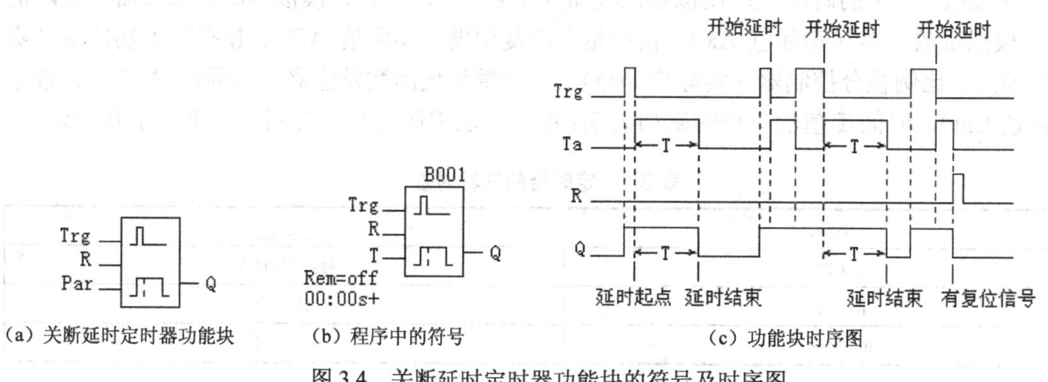

（a）关断延时定时器功能块　　（b）程序中的符号　　（c）功能块时序图

图 3.4　关断延时定时器功能块的符号及时序图

关断延时定时器有 1 个信号输入端 Trg、1 个复位输入端 R、1 个参数端 Par 和 1 个输出端 Q。

信号输入端 Trg：在复位输入端 R 为 0 的情况下，触发输入信号 Trg 由 0 变为 1 时，输出 Q 随之变为 1；Trg 由 1 变为 0 后，输出 Q 并不立即随之变为 0，而是经设定的延时时间 T 之后才变为 0，参照图 3.4（c）所示的波形。如果 Trg 降为 0 之后的延时时间 T 内 Trg 又变为 1，则输出 Q 一直为 1，直到 Trg 变为 0 且延时时间达到 T，输出 Q 才变为 0。

复位输入端 R：只要 R 为 1，不论输入信号如何，输出 Q 都立即变为 0。

参数端 Par：用于设定断开延时时间 T。

输出端 Q：该端状态的变化取决于 Trg 和 R 两端的信号及设定的时间，波形如图 3.4（c）所示。

编程举例：接通断开延时的实现

控制要求：在 LOGO!的 I1 输入端有输入信号时，Q1 输出端在 5s 之后有输出，当 I1 输入端的信号消失时，输出端Q1的信号在10s后消失。时序图如图3.5所示。

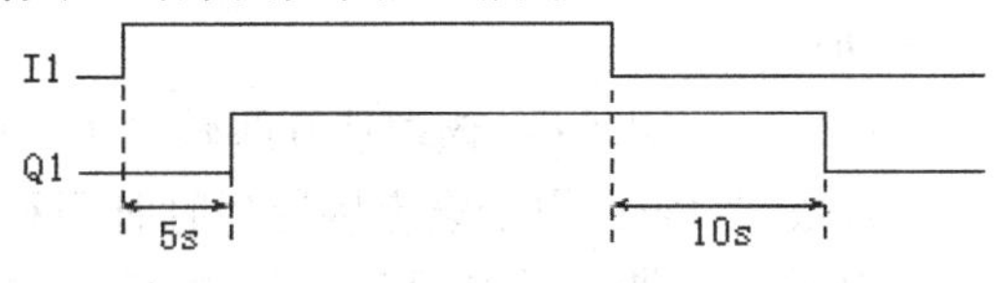

图3.5　接通断开延时的时序图

满足控制要求的功能块图如图3.6（a）所示。当I1由0变为1时，B002经5s延时后输出变为1，B001的输出状态随之也由0变为1。当I1的状态变低时，B002的输出立即由1变为0，B001的输出则经10s延时后变低，Q1的状态随着B001输出状态的变化而变化。图3.6（b）所示的梯形图与图3.6（a）所示的功能块图相对应。

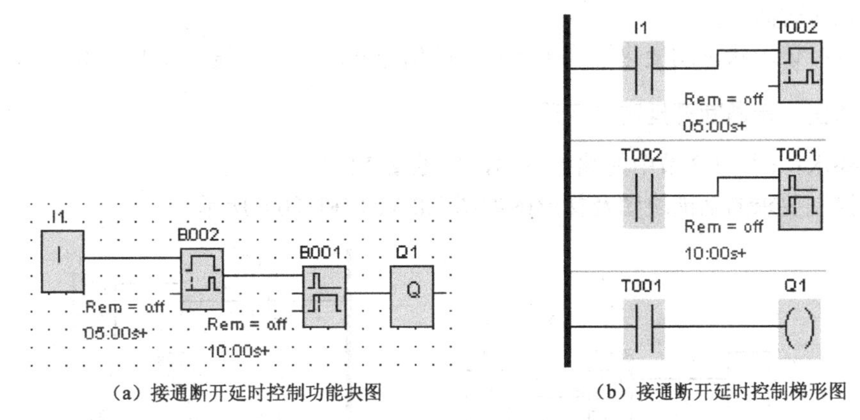

（a）接通断开延时控制功能块图　（b）接通断开延时控制梯形图

图3.6　接通断开延时控制举例程序

3.1.3　通断延时定时器

通断延时定时器功能块的符号及时序图如图3.7所示。

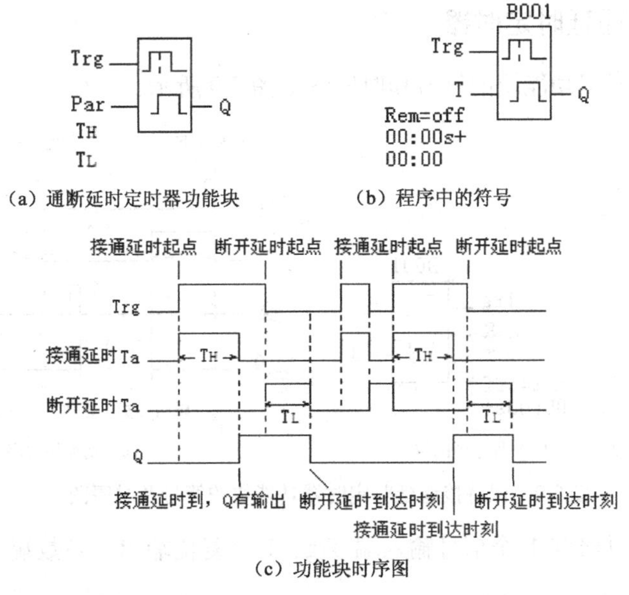

（a）通断延时定时器功能块　（b）程序中的符号

（c）功能块时序图

图3.7　通断延时定时器功能块的符号及时序图

通断延时定时器有1个信号输入端Trg、1个参数端Par和1个输出端Q，如图3.7

（a）所示。在输入信号 Trg 由 0 变为 1 和由 1 变为 0 时，输出 Q 都经相应的设定延时时间后才动作。

信号输入端 Trg：该端从 0 跳转到 1 时触发接通延时，从 1 跳转到 0 时触发断开延时。

参数端 Par：用于设定接通延时时间和关断延时时间，如图 3.7（b）所示。参数包括保持性 Rem、接通延时时间 T_H 和关断延时时间 T_L。接通延时时间 T_H 是从 Trg 由 0 变为 1 开始到输出信号由 0 变为 1 所经历的时间。关断延时时间 T_L 是从 Trg 由 1 变为 0 开始到输出信号由 1 变为 0 所经历的时间。如果接通延时时间 T_H 未到，Trg 就由 1 变为 0，则输出 Q 保持为 0，参考图 3.7（c）所示的时序图。如果关断延时时间 T_L 未到，Trg 又由 0 变为 1，则复位关断延时时间 T_L。

输出端：该端状态的变化取决于 Trg 端的信号和时间设定值，波形如图 3.7（c）所示。

编程举例：接通断开延时的实现

控制要求：同 3.1.2 节中的编程举例，参见图 3.5。

满足控制要求的功能块图及梯形图如图 3.8（a）和（b）所示。

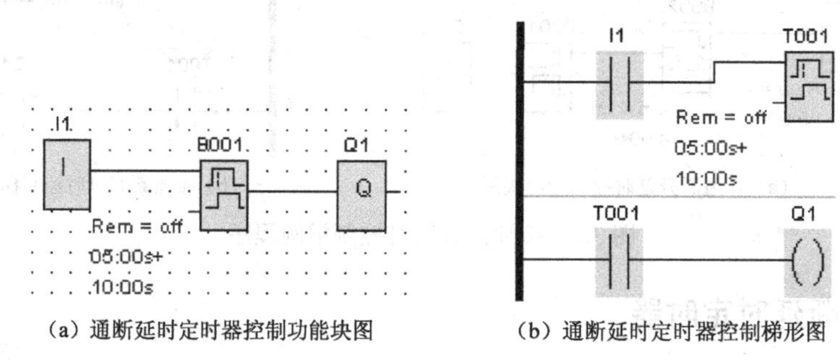

（a）通断延时定时器控制功能块图　（b）通断延时定时器控制梯形图

图 3.8 通断延时定时器控制举例程序

3.1.4 保持接通延时定时器

保持接通延时定时器功能块的符号和时序图如图 3.9 所示。

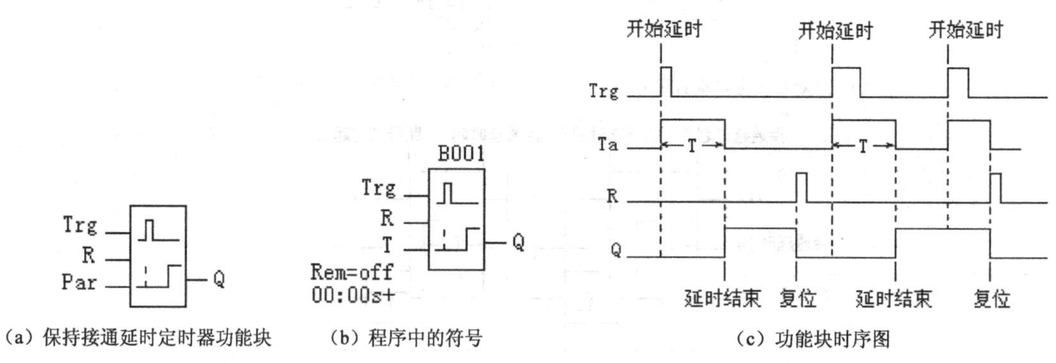

（a）保持接通延时定时器功能块　（b）程序中的符号　（c）功能块时序图

图 3.9 保持接通延时定时器功能块的符号及时序图

保持接通延时定时器有 1 个信号输入端 Trg、1 个复位端 R、参数端 Par 和 1 个输出端 Q，如图 3.9（a）所示。

信号输入端 Trg：只要该输入端 Trg 由 0 变为 1，就可触发当时时间 Ta，即使 Trg 的信号时间很短暂，延时也会继续，当 Ta 达到设定时间 T 时，输出 Q 由 0 变为 1，定时器具有保持功能。参照图 3.9（c）中 Trg 和 Q 的波形，输入端 Trg 处的其他脉冲不影响 Ta。

复位端 R：该端信号由 0 变为 1，输出 Q 变为 0，Ta 的值也复位为 0。参照图 3.9（c）中 Ta、R 和 Q 的波形。

参数端 Par：该端用于设定延时时间。图 3.9（b）和（c）中 Ta 波形中的 T 为延时时间。

输出端 Q：当 Q 为 1 时，只有在 R 变为 1 时，输出 Q 才变为 0。

说明：如果未对保护性进行设置，则发生电源故障后将恢复输出 Q 和到期的时间。

编程举例：电动机的启停控制

控制要求：LOGO!的 I1 和 I2 输入端分别接电动机的启动按钮和停止按钮，输出端 Q1 控制接触器线圈。按下启动按钮，Q1 有输出，接触器线圈得电，电动机启动运行；按下停止按钮，Q1 无输出信号，接触器线圈断电，电动机停止。编写满足要求的程序。

满足控制要求的程序如图 3.10 所示，其中图（a）为功能块图，图（b）为梯形图。按下启动按钮，I1 输入端有输入信号，50ms 之后，Q1 有输出。按下停止按钮，I2 输入端有信号，保持接通延时定时器复位，B001 的输出 Q1 变为 0，电动机停止运行。

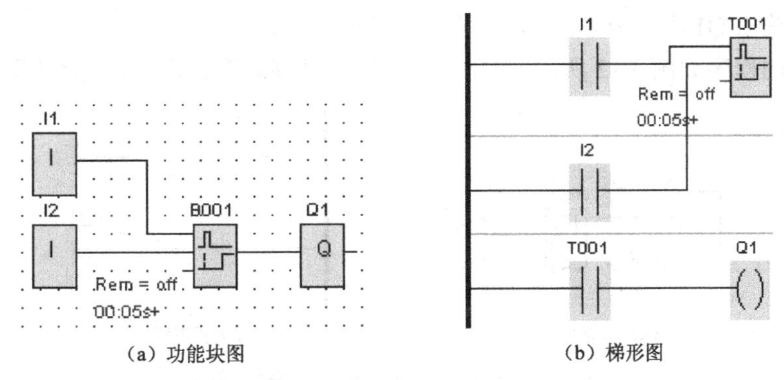

图 3.10　电动机启停控制程序

3.1.5　随机通断定时器（随机发生器）

随机通断定时器的输出在预设时间区间内的某一时刻置位或复位，延时时间是随机产生的。该功能块在编程软件中的符号及时序图如图 3.11 所示。其中图（a）为随机通断定时器功能块，图（b）为其程序中的符号，图（c）为功能块时序图。

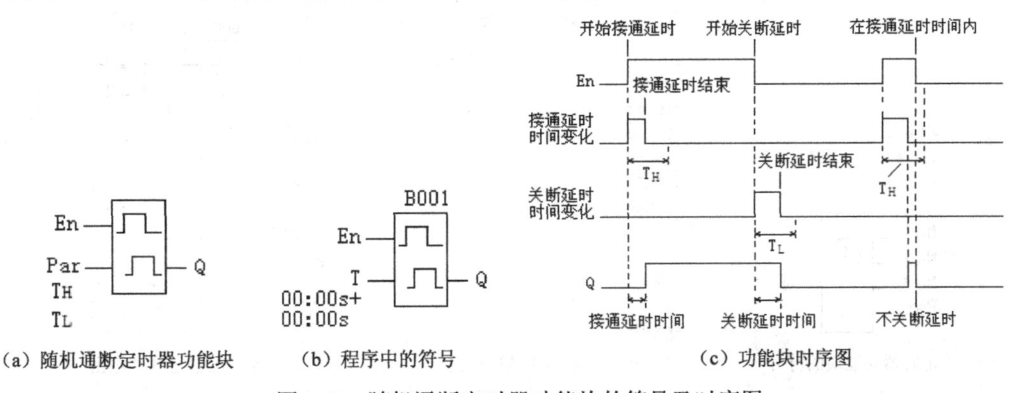

图 3.11　随机通断定时器功能块的符号及时序图

随机通断定时器有 1 个信号输入端 En、1 个参数端 Par 和 1 个输出端 Q，如图 3.11（a）所示。

信号输入端 En：En 为触发输入信号，其上升沿触发接通延时时间，开始接通延时，下降沿触发关断延时时间，开始关断延时。

参数端 Par：用于设置最大接通延时时间 T_H 和最大关断延时时间 T_L。当输入 En 从 0 跳转到 1 时，会触发一个 0～T_H 范围内的随机接通延时时间，当接通延时时间超出 T_H 并且 En 仍为 1 时，输出 Q 保持 1 状态。如果在超出接通延迟时间之前 En 的状态复位为 0，则复位该时间。当 En 从 1 跳转到 0 时，会触发一个 0～T_L 范围内的随机关断延时时间，当关断延时时间失效并且 En 在该段时间内保持 0 状态时，则输出 Q 复位为 0 状态。如果在关断延时时间失效之前 En 的状态变为 1，则复位该时间。

输出端 Q：该端状态的变化取决于 En 端的信号和时间设定范围，波形如图 3.11（c）所示。

注意：其与通断延时定时器的区别。

编程举例：在设定的时间范围内进行随机通断定时控制

控制要求：当 I1 端有输入信号时，输出 Q1 在 2 分钟之内的某一时刻置位，当 I1 端的信号消失时，输出 Q1 在 5 分 30 秒之内的某一时刻复位。

满足要求的程序如图 3.12 所示，其中图（a）为功能块图，图（b）为梯形图。

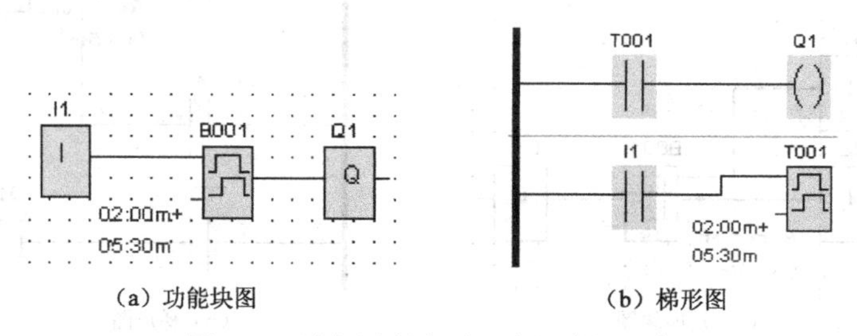

（a）功能块图　　　　（b）梯形图

图 3.12　随机通断定时器应用举例程序

3.1.6　周定时器

周定时器通过设置每周的接通和关断日期及时间来控制其输出状态。因 LOGO!24 和 LOGO!24o 没有实时时钟，故该版本的周定时器的功能不可用。周定时器功能块的符号和应用举例如图 3.13 所示。

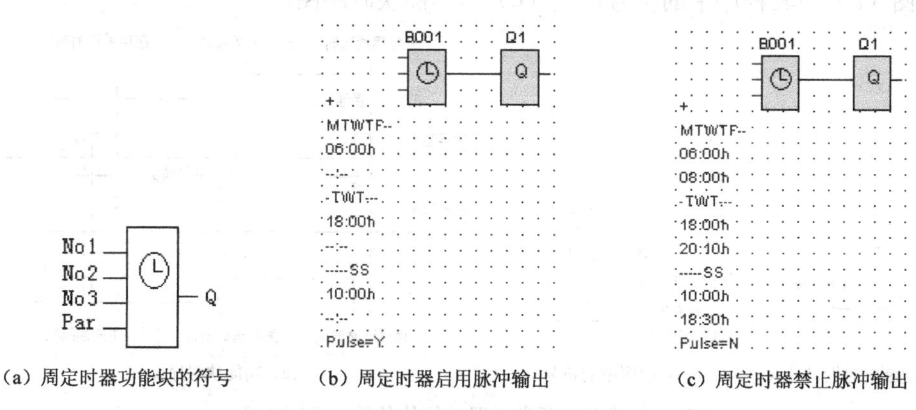

（a）周定时器功能块的符号　　（b）周定时器启用脉冲输出　　（c）周定时器禁止脉冲输出

图 3.13　周定时器功能块的符号及应用举例

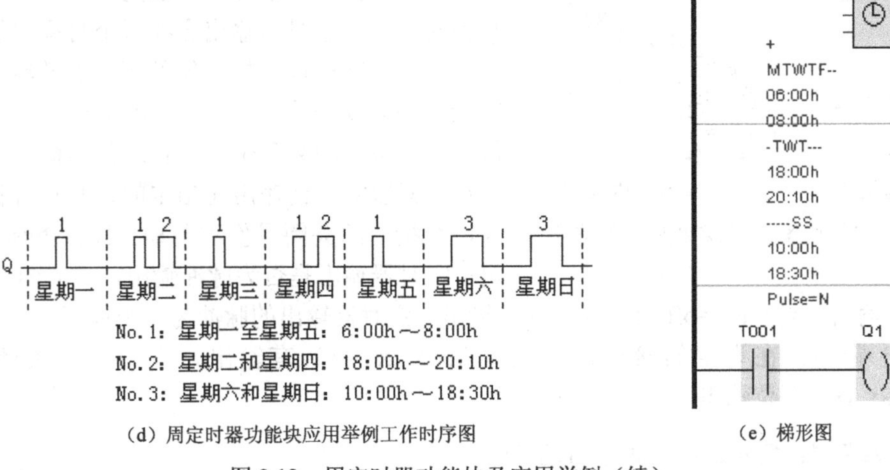

（d）周定时器功能块应用举例工作时序图　　（e）梯形图

图 3.13　周定时器功能块及应用举例（续）

周定时器功能块有 3 个时间段设置输入端、1 个参数端 Par 和 1 个输出端 Q，如图 3.13（a）所示。

时间段设置输入端：3 个时间段设置输入端为 No.1、No.2 和 No.3，每个时间段可设置接通和关断时间，接通和关断时间可设定为每周的某一日或某几日及每日的某时间段。每周的日期设定采用大写英文字头（M：周一；T：周二；W：周三；T：周四；F：周五；S：周六；S：周日），没有选择的工作日用“－”表示。若 3 个时间段有冲突，按时间段 3、时间段 2、时间段 1 的优先级别动作。

参数端 Par：用于脉冲设置，结合图 3.13 的应用举例加以说明。当 Pulse=on 时，启用脉冲输出模式，如图 3.13（b）所示，设置 Pulse=Y，关断时间无效，周定时器输出仅仅在设定的时间区间内在接通时刻闭合 1 个扫描周期；当 Pulse=off 时，禁止脉冲输出模式，设置 Pulse=N，如图 3.13（c）所示。

输出端 Q：按照设定的时间段和参数动作。

图 3.13（d）所示为周定时器功能块应用举例工作时序图，在所设置的相应时间段，输出 Q 为 1，在其他时间段，输出为 0。从图 3.13（c）和（d）可以看出，按照周定时器功能块的设定，在星期一至星期五 6:00～8:00、星期二和星期四 18:00～20:10、星期六和星期日 10:00～18:30 时间段内，输出 Q 为 1，控制相应设备动作，其余时间设备停止。图 3.13（e）所示的梯形图与图 3.13（c）所示的功能块图相对应。

3.1.7　年定时器

年定时器按照年、月、日来设置接通和关断时间从而进行输出控制，时间周期可以在 2000 年 1 月 1 日到 2099 年 12 月 31 日之间进行设置。LOGO!24 和 LOGO!24o 没有实时时钟，故该版本的年定时器功能不可用。年定时器功能块和程序中的符号如图 3.14 所示。

年定时器功能块有 1 个设置时间区间的输入和 1 个输出，如图 3.14（a）所示。

No 端：设置时间段，即设置接通和关断日期，如图 3.14（b）所示，可选择按“每年”或“每月”激活年定时器（YY：年；MM：月；DD：日），在所设置的接通和关断日期使输出置位和复位。打开时间 On 指定了置位定时器的月份和日期，关闭时间 Off 指定了再次复

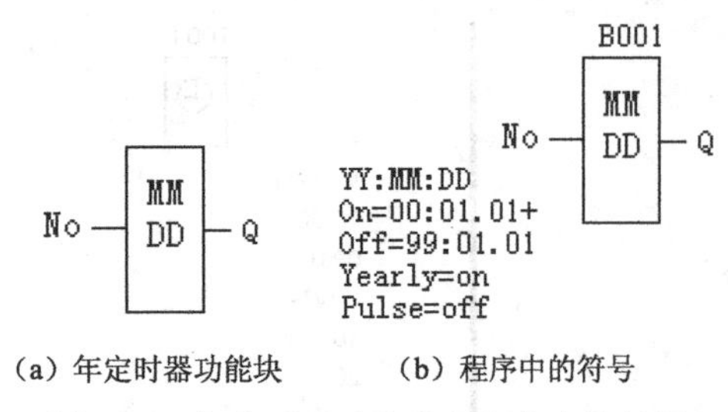

（a）年定时器功能块　（b）程序中的符号

图3.14　年定时器功能块和程序中的符号

位输出的月份和日期。如果选定了每月的打开日期和关断日期，定时器输出会在每个月指定的打开日期和关断日期动作。打开年份指定了激活定时器的初始年份，关断年份定义了定时器关断的最后年份。对于每年的某几个月进行动作的情况，可以设置定时器参数，使输出在指定的打开月份和日期打开，在指定的关闭月份和日期关闭。Pulse 用于指定年定时器输出是否为脉冲输出，当Pulse=on时，启用脉冲输出，当Pulse=off时，禁止脉冲输出。定时器输出的脉冲为1个周期。

输出端 Q：在设定的接通时间段（On=xx:xx.xx）有输出，在设定的关断时间段（Off=xx:xx.xx）复位输出。

编程举例1：每年的某一时期自动工作

控制要求：在每年的4月18日到6月20日之间有输出信号，时序图如图3.15（a）所示，采用年定时器功能块实现。

满足要求的功能块图和梯形图如图3.15（b）和（c）所示。

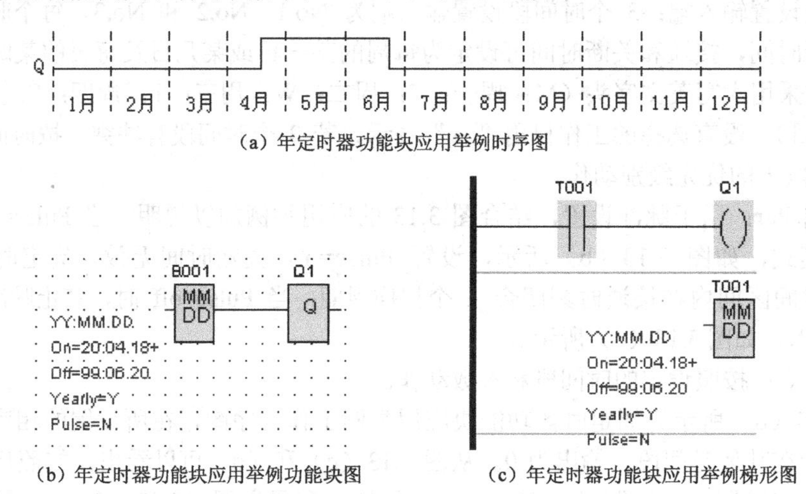

（a）年定时器功能块应用举例时序图

（b）年定时器功能块应用举例功能块图　（c）年定时器功能块应用举例梯形图

图3.15　年定时器功能块编程举例1

编程举例2：设备每年分时期按时间段自动运行

控制要求：某设备按照每年4个时期的运行时间段进行控制，分别为1月至2月运行时间为8:00到9:30和17:00到19:00，3月至5月运行时间为7:00到8:30和19:00到21:00，6月至10月运行时间为6:00到7:30和20:00到22:00，11月至12月运行时间为7:30到9:00和17:30到19:30，用LOGO!实现其控制。

满足控制要求的功能块图和梯形图如图3.16（a）和（b）所示。图中通过年定时器和周定时器相“与”来实现某一时期内每天的时间段控制。其中B003的日期为1月1日至3月1日，是因为2月有时为28天有时为29天，为了避免出错，避开了2月的最后1天。程序中，由于开启了年模式（Yearly=Y），因此需要注明起始年（如On=00:01.01+）与终止年（Off=99:03.01）。

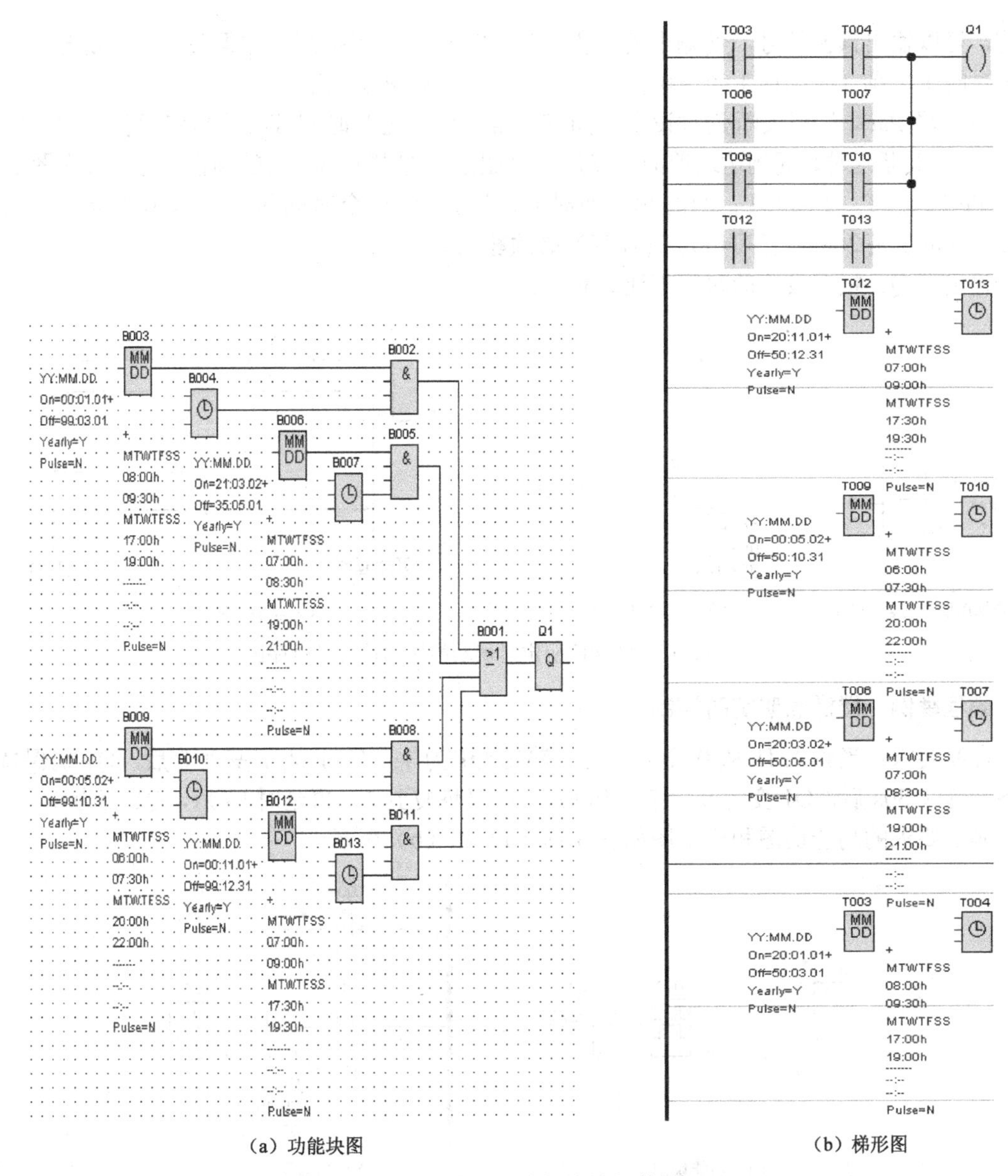

（a）功能块图　　　　（b）梯形图

图 3.16　年定时器功能块编程举例 2

3.1.8　楼梯照明定时器

楼梯照明定时器通过 1 个脉冲的边沿触发信号触发 1 段可以组态的时间，当超出所设定的时间时，复位输出，在该时间区间内可以输出关闭预警信号。图 3.17 所示为楼梯照明定时器功能块的符号及时序图。

楼梯照明定时器功能块有 1 个输入端 Trg、1 个参数端 Par 和 1 个输出端 Q，如图 3.17（a）所示。

输入端 Trg：触发输入端。该端信号从 0 变为 1 时输出 Q 置位为 1，从 1 变为 0 时触发关断延时定时器，定时器不立即关断，开始进行延时，在关断延时设定时间 T 内，输出 Q 保持 1 状态。当关断延时时间达到设定时间 T 时，输出 Q 复位为 0 状态。在达到设定时间 T

之前，可以输出预警信号，使输出 Q 关断 $T_{!L}$ 的时长，用于提醒。如果关断延时定时器到达设定时间 T 之前 Trg 出现 1 个下降沿，则该延时过程被重新触发。

参数端 Par：包括关断延时设定时间 T、常明使能延时时间 T_L、预警时间 $T_!$ 和预警周期 $T_{!L}$，在关断延时时间到达之前的 $T_!$ 时刻，发出预设的周期为 $T_{!L}$ 的预警信号，参考图 3.17（b）和（c）。T、$T_!$ 和 $T_{!L}$ 的时基（即时间基准，是 1 个时间显示的基本单位，可以是 10ns，也可以是 20μs，还可以是 1ms 等）必须相同。

输出端 Q：根据设定的时间接通或断开。

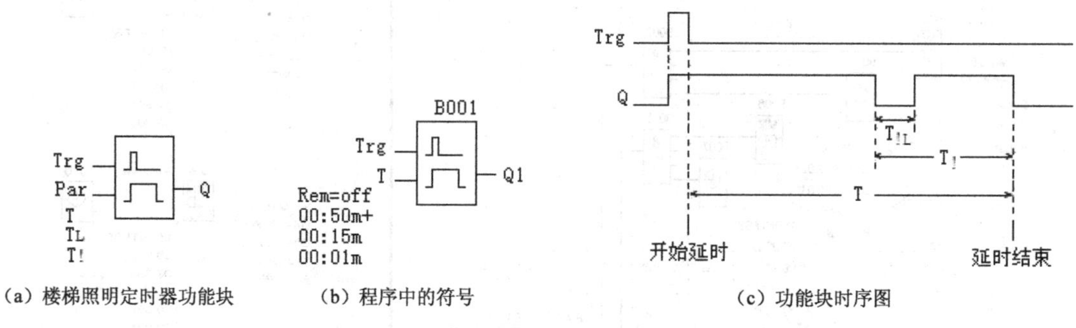

（a）楼梯照明定时器功能块　（b）程序中的符号　（c）功能块时序图

图 3.17　楼梯照明定时器功能块的符号及时序图

编程举例：楼梯照明定时控制

控制要求：当输入 I1 从 0 变为 1 时，输出 Q1 为 1；在 I1 从 1 变到 0 后，Q1 仍保持 1 状态，延时 30s 后，Q1 变为 0，持续 1s 后，Q1 又恢复到 1，再延时 9s 后，Q1 变为 0。

满足要求的功能块图和梯形图如图 3.18（a）和（b）所示。

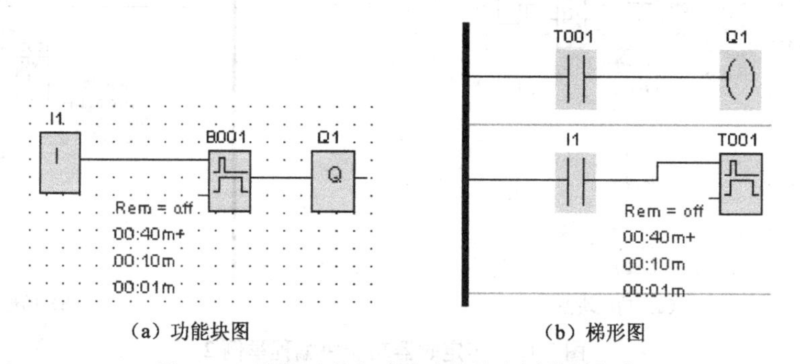

（a）功能块图　（b）梯形图

图 3.18　楼梯照明定时器功能块应用举例程序

3.1.9　多功能开关定时器

多功能开关定时器具有两种功能，一是可作为带有关断延时的脉冲开关，二是置位输出（永久照明）。图 3.19 所示为多功能开关定时器功能块的符号及时序图。

多功能开关定时器功能块有 1 个输入端 Trg、1 个复位输入端 R、1 个参数端 Par 和 1 个输出端 Q，如图 3.19（a）所示。

输入端 Trg：触发信号输入端。该端信号从 0 上升到 1 时，输出 Q 置位为 1，输出 Q 能否一直保持为 1 状态取决于 Trg 高电平持续时间的长短。

复位输入端 R：R 为 1 时，复位延时时间和输出 Q。

参数端 Par：包括关断延时时间 T、常明使能延时时间 T_L、预警时间 $T_!$ 和预警周期 $T_{!L}$，这些参数可以在块属性中进行设置（也可选择使用预警时间标准值），T_L、$T_!$ 和 $T_{!L}$ 必须有相同的时基。到达关断延时时间 T 时，输出由 1 变为 0，T_L 为启用长期照明功能所必须置位输入的时间，$T_!$ 是预警时间的接通延时，$T_{!L}$ 为预警周期。

输出端 Q：输出 Q 根据 Trg 的长度延时关断或永久接通，当 Trg 的脉冲宽度小于 T_L 时，输出 Q 延时关断，工作情况与楼梯照明定时器相同。当 Trg 的脉冲宽度大于 T_L 时，输出 Q 永久接通，靠输入 R 的高电平信号将其复位。

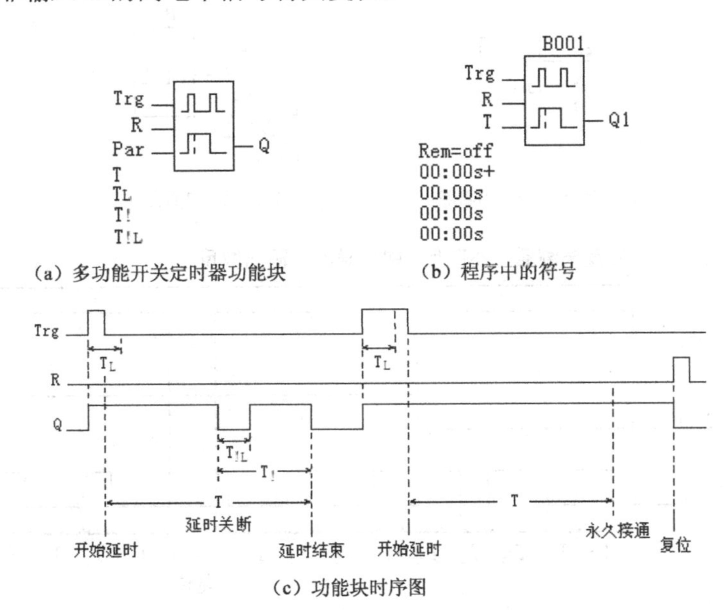

（a）多功能开关定时器功能块　　（b）程序中的符号

（c）功能块时序图

图 3.19　多功能开关定时器功能块的符号及时序图

编程举例：长期和定时控制

控制要求：当 I1 从 0 变为 1 时，输出 Q1 置位。如果 I1 为 1 的时间大于常明使能延时时间 5s，输出 Q1 一直为 1，直到 I1 再次为 1 或者 I2 接通，使 Q1 复位。如果 I1 接通时间小于常明使能延时时间 5s，其下降沿将触发关断延时时间，在 50s 内，Q1 保持 1 状态，只是在关断延时时间到前 10s，输出周期为 1s 的低电平，I2 为 1 时，延时时间和输出 Q1 复位。

满足要求的功能块图和梯形图如图 3.20（a）和（b）所示。

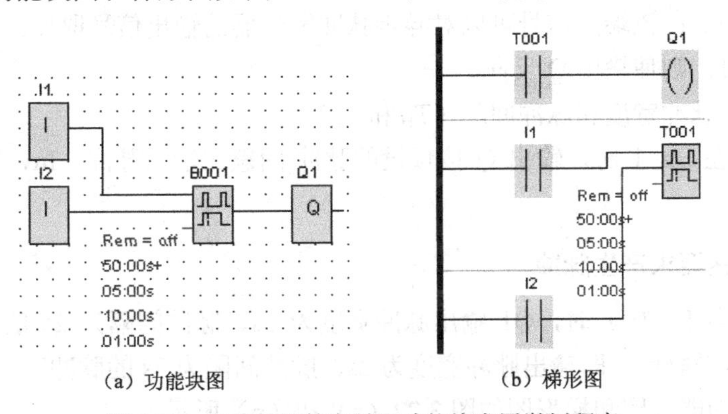

（a）功能块图　　（b）梯形图

图 3.20　多功能开关定时器功能块应用举例程序

3.1.10 异步脉冲发生器

异步脉冲发生器能够产生可以预设脉冲宽度和脉冲间隔的脉冲信号。图 3.21 所示为异步脉冲发生器功能块的符号及时序图。图（a）为功能块，图中，En、Inv 和 Par 三端分别为使能输入端、取反输入端和参数端，Q 为输出端。图（b）为程序中的符号，图（c）为功能块时序图。

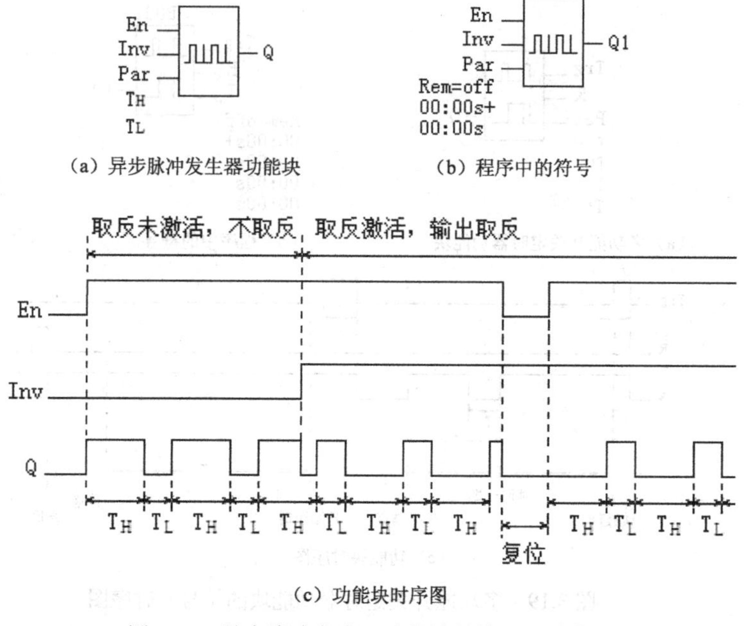

（a）异步脉冲发生器功能块　（b）程序中的符号

（c）功能块时序图

图 3.21　异步脉冲发生器功能块的符号及时序图

使能输入端 En：该端的信号用来激活和复位异步脉冲发生器，当输入 En 处的信号为 1 时，输出 Q 按照预设的参数（T_H和 T_L）及 Inv 的电平（高或低）周期性地输出脉冲，其中 T_H 为脉冲宽度，T_L 为脉冲间隔。从使能信号 En 的上升沿开始，在 Inv 为低电平时，Q 输出间隔为 T_L、宽度为 T_H 的脉冲；在 Inv 为高电平时，Q 输出间隔为 T_H、宽度为 T_L 的脉冲。

取反输入端 Inv：该端的信号可以对异步脉冲发生器的输出信号取反。在 En 为 1 的情况下，若 Inv 也为 1，则使输出 Q 反向。

参数端 Par：脉冲宽度和脉冲间隔（T_H和 T_L）。

输出端 Q：在 En=1 时，输出 Q 按预设的脉冲/间歇比输出脉冲。Inv 为 1，则输出脉冲高/低电平反向。

编程举例：按要求产生脉冲

控制要求：当 I1 为 1 时，Q1 输出脉冲宽度为 3s、脉冲间隔为 2s 的脉冲；当 I2 为 1 时，Q1 输出的电平取反，即输出脉冲宽度为 2s、脉冲间隔为 3s 的脉冲。

满足要求的功能块图和梯形图如图 3.22（a）和（b）所示。

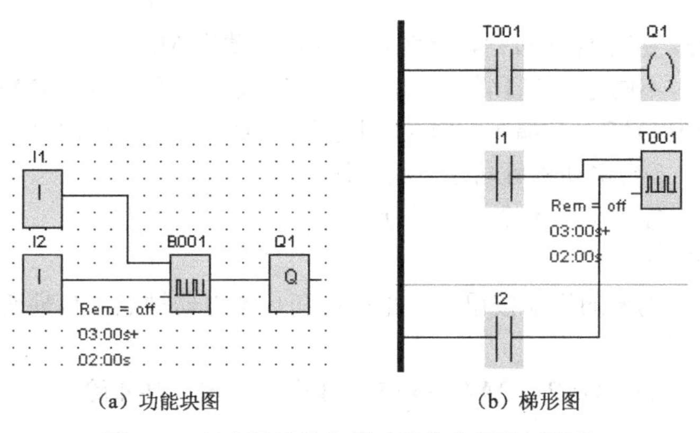

（a）功能块图　（b）梯形图

图 3.22　异步脉冲发生器功能块应用举例程序

3.1.11　定时器功能指令应用示例

本节通过示例对定时器功能指令的应用进一步加以说明。

1. 1 台自耦变压器分时启动 2 台电动机

1 台自耦变压器分时启动 2 台电动机的主电路如图 3.23 所示。图中，自动空气开关 QF 为三相电源开关，与 A、B、C 三相电源相接，接线端为 L1、L2、L3。接触器 QA3 为自耦变压器 TA 的电源进线接触器，电动机降压启动时接通。接触器 QA4、QA5 为自耦变压器 TA 中间抽头向 2 台电动机供电的接触器，分别在 2 台电动机降压启动时接通，二者不可同时接通，必须设置互锁。接触器 QA1、QA2 为 2 台电动机全压运行时的电源接触器，二者接通时，2 台电动机全压运行。热继电器 BB1、BB2 分别对 2 台电动机进行过载和缺相保护。电压表 PG1 和电流表 PG2 分别用于指示电源电压和电动机运行电流。

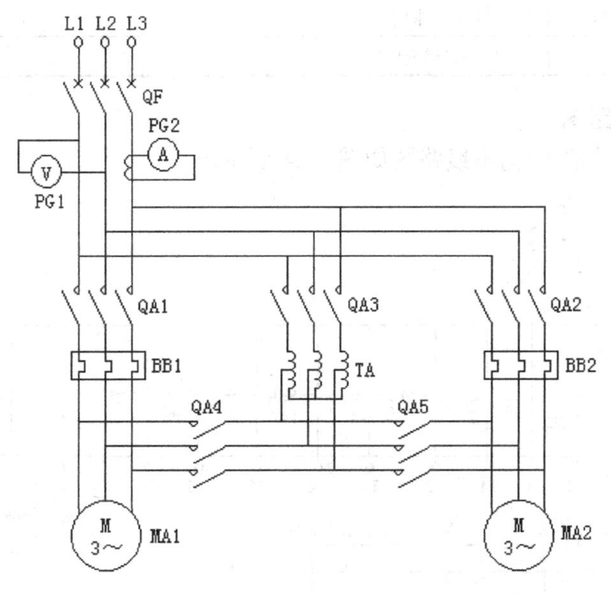

图 3.23　1 台自耦变压器分时启动 2 台电动机的主电路

控制要求：按下 MA1 的启动按钮，先使接触器 QA4、QA3 吸合，电动机 MA1 在设定的时间内串自耦变压器 TA 进行降压启动，时间到达时，接触器 QA4、QA3 断开，QA1 吸合，MA1 全压运行。按下停止按钮，接触器断开，电动机 MA1 停止。电动机 MA2 的启/停过程与 MA1 类似，不同之处在于降压启动过程中所吸合的接触器为 QA3 和 QA5，全压运行时吸合的接触器为 QA2。自耦变压器 TA 不能同时为 2 台电动机供电，只能在 1 台启动结束后再启动另 1 台，2 台电动机可同时全压运行。

根据控制要求，按照下述 5 个步骤进行设计。

1）统计输入/输出点数

输入点：2 台电动机的启动按钮、停止按钮和热继电器触点，自耦变压器内部过热保护触点，共 7 路输入信号。

输出点：控制 QA1、QA2、QA4、QA5 这 4 个接触器，共 4 路。

2）系统配置

对于 7 路开关量输入、4 路开关量输出，配置 LOGO!主机即可满足要求。

主机型号：LOGO!230RC，电源电压 115～240V AC/DC，8 路数字量输入，4 路继电器输出（触点电流 10A）。

3）安排输入/输出点

表 3.2 给出了 LOGO!输入/输出点的安排。

表 3.2 LOGO!输入/输出点安排

输 入	含 义	说 明	输 出	含 义	说 明
I1	MA1 启动按钮	接 SF11 常开点	Q1	MA1 降压启动	控制接触器 QA4 线圈
I2	MA1 停止按钮	接 SF12 常闭点	Q2	MA1 全压运行	控制接触器 QA1 线圈
I3	MA2 启动按钮	接 SF21 常开点	Q3	MA2 降压启动	控制接触器 QA5 线圈
I4	MA2 停止按钮	接 SF22 常闭点	Q4	MA2 全压运行	控制接触器 QA2 线圈
I5	MA1 热继电器	接 BB1 常闭点			
I6	MA2 热继电器	接 BB2 常闭点			
I7	TA 保护触点	保护自耦变压器			

4）输入/输出线路图

与表 3.2 相对应的输入/输出线路图如图 3.24 所示。

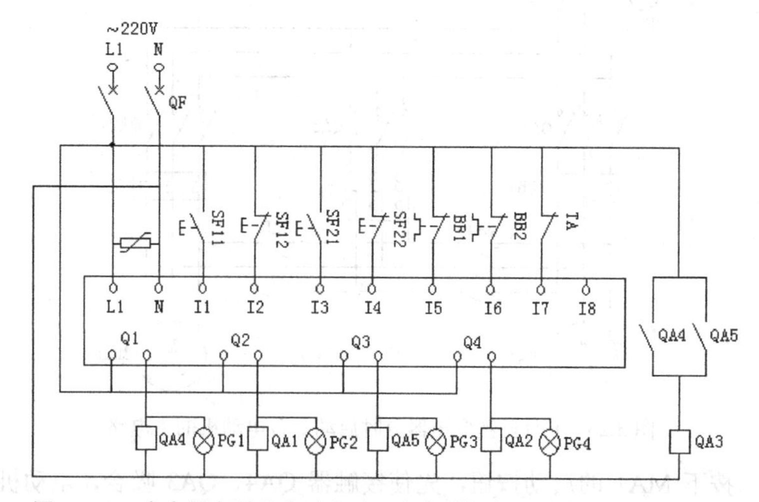

图 3.24 1 台自耦变压器分时启动 2 台电动机 LOGO!输入/输出线路图

5）功能块图

满足控制要求的功能块图如图 3.25 所示。以 1 号电动机的启动过程为例进行介绍。按下启动按钮 SF11，LOGO!的 I1 输入端有 1 个脉冲信号，由于 I2 输入端的按钮为常闭点，因此 I2 端也有输入信号，热继电器 BB1 和自耦变压器 TA 的常闭点使得 I5 和 I7 也为 1 状态，从而使得 B003 的输出状态为 0，进而使 B002 的复位输入端为 0 状态。在电动机 MA2 未进行降压启动的时候，Q3 状态为 0，B015 的输出状态为 1，致使 B017 在按下 SF11 时输出 1 个脉冲，B002 开始按照设定的时间延时（本例中的延时时间为 10s，可根据实际情况设定），延时期间，B001 的输出 Q1 保持 1 状态，接触器 QA4 和 QA3 吸合，电动机串自耦变压器 TA 降压启动。B015 可以确保在电动机 MA2 降压启动期间 B017 的输出为 0，电动机 MA1 不能降压启动。B004 用于实现互锁控制，防止 MA1 降压启动期间接入全压或 2 台电机同时降压启动。当设定的延时时间到达时，B002 的输出为 0，B001 的输出 Q1 随之变为 0，电动机 MA1 断开与自耦变压器 TA 的连接，降压启动过程结束。在 I1 端出现启动信号 10.2s 后 B006 的输出变为 1，B005 的输出 Q2 由低变高，接触器 QA1 吸合，电动机 MA1 全压运行。B007 起着全压和降压互锁的作用，避免电动机降压期间加全压。B006 的延时时间比 B002 的延时时间长 200ms，确保自耦变压器 TA 与电动机之间完全断开后再使电动机接入全压。按下停止按钮 SF12，I2 输入端变低，B003

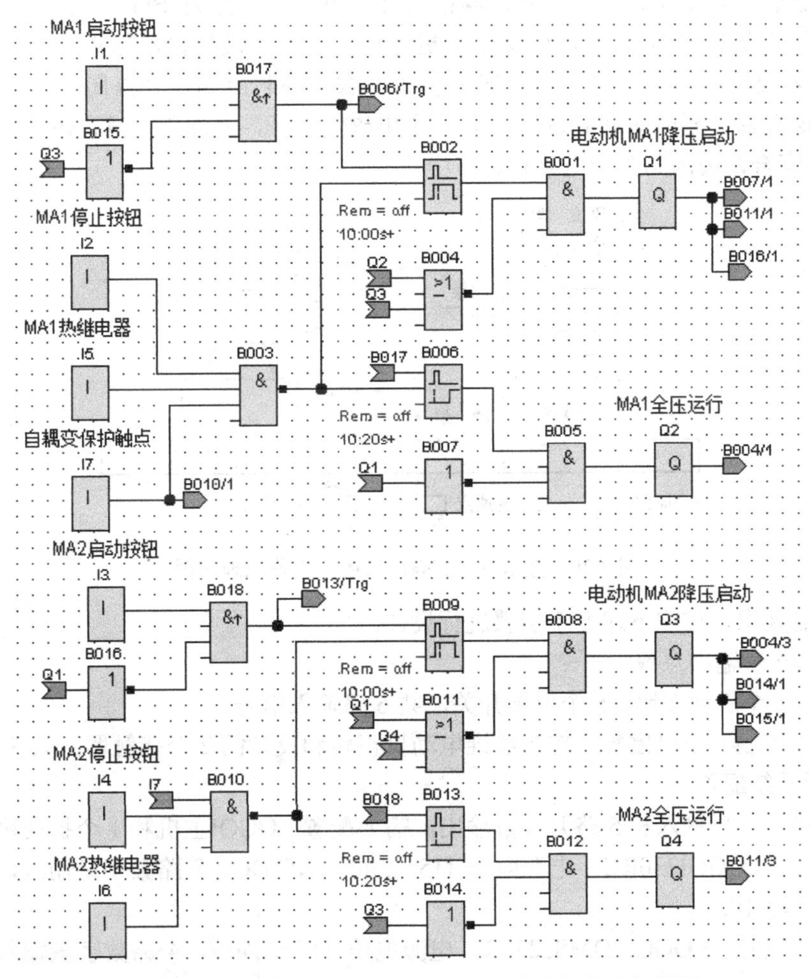

图 3.25 1 台自耦变压器分时启动 2 台电动机的功能块图

的输出升高，致使 B002 和 B006 复位，输出变低，Q1 和 Q2 随之变为 0，相应接触器线圈失电，电动机停止运行。当热继电器 BB1 动作时，输入 I5 变为 0，电动机停止运行。降压启动期间，若自耦变压器 TA 内部触点动作，则输入 I7 变为 0，停止启动过程，保护自耦变压器。电动机 MA2 的启动过程这里不再分析。

本例在消化基本功能指令用法的基础上，重点理解关断延时定时器和保持接通延时定时器、边沿触发与功能块的用法。

2. 液压滑台式自动攻螺机的控制

图 3.26 所示为液压滑台式自动攻螺机工作原理简图。图中，通过位置开关 BG1、BG2 和 BG3 控制滑台的行程，通过位置开关 BG4 和 BG5 切换丝锥的工作状态。滑台的进退通过控制 3 个电磁阀的打开和关闭进而控制油路来实现。丝锥的工作通过控制 1 台电动机的正反转来完成。最初，滑台和丝锥都处于原位，位置开关 BG1 和 BG4 内部常开触点闭合。按下启动按钮，第 1 个电磁阀打开，油压将滑台快速推进到 BG2 位置，位置开关 BG2 常开点闭合，随之第 2 个电磁阀打开，关闭第 1 个电磁阀，滑台变为慢速前行，到达滑台终点时，位置开关 BG3 内部常开点闭合，关闭第 2 个电磁阀，滑台停止；同时，为丝锥电动机送电的正转接触器吸合，丝锥正转前行。到达丝锥的终点时，位置开关 BG5 内部常开点闭合，正转接触器断开，进行 10s 延时，确保电动机停止。之后，反转接触器吸合，电动机反转运行，丝锥随之反转并后退，到达原位时，位置开关 BG4 内部常开点闭合，反转接触器断开，进行 15s 延时。延时时间到达后，第 3 个电磁阀打开，靠油压把滑台快速推回原位，位置开关 BG1 闭合，关闭第 3 个电磁阀。

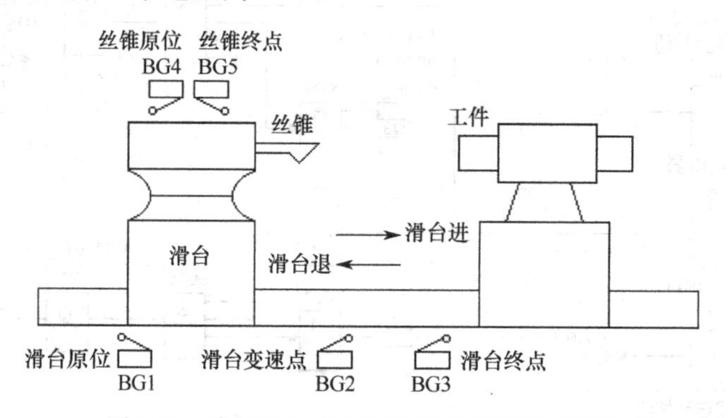

图 3.26　液压滑台式自动攻螺机工作原理简图

根据控制要求，按照下述 5 个步骤进行设计。

1）统计输入/输出点数

输入点：1 个启动按钮、5 个位置开关，共 6 路输入信号。

输出点：控制 3 个电磁阀、控制丝锥电动机正转和反转的 2 个接触器，共 5 路输出。

2）进行系统配置

对于 6 路开关量输入和 5 路开关量输出，需要配置 LOGO!主机和 1 个扩展模块。

主机型号：LOGO!230RC，电源电压 115～240V AC/DC，8 路数字量输入，4 路继电器输出（触点电流 10A）。

扩展模块型号：LOGO! DM8 230R，电源电压 115～240V，4 路数字量输入，4 路继电器输出。

3）安排输入/输出点

表 3.3 给出了 LOGO!输入/输出点的安排。

表 3.3　LOGO!输入/输出点安排

输　入	含　义	说　明	输　出	含　义	说　明
I1	滑台处于原位	BG1 常开点闭合	Q1	控制 1 号电磁阀	打开 1 号电磁阀滑台快进
I2	滑台变速切换点	BG2 常开点闭合	Q2	控制 2 号电磁阀	打开 2 号电磁阀滑台慢进
I3	滑台到达终点	BG3 常开点闭合	Q3	控制 3 号电磁阀	打开 3 号电磁阀滑台后退
I4	丝锥处于原位	BG4 常开点闭合	Q4	控制正转接触器	丝锥正转
I5	丝锥到达终点	BG5 常开点闭合	Q5	控制反转接触器	丝锥反转
I6	启动按钮	按下按钮常开点闭合			

4）输入/输出线路图

与表 3.3 相对应的输入/输出线路图如图 3.27 所示。

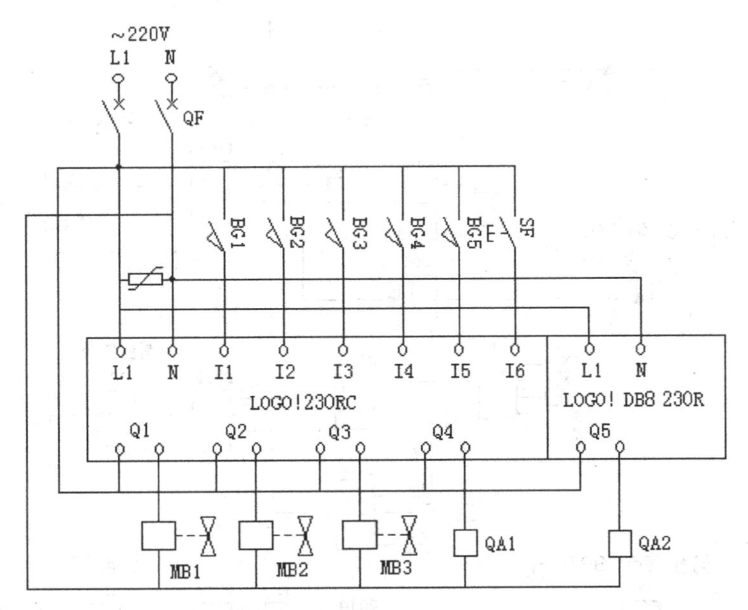

图 3.27　液压滑台式自动攻螺机控制 LOGO!输入/输出线路图

5）功能块图

满足控制要求的功能块图如图 3.28 所示。当滑台和丝锥处于原位时，BG1 和 BG4 受压，其内部常开触点闭合，使得 LOGO!的 I1 和 I4 输入端有信号。按下启动按钮 SF，I6 端信号变为 1，B003 和 B002 的输出随之变为 1 状态，因为此时滑台处于启动阶段，I2 和 Q3 的状态均为 0，B001 的输入信号都为高电平，输出 Q1 为 1 状态，进而使 B002 的输出保持在 1 状态，打开 1 号电磁阀，滑台快速行进。滑台离开原位后，I1 的状态变低。当滑台行进到使得 BG2 闭合时，I2 端有输入信号，B004 的输出变为 0，B001 的输出随之变为 0，滑台停止快进。与此同时，B007 的输出变为 1，在滑台到达终点前，B006 的 4 个输入均为 1，其输出 Q2 为 1，打开 2 号电磁阀，滑台缓慢行进。同时，B007 的另一个输入 Q2 使其输出保持 1 状态。滑台到达终点后，I3 端有信号，B008 输出的 0 状态使 B006 的输出 Q2 变为 0，滑台停止。同时，I3 端的高电平信号使得 B013 的输出 Q4 的状态置 1，正转接触器 QA1 吸合，丝锥正转前行。在丝锥到达终点后，I5 端有输入信号，B013 的输出变为 0，丝锥正转停止。B016 进行 10s 延时，延时时间到达后，B015 的输出 Q5 置 1，反转接触器 QA2 吸合并自锁，丝锥反转后退。当丝锥退回到原位时，I4 端有输入信号，B018 的输出变为 0，从而使 B015 的输出为 0，LOGO!输出端 Q5

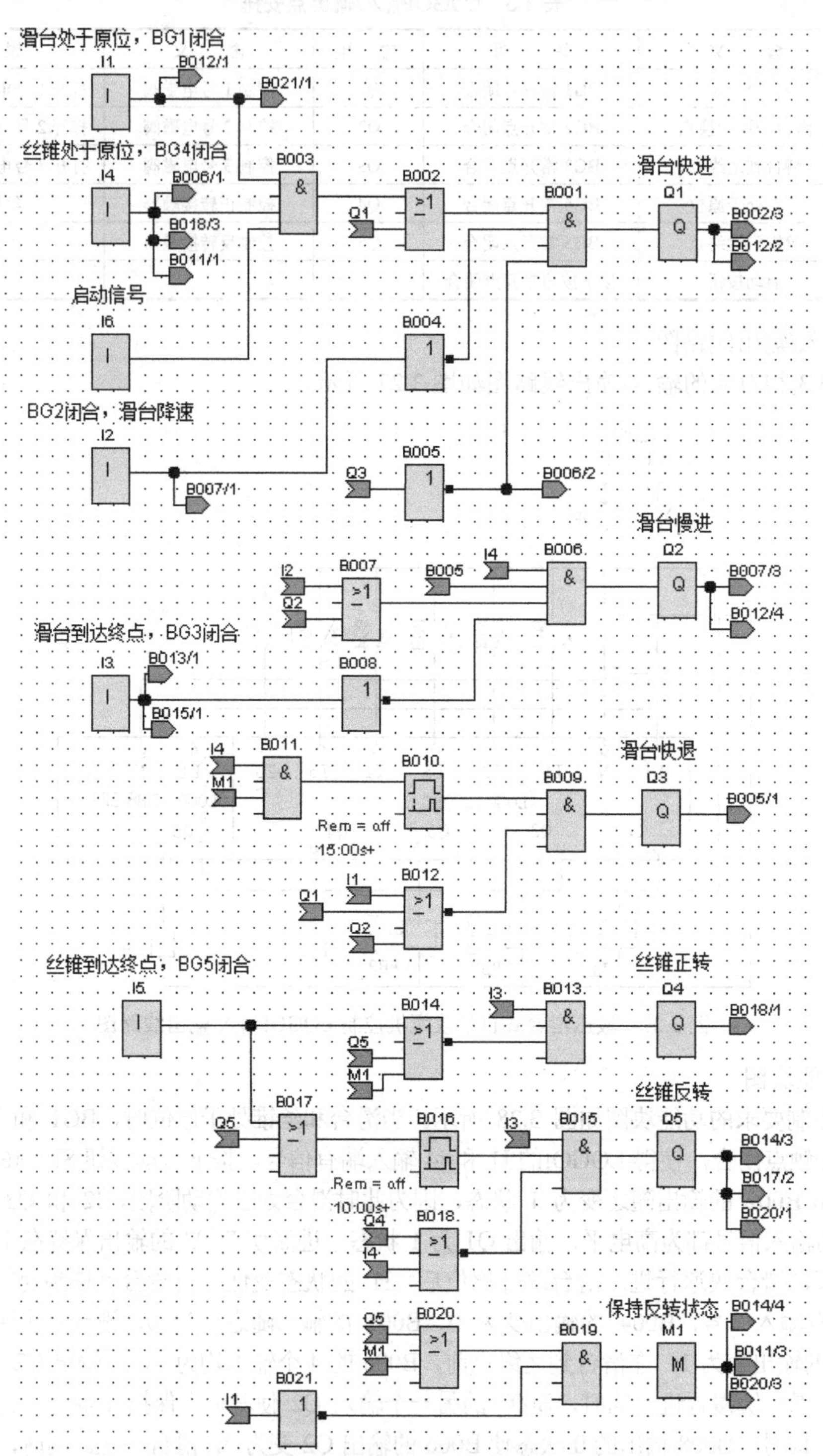

图 3.28 液压滑台式自动攻螺机的功能块图

失去信号，接触器 QA2 线圈失电，丝锥断电。Q5 有输出信号时，通过标志位 M1 实现自锁，从而使 M1 保持在 1 状态，直到滑台退回原位才得以解除。在丝锥退回原位且 M1 为 1 状态期间，B011 的输出为 1，B010 进行 15s 延时，延时时间到达时，B009 输出 1 状态，控制 3 号电磁阀，滑台快速后退，直到退回原位，压迫限位开关 BG1，I1 端有输入信号，B012 输出 0 状态，使 B009 的输出变为 0，Q3 输出断开，滑台停于原位。M1 用于保持丝锥的反转状态，确保丝锥反转时 B014 的输出状态为 0，从而使 Q4 输出为 0，丝锥不能正转。

本例在消化基本功能块、接通延时定时器功能块用法的基础上，重点掌握标志位 M 的用法。

3. 矿井热风机组（内含 4 台热风机）的控制

冬季，北方地下煤矿矿井出口处因气温低于 0℃而结冰，导致路面打滑，严重影响工作人员和工作车辆的出入。为确保井口地面不结冰，需要通过热风机组在井口处吹入热风，把井口温度控制在一定范围内。当气温低于 1℃时，热风机组开始工作，高于 3℃时停止运行。热风机组至少有 2 台热风机，其中 1 台作为备用。通过控制热风机的速度和台数进而控制热风输送量，把井口某处（通常在井下距离井口 10m 处）的温度控制在设定范围内（通常是 3～8℃），保证井口处出入车辆和人员的安全。在井口测温点装有 1 个温度传感器，用于测量井口温度。循环水泵把加热设备加热后的热水输送到热风机组内，使机组内的空气加热，并通过热风机把热风吹入井口，如图 3.29 所示。当机组内的 1 台热风机难以满足要求时，自动启动第 2 台热风机。

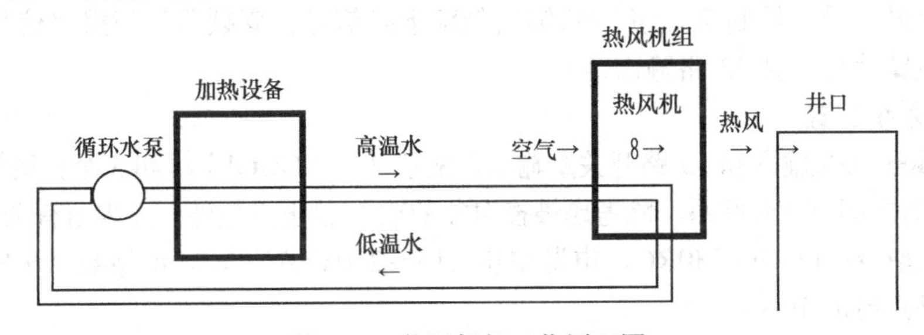

图 3.29　热风机组工作原理图

以某煤矿的 4 台热风机输送热风为例，每台热风机的电机功率为 11kW，其中 2 台热风机各通过 1 台变频器供电，二者互为备用，另外 2 台热风机通过接触器控制其通/断电。当机组进口的热水温度低于 10℃时，应停止热风机的运行，并报警，仅当机组进口的热水温度高于 20℃时，热风机方可启动。气温、井口温度和热水温度通过数字显示仪表进行显示并按设定的上、下限温度值输出相应的信号。4 台热风机的电气主电路如图 3.30 所示。为确保变频器故障时热风机仍可运行，变频器供电的热风机也可切换到工频运行状态。4 台热风机的启/停控制既可手动进行，又可自动实现，通过旋钮进行选择。在手动控制状态下，每台热风机通过各自的启/停按钮进行操作；在自动控制状态下，先使 1 号热风机或 2 号热风机变频运行，当变频器频率上升到上限频率时，自动启动 3 号热风机，如果 2 台热风机运行仍不能满足要求，则自动启动 4 号热风机。若多台热风机运行时井口温度超出上限温度，则变频器输出频率下降，当频率下降到下限频率时，如果温度仍然超限，则自动停止 1 台工频运行的热风机（3 号或 4 号热风机），从而将井口温度控制在设定的范围内。

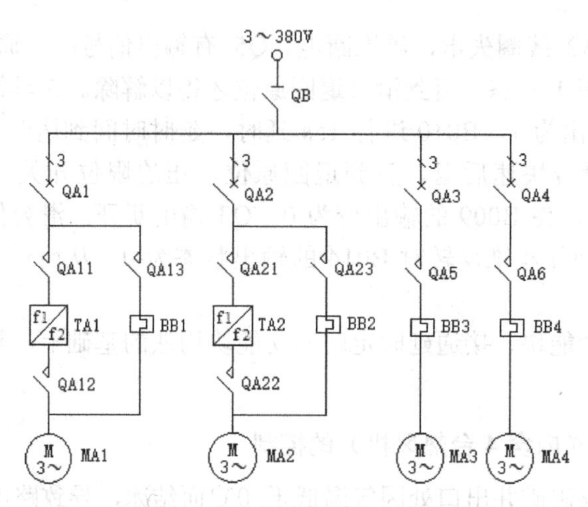

图 3.30 4 台热风机的电气主电路

根据控制要求，按照下述 5 个步骤进行设计。

1）统计输入/输出点数

输入点：手动/自动状态切换旋钮 2 路、4 台热风机工频运行的启/停按钮共 8 路、4 个热继电器保护触点共 4 路、2 台变频器的故障报警触点共 2 路、2 台变频器上/下限频率信号共 4 路、机组入口热水温度的上/下限信号 2 路、气温高低信号 2 路、井口温度的上/下限值 2 路、1 号和 2 号热风机变频运行选择信号 2 路，总计 28 路输入信号。

输出点：控制 4 台热风机工频运行信号、控制 2 台热风机变频运行信号、控制 2 台变频器输出频率上升信号、控制 2 台变频器输出频率下降信号、变频器故障报警信号、机组进口热水温度低报警信号，共 13 路输出信号。

2）进行系统配置

对于 28 路开关量输入和 13 路开关量输出，配置 2 个 LOGO!主机和 3 个扩展模块。因采用 2 个主机，二者之间有信号联系，除考虑被控对象的输入/输出点数外，还需留有余量。

2 个主机型号：LOGO!230RC，电源电压 115～240V AC/DC，8 路数字量输入，4 路继电器输出（触点电流 10A）。

3 个扩展模块型号：LOGO! DB16 230R，8 路数字量输入、8 路继电器输出，电源电压 115～240V。

第 1 个 LOGO!的配置包括主机、2 个 8 入 8 出扩展模块，可输入 24 路数字量，输出 20 路开关量；第 2 个 LOGO!的配置包括主机和 8 入 8 出扩展模块，可输入 16 路数字量，输出 16 路开关量。

3）安排输入/输出点

表 3.4 给出了第 1 个 LOGO!的输入/输出点的安排。

表 3.4 第 1 个 LOGO!输入/输出点安排

输　入	含　义	说　明	输　出	含　义	说　明
I1（主机）	手动控制	旋钮 SF0 向左 I1=1	Q1（主机）	控制 MA1 工频运行	QA13 吸合
I2（主机）	自动控制	旋钮 SF0 向右 I2=1			

（续表）

输　入	含　义	说　明	输　出	含　义	说　明
I3（主机）	1 号热风机启动按钮 SF11	1 号工频运行	Q2（主机）	控制 MA2 工频运行	QA23 吸合
I4（主机）	1 号热风机停止按钮 SF12	1 号工频停止			
I5（主机）	2 号热风机启动按钮 SF21	2 号工频运行	Q3（主机）	控制 MA3 工频运行	QA5 吸合
I6（主机）	2 号热风机停止按钮 SF22	2 号工频停止			
I7（主机）	3 号热风机启动按钮 SF31	3 号工频运行	Q4（主机）	控制 MA4 工频运行	QA6 吸合
I8（主机）	3 号热风机停止按钮 SF32	3 号工频停止			
I9（扩展 I1）	4 号热风机启动按钮 SF41	4 号工频运行	Q5（扩展模块 Q1）	1 号风机变频运行	QA11、QA12 吸合
I10（扩展 I2）	4 号热风机停止按钮 SF42	4 号工频停止			
I11（扩展 I3）	1 号热风机热继 BB1 保护	接 BB1 常开点	Q6（扩展模块 Q2）	1 号风机升速	接 TA1 信号输入端
I12（扩展 I4）	2 号热风机热继 BB2 保护	接 BB2 常开点			
I13（扩展 I5）	3 号热风机热继 BB3 保护	接 BB3 常开点	Q7（扩展模块 Q3）	1 号风机降速	接 TA1 信号输入端
I14（扩展 I6）	4 号热风机热继 BB4 保护	接 BB4 常开点			
I15（扩展 I7）	机组进水温下限	来自进水仪表	Q8（扩展模块 Q4）	进水温低报警	低温报警灯 PG3
I16（扩展 I8）	机组进水温上限	来自进水仪表	Q9（扩展模块 Q5）	进水温在运行范围时 Q9=1	Q9 输出信号到第 2 个 LOGO!
I17（第 2 个扩展模块的 I1）	控制 TA1 频率上升	井口温度显示仪表下限触点闭合			
I18（第 2 个扩展模块的 I2）	控制 TA1 频率下降	井口温度显示仪表上限触点闭合			
I19（第 2 个扩展模块的 I3）	选择 MA1 变频运行	旋钮 SF5 扳向左侧，SF5 左触点闭合			

表 3.5 给出了第 2 个 LOGO!的输入/输出点的安排。

表 3.5　第 2 个 LOGO!输入/输出点安排

输　入	含　义	说　明	输　出	含　义	说　明
I1（主机）	自动控制 SF0-2	旋钮 SF0 向右侧	Q1（主机）	控制 2 号热风机变频运行	QA21、QA22 吸合
I2（主机）	TA1 故障报警信号	来自 TA1 输出			
I3（主机）	TA2 故障报警报警	来自 TA2 输出	Q2（主机）	控制 2 号热风机升速	接 TA2 信号输入端
I4（主机）	TA1 输出频率上限	来自 TA1 输出			
I5（主机）	TA1 输出频率下限	来自 TA1 输出	Q3（主机）	控制 2 号热风机降速	接 TA2 信号输入端
I6（主机）	TA2 输出频率上限	来自 TA2 输出			
I7（主机）	TA2 输出频率下限	来自 TA2 输出	Q4（主机）	1 号变频器故障报警	接 1 号报警指示灯
I8（主机）	气温高信号	来自气温仪表			
I9（扩展 I1）	气温低信号	来自气温仪表	Q5（扩展模块 Q1）	2 号变频器故障报警	接 2 号报警指示灯
I10（扩展 I2）	控制 TA2 频率上升	井口温低，井口温度显示仪表下限触点闭合			
I11（扩展 I3）	控制 TA2 频率下降	井口温高，井口温度显示仪表上限触点闭合	Q6（扩展模块 Q2）	控制 MA3 工频运行	与第 1 个 LOGO!的 Q3 并联
I12（扩展 I4）	来自第 1 个 LOGO!	前 LOGO!的 Q9	Q7（扩展模块 Q3）	控制 MA4 工频运行	与第 1 个 LOGO!的 Q4 并联

（续表）

输　入	含　义	说　明	输　出	含　义	说　明
I13（扩展 I5）	选择 MA2 变频运行	旋钮 SF5 扳向右侧，SF5 右触点闭合			
I14（扩展 I6）	来自第 1 个 LOGO!	接触器 QA5 常开触点			
I15（扩展 I7）	来自第 1 个 LOGO!	接触器 QA6 常开触点			

4）输入/输出线路图

与表 3.4 相对应的输入/输出线路图如图 3.31 所示。

与表 3.5 相对应的输入/输出线路图如图 3.32 所示。

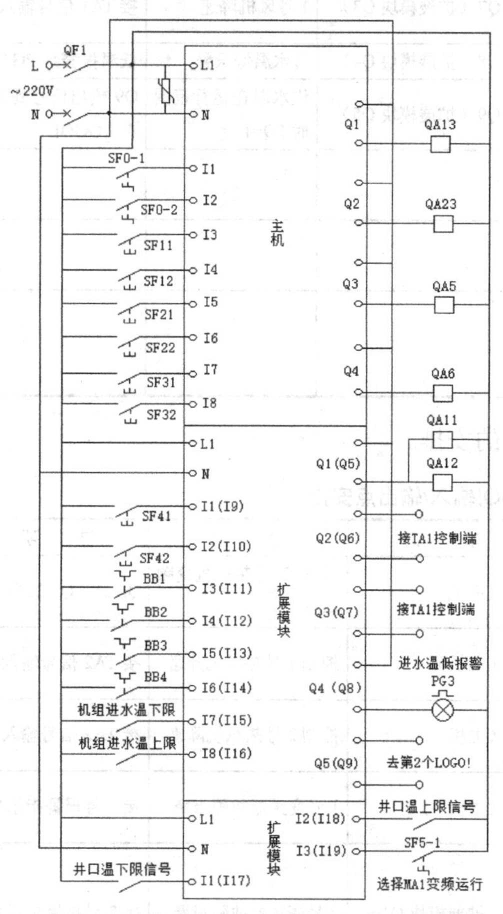

图 3.31　第 1 个 LOGO!的输入/输出线路图

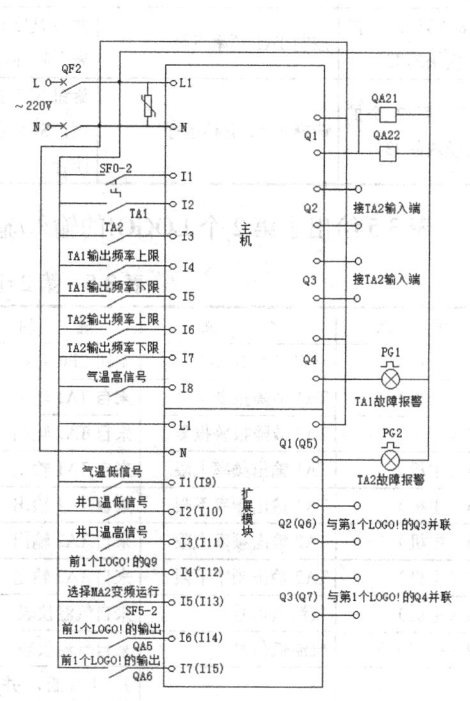

图 3.32　第 2 个 LOGO!的输入/输出线路图

5）功能块图

与表 3.4 和图 3.31 相对应的功能块图如图 3.33 所示。手动控制时，旋钮 SF0 扳向左侧，I1 端有输入信号，I2 端信号为 0，对于每台电机，按下相应的启/停按钮即可控制其动作。当机组进水温度低于所设定的下限值时，I15 端有输入信号，使得 M1 变为 1 状态，Q1～Q4 输出全为 0，所有设备都不能启动，只有在机组进水温度高于所设定的上限值时，I16 端变为 1，方能启动。自动控制时，旋钮 SF0 扳向右侧，I1 端信号为 0，B001、B005、B008 和 B011 输出都为 0；I2 端有信号，通过旋钮 SF5 在 MA1 和 MA2 之间选择变频运行的电机。当 I19 端为 1 时，选择 MA1，Q5 端有输出，接触器 QA11 和 QA12 吸合。输入 I17 和 I18 的状态随井口温度的高低而变，经 B021 和 B022 控制输出 Q6 和 Q7 的状态，Q6 闭合时，接入变频器 TA1 端的信号使 TA1 的输出频率增大，Q7 闭合时，接入变频器 TA1 另一端的信号使 TA1 的输出频率减小，当 Q6 和 Q7 都无输出时，变频器 TA1 的输出频率保持不变。输出端 Q8 为机组入口水温低于下限值时的报警信号。输出端 Q9 的信号控制第 2 个 LOGO!的运行状态，Q9 有输出时，第 2 个 LOGO!进行相应动作，Q9 状态为 0 时，第 2 个 LOGO!的输出全部为 0 状态。

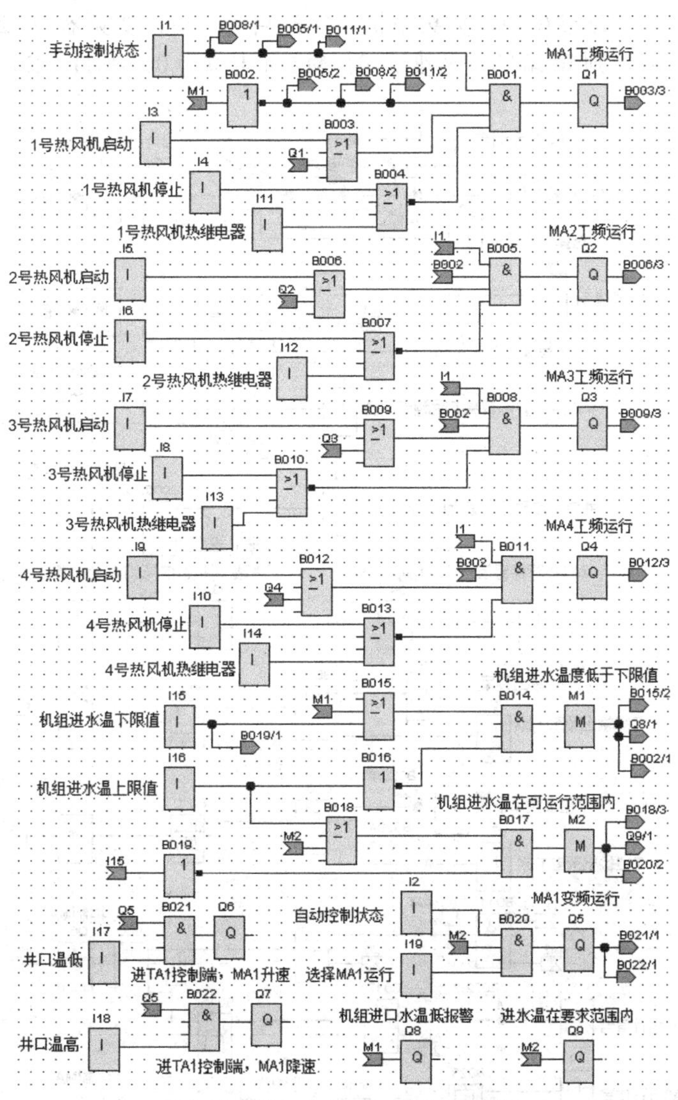

图 3.33　第 1 个 LOGO!的功能块图

与表 3.5 和图 3.32 相对应的功能块图如图 3.34 所示。第 2 个 LOGO!只进行自动控制，I1 端输入状态为 1，且进水温度和气温都在设备运行范围之内时，I12 端与 M1 均为 1 状态，选择 MA2 运行（I13 端有输入信号）的情况下，Q1 有输出，2 号热风机变频运行。靠井口温度显示仪表的触点信号（低温 I10 端为 1、高温 I11 端为 1）控制输出端 Q2 和 Q3，从而控制变频器 TA2 输出频率的上升与下降。一旦变频器故障报警，就通过 Q4 和 Q5 端输出报警信号。当变频电机 MA2 在最高频率运行一定时间且井口温度仍然在下限值时，标志位 M2 的状态变为 1，B011、B013 和 B006 的输出状态升高，Q6 有输出信号，电机 MA3 启动运行。如果 MA3 运行一定时间之后 MA2 在设定的时间内保持最高频率运行并且井口温度仍未达到上限值，I14、B023、B019、B018 和 B012 的状态全部为高，Q7 端有输出，电机 MA4 运行。随着井口温度的升高，井口温度显示仪表上限触点闭合，变频器 TA2 的输出频率下降，当降到下限频率值时，I7 输入端信号变为 1，经 B021 设定的延时时间之后，B022 输出 1 个脉冲信号，使 B016 输出 1 个低电平脉冲信号，从而使 B012 的输出 Q7 变为 0，电动机 MA4 停止。在启动过程中，如果电机 MA3 启动之后，变频器 TA2 输出频率开始下降，离开了上限频率，则 I6 端的信号变为 0，M2 标志位为 0，B011、B019、B018 和 B012

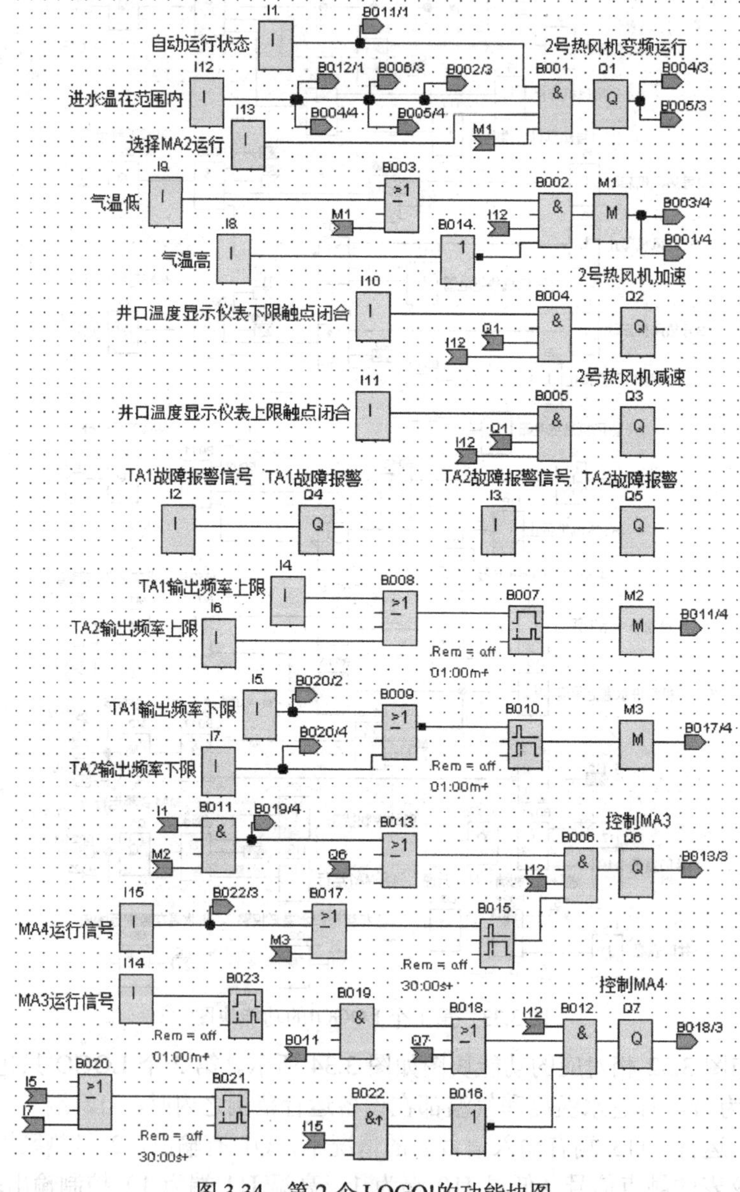

图 3.34　第 2 个 LOGO!的功能块图

输出 0 状态，Q7 端无输出信号，电机 MA4 不会启动，只有 MA2 和 MA3 运行。同样，如果在启动过程中，MA3 启动之前，变频器 TA2 的输出频率达到上限频率的时间不足 B007 所设定的时间，M2 标志位为 0，B011、B013 和 B016 的输出都为 0，Q6 内部触点不闭合，电动机 MA3 不启动。假设 MA2 和 MA3 在运行中，井口温度升到了上限值，I11 端的高电平使 Q3 输出端接通，变频器 TA2 的输出频率下降到下限值，I7 端的高电平状态经延时后使 M3 变为 0，B017、B015 和 B006 随之变为 0，Q6 输出端断开，使 MA3 停止运行。

本例在巩固基本功能块和定时器功能块用法的基础上，重点消化在被控对象控制点数较多、1 个 LOGO!及其扩展模块难以满足要求的情况下，通过增加另 1 组 LOGO!进行控制的方法。

3.2 继电器功能块

继电器功能块包括脉宽触发继电器（脉冲输出继电器）、边沿触发脉宽继电器、锁存继电器、脉冲继电器。

3.2.1 脉宽触发继电器

当功能块触发端有输入信号时，输出端输出一个所设置宽度的脉冲信号。图 3.35 所示为脉宽触发继电器功能块的符号及时序图。其中图（a）为脉宽触发继电器功能块，图（b）为程序中的符号，图（c）为序图。

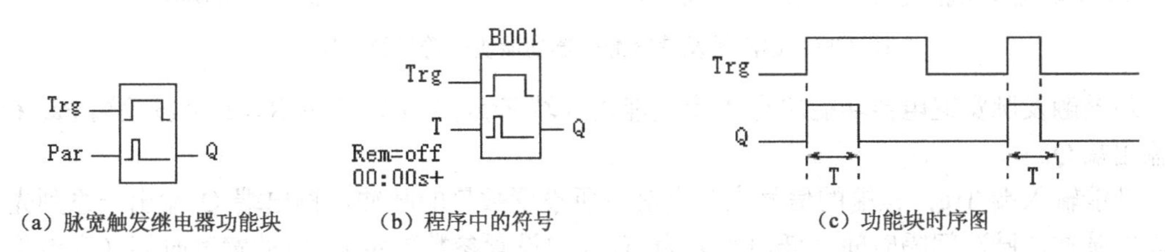

（a）脉宽触发继电器功能块　（b）程序中的符号　（c）功能块时序图

图 3.35　脉宽触发继电器功能块的符号及时序图

脉宽触发继电器功能块有 1 个信号输入端 Trg、1 个参数端 Par 和 1 个输出端 Q。

信号输入端 Trg：该端信号从 0 变为 1 时将置位输出 Q，并触发所设定的延时时间 T，在该时间内输出保持 1 状态不变；当延时时间到时，输出 Q 复位为 0。在设置的延时时间 T 内，如果 Trg 的信号变为 0，则输出立即复位为 0。

参数端 Par：设置延时时间 T，即输出脉冲的宽度。

输出端 Q：该端的状态随 Trg 端的信号变化，输出设定时间宽度的脉冲或与 Trg 端信号相同宽度的脉冲。

编程举例：产生设定时间宽度的脉冲

控制要求：当输入端 I1 的状态由 0 变为 1 时，输出端 Q1 产生脉宽为 2s 的脉冲；如果 I1 端的 1 状态保持时间不足 2s，输出 Q1 的信号也随 I1 端的信号降为 0。

满足控制要求的功能块图和梯形图如图 3.36（a）和（b）所示。

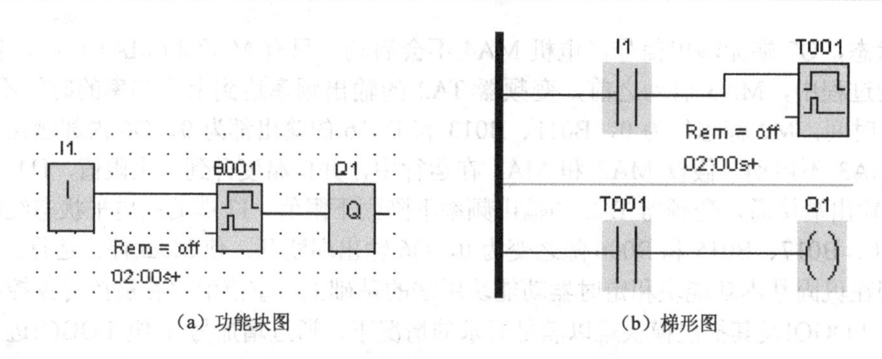

(a) 功能块图　　(b) 梯形图

图 3.36　脉宽触发继电器功能块编程举例

3.2.2　边沿触发脉宽继电器（脉冲输出）

当有输入脉冲时，输出按照所设置的参数产生一定数量和占空比的脉冲。图 3.37 所示为边沿触发脉宽继电器功能块的符号及时序图。其中图（a）为边沿触发脉宽继电器功能块，图（b）为程序中的符号，图（c）为时序图。

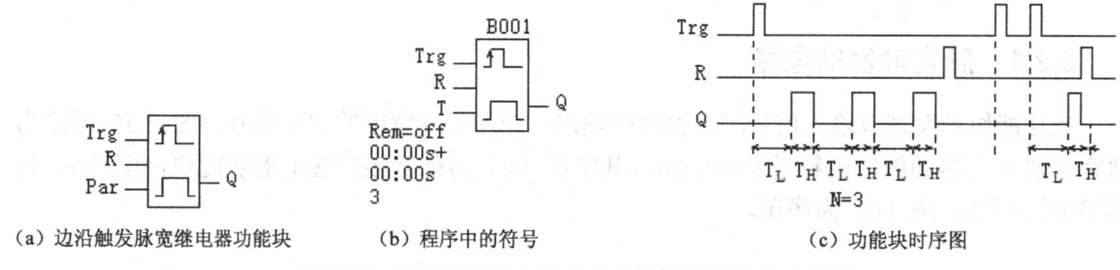

(a) 边沿触发脉宽继电器功能块　　(b) 程序中的符号　　(c) 功能块时序图

图 3.37　边沿触发脉宽继电器功能块的符号及时序图

边沿触发脉宽继电器功能块有 1 个使能输入端 Trg、1 个复位端 R、1 个参数端 Par 和 1 个输出端 Q。

使能输入端 Trg：该端的信号上升沿触发所设置数量的脉冲，输出端 Q 输出一系列先低后高的脉冲，脉冲间隔时间（低电平）为 T_L（由设置参数决定），脉冲宽度时间（高电平）为 T_H（由设置参数决定）。如果在设定的时间（T_H+T_L）之内输入 Trg 的信号再一次出现上升沿，则原设定时间复位，按新设定的参数输出脉冲。

复位端 R：R 为 1 时，复位延时时间和输出 Q。Rem=on 表示状态具有保持性，Rem=off 表示状态无保持性。

参数端 Par：设置脉冲间隔时间 T_L、脉冲宽度时间 T_H 和脉冲周期数（即输出脉冲的数量）。

输出端 Q：该端的状态由输入 Trg 端信号的上升沿触发，并按照设定的延时时间进行通/断状态的切换。复位端 R 的信号使延时时间和该端复位为 0。

编程举例：产生设定数量、宽度和间隔的脉冲

控制要求：当 I1 从 0 升为 1 状态时，B001 的输出端 Q1 输出 5 个脉冲间隔时间为 1s、脉冲宽度时间为 3s 的脉冲。I2 为 1 时，复位设定时间、周期数和输出 Q1。

满足控制要求的功能块图和梯形图如图 3.38（a）和（b）所示。

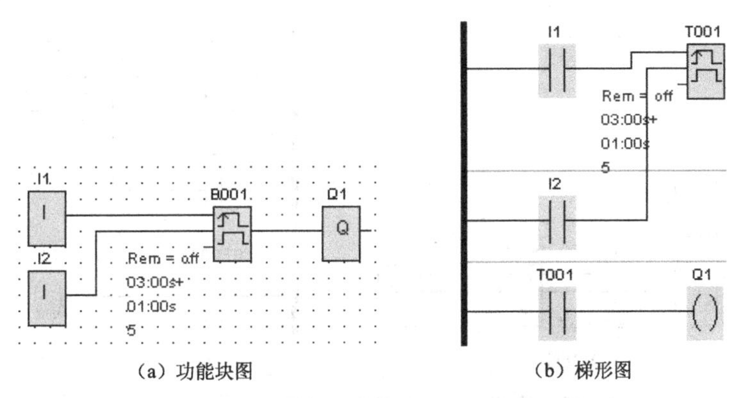

（a）功能块图　　（b）梯形图

图 3.38　边沿触发脉宽继电器功能块编程举例

3.2.3　锁存继电器

锁存继电器的两个输入端 S（置位输入端）和 R（复位输入端）分别使输出端 Q 变为高电平和低电平。图 3.39 所示为锁存继电器功能块的符号及时序图。其中图（a）为锁存继电器功能块，图（b）为程序中的符号，图（c）为功能块时序图。

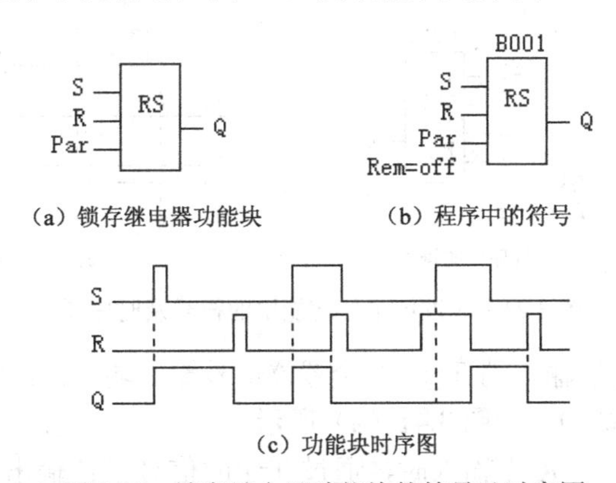

（a）锁存继电器功能块　　（b）程序中的符号

（c）功能块时序图

图 3.39　锁存继电器功能块的符号及时序图

图 3.39（a）中的 S、R 端分别输入置位信号和复位信号。

输入端 S：该端为高电平时使输出 Q 置位，即使 S 变低，输出 Q 也为高。

输入端 R：该端为高电平时使输出 Q 复位为低电平。

当 S、R 两端同时有输入信号时，复位输入 R 优先，输出为 0。

参数端 Par：设置保持性。当 Rem=on 时，状态具有保持性，当 Rem=off 时，状态无保持性。

输出端 Q：通过输入 S 处的信号置位，通过输入 R 处的信号复位，复位前一直保持高电平状态。

编程举例：锁存继电器的用法

控制要求：当 LOGO!输入端 I1 从 0 变为 1 状态时，输出端 Q1 随之变为 1 状态；当输入端 I2 变为 1 时，输出端 Q1 变为 0；当 I1 和 I2 同时为 1 状态时，输出 Q1 为 0。

满足控制要求的功能块图和梯形图如图 3.40（a）和（b）所示。

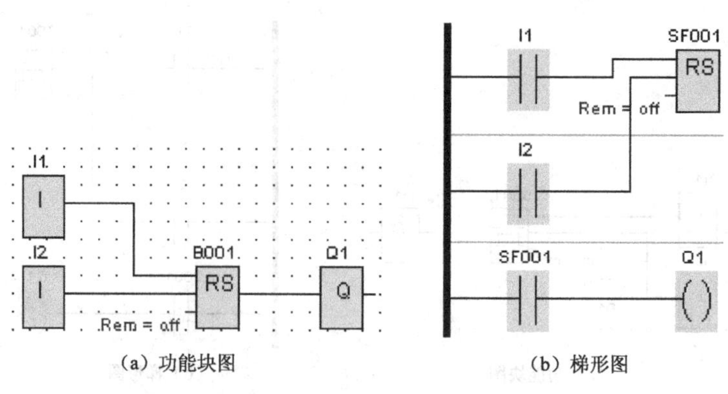

（a）功能块图　　（b）梯形图

图 3.40　锁存继电器功能块编程举例

3.2.4　脉冲继电器

脉冲继电器可以通过输入脉冲信号置位和复位输出，图 3.41 所示为脉冲继电器功能块的符号及时序图，其中图（a）为脉冲继电器功能块，图（b）为程序中的符号，图（c）为功能块时序图。

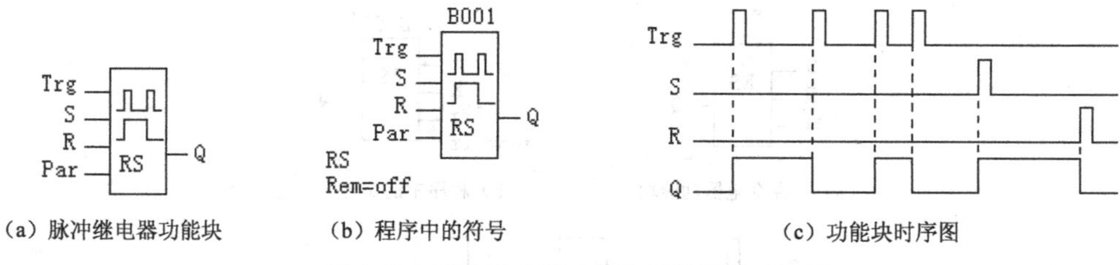

（a）脉冲继电器功能块　　（b）程序中的符号　　（c）功能块时序图

图 3.41　脉冲继电器功能块的符号及时序图

脉冲继电器有 1 个触发输入端 Trg、1 个置位信号输入端 S、1 个复位信号输入端 R、1 个参数端 Par 和 1 个输出端 Q，如图 3.41（a）所示。

触发输入端 Trg：在 S、R 无输入时，通过 Trg 的信号可使输出 Q 置位或复位。Trg 信号由 0 变为 1 时，输出 Q 的状态也发生改变，由 0 变为 1 或由 1 变为 0，取决于输出 Q 原来的状态。

置位信号输入端 S：为 1 时输出 Q 置位。

复位信号输入端 R：为 1 时输出 Q 复位。

当 S=1 或 R=1 时，输入 Trg 不影响输出。

参数端 Par：复位与置位优先权选择端，当 Par 端选择为 RS 时为复位优先，当 Par 端选择为 SR 时为置位优先。程序中，Rem=on 表示状态具有保持性，Rem=off 表示状态无保持性。

输出端 Q：通过 Trg 或者 S 和 R 可使该端状态发生变化。

表 3.6 所示为脉冲继电器的输入/输出状态变化表。

表 3.6　脉冲继电器的输入/输出状态变化表

参　数	Q_{n-1}	S	R	Trg	Q_n
RS 或 SR	0	0	0	0	0
RS 或 SR	0	0	0	0→1	1（触发信号生效）
RS 或 SR	0	0	1	0	0

（续表）

参　数	Q_{n-1}	S	R	Trg	Q_n
RS 或 SR	0	0	1	0→1	0
RS 或 SR	0	1	0	0	1
RS 或 SR	0	1	0	0→1	1
RS	0	1	1	0	0
RS	0	1	1	0→1	0
SR	0	1	1	0	1
SR	0	1	1	0→1	1
RS 或 SR	1	0	0	0	1
RS 或 SR	1	0	0	0→1	0（触发信号生效）
RS 或 SR	1	0	1	0	0
RS 或 SR	1	0	1	0→1	0
RS 或 SR	1	1	0	0	1
RS 或 SR	1	1	0	0→1	1
RS	1	1	1	0	0
RS	1	1	1	0→1	0
SR	1	1	1	0	1
SR	1	1	1	0→1	1

说明：在 Trg=0 且 Par=RS 的情况下，“脉冲继电器”和“锁存继电器”的功能相同。

编程举例：脉冲继电器的用法

控制要求：当 I1 从 0 变为 1 状态时，触发脉冲继电器，输出高、低电平都为 2s 的 8 个脉冲，然后对该脉冲进行二分频，在 Q1 端产生高、低电平都为 4s 的 4 个脉冲。

满足控制要求的功能图块和梯形图如图 3.42（a）和（b）所示。B002 输出 8 个脉冲间隔时间与脉冲宽度时间均为 2s 的脉冲，经过 B001 脉冲继电器后，对 8 个脉冲进行二分频，产生高、低电平均为 4s 的 4 个脉冲。程序中，B001 和 B002 的 Rem=off 表示状态无保持性，B001 参数端的 RS 表示复位优先。

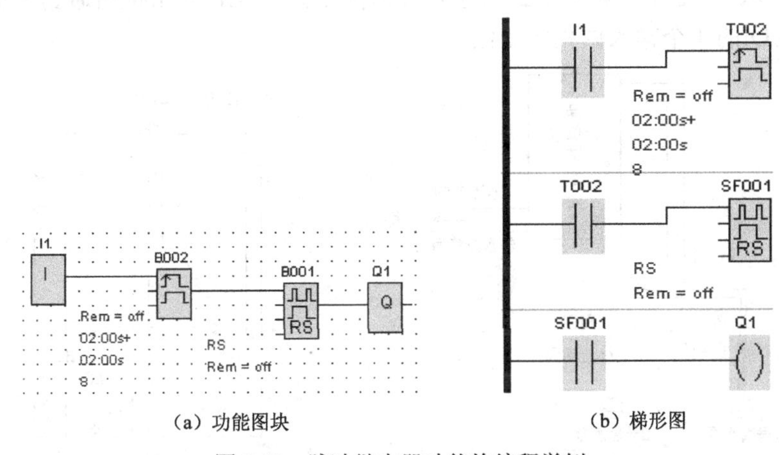

（a）功能图块　　（b）梯形图

图 3.42　脉冲继电器功能块编程举例

3.2.5 继电器功能块应用示例

1. 蓄水池水位控制

某企业采用高位蓄水池向企业内部用水设施供水，通过 2 台潜水泵把 2 眼水井中的水抽入高位蓄水池。为了保证蓄水池内的水位在最低水位和最高水位之间，由蓄水池中的 2 个液位浮球开关自动控制潜水泵的启动和停止。供水系统原理图如图 3.43 所示。液位浮球开关 BG1 和 BG2 分别固定于水池的下方和上方，如图 3.43（b）所示。当蓄水池内的水位变化时，2 个液位浮球开关围绕固定点随之向上或向下漂浮，每个液位浮球内部的 2 对触点也随之接通或断开，控制 2 台潜水泵的启动和停止。考虑到供电变压器的容量和潜水泵电动机的功率，要求采用自耦变压器降压启动方式，为了避免二者同时启动，2 台泵的启动过程应有一定时间间隔。具体动作要求参考图 3.43（b），当水位低于 L1 时，先启动 1 号潜水泵，延时至少 3min 后启动 2 号潜水泵；当水位升高到 H2 时，2 台潜水泵同时停止；当水位下降到 H1 高度时，启动 2 号潜水泵；如果水位继续下降到低水位 L1 位置，启动 1 号潜水泵，2 台水泵同时向蓄水池注水，自耦变压器通电时间间隔不得小于 3min。

满足控制要求的电气主电路可以采用 1 控 1 或 1 控 2 的自耦变压器降压启动方式。本例中，为了降低设备成本，采用后者。电气主电路如图 3.23 所示。

每个液位浮球开关内部的常开点和常闭点对应 LOGO!的 2 个输入端，两个液位浮球开关对应 LOGO!的 4 个输入端。分别把液位浮球开关 BG1 和 BG2 的 2 个触点信号接入 LOGO!的 I1、I2 输入端和 I3、I4 输入端。按照控制要求，当水位低于最低水位 L1 时，两个液位浮球下垂，各自内部的一对触点（BG1-L1 和 BG2-H1）闭合，相对应的 LOGO!输入 I1 和 I3 有输入信号，而与 LOGO!的输入 I2 和 I4 相接的两对触点（BG1-L2 和 BG2-H2）处于断开状态，I1、I3 输入状态为 1，I2、I4 输入状态为 0。随着水位的升高，液位浮球开关 BG1 逐渐浮起，到达次低水位 L2 时，BG1 之前闭合的触点（BG1-L1）断开，另一对触点（BG1-L2）闭合，相应的 LOGO!输入端 I1 的状态变为 0，输入端 I2 的状态变为 1，此时输入状态是 I1、I4 为 0，I2、I3 为 1。随着潜水泵继续往蓄水池内注水，水位继续升高，液位浮球开关 BG2 开始向上飘升。当水位高度达到 H2 时，LOGO!输入端 I3 的状态变为 0，I4 的输入状态变为 1。此时 LOGO!的输入状态是 I1、I3 为 0，I2、I4 为 1。当水位由高向低变化时，液位浮球开关 BG2、BG1 各自的 2 对触点分别在 H1 和 L1 的水位由通到断和由断到通变化，使得 LOGO!的 4 个输入做相应变化。

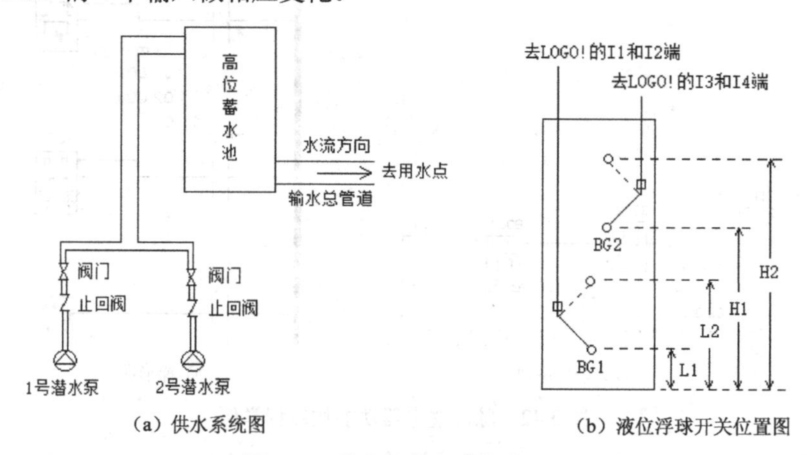

（a）供水系统图　　（b）液位浮球开关位置图

图 3.43　蓄水池供水系统原理图

根据 LOGO!输入端状态的变化，控制 2 台潜水泵的启动和停止，从而把蓄水池的水位控制在要求的范围之内。

根据控制要求，按照如下步骤进行设计。

1）统计输入/输出点数

输入点：2 路低水位和 2 路高水位，2 台电动机的热继电器保护触点，共 6 路输入信号。

输出点：2 台电动机的降压启动信号和全压运行信号，共 4 路。

2）进行系统配置

对于 6 路数字量输入、4 路数字量输出，配置 LOGO!主机即可满足要求。

主机型号：LOGO!230RC，电源电压 115～240V AC/DC，8 路数字量输入，4 路继电器输出（触点电流 10A）。

3）安排输入/输出点

表 3.7 给出了 LOGO!输入/输出点的安排。

表 3.7　LOGO!输入/输出点安排

输　入	含　义	说　明	输　出	含　义	说　明
I1	水位 L1	BG1 一对常开点	Q1	MA1 降压启动信号	接触器 QA4 线圈
I2	水位 L2	BG1 一对常开点	Q2	MA1 全压运行信号	接触器 QA1 线圈
I3	水位 H1	BG2 一对常开点	Q3	MA2 降压启动信号	接触器 QA5 线圈
I4	水位 H2	BG2 一对常开点	Q4	MA2 全压运行信号	接触器 QA2 线圈
I5	MA1 热继电器触点	BB1 常闭点			
I6	MA2 热继电器触点	BB2 常闭点			

4）画输入/输出线路图

与表 3.7 相对应的输入/输出线路图如图 3.44 所示。

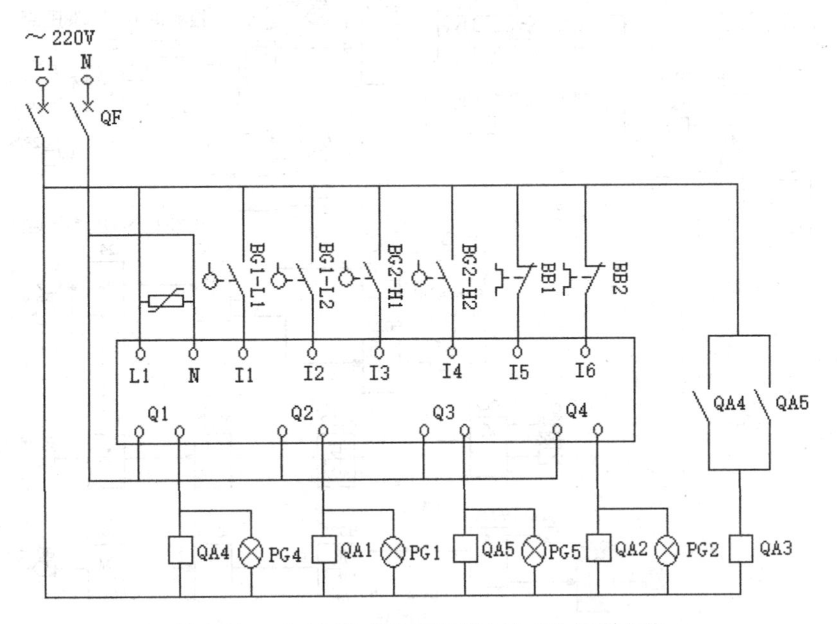

图 3.44　LOGO!组成的高位蓄水池水位控制电路

5）编写功能块图

满足控制要求的 LOGO!功能块图如图 3.45 所示。程序中，当水位为最低水位时，I1=1，B004 的 S 端为高电平，其输出置位为 1 状态，从而使 B003 输出变高，B001 的输出 Q1 保持 10s 的高电平状态，1 号潜水泵电动机串自耦变压器降压启动，10.1s 之后，B006 的输出 Q2 变为 1，1 号潜水泵电动机全压运行。与此同时，B015 的 3 个输入（I1、Q2、I3）状态均为 1，因 2 号潜水泵未启动，Q4 为 0 状态，B021 输出为 1，故 B015 的输出状态为 1，B014 开始 3 分 15 秒的延时。延时时间到达后，使 B012 置位，2 号潜水泵开始降压启动并在 10.1s 之后切换到全压运行状态，此时 2 台潜水泵同时向蓄水池注水。当蓄水池

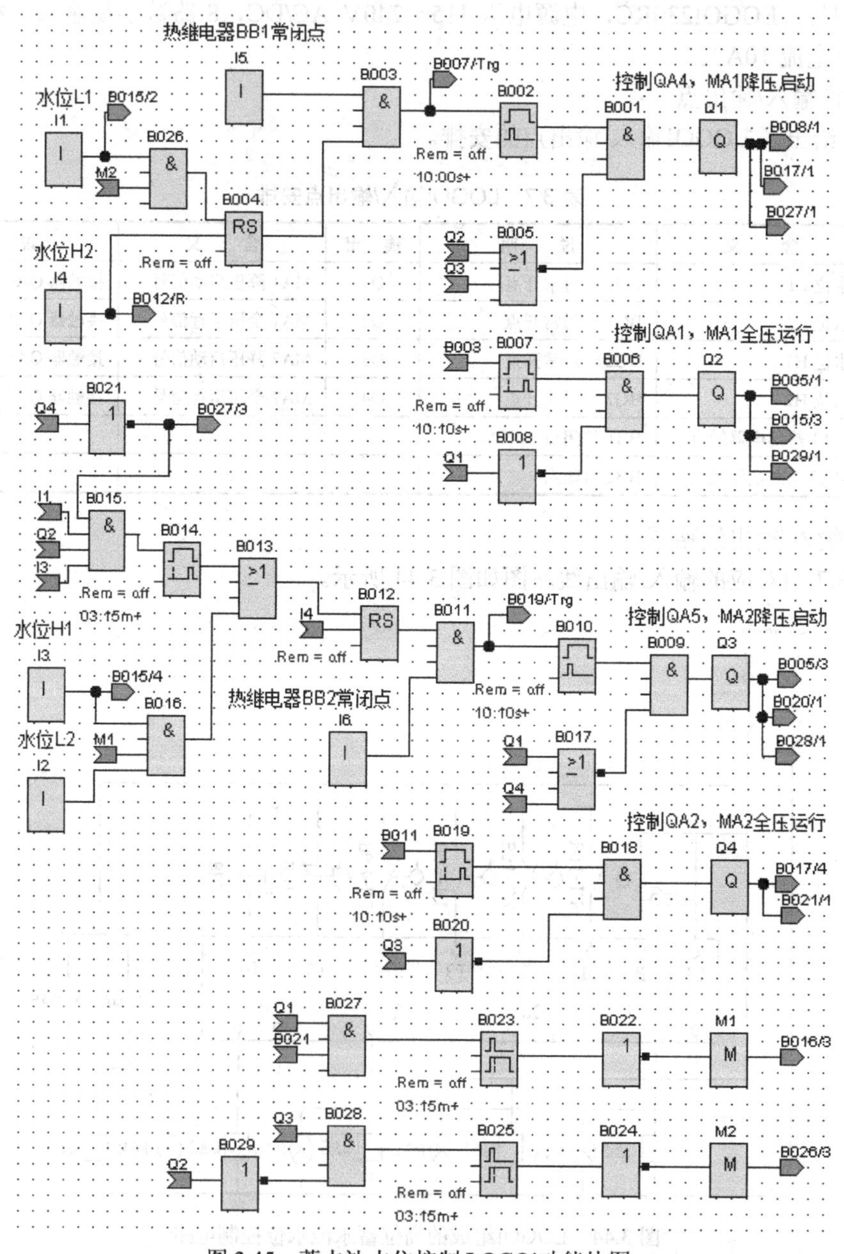

图 3.45 蓄水池水位控制 LOGO!功能块图

水位达到最高水位 H2 时，B004 和 B012 的 R 端变为 1，二者输出都变为 0，致使输出 Q1、Q2、Q3、Q4 随之变为 0，2 台潜水泵同时停止。当水位下降到高度 H1 时，B016 的 3 个输入都为 1 状态，2 号潜水泵启动运行。如果用水量较大，蓄水池水位继续下降，可能达到最低水位 L1，则输入 I1 变为 1 状态，在 M2 为 1 状态的情况下，1 号潜水泵启动运行。程序中，B014、B023 和 B025 用于保证 2 台泵之间的最短间隔时间。M1 为 MA1 降压启动且 MA2 未运行时保持 3 分 15 秒的高电平状态，M2 为 MA2 降压启动且 MA1 未运行时保持 3 分 15 秒的高电平状态。

本例在熟悉基本功能块和定时器功能块用法的基础上，重点学习锁存继电器的用法。

2. 运料车运料过程控制

运料车从装料、运料到卸料的过程如图 3.46 所示。初始位置时，下限位开关被压合，料斗门关闭，原位指示灯亮。按下启动按钮，料斗门打开，给运料车装料，3min 后，装料结束，关闭料斗门。延时 8s 后，运料车上行，压合上限位开关后停止。延时 5s 后开始卸料，卸料器工作，2min 后停止卸料，料车开始返回原位，压合下限位开关后停止。开始下一个运料循环操作。按下停止按钮，运料车在完成本次循环后停止工作。

根据控制要求，按照以下步骤进行设计。

1）统计输入/输出点数

输入点：上/下限位开关、启动和停止按钮，共 4 路输入信号。

输出点：原位指示灯、开料斗门、关料斗门、运料车上行、卸料器工作、运料车返回，共 6 路。

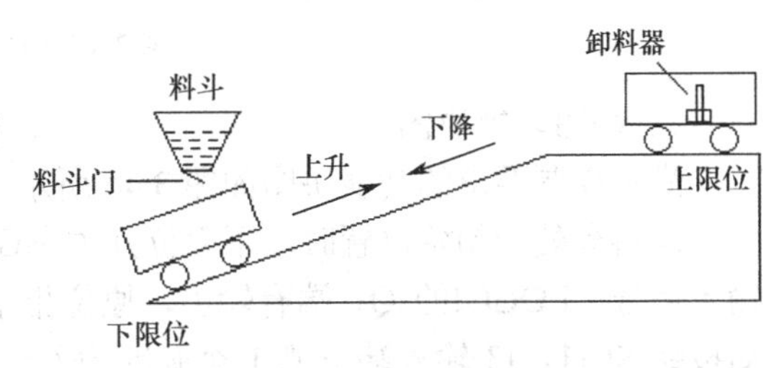

图 3.46　运料车运料过程

2）进行系统配置

对于 4 路数字量输入、6 路数字量输出，需要配置 LOGO!主机和 1 个数字量扩展模块。

主机型号：LOGO!230RC，电源电压 115～240V AC/DC，8 路数字量输入，4 路继电器输出（触点电流 10A）。

扩展模块型号：LOGO! DB8 230R，电源电压 115～240V，4 路数字量输入，4 路继电器输出。

3）安排输入/输出点

表 3.8 给出了 LOGO!输入/输出点的安排。

表 3.8　LOGO!输入/输出点安排

输　入	含　义	说　明	输　出	含　义	说　明
I1	接下限位开关 BG1	常开点	Q1	控制原位指示灯	
I2	接上限位开关 BG2	常开点	Q2	开料斗门	控制接触器 QA1 线圈
I3	接启动按钮 SF11	常开点	Q3	关料斗门	控制接触器 QA2 线圈
I4	接停止按钮 SF12	常开点	Q4	运料车上行	控制接触器 QA3 线圈
			Q5（扩展模块 Q1）	卸料器工作	控制接触器 QA4 线圈
			Q6（扩展模块 Q2）	运料车返回	控制接触器 QA5 线圈

4）画输入/输出线路图

与表 3.8 相对应的输入/输出线路图如图 3.47 所示。

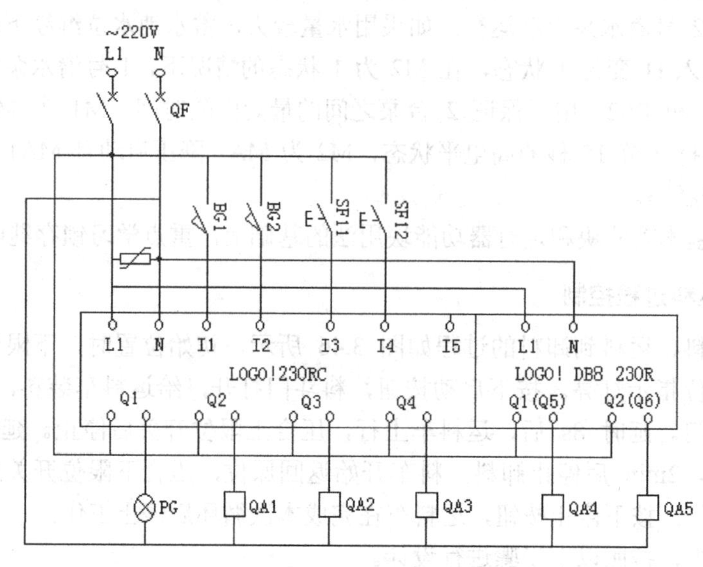

图 3.47　输入/输出线路图

5）编写功能块图

满足控制要求的功能块图如图 3.48 所示。

运料车处于初始位置时，下限位开关 BG1 被压，内部常开触点闭合，LOGO!的 I1 端有输入信号，LOGO!的 Q1 端有输出，原位指示灯 PG 亮，此时料斗门处于关闭状态。按下启动按钮 SF11，I3 输入端出现 1 个脉冲输入信号，运料车进入运行状态，B016 输出的高电平使与门 B002 的输出变高，从而使脉冲继电器 B001 的输出置位，Q2 端有输出信号，同时接通延时定时器 B003 进行 3min 延时。延时期间 B001 的输出 Q2 保持 1 状态，打开料斗门，给运料车装料。3min 延时到达后，B001 复位端的高电平信号使其输出 Q2 变低，装料结束，同时，断开延时定时器 B006 仍保持 10s 的高电平输出状态，Q3 有输出，进行料斗门的关闭动作。10s 之后，B006 输出变为 0，关闭料斗门的动作停止。其后 8s，B008 的输出变高，Q4 有信号，运料车上行，I1 输入端信号也随之变为 0。当小车运行到终点位置时，压合上限位开关 BG2，I2 端有输入信号。经过 5s 的延时后开始 2min 的卸料工作，这期间 Q5 输出 1 状态。卸料结束后，B010 输出置位变高，Q6 有输出，料车开始返回，上限位开关断开，输入 I2 变为 0。返回到初始位置时，压合下限位开关 BG1，I1 端有输入信号，B010 状态复位，输出 Q6 变为 0，运料车停止，B013 输出变高，开始下一个运料循环动作过程。标志位 M1 用于保持设备的运行状态，只要未按停止按钮，设备就重复动作。当按下停止按钮 SF12 时，B012 复位，输出变为 0，使得运料车在完成本次循环动作后停止工作。

通过本例，在巩固基本功能块、定时器功能块和锁存继电器用法的基础上，重点学习脉冲继电器的用法。

3．运料输送带的控制

某运料系统由电动料斗及 4 台电动机驱动的 4 条输送带组成，输料方向为从 1 号输送带到 4 号输送带，如图 3.49 所示。

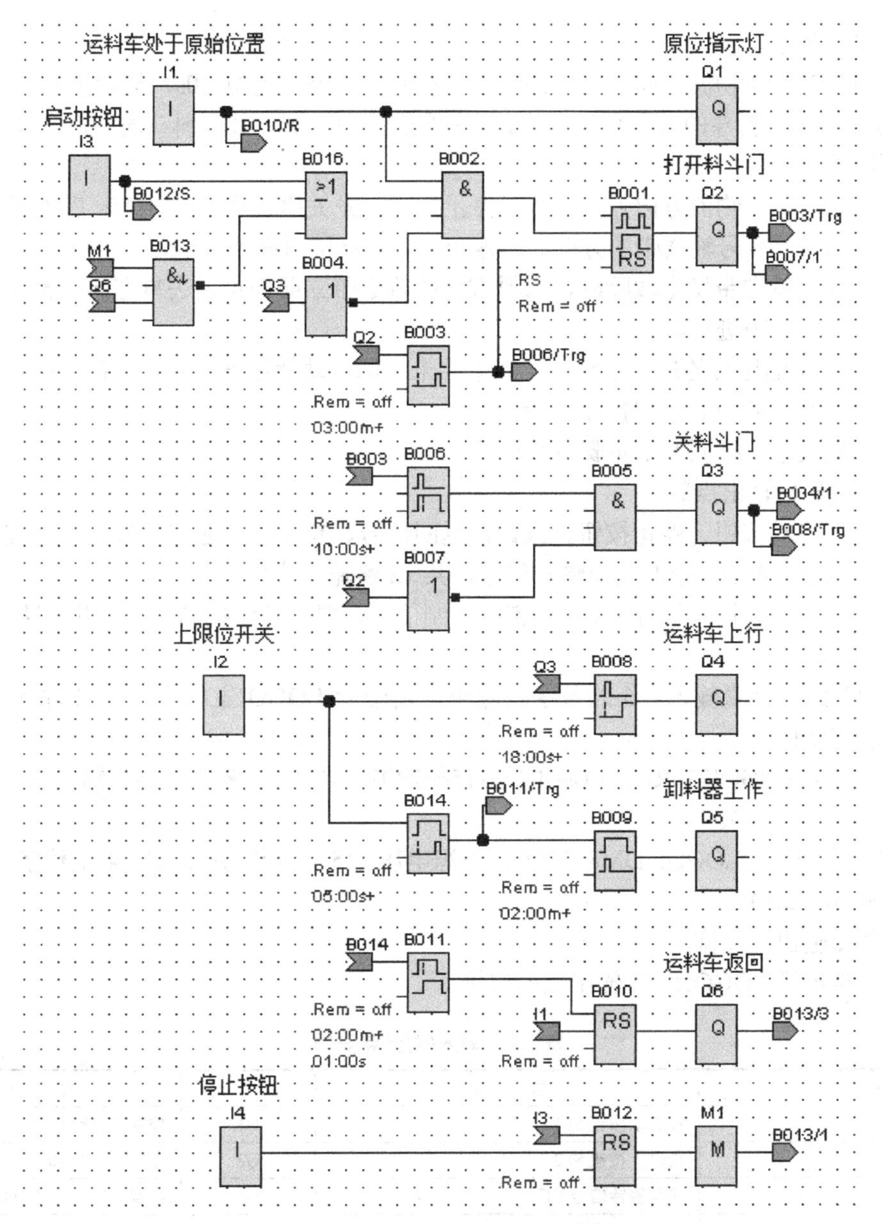

图 3.48　运料车运料过程功能块图

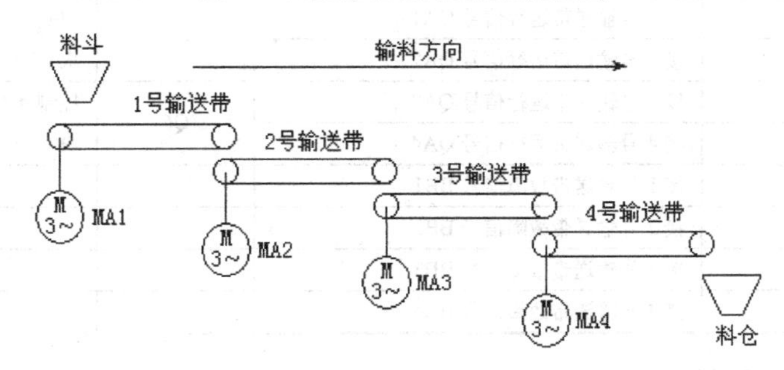

图 3.49　运料系统

控制要求如下。

（1）启动时，逆物流方向启动。按下启动按钮，预警铃先响 20s，然后按照从 4 号输送带到 1 号输送带、料斗的方向顺序启动。启动间隔时间 30s，其中料斗的开启和 1 号输送带的动作同时进行。

（2）停止时，顺物流方向停止。按下停止按钮，先关闭料斗，延时 15s 后 4 条输送带按照从 1 号输送带到 4 号输送带的方向顺序停止。停止间隔时间为 1min。

（3）当任一输送带发生故障时，来料方向的输送带立即停止，去料方向的输送带按正常停车顺序和时间间隔进行。

（4）在 4 条输送带的启动过程中，如果并未全部启动就按下了停止按钮，则输送带立即停止，不再按照间隔 1min 的时间顺序启动。

根据控制要求，按照 5 个步骤进行设计。

1）统计输入/输出点数

输入点：启动按钮、停止按钮、预警铃返回信号、料斗开启返回信号、4 条皮带电机接触器的常开触点、4 条皮带的故障输入信号，共 12 路输入信号。

输出点：预警铃控制信号、4 条皮带的控制信号、料斗开闭控制信号，共 6 路。

2）系统配置

对于 12 路数字量输入、6 路数字量输出，需配置 LOGO!主机和 1 个 4 输入 4 输出的数字量扩展模块。

主机型号：LOGO!230RC，电源电压 115～240V AC/DC，8 路数字量输入，4 路继电器输出（触点电流 10A）。

扩展模块型号：LOGO! DM8 230R，电源电压 115～240V AC/DC，4 个数字量输入，4 个继电器输出（5A）。

3）输入/输出点安排

表 3.9 给出了 LOGO!输入/输出点的安排。

表 3.9　输入/输出点安排

<table>
<tr><th>输　入</th><th>含　义</th><th>输　出</th><th>含　义</th></tr>
<tr><td>I1（主机）</td><td>接启动按钮 SF1</td><td>Q1</td><td>控制预警铃 PB</td></tr>
<tr><td>I2（主机）</td><td>接停止按钮 SF2</td><td>Q2</td><td>控制料斗 QA0</td></tr>
<tr><td>I3（主机）</td><td>接预警铃信号 KF</td><td>Q3</td><td>控制 1 号输送带 QA1</td></tr>
<tr><td>I4（主机）</td><td>接料斗开启信号 QA0</td><td>Q4</td><td>控制 2 号输送带 QA2</td></tr>
<tr><td>I5（主机）</td><td>接 1 号输送带运行信号 QA1</td><td rowspan="2">Q5</td><td rowspan="2">控制 3 号输送带 QA3（扩展模块 Q1）</td></tr>
<tr><td>I6（主机）</td><td>接 2 号输送带运行信号 QA2</td></tr>
<tr><td>I7（主机）</td><td>接 3 号输送带运行信号 QA3</td><td rowspan="2">Q6</td><td rowspan="2">控制 4 号输送带 QA4（扩展模块 Q1）</td></tr>
<tr><td>I8（主机）</td><td>接 4 号输送带运行信号 QA4</td></tr>
<tr><td>I9（扩展模块 I1）</td><td>接 1 号输送带故障信号 BB1</td><td></td><td></td></tr>
<tr><td>I10（扩展模块 I2）</td><td>接 2 号输送带故障信号 BB2</td><td></td><td></td></tr>
<tr><td>I11（扩展模块 I3）</td><td>接 3 号输送带故障信号 BB3</td><td></td><td></td></tr>
<tr><td>I12（扩展模块 I4）</td><td>接 4 号输送带故障信号 BB4</td><td></td><td></td></tr>
</table>

4）输入/输出线路图

与表 3.9 相对应的 LOGO!输入/输出线路图如图 3.50 所示。

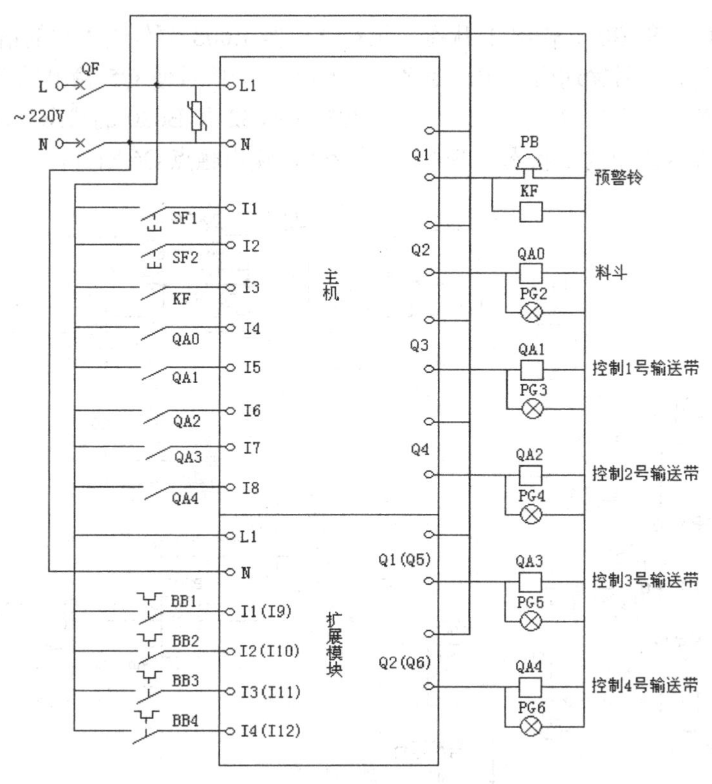

图 3.50 LOGO!输入/输出线路图

5）功能块图

满足控制要求的功能块图如图 3.51 所示。

按下启动按钮 SF1，B001 和 B027 进行 20s 的延时，延时期间 Q1 有输出，预警铃响；同时 B034 置位，输出 M1（按下启动按钮后输送带启动运行状态）保持 1 状态；B035 复位，输出 M2（4 条输送带都处于运行状态时按下停止按钮 15s 后的状态）保持 0 状态；RS 触发器 B040 复位，使 B039 的输出为 0，M3（输送带启动过程中就按下停止按钮的状态）为 0 状态。20s 延时时间到达后，Q1 输出消失，预警铃停响，Q6 有输出信号，4 号输送带动作，同时 I8 端有输入信号。B020 开始 30s 延时，30s 之后，B019 输出 1 个 1s 的脉冲，使 B018 置位，Q5 有输出，3 号输送带动作。返回到 I7 端的 3 号输送带运行信号使得 B033、B032、B030 和 B029 的输出状态变为低电平；同时，I7 端的信号使 B010 延时 30s 后控制 2 号输送带运行。2 号输送带的运行信号使 I6 端有输入信号，B005 输出 1 状态，延时 30s 后，B004 的输出 Q3 的内部触点接通，1 号输送带动作。随着 1 号输送带的运行，I5 端有输入，B003 输出 1 状态，Q2 端触点闭合，开启料斗，向输送带送料。

按下停止按钮 SF2，I2 端有输入信号，B002 输出的 1 状态使关断延时定时器 B001 复位，Q1 输出变为 0，如果预警铃正在响，则关闭预警铃。松开停止按钮后，I2 端信号变为 0，在料斗门关闭的情况下，I4 端信号为 0；如果料斗门处于打开状态，I4 端为 1 状态，则可确保 Q1 为 0，预警铃不响。因此时 4 条输送带都处于运行状态，B041、B038 和 B036 输出状态都为 1，B034 复位，M1 状态变为 0；B035 则开始 15s 延时，15s 之后，M2 变高，保持停止状态。B006、B005 和 B004 输出状态变低，Q3 内部触点断开，1 号输送带停止运行。I5 输入端信号随之变为 0，B017、B016 和 B014 的输出升高，B013 的输出端状态经 1min 后变为 1

状态，进而使 B012 和 B011 输出 1 状态，锁存继电器 B008 复位输入端的信号使其输出变为 0，Q4 端触点断开，2 号输送带停止。随之，I6 输入端的信号使 Q5 输出触点延时 1min 后断开，3 号输送带停止。随着 I7 端信号降为 0，B033、B032 和 B030 的状态变高，经过 1min 的延时，B029 和 B028 输出的 1 状态使 B027 复位为 0，输出触点 Q6 断开，4 号输送带停止。

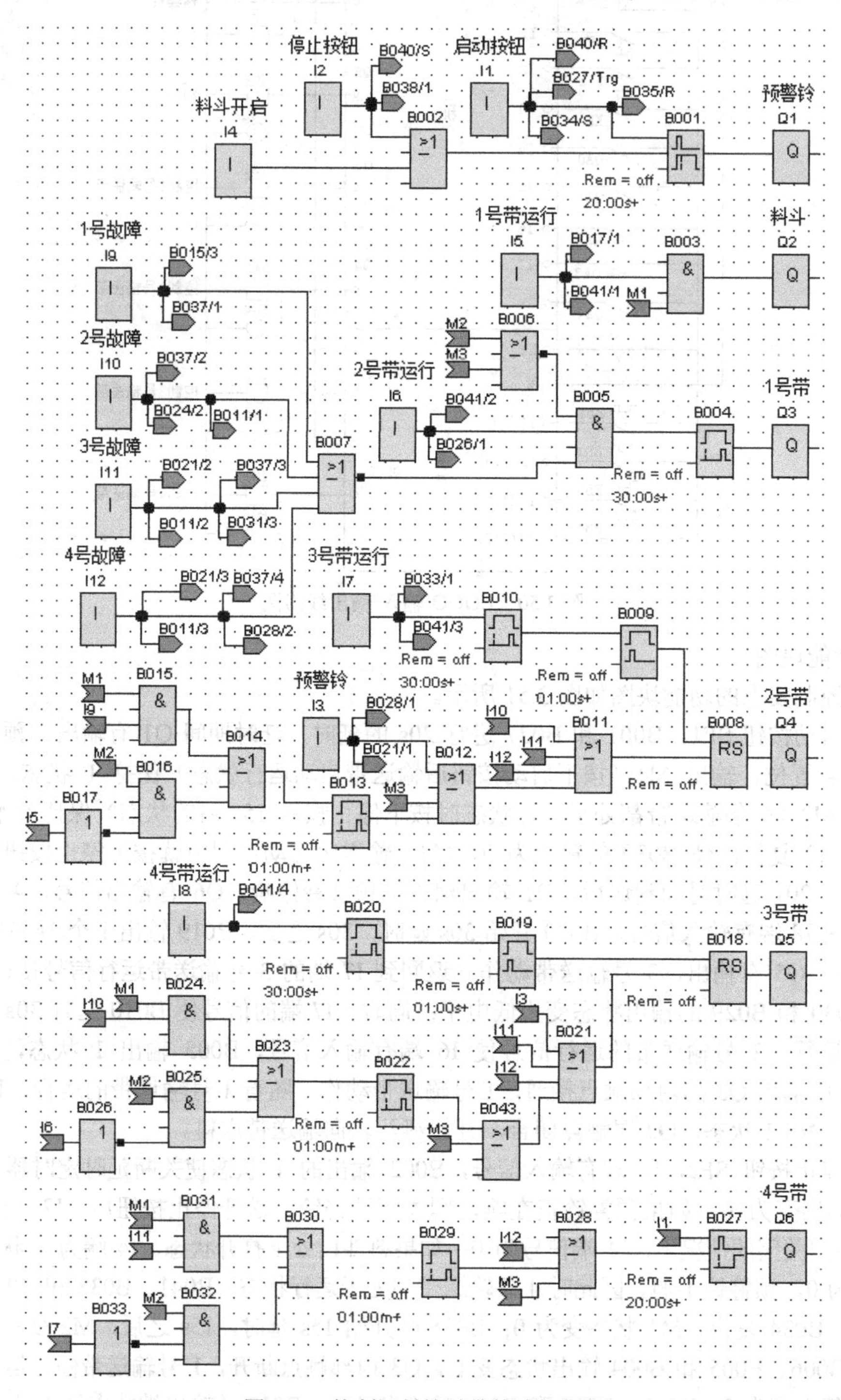

图 3.51　控制运料输送带的功能块图

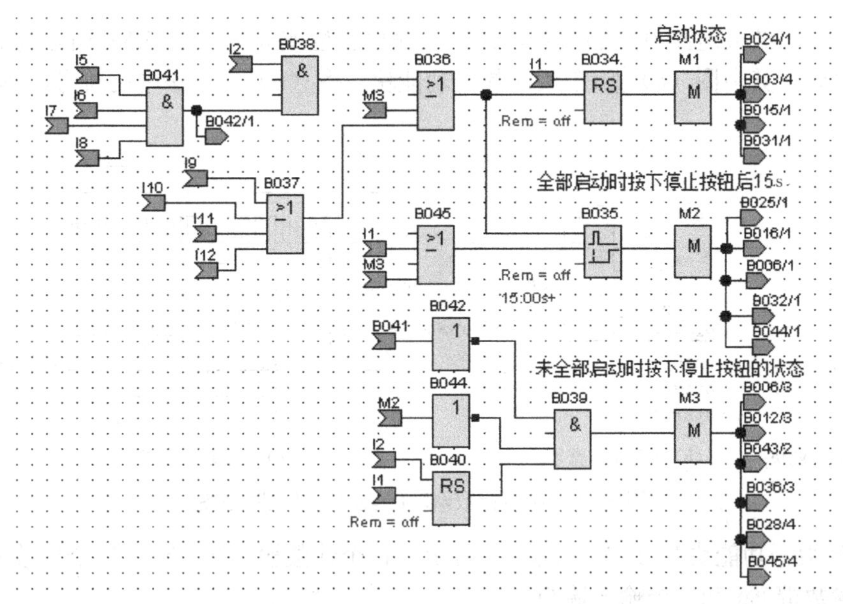

图 3.51　控制运料输送带的功能块图（续）

一旦运料系统的某个输送带发生故障，来料方向的输送带就立即停止，去料方向的输送带则顺序停止。以 3 号输送带故障为例，当 3 号输送带故障时，I11 端有输入信号，B007、B005 和 B004 的输出状态全变为 0，输出端 Q3 断开，1 号输送带停止。B011、B021 的输出变为 1，使 B008 和 B018 的复位端信号变为 1，二者同时复位，输出端 Q4 和 Q5 的触点也随之断开，2 号和 3 号输送带停止。而 B030 的 1 状态使得接通延时定时器 B029 开始 1min 延时，延时时间到达后使 B027 复位，输出端 Q6 触点断开，4 号输送带停止。可见，当 3 号输送带故障时，本身及其来料方向的输送带立即停止，而 4 号输送带则在 1min 之后停止运行。

如果在 4 条输送带的启动过程中就按下了停止按钮，比如在 4 号和 3 号输送带已经运行、2 号输送带还未启动的情况下就按下停止按钮，则已启动的 4 号、3 号输送带立即停止，未启动的 2 号、1 号输送带不会再启动。在这种情况下，程序中因 B041 的输入不全为 0，使得 B041 和 B038 的输出为 0、B042 的输出为 1，假设此时设备无故障，B037 和 B036 的输出为 0，则 M2 的 0 状态和 B040 输出的 1 状态使 B039 的输出 M3 变为 1，B006、B012、B043、B028 的状态确保 B004 的输出 Q3、B008 的输出 Q4、B018 的输出 Q5、B027 的输出 Q6 均为 0，4 条输送带全部停止。

通过本例，在巩固基本功能块、定时器功能块和锁存继电器用法的基础上，重点学习通过标志位对各种状态进行编程的方法。

3.3　计数器功能块

计数器功能块有增/减计数器、运行小时计数器、阈值触发器。下面分别加以介绍。

3.3.1　增/减计数器

增/减计数器根据参数的设置进行增减运算，每输入一个脉冲，会使内部数值增大或减小一次，当计算结果达到设置的值时，计数器输出置位或复位。图 3.52 所示为其功能块的符号及时序图。其中图（a）为增/减计数器功能块，图（b）为程序中的符号，图（c）为功能块时序图。

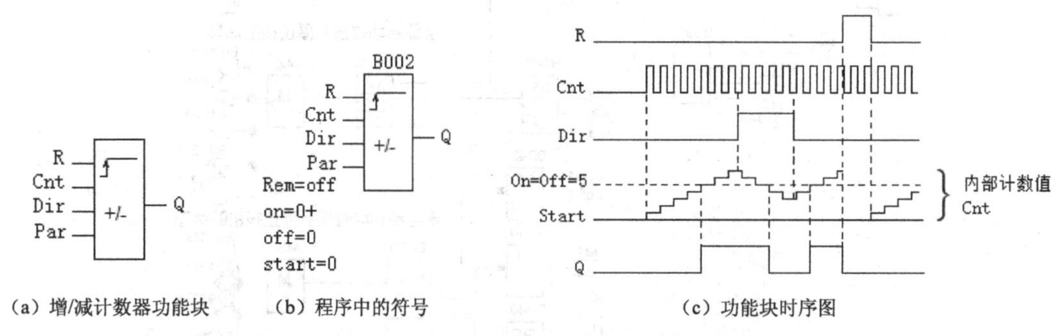

（a）增/减计数器功能块　（b）程序中的符号　（c）功能块时序图

图 3.52　增/减计数器功能块的符号及时序图

增/减计数器功能块有 1 个复位输入端 R、1 个计数输入端 Cnt、1 个计数方向输入端 Dir、1 个参数端 Par 和 1 个输出端 Q。

复位输入端 R：当 R 为高电平 1 时计数器不工作，输出 Q 复位，计数器当前值为初始值。

计数输入端 Cnt：当 Cnt 从 0 变为 1 时进行一次计数，当从 1 变为 0 时不计数，即只采集上升沿信号。LOGO!12/24RCE/RCEo 和 LOGO!24CE/24CEo 的 I3、I4、I5 和 I6 为高速计数输入端，可对最高 5kHz 频率的脉冲进行计数，而使用其他输入端或电路部件来对低频信号进行计数（通常为 4Hz）。

计数方向输入端 Dir：用于设置增计数或减计数，Dir=0 时为增计数，Dir=1 时为减计数。

参数端 Par：设置计数器的接通阈值、关断阈值和初始值。On 为接通阈值，数值范围为 0～999999，当计数值达到设定的接通阈值 On 时，输出 Q 置位；Off 为关断阈值，数值范围也为 0～999999，当计数值达到设定的关断阈值 Off 值时，输出 Q 复位。当计数值达到累加值 999999 时，即使再有上升沿，计数值也不会发生变化。Start 为增或减计数的初始值。图 3.52（c）中接通阈值和关断阈值相等，均为 5，当 Dir=0 时进行增计数，计数脉冲达到 5 时输出 Q=1；当 Dir=1 时开始减计数，当计数值下降到关断阈值 5 时输出 Q=0。

增/减计数器功能块的动作规则：当接通阈值小于关断阈值时，如果 On≤Cnt<Off，则 Q=1；当接通阈值大于或等于关断阈值时，如果 Cnt≥On，则 Q=1；如果 Cnt<Off，则 Q=0。

输出端 Q：根据输入的信号和动作规则改变通断状态。

编程举例：增/减计数器功能块用法

控制要求：当 I1 由 0 升为 1 时，边沿触发脉宽继电器输出 6 个高、低电平分别为 1s 的脉冲，在第 3 个脉冲时，增/减计数器的输出 Q1 为 1，在第 5 个脉冲时，增/减计数器的输出 Q1 为 0。当 I2 为高电平时为减计数。当 I3 有输入信号时，边沿触发脉宽继电器和增/减计数器都复位。

满足要求的功能块图和梯形图如图 3.53（a）和（b）所示。

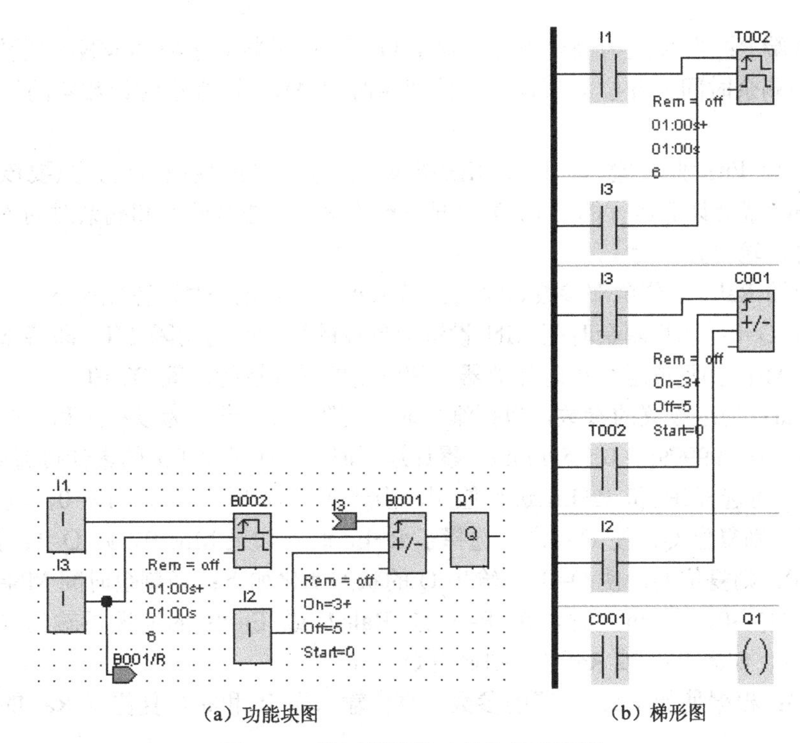

（a）功能块图　（b）梯形图

图 3.53　增/减计数器功能块编程举例

3.3.2　运行小时计数器

运行小时计数器通过监视输入处的信号触发预先设定的时间，当超出该设定时间时，输出置位。该功能块的符号及时序图如图 3.54 所示。其中图（a）为运行小时计数器功能块，图（b）为程序中的符号，图（c）为功能块时序图。

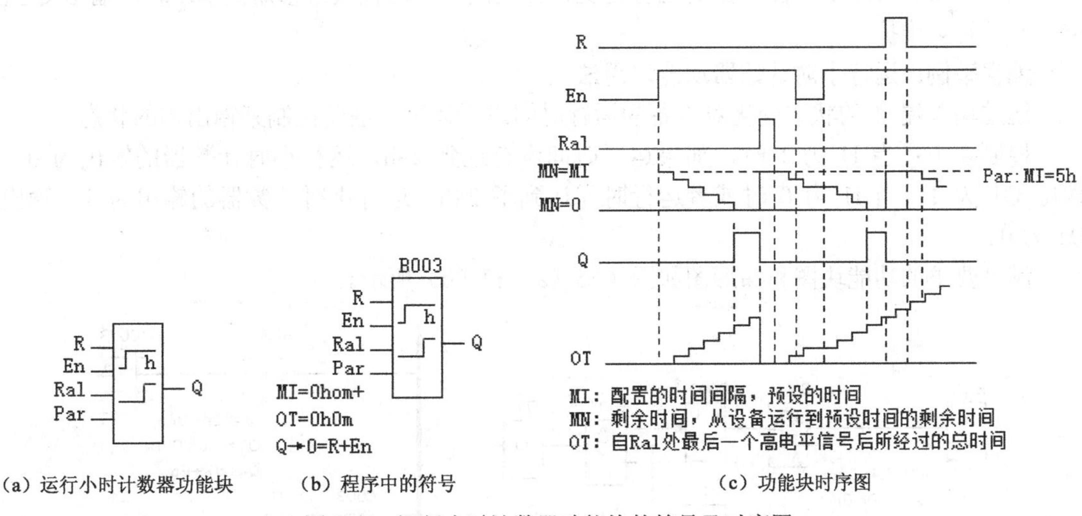

（a）运行小时计数器功能块　（b）程序中的符号　（c）功能块时序图

图 3.54　运行小时计数器功能块的符号及时序图

运行小时计数器有 1 个复位输入端 R、1 个使能输入端 En、1 个完全复位端 Ral、1 个参数端 Par 和 1 个输出端 Q。

复位输入端 R：当 R 变为高电平时，输出 Q 复位，并将剩余时间 MN（从设备运行到指定维修时间的剩余时间）置位为预设的维护间隔时间 MI。运行小时计数器的累计运行时间 OT 不变。

使能输入端 En：监视输入，LOGO!扫描该输入端信号的接通时间，只要该输入端的状态为 1，LOGO!就会计算运行的时间 OT（即 En 的累计接通时间）和剩余时间 MN。当剩余时间等于 0 时，输出置位为 1。

完全复位端 Ral：复位全部参数和输出。当 Ral 变为高电平时，完成如下三项工作：①复位输出 Q，使 Q=0；②将剩余时间 MN 设置为预设的维护时间间隔 MI，即将 MI 的值赋给 MN，使 MN=MI；③复位运行小时计数器，使测量的累计运行时间 OT=0。

参数端 Par：为应设置的参数，包括维护时间间隔 MI（预设为以小时和分钟为单位的格式，数值范围：0～99999h，0～59min）、累计运行时间 OT（即 En 的累计接通时间）、输出 Q→0 的条件（可选择 R 和 R+En 进行控制，当选择了 R 时，如果 MN=0，则 Q=1；如果 R=1 或 Ral=1，则复位 Q，使 Q=0；当选择了 R+En 时，如果 MN=0，则 Q=1；如果 R=1 或 Ral=1 或 En=0，则复位 Q，使 Q=0）。输出 Q 的状态变化如下：当剩余时间 MN=0 时，输出 Q 置位；当“Q→0：R+En”时，在 R=1 或 Ral=1 或 En=0 的情况下输出 Q 复位；当“Q→0：R”时，如果 R=1 或 Ral=1，则输出 Q 复位。

输出端 Q：根据使能 En、设置的参数、复位输入端 R 和完全复位端 Ral 的状态接通或断开。

说明：

（1）MI、MN 和 OT 为掉电保持。

（2）复位输入信号 R 使输出 Q 复位，但不影响运行小时计数器的 OT。

（3）运行小时计数器的 OT 通过 Ral 端的信号复位。无论复位输入端 R 处的状态如何变化，只要 En=1，运行小时计数器就会继续计数。当达到 OT 的计数极限 99999h 时，停止计数。

（4）此模块可用于监控设备的运行情况，当达到一定的预设维修时间 MI 时，输出 Q 置位，提示到期维护。

编程举例：运行小时计数器功能块用法

通过输入端 I1 的状态变化对设备的运行时间进行计量，进而控制某输出端的状态。

控制要求：当 I1 为 1 时，如果运行时间没有达到 24h，运行小时计数器的输出为 0，输出 Q1 为 1；当 I1 为 0 时或者运行时间达到了 24h，运行小时计数器的输出为 1，输出 Q1 为 0。

满足要求的功能块图和梯形图如图 3.55（a）和（b）所示。

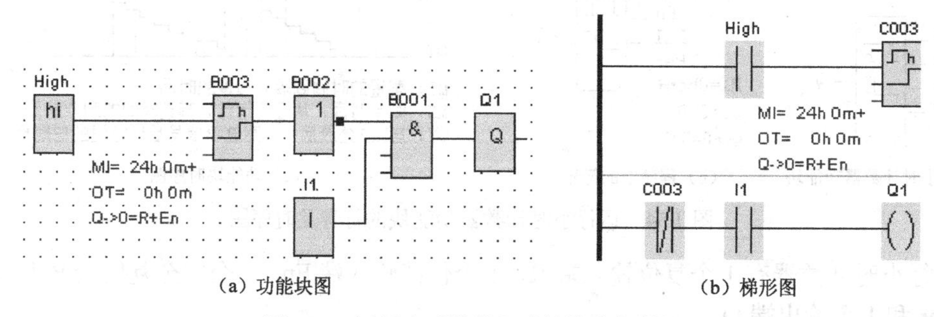

（a）功能块图　　（b）梯形图

图 3.55　运行小时计数器功能块编程举例

3.3.3　阈值触发器

阈值触发器（频率阈值触发器）根据两个可预设的频率阈值使触发器的输出置位或复位。该功能块的符号如图 3.56 所示。其中图（a）为阈值触发器功能块，图（b）为程序中的符号。

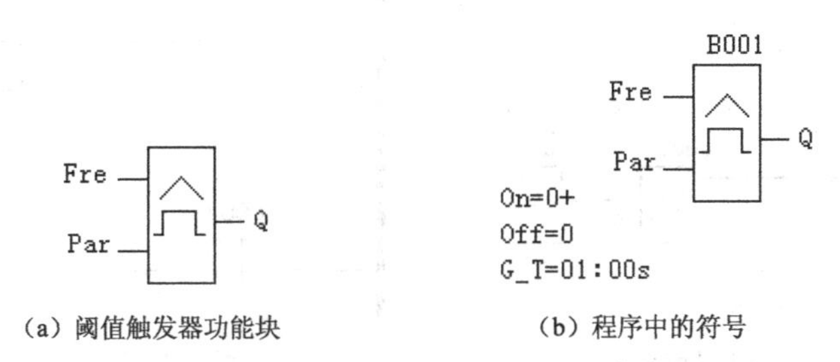

（a）阈值触发器功能块　（b）程序中的符号

图 3.56　阈值触发器功能块及其符号

阈值触发器有 1 个频率输入端 Fre、1 个参数端 Par 和 1 个输出端 Q。

频率输入端 Fre：对可变频率的脉冲信号上升沿进行计数，不对下降沿计数。LOGO!12/24RCE/RCEo 和 LOGO!24CE/24CEo 的 I3、I4、I5 和 I6 为高速计数输入端，可对最高 5kHz 频率的脉冲进行计数，而使用其他输入端或电路部件来对通常为 4Hz 左右的低频信号进行计数。

参数端 Par：设定的参数包括接通阈值 On（数值范围为 0～9999）、关断阈值 Off（数值范围为 0～9999）、门限时间 G_T（频率输入端 Fre 输入脉冲测量的时间间隔或门时间，数值范围为 00:05～99:95s）。

输出端 Q：根据所设置的阈值置位或复位。

图 3.57 所示为阈值触发器功能块时序图。图中 fa 表示每个 G_T 时间单位内所测量的总脉冲数，在时间间隔为 1s 时，即为输入脉冲频率。

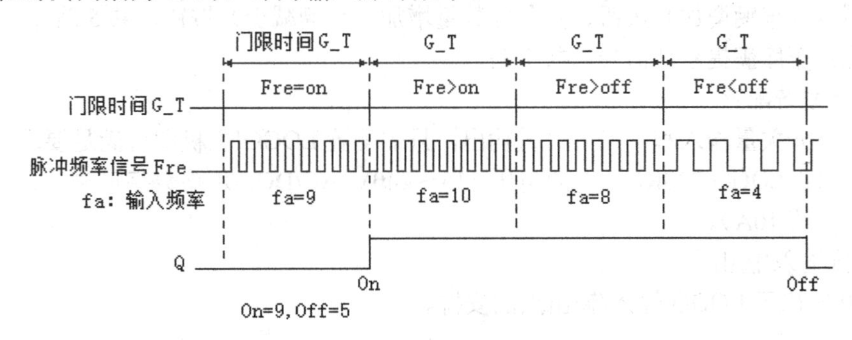

图 3.57　阈值触发器功能块时序图

在检测频率的门限时间区间 G_T 之后，如果接通阈值 On 小于关断阈值 Off，即 On≤fa<Off，Q=1；如果接通阈值 On 不小于关断阈值 Off，即 fa>On，Q=1；而当 fa≤Off 时，Q=0。图 3.57 中，接通阈值 On=9，断开阈值 Off=5，时间间隔 G_T=1s。在 G_T=1s 的时间间隔内，对频率信号端 Fre 的脉冲计数，在计数值大于或等于 9 后，输出 Q 为高电平，当该值下降到小于 5 时，输出 Q 变为低电平。输出 Q 的状态根据设定的 1s 时间间隔内所测量的频率值进行动作，在 1s 的时间间隔内不动作，1s 时间间隔之后才动作。

编程举例：阈值触发器功能块用法

控制要求：当输入 I3 端的脉冲频率满足条件 10Hz≤fa<20Hz 时，输出 Q1 为 1。

满足控制要求的功能块图和梯形图如图 3.58（a）和（b）所示。

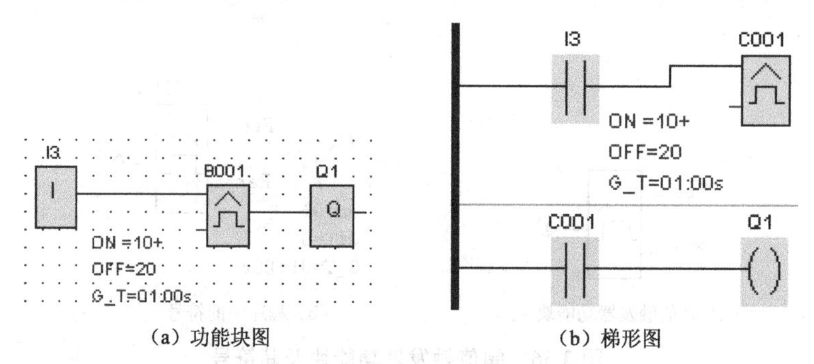

（a）功能块图　　（b）梯形图

图 3.58　阈值触发器功能块编程举例

3.3.4 计数器功能块应用示例

1．停车场车位统计及车辆控制

控制要求：停车场共有 50 个停车位，通过计数器对出入车辆进行计数，入口处每进入一辆车，计数器加 1，出口处每开出一辆车，计数器减 1，通过复位键使停车数量清零。当停车场车辆增加到 45 辆时，提示灯亮，当车辆减少到低于 40 辆时，提示灯熄灭。同时，可以通过 2 个按钮来调整空车位数量，1 个用于增加空车位，另 1 个用于减少空车位。

根据控制要求，按照 5 个步骤进行设计。

1）统计输入/输出点数

输入点：入口处进入的车辆数输入信号、出口处开出的车辆数输入信号、复位信号、停车位数量减少（车辆增加）按钮、停车位数量增加（车辆减少）按钮，共 5 路输入信号。

输出点：车库满提示灯信号，共 1 路。

2）进行系统配置

对于 5 路开关量输入和 1 路开关量输出，只需配置 LOGO!主机即可满足要求。

主机型号：LOGO!230RC，电源电压 115～240V AC/DC，8 路数字量输入，4 路继电器输出（触点电流 10A）。

3）安排输入/输出点

表 3.10 给出了 LOGO!输入/输出点的安排。

表 3.10　输入/输出点安排

输　入	含　义	输　出	含　义
I1	车辆进入时光电开关 KF1 信号	Q1	提示灯 PG 信号
I2	车辆开出时光电开关 KF2 信号		
I3	复位按钮 SF1 信号		
I4	停车位数量减少按钮 SF2 信号		
I5	停车位数量增加按钮 SF3 信号		

4）输入/输出线路图

与表 3.10 相对应的 LOGO!输入/输出线路图如图 3.59 所示。

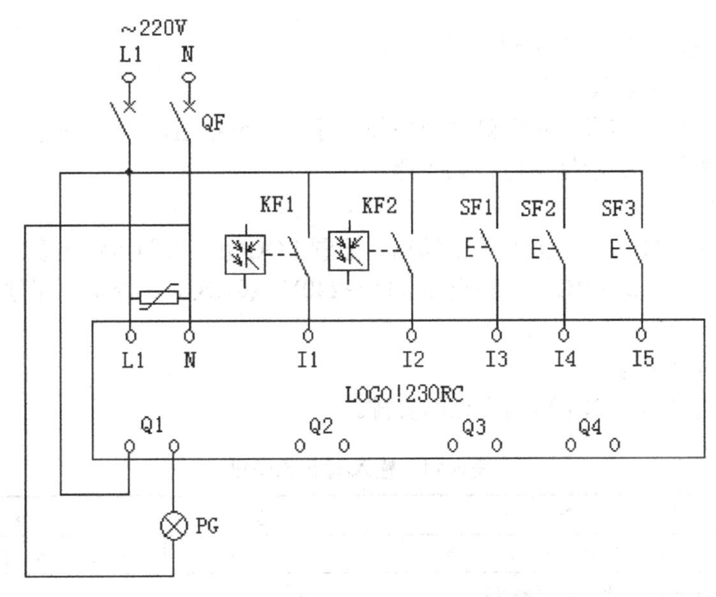

图 3.59 停车场车位统计 LOGO!输入/输出线路图

5）功能块图

满足控制要求的功能块图如图 3.60 所示。无论车辆是进入还是开出，或者按下停车位增加、减少按钮，B002 的输出状态都出现一次由 0 到 1 的变化，B001 的计数输入端 Cnt 出现由低变高的信号，在 B003 输入为 0 的情况下，加/减计数器 B001 的方向端 Dir 为 0，B001 进行加计数。当计数值达到 45 时，输出 Q1 有信号，提示灯 PG 点亮。当车辆开出时，或者按下停车位数量增加按钮 SF3 时，B002 和 B003 同时有输入信号，输出状态同时为 1，加/减计数器 B001 的计数端 Cnt 和方向端 Dir 同时为 1，进行减计数，当计数值由 45 以上下降到 40 以下时，输出 Q1 变为 0，提示灯 PG 熄灭。按下复位按钮 SF1，I3 端有输入，使计数器复位。在车辆进入和开出信号同时出现，即 I1 和 I2 同时有信号时，计数值不变。

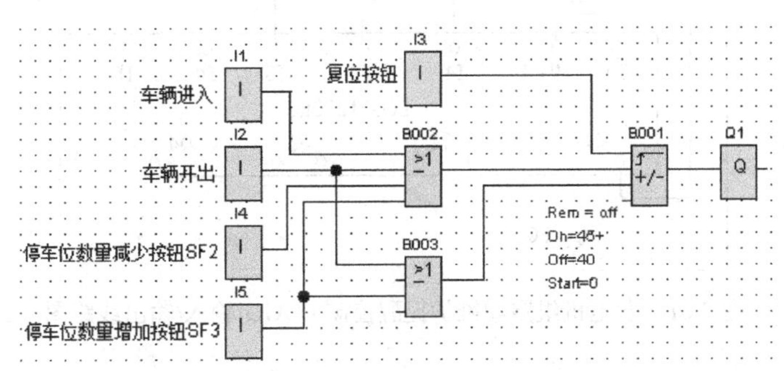

图 3.60 停车场车位计数功能块图

通过本例，巩固加/减计数器功能块在实际应用中的用法。

2. 设备定期维护提醒

控制要求：某工厂一发电机组常年处于运行状态，为避免运行过程中出现故障，每 4 周需要对设备进行定期检修维护。4 周时间到达后维护指示灯自动点亮，提醒相关工作人员。维护完成后按下指示灯复位按钮使提示灯熄灭，随后按下系统复位按钮对机组运行时间清零，重新开始 4 周计时。

根据控制要求，按照 5 个步骤进行设计。

1）统计输入/输出点数

输入点：机组运行信号、指示灯复位按钮、系统复位按钮，共 3 路输入信号。

输出点：检修维护提示灯信号，共 1 路。

2）进行系统配置

对于 3 路开关量输入和 1 路开关量输出，配置 LOGO!主机即可满足要求。

主机型号：LOGO!230RC，电源电压 115～240V AC/DC，8 路数字量输入，4 路继电器输出（触点电流 10A）。

3）安排输入/输出点

表 3.11 给出了 LOGO!输入/输出点的安排。

表 3.11　输入/输出点安排

输　入	含　义	输　出	含　义
I1	机组运行信号（KF 常开触点）	Q1	检修维护提示灯信号
I2	指示灯复位按钮 SF1（常开触点）		
I3	系统复位按钮 SF2（常开触点）		

4）输入/输出线路图

与表 3.11 相对应的 LOGO!输入/输出线路图如图 3.61 所示。

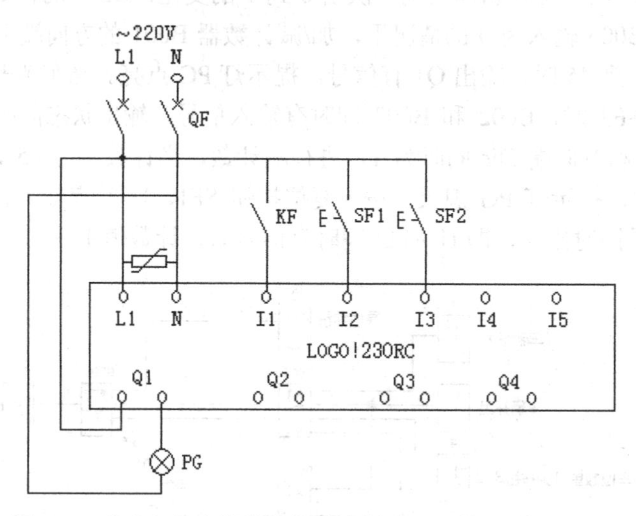

图 3.61　发电机组定期维护提醒控制 LOGO!输入/输出线路图

5）功能块图

满足控制要求的功能块图如图 3.62（a）所示。当机组处于停止状态时，运行信号 I1 为 0，运行小时计数器 B001 的 En 端信号为 0。机组运行时，机组运行信号 KF 闭合，I1 端变为高电平，使 B001 的 En 端信号变高，累计时间值到达设定的时间 MI 之前输出 Q1 一直为 0。图 3.62（b）所示为程序运行 8min 时的情况，如果 I2 端信号为 1（即按下指示灯复位按钮 SF1），输出 Q 也复位为 0。在 I2 和 I3 都为 0（指示灯复位按钮 SF1 和系统复位按钮 SF2 松开）的情况下，接通 KF 时，运行小时计数器开始计数。当剩余时间 MN 倒计时至 0 时，输出 Q1 触点接通，指示灯 PG 亮，发出维护提醒信号。维护完成后，按下指示灯复位按钮 SF1，I2 有输入，使 MN=MI，再次计时。4 周后，Q1 有输出。如果此时 I1 断开，Q1 触点会随之断开，指示灯 PG 熄灭，但 MN 和 OT 的值会被保存。当 I1 再次接通时，MN 和 OT 的值会从保存值继续运行。按下系统复位按钮 SF2，I3 端有输入信号，可以对 OT 进行清零，使输出 Q1 复位。

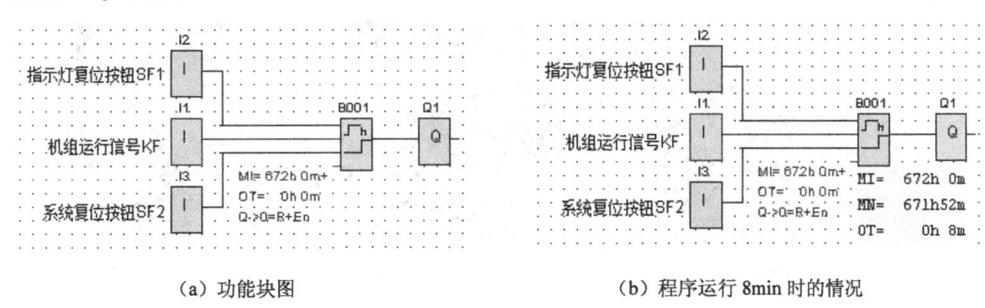

（a）功能块图　　（b）程序运行 8min 时的情况

图 3.62　发电机组定期维护提醒控制功能块图

通过本例，巩固运行小时计数器功能块在实际应用中的用法。

3.4　开关量特殊功能指令应用实验

3.4.1　用操作面板编辑开关量特殊功能块程序

在 LOGO!主机的主菜单下编辑程序、输入程序前，参照 2.7.1 节中图 2.28、图 2.29 和图 2.31 的编程菜单画面，先进入“编辑程序”菜单界面，按下右边的 OK 键，进入程序编辑画面。下面通过两个示例加以说明。

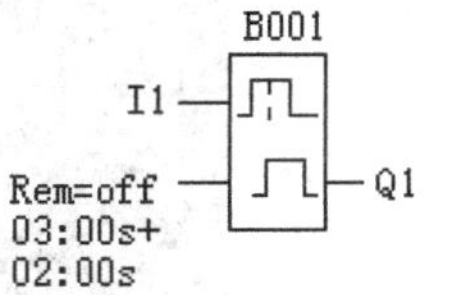

程序编辑过程示例 1：以图 3.63 所示的功能块图为例。

B001
I1
Rem=off
03:00s+
02:00s
Q1

图 3.63　通断延时功能块编辑示例程序

进入编程界面后，默认出现 Q1，如图 3.64（a）所示。如果输出不是 Q1，可通过上下光标键进行更改。在确定为 Q1 的情况下，通过左光标键将光标移动到 Q1 的左侧，如图 3.64（b）所示，按 OK 键确认。通过上下键光标选择输入变量类型 SF，如图 3.64（c）所示，按 OK 键确认。通过上下键光标选择通断延时定时器，如图 3.64（d）所示，按 OK 键确认。将光标移动到触发端，如图 3.64（e）所示，按 OK 键确认。选择输入变量 I1，按 OK 键确认，如图 3.64（f）所示。将光标移动到参数端，如图 3.64（g）所示，按 OK 键确认。随后进入参数设置界面，将光标移动到下一行，通过上下光标键进行时间设定，如图 3.64（h）所示。按照要求设定接通延时时间为 3s，断开延时时间为 2s，如图 3.64（i）所示。定时器参数设置完成，编程界面如图 3.64（j）所示。在按 OK 键后，返回图 3.64（k）所示的主菜单画面。选择“启动”，并按 OK 键，LOGO!开始运行，画面显示当前时间，如图 3.64（l）所示。移动右光标，可以查看输入/输出的状态，如图 3.64（m）和（n）所示。

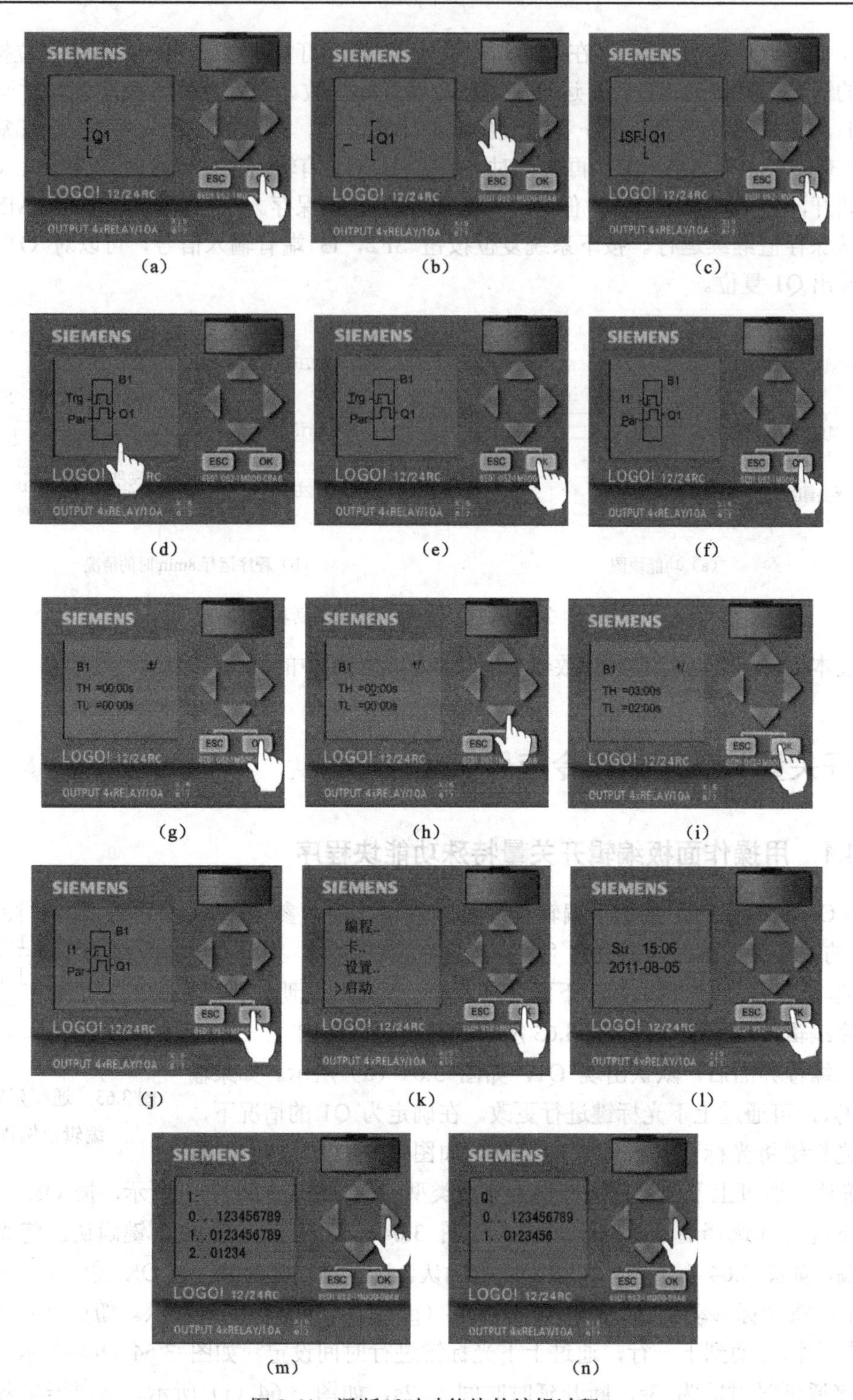

图 3.64　通断延时功能块的编辑过程

程序编辑过程示例 2：以图 3.65 所示的功能块程序为例。

进入编程界面后，出现 Q1，选择 SF，选择加/减计数器，具体操作过程不再详述，重点介绍加/减计数器的参数设置。在图 3.66（a）所示的界面，将光标移动到 R 端，如图 3.66

（b）所示，按 OK 键确认。选择输入变量 I3，按 OK 键确认，如图 3.66（c）所示。将光标移动到计数输入端 Cnt，按 OK 键，如图 3.66（d）所示。通过上下光标键选择基本功能块 GF，按 OK 键，如图 3.66（e）所示。之后出现图 3.66（f）所示的画面。通过上下光标键选择“或”功能块，按 OK 键，如图 3.66（g）所示。将 I1 和 I2 分别输入 In1 和 In2 端，另外两个输入端 In3 和 In4 不使用，用 x 作为输入，如图 3.66（h）所示。将光标移动到计数方向 Dir 端，按下 OK 键，如图 3.66（i）所示。选择输入变量 I2，按下 OK 键，如图 3.66（j）所示。将光标移动到参数端 Par，按下 OK 键，如图 3.66（k）所示。之后进入图 3.66（l）所示的参数设置界面，在该界面下按要求设置相应的参数，低频阈值 On=500，关断阈值 Off=490，使用右光标键移到第二屏，设定开始值 STV=0，按 OK 键确认，完成定时器参数设置，如图 3.66（m）和（n）所示。

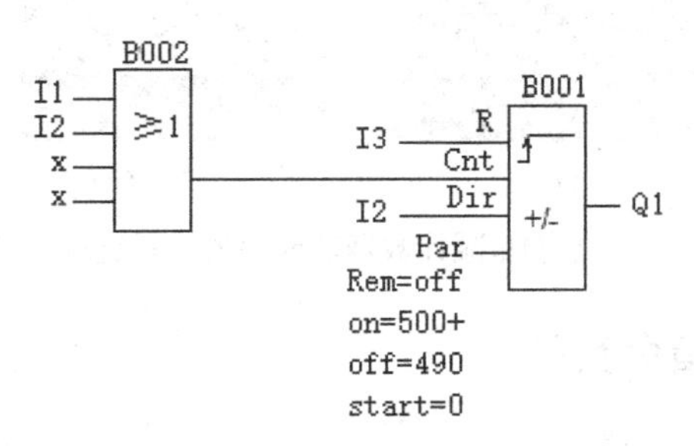

图 3.65　具有加/减计数器功能块的编辑示例程序

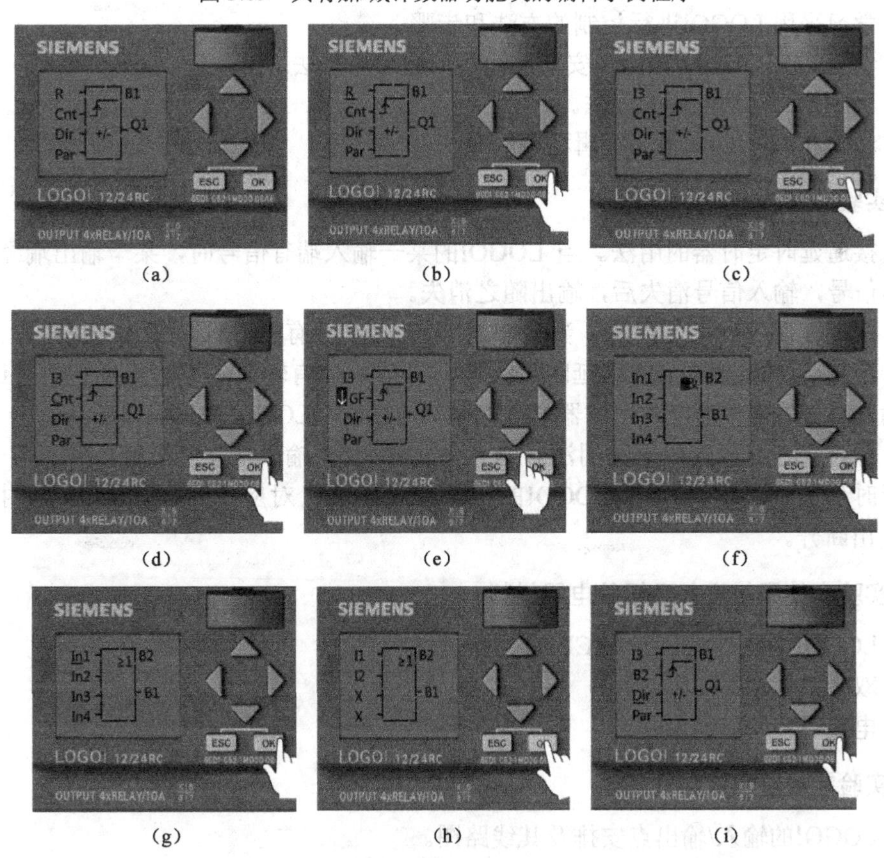

图 3.66　具有加/减计数器功能块的编辑过程

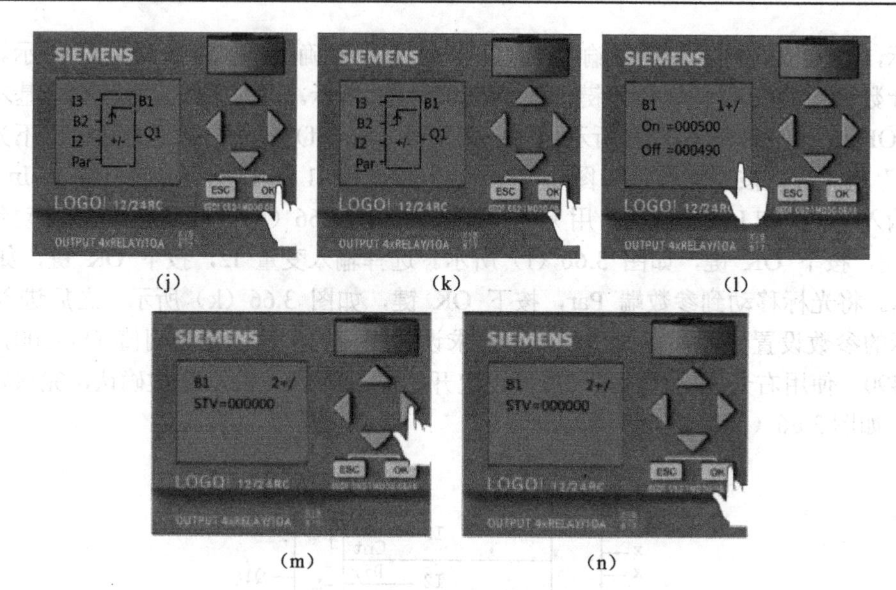

(j) (k) (l)

(m) (n)

图 3.66 具有加/减计数器功能块的编辑过程（续）

3.4.2 定时器功能指令实验

1. 实验目的

（1）学习采用 LOGO!进行控制的方法和步骤。

（2）学习 LOGO!输入/输出点安排及线路图的设计方法。

（3）巩固定时器功能块的用法。

（4）学习在 LOGO!主机上编辑程序的方法。

2. 实验内容

（1）接通延时定时器的用法。当 LOGO!的某一输入端有信号时，某一输出端经 3s 延时后有输出信号，输入信号消失后，输出随之消失。

（2）关断延时定时器的用法。当 LOGO!某一输入端有信号时，某一输出随之接通，在输入信号断开后，输出信号经 2s 延时后消失。在 LOGO!有输出信号的情况下，当 LOGO!的另一个输入端（对应关断延时定时器的复位端）接通时，LOGO!输出立即断开。

（3）保持接通延时定时器的用法。当 LOGO!的某一输入端有脉冲信号时，某一输出端经 3s 延时后有输出信号。当 LOGO!的另一个输入端（对应定时器的复位端）接通时，LOGO!输出断开。

3. 实验中使用的设备及相关电器材料

（1）LOGO!主机 LOGO!230RCE。

（2）双极空气开关 1 个。

（3）电线等辅助材料。

4. 实验需要重点掌握的知识

（1）LOGO!的输入/输出点安排及其线路图。

（2）定时器功能指令的用法。

（3）功能块图编辑方法。

（4）运行程序的方法及 LOGO!工作状态的观察方法。

5．实验前的准备工作

（1）根据实验指导书中的要求写出实验步骤。

（2）安排输入/输出点，画出输入/输出线路图。

（3）编制出实验程序。

6．实验报告内容

（1）画出实验过程中 LOGO!输入/输出线路图。

（2）写出实验过程。

（3）给出实验过程中的程序并加以分析。

（4）分析实验过程中所出现的问题。

3.4.3　继电器功能指令实验

1．实验目的

（1）学习采用 LOGO!进行控制的方法和步骤。

（2）学习 LOGO!输入/输出点安排及线路图的设计方法。

（3）巩固继电器功能块的用法。

（4）学习在 LOGO!主机上编辑程序的方法。

2．实验内容

（1）脉宽触发继电器（脉冲输出）的用法。当 LOGO!输入端 I1 的信号大于 3s 时，输出端 Q1 的信号持续 3s 后消失，如果输入信号的时长不足 3s，则输出信号与输入信号同步。

（2）边沿触发脉宽继电器（脉冲输出）的用法。当 LOGO!输入端 I1 有信号时，输出 Q1 以间隔 2s、接通 1s 的频度变化，变化 5 次后，输出 Q1 断开。其间，一旦 I2 端有输入信号时，输出 Q1 就随之断开。

（3）锁存继电器的用法。当 LOGO!的输入端 I1 有信号时，输出 Q1 接通，即使 I1 端信号断开，输出 Q1 也保持接通。当输入端 I2 有信号时，输出 Q1 断开。

（4）脉冲继电器的用法。在 LOGO!的 I2 和 I3 端无信号的情况下，当输入端 I1 出现一个脉冲信号时，输出 Q1 由断开变为接通，当 I1 端再次出现一个脉冲信号时，输出 Q1 由接通变为断开。当 I2 端有信号时，输出 Q1 接通，当 I3 端有信号时，输出 Q1 断开，与 I1 的输入信号无关。当 I2 和 I3 同时有信号时，输出 Q1 为接通状态。

3．实验中使用的设备及相关电器材料

（1）LOGO!主机 LOGO!230RCE。

（2）双极空气开关 1 个。

（3）电线等辅助材料。

4．实验需要重点掌握的知识

（1）LOGO!的输入/输出点安排及其控制线路。

（2）相关指令的用法。
（3）程序编辑方法。
（4）运行程序的方法及 LOGO!工作状态的观察方法。

5．实验前的准备工作

（1）根据实验指导书中的要求写出实验步骤。
（2）安排输入/输出点，画出输入/输出线路图。
（3）编制出实验程序。

6．实验报告内容

（1）画出实验过程中 LOGO!输入/输出线路图。
（2）写出实验过程。
（3）给出实验过程中的程序并加以分析。
（4）分析实验过程中所出现的问题。

3.4.4 计数器功能指令实验

1．实验目的

（1）学习采用 LOGO!进行控制的方法和步骤。
（2）学习 LOGO!输入/输出点安排及线路图的设计方法。
（3）巩固计数器功能块的用法。
（4）学习在 LOGO!主机上编辑程序的方法。

2．实验内容

（1）增/减计数器的用法。以停车场车辆统计为例，当停车场入口进入 1 辆车时，计数器加 1；当停车场出口驶出 1 辆车时，计数器减 1；按下复位键，计数器的值恢复为 0。停车场可以存放 60 辆车，当车辆数达到 55 辆时，指示灯亮，提醒停车场将满。当车辆减少到 50 辆时，指示灯熄灭。

（2）运行小时计数器的用法。某设备每运行 5min 后，警示灯亮，提醒工作人员进行相关操作，操作完成后，按下复位按钮，警示灯熄灭，设备继续运行。如果在运行期间按下系统复位按钮，则使运行时间清 0。

3．实验中使用的设备及相关电器材料

（1）LOGO!主机 LOGO!230RCE。
（2）双极空气开关 1 个。
（3）电线等辅助材料。

4．实验需要重点掌握的知识

（1）LOGO!的输入/输出点安排及其线路图。
（2）相关指令的用法。
（3）程序编辑方法。
（4）运行程序的方法及 LOGO!工作状态的观察方法。

5. 实验前的准备工作

（1）根据实验指导书中的要求写出实验步骤。

（2）安排输入/输出点，画出输入/输出线路图。

（3）编制出实验程序。

6. 实验报告内容

（1）画出实验过程中 LOGO!输入/输出线路图。

（2）写出实验过程。

（3）给出实验过程中的程序并加以分析。

（4）分析实验过程中所出现的问题。

本 章 小 结

本章介绍了 LOGO!的开关量特殊功能块指令，并通过应用示例加以说明，以便读者加深理解和尽快掌握。这些指令加强了 LOGO!的功能，拓展了其应用范围。在开关量特殊功能块指令中，定时器功能块指令、继电器功能块指令应用得最广，是本章的重点。本章的最后一节通过实验来加强对 LOGO!硬件设计、程序编制、在本机上输入程序、运行程序等应用能力的训练。

表 3.12、表 3.13、表 3.14 中分类总结了本章的各种开关量特殊功能块，使读者一目了然。

表 3.12　LOGO!定时器功能块指令

功能块名称	编 程 符 号	功 能 说 明
接通延时定时器	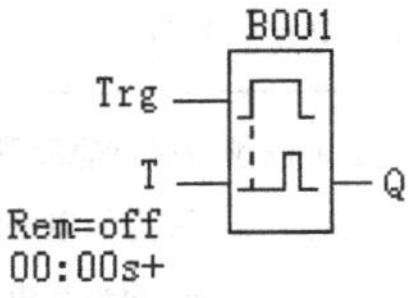 B001 Trg T Q Rem=off 00:00s+	当 Trg 端有输入信号时，输出 Q 在设置的延时时间之后有输出，当 Trg 的信号消失时，输出 Q 的信号随之立即消失
关断延时定时器	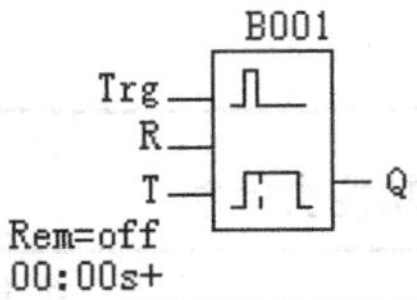 B001 Trg R T Q Rem=off 00:00s+	在复位端 R 为 0 时，若触发信号 Trg 由 0 变为 1，则输出 Q 随之变为 1；Trg 由 1 变为 0 后，输出 Q 经过延时时间 T 之后才变为 0
通断延时定时器	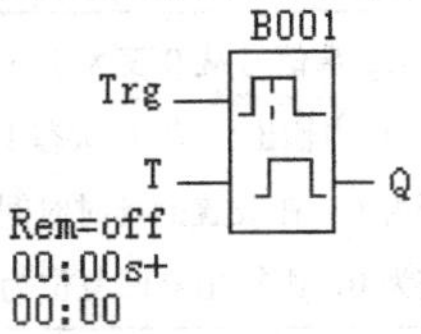 B001 Trg T Q Rem=off 00:00s+ 00:00	在输入信号 Trg 由 0 变为 1 和由 1 变为 0 时，输出 Q 都经相应的设定延时时间后才动作
保持接通延时定时器	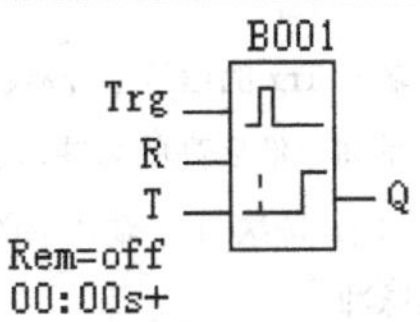 B001 Trg R T Q Rem=off 00:00s+	只要输入端 Trg 的信号由 0 变为 1，就可按设定时间延时，即使 Trg 的信号时间很短，延时仍继续，当达到设定时间时，输出 Q 由 0 变为 1，定时器具有保持功能

（续表）

功能块名称	编程符号	功能说明
随机通断定时器	B001 En T Q Rem=off 00:00s+ 00:00s	输入端 En 的上升沿触发接通延时时间，下降沿触发关断延时时间。接通延时时间为 0～T_H之间的随机值，关断延时时间为 0～T_L之间的随机值
周定时器	B001 No1 No2 No3 Par Q Pulse=off	通过设置每周的接通和关断日期及时间来控制其输出状态。有 No.1、No.2 和 No.3 三个输入时间段设置端，接通和关断时间可设定为每周的某一日或某几日以及每日接通和关断的时间段
年定时器	B001 MM DD No Q YY:MM:DD On=00:01.01+ Off=99:01.01 Yearly=on Monthly=on Pulse=off	按照年、月、日来设置接通和关断时间进行输出控制，时间周期可以在 2000 年 1 月 1 日到 2099 年 12 月 31 日之间进行设置
楼梯照明定时器	B001 Trg T Q1 Rem=off 00:00m+ 00:15m 00:01m	通过 1 个脉冲的边沿触发信号触发 1 段可以组态的时间，当超出所设定的时间时，复位输出，在该时间区间内，可以输出关闭预警信号
多功能开关定时器	B001 Trg R Par Q1 Rem=off 00:00s+ 00:00s 00:00s 00:00s	具有 2 种功能：可作为带有关断延时的脉冲开关；是置位输出（永久照明）。根据 Trg 端信号的长度延时关断或永久接通，当 Trg 端的脉冲宽度小于 T_L 时，输出 Q 延时关断；当 Trg 端的脉冲宽度大于 T_L 时，输出 Q 永久接通，靠输入 R 端的高电平信号将其复位
异步脉冲发生器	B001 En Inv Par Q1 Rem=off 00:00s+ 00:00s	能够产生可以预设脉冲宽度和脉冲间隔的脉冲信号。若输入 En 为 1，当在 Inv 端为低电平时，Q 端输出间隔为 T_L、宽度为 T_H 的脉冲；在 Inv 端为高电平时，Q 端输出间隔为 T_H、宽度为 T_L 的脉冲

表 3.13　LOGO!继电器功能块指令

功能块名称	编程符号	功能说明
脉宽触发继电器	B001 Trg T Q Rem=off 00:00s+	Trg 端信号从 0 变为 1 时输出 Q 置位，在设定的延时时间 T 内输出保持 1 状态不变；延时时间到达后，输出 Q 变为 0。在设置的延时时间 T 内，如果输入 Trg 端的信号变为 0，则输出立即复位为 0
边沿触发脉宽继电器	B001 Trg R T Q Rem=off 00:00s+ 00:00s 3	输入 Trg 的信号上升沿触发所设置数量的脉冲，Q 输出一系列先低后高的脉冲，脉冲间隔时间为 T_L，脉冲时间为 T_H。每次 Trg 输入端的信号上升沿会按新设定参数输出脉冲

（续表）

功能块名称	编 程 符 号	功 能 说 明
锁存继电器	B001 S R Par RS Q Rem=off	置位输入端 S 和复位输入端 R 分别使输出 Q 变为高电平和低电平。置位后复位前输出 Q 一直保持高电平状态
脉冲继电器	B001 Trg S R Par RS Q RS Rem=off	通过输入脉冲信号使输出置位和复位。在 S、R 端无输入时，通过 Trg 端的信号上升沿使输出 Q 置位和复位。输入 S 为 1 时输出 Q 置位，输入 R 为 1 时输出 Q 复位

表 3.14　LOGO!计数器功能块指令

功能块名称	编 程 符 号	功 能 说 明
增/减计数器	B002 R Cnt Dir Par +/- Q Rem=off on=0+ off=0 start=0	对 Cnt 端的上升沿进行计数，增/减计数的方向由 Dir 的值决定。当接通阈值小于关断阈值时，如果 On≤Cnt<Off，则 Q=1；当接通阈值大于或等于关断阈值时，如果 Cnt≥On，则 Q=1；如果 Cnt<Off，则 Q=0
运行小时计数器	B003 R En Ral Par h Q MI=0hom+ OT=0h0m Q→0:R+En	LOGO!扫描 En 输入端信号的接通时间，只要该输入端的状态为 1，LOGO!就会计算运行的时间 OT 和剩余时间 MN，当剩余时间等于 0 时，输出 Q 置位为 1。复位输入 R 和完全复位 Ral 的状态可使输出复位为 0
阈值触发器	B001 Fre Par Q On=0+ Off=0 G_T=01:00s	对输入端 Fre 的可变频率的脉冲信号上升沿进行计数，若 Fre 端的频率超过可参数化的接通频率，则输出 Q 置位，若 Fre 端的频率低于可参数化的关断频率，输出 Q 返回 0 态

习　题　3

1．设计 1 个用 LOGO!实现三相异步电动机的自耦变压器降压启动控制线路，画出电气主电路、LOGO!的输入/输出点安排和线路图，编写出相应的程序。

2．设计 1 个 4 台电动机可分别直接启动和停止的控制线路，要求采用 LOGO!实现，每台电动机有相应的热继电器进行保护。画出电气主电路、安排 LOGO!的输入/输出点、画出输入/输出线路图，编写出相应的程序。

3．某机械设备由 3 台电动机驱动，要求 3 台电动机先后间隔 3min 启动，停止时按相反顺序间隔 2min 停止。3 台电动机均为直接启动，采用热继电器进行保护，用 LOGO!实现控制要求。

（1）画出主电路。

（2）安排输入/输出点并画出相应的线路图。

（3）编写满足要求的程序。

4．设计 1 个由 LOGO!实现的 2 台电动机顺序动作的控制线路，要求如下：

（1）按下启动按钮，2 台电动机先后顺序启动，间隔时间为 30s；

（2）按下停止按钮，2 台电动机同时停止；

（3）2 台电动机均为直接启动，采用热继电器进行保护。

5．1 台软启动器启动 2 台电动机，参照图 2.21 所示的主电路。为了使软启动器能够可靠地工作，避免 2 台电动机启动的时间间隔太短，需要在二者启动过程之间设置一定的间隔时间，即 1 台电动机启动结束后，经过设置的时间之后，方可启动另 1 台电动机。通过转换开关确定先启动的电机（MA1 或 MA2）。请用 LOGO!按要求进行控制。

6．学校的上下课时间为：上午 8:00～8:40、9:00～9:40、10:10～10:50、11:10～11:50，下午 14:30～15:10、15:30～16:10，每个时间点电铃响 10s，同时校长和门卫可以在他们的办公室通过按钮控制铃响。请用 LOGO!实现控制要求。

7．某粮仓通过汽车把谷物运到粮坑，再经带挖斗的提升机把粮坑中的谷物送到旋风分离机中。旋风分离机将谷物与谷壳分离并将谷壳吹出，较重的谷物下落到螺旋输送机中，螺旋输送机把谷物输送到粮仓中。为确保旋风分离机和螺旋输送机都不会过载，要求系统按照螺旋输送机→旋风分离机→提升机的顺序启动，停止的顺序正好相反。提升机、旋风分离机和螺旋输送机通过各自的启停按钮控制，每台设备都有各自的运行指示灯来显示其运行状态。请用 LOGO!实现相应的控制功能。

盛年不重来，一日难再晨。及时当勉励，岁月不待人。

——陶渊明

第 4 章　模拟量特殊功能块及其应用

模拟量特殊功能块根据输入的模拟量信号完成相应的控制功能。本章结合应用示例介绍有关模拟量的功能块，同时介绍功能块的杂项、LOGO!8 补充的一些模拟量特殊功能块。使用模拟量特殊功能块，可以对模拟量信号较少的被控对象进行控制。前面对操作显示面板已有介绍，但不够全面，本章进行了补充和完善。本章的最后给出了 2 个实验，希望通过实验加深相关指令的理解和掌握，巩固 LOGO!的用法。

本章学习目标：

（1）重点掌握模拟量比较器、模拟量阈值触发器、模拟量偏差值触发器、模拟量监视器和 PI 控制器及其用法，学会使用这些特殊功能块进行编程。

（2）了解模拟量放大器、模拟量斜坡函数发生器、模拟量 MUX（多路复用器）、模拟算术运算和脉宽调制器的用法。

（3）了解功能块杂项及其用法。

（4）了解 LOGO!8 增加的指令及其用法。

（5）面板操作中，重点掌握编辑程序、参数设置、数据监控和运行状态。对时钟的设置、信息文本显示和存储卡的操作了解即可。

4.1　模拟量特殊功能块

本节介绍一些模拟量特殊功能块，结合应用示例说明其用法。

4.1.1　模拟量比较器

模拟量比较器根据 2 个模拟量输入（Ax 和 Ay）的差及 2 个可预设的阈值使输出置位或复位。该功能块的编程符号及时序图如图 4.1 所示。图（a）中的 Ax 和 Ay 为 2 路模拟量输入，Par 为参数端。编程符号如图（b）所示。图（c）示出了随着输入之差（Ax−Ay）的变化输出 Q 的变化情况，当（Ax−Ay）介于设定值（100～200）之内时，Q 为高电平，否则为低电平。

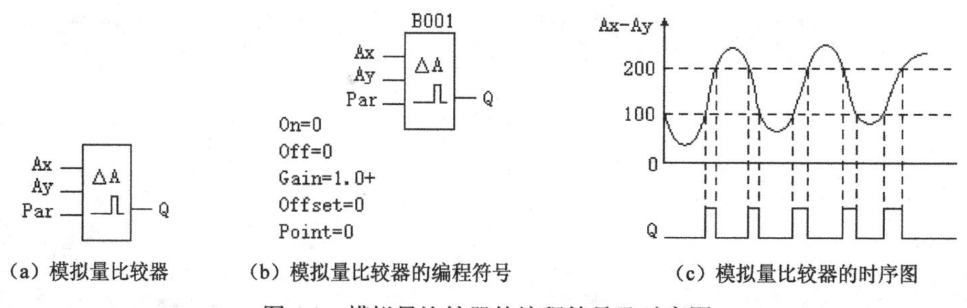

（a）模拟量比较器　（b）模拟量比较器的编程符号　（c）模拟量比较器的时序图

图 4.1　模拟量比较器的编程符号及时序图

模拟量比较器有 2 个模拟量输入数据端 Ax 和 Ay、1 个参数端 Par 和 1 个输出端 Q。

模拟量输入数据端 Ax 和 Ay：可使用模拟量输入 AI1～AI8、模拟量标志 AM1～AM6、带有模拟量输出的功能块或者模拟量输出 AQ1 和 AQ2。

参数端 Par：包括接通阈值 On（数值范围为-20000～20000）、关断阈值 Off（数值范围为-20000～20000）、增益 Gain（数值范围为-10.00～10.00）、偏置 Offset（数值范围为-10000～10000）、文本显示块中的小数点后的位数 Point（数值为 0、1、2、3）。增益和偏置的计算参照 2.1.4 节。

输出端 Q：取决于（Ax−Ay）和所设置的阈值，如果接通阈值<关断阈值，且 On≤（Ax 的实际值−Ay 的实际值）<Off，则 Q=1；如果接通阈值≥关断阈值，则当（Ax 的实际值−Ay 的实际值）>On 时，Q=1；而当（Ax 的实际值−Ay 的实际值）≤Off 时，Q=0。

编程举例：模拟量比较器用法——对 2 路模拟量值进行比较，进而控制某输出端的状态。

控制要求：当 AI1>AI2 时，Q1=1；当 AI1≤AI2 时，Q1=0。

满足控制要求的功能块图和梯形图如图 4.2（a）和（b）所示。

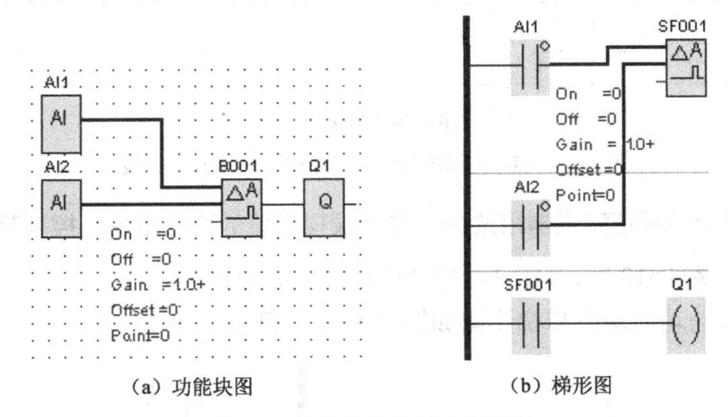

（a）功能块图　（b）梯形图

图 4.2　模拟量比较器编程举例

4.1.2　模拟量阈值触发器

模拟量阈值触发器根据模拟量输入信号和 2 个可预设的阈值使输出置位或复位。该功能块的编程符号及时序图如图 4.3 所示。图（a）中的 Ax 为需要分析的模拟量，Par 为参数端。编程符号如图（b）所示。图（c）示出了输出 Q 随着输入 Ax 的变化而变化的情况，当 Ax 介于设定的范围（100～200）之内时输出为一种电平，否则为另一种电平。

模拟量阈值触发器有 1 个模拟量输入数据端 Ax、1 个参数端 Par 和 1 个输出端 Q。

模拟量输入数据端 Ax：当 Ax 的值超过设定的接通阈值时，输出置 1，当 Ax 的值低于设定的关断阈值时，输出置 0。Ax 可使用模拟量输入 AI1～AI8、模拟量标志 AM1～AM6、带有模拟量输出的功能块或者模拟量输出 AQ1 和 AQ2。

参数端 Par：包括增益 Gain（数值范围为-10.00～10.00）、偏置 Offset（数值范围为-10000～10000）、接通阈值 On（数值范围为-20000～20000）、关断阈值 Off（数值范围为-20000～20000）、文本显示块中的小数点后的位数 Point（数值为 0、1、2、3）。增益和偏置的计算参照 2.1.4 节。

输出端 Q：取决于输入 Ax 和所设置的阈值，如果接通阈值<关断阈值，且 On≤Ax 的

实际值<Off，则 Q=1，如图 4.3（c）左侧图所示；如果接通阈值≥关断阈值，且 Ax 的实际值>On，则 Q=1，而当 Ax 的实际值≤Off 时，Q=0，如图 4.3（c）右侧图所示。

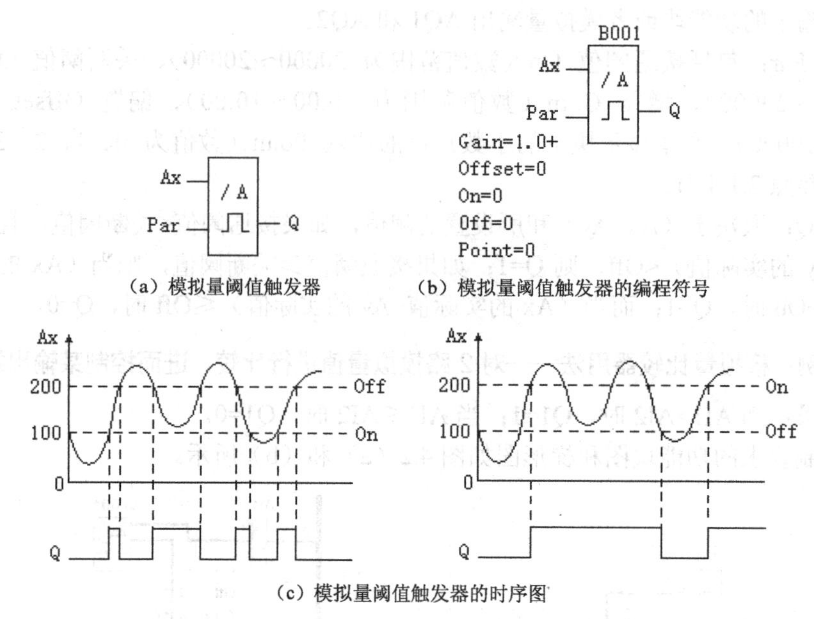

（a）模拟量阈值触发器　（b）模拟量阈值触发器的编程符号

（c）模拟量阈值触发器的时序图

图 4.3　模拟量阈值触发器的编程符号及时序图

编程举例：模拟量阈值触发器用法——根据模拟量值的变化范围，控制某输出端的状态。

控制要求：当 AI1>10 时，Q1=1；当 AI1≤10 时，Q1=0。

满足控制要求的功能块图和梯形图如图 4.4（a）和（b）所示。

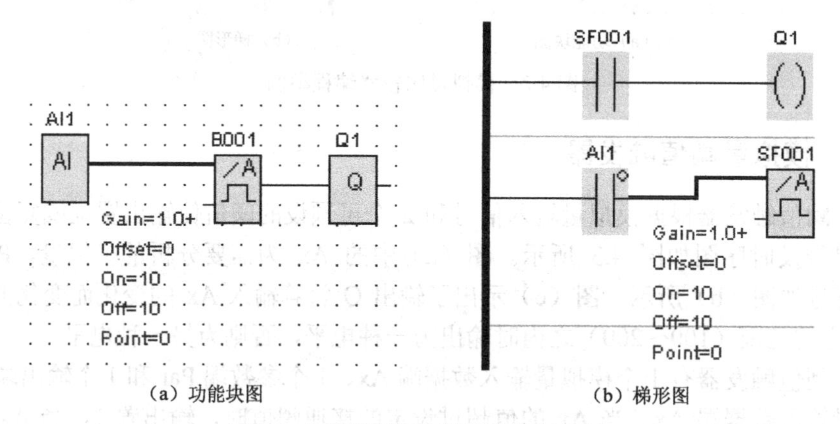

（a）功能块图　（b）梯形图

图 4.4　模拟量阈值触发器编程举例

4.1.3　模拟量偏差值触发器

模拟量偏差值触发器根据可以预设的阈值与差值置位或复位输出。该功能块的编程符号及时序图如图 4.5 所示。图（a）中的 Ax 处施加需要分析的模拟量信号，换算为 LOGO!内部数据，Par 为参数端。编程符号如图（b）所示。图（c）示出了输出 Q 随着输入 Ax 的变化而变化的情况，根据设置的阈值（On）和差值（Delta）置位或复位输出 Q。

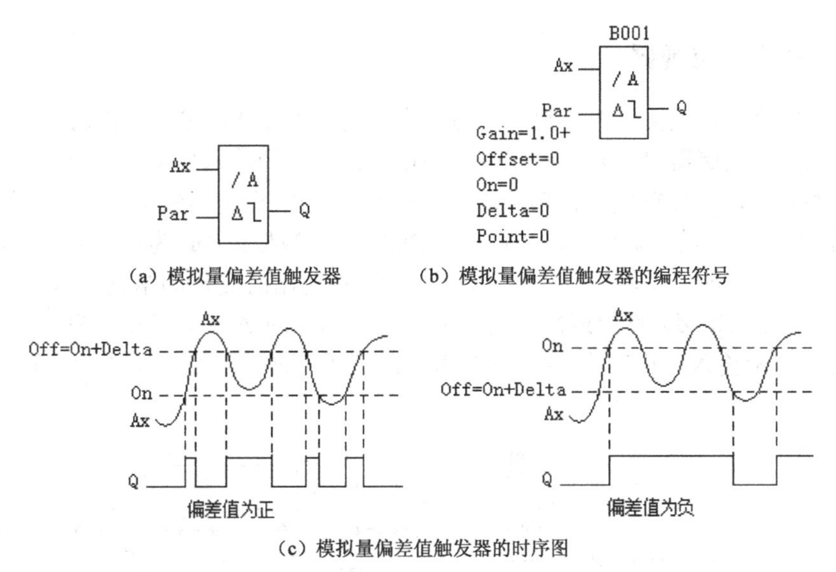

（a）模拟量偏差值触发器　　（b）模拟量偏差值触发器的编程符号

（c）模拟量偏差值触发器的时序图

图 4.5　模拟量偏差值触发器的编程符号及时序图

模拟量偏差值触发器有一个模拟量输入数据端 Ax、1 个参数端 Par 和 1 个输出端 Q。

模拟量输入数据端 Ax：当 Ax 的值大于或等于阈值 On 时，输出 Q 等于 1；当 Ax 的值等于 On+Delta 时，输出 Q 等于 0，偏差 Delta 的值可以为正，也可以为负。Ax 可使用模拟量输入 AI1～AI8、模拟量标志 AM1～AM6、带有模拟量输出的功能块或者模拟量输出 AQ1 和 AQ2。

参数端 Par：包括增益 Gain（数值范围为-10.00～10.00）、偏置 Offset（数值范围为-10000～10000）、接通阈值 On（数值范围为-20000～20000）、差值 Delta（数值范围为-20000～20000）、文本显示块中的小数点后的位数 Point（数值为 0、1、2、3）。增益和偏置的计算参照 2.1.4 节。

输出端 Q：根据所设置的接通阈值和差值置位或复位。Off（关断阈值）=On（接通阈值）+ Delta（差值）。如果所设置的差值为正，即 Delta>0，则接通阈值<关断阈值，当 On≤Ax 的实际值<Off 时，Q=1，如图 4.5（c）左侧图所示；如果所设置的差值不为正，即 Delta≤0，则接通阈值≥关断阈值，当 Ax 的实际值>On 时，Q=1，而当 Ax 的实际值≤Off 时，Q=0，如图 4.5（c）右侧图所示。

编程举例：模拟量偏差值触发器用法——根据模拟量值的变化范围，控制某输出端的状态。

控制要求：当 10≤AI1<18 时，Q1=1；当 AI1<10 或 AI1≥18 时，Q1=0。

满足控制要求的功能块图和梯形图如图 4.6（a）和（b）所示。

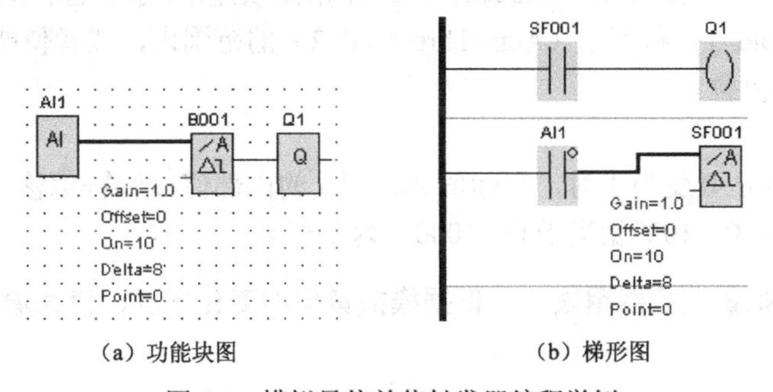

（a）功能块图　　（b）梯形图

图 4.6　模拟量偏差值触发器编程举例

4.1.4 模拟量监视器

模拟量监视器也称模拟量看门狗，该功能块在使能信号 En 的上升沿时刻将模拟量输入的过程变量保存到存储器中，并且在 En 为高电平期间，当输入变量大于或小于该存储值与可配置偏移的和时，置位输出。该功能块的编程符号及时序图如图 4.7 所示。图（a）中的 Ax 处施加需要分析的模拟量信号，换算为 LOGO!内部数据，Par 为参数端。编程符号如图（b）所示。图（c）示出了输出 Q 随着输入 Ax 的变化而变化的情况，根据设置的阈值（On）和差值（Threshold）置位或复位输出 Q。时序图中的 Aen 是 En 端为上升沿时保存到存储器中的模拟量输入过程变量 Ax，Δ1 和 Δ2 分别为偏离 Aen 的差值 Threshold 1 和 Threshold 2。

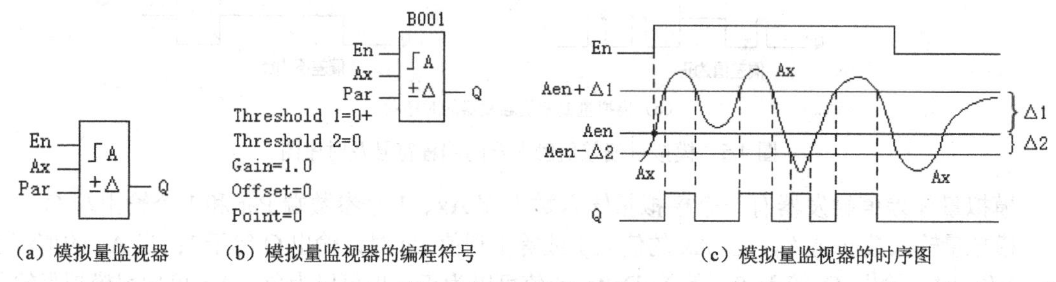

（a）模拟量监视器　　（b）模拟量监视器的编程符号　　（c）模拟量监视器的时序图

图 4.7　模拟量监视器的编程符号及时序图

模拟量监视器有 1 个使能输入端 En、1 个模拟量输入数据端 Ax、1 个参数端 Par 和 1 个输出端 Q。

使能输入端 En：该端的信号上升沿将此时的模拟量输入 Ax（实际值为 Aen）的值保存到存储器中，并启动对模拟量范围 Aen−Δ2～Aen+Δ1 的监视。

模拟量输入数据端 Ax：需监视的模拟量信号，可使用模拟量输入 AI1～AI8、模拟量标志 AM1～AM6、带有模拟量输出的功能块或者模拟量输出 AQ1 和 AQ2。

参数端 Par：包括 Threshold 1（即 Δ1，高于 Aen 的差值，开/关阈值，数值范围为 0～20000）、Threshold 2（即 Δ2，低于 Aen 的差值，开/关阈值，数值范围为 0～20000）、增益 Gain（数值范围为-10.00～10.00）、偏置 Offset（数值范围为-10000～10000）、文本显示块中的小数点后的位数 Point（数值为 0、1、2、3）。增益和偏置的计算参照 2.1.4 节。

输出端 Q：根据存储的模拟量值和偏移量置位或复位。当输入 En 从 0 变为 1 时，保存此时模拟量输入 Ax 处的信号值（这个过程变量值称为 Aen）。如果 Ax 的实际值超出上限（Aen+Threshold 1）和下限（Aen−Threshold 2）范围，则输出 Q 置位；如果 Ax 的实际值在上限（Aen+Threshold 1）和下限（Aen−Threshold 2）的范围内，或者使能端 En 处的信号为低电平，则输出 Q 复位。

说明：

（1）当输入 En 从 0 变为 1 时，实际值 Aen=Ax 的内部值×增益+偏移。

（2）AI1…AI8：0～10V 相当于 0～1000（内部值）。

编程举例：模拟量监视器用法——根据模拟量值的变化情况，使某输出端的状态在一定范围内保持为 1。

控制要求：当 I1 从 0 变为 1 时，AI1=20，则当 I1 为 1 且 AI1<15 或 AI1>30 时，

Q1=1；当 I1 为 0 或 15≤AI1≤30 时，Q1=0。

满足控制要求的功能块图和梯形图如图 4.8（a）和（b）所示。

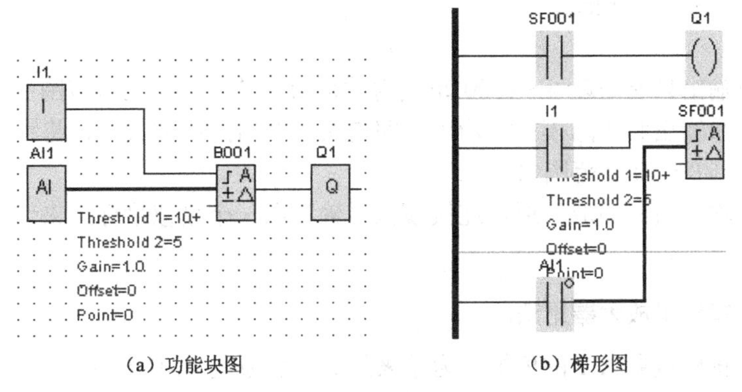

（a）功能块图　　（b）梯形图

图 4.8　模拟量监视器编程举例

4.1.5　模拟量放大器

模拟量放大器把一个模拟量输入的数值放大并将结果通过一个模拟量输出端输出。该功能块的编程符号及时序图如图 4.9 所示。图（a）中的 Ax 处施加需要放大的模拟量信号，Par 为参数端。图（b）所示为编程符号。图（c）示出了模拟量输出 AQ 与输入 Ax 的关系。

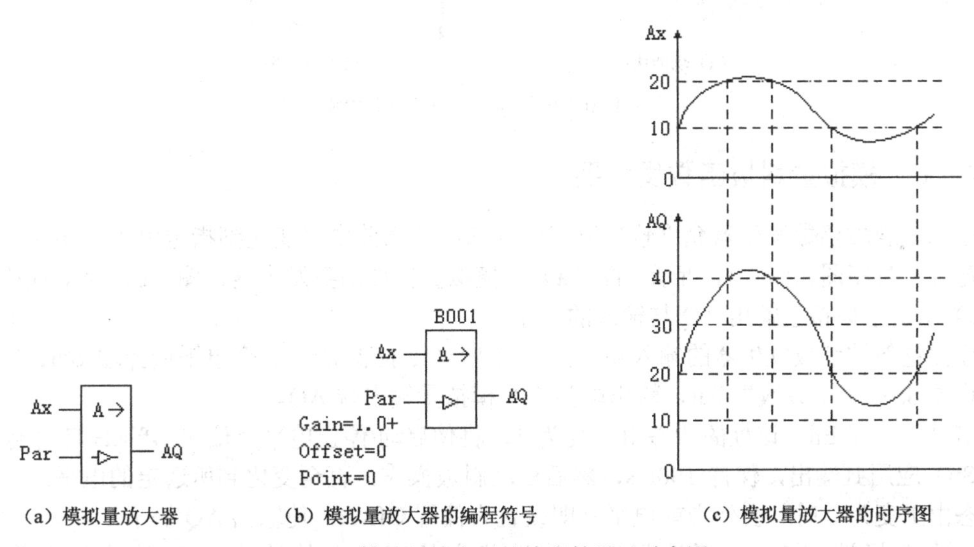

（a）模拟量放大器　　（b）模拟量放大器的编程符号　　（c）模拟量放大器的时序图

图 4.9　模拟量放大器的编程符号及时序图

模拟量放大器有 1 个模拟量输入端 Ax、1 个参数端 Par 和 1 个模拟量输出端 AQ。

模拟量输入端 Ax：需放大的模拟量信号，可使用模拟量输入 AI1～AI8、模拟量标志 AM1～AM6、带有模拟量输出的功能块或者模拟量输出 AQ1 和 AQ2。

参数端 Par：包括增益 Gain（数值范围为-10.00～10.00）、零点偏移 Offset（数值范围为-10000～10000）、文本显示块中的小数点后的位数 Point（数值为 0、1、2、3）。增益和偏置的计算参照 2.1.4 节。

模拟量输出端 AQ：数值范围为-32768～32767，该输出只能连接一个功能块的模拟量输入、一个模拟量标志或一个模拟量输出连接器（AQ1、AQ2）。

功能：把 Ax 端获取的模拟量信号值乘以增益，然后与偏移值相加，在 AQ 处输出，即 AQ=Ax×增益 Gain+偏移 Offset。

说明：

（1）模拟量输出只能处理 0～1000 范围内的数值。若处理超出该范围的数据，则需要在特殊功能的模拟量输出和实际模拟量输出之间连接一个附加的放大器，将特殊功能的模拟量输出范围标准化到 0～1000 范围内。

（2）模拟量输入值的缩放。通过连接模拟量输入和一个模拟量标志来调节一个电位上的模拟量输入值。

编程举例：模拟量放大器用法。

控制要求：将模拟量 AI1 的值扩大为原来的 2 倍后通过 AM1 标记。

满足控制要求的功能块图和梯形图如图 4.10（a）和（b）所示。

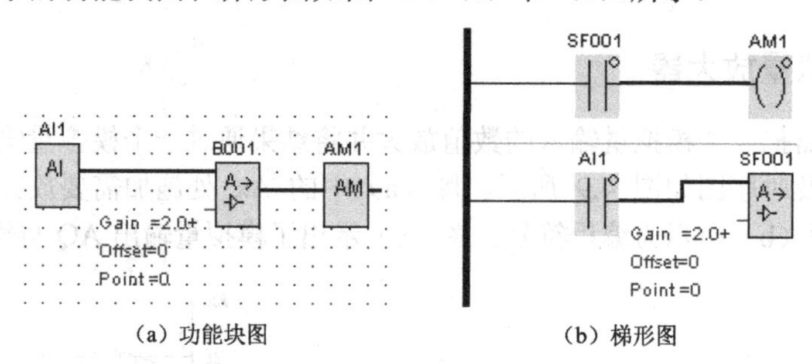

（a）功能块图　　（b）梯形图

图 4.10　模拟量放大器编程举例

4.1.6　模拟量斜坡函数发生器

模拟量斜坡函数发生器允许输出以指定的速率从当前电平变化到指定电平。该功能块的编程符号及时序图如图 4.11 所示。图（a）为模拟量斜坡函数发生器，图（b）为编程符号，图（c）示出了模拟量输出 AQ 与输入的关系。

模拟量斜坡函数发生器的输入端包括 1 个信号使能端 En、1 个电平选择端 Sel、1 个减速停止端 St 和 1 个参数端 Par，输出端为 1 个模拟量输出端 AQ。

信号使能端 En：该处的状态由 0 变为 1，将使启动/停止电平（偏置 Offset+启动/停止偏置 StSp）应用到输出，保持 100ms，然后启动斜坡操作，直至变化到所选定的电平；当该处的状态由 1 变为 0 时，会使当前电平立即设置为偏置 Offset，使输出 AQ 等于 0。

电平选择端 Sel：电平选择端，该端状态的变化会使输出 AQ 的值从当前电平（StSp+Offset）开始以设定的速率（Rate）变化到选定的电平（L1 或 L2）。当 Sel=0 时，选定电平 1（L1）；当 Sel=1 时，选定电平 2（L2）。

减速停止端 St：该端状态从 0 变为 1 时，会使输出 AQ 的值从当前电平以设定速率减速到启动/停止电平（StSp+Offset），随后保持 100ms，100ms 之后，当前电平被设置为偏置 Offset，输出 AQ 等于 0。

参数端 Par：包括增益 Gain、偏置 Offset、小数点后的位数 Point、变化速率 Rate、最大输出值 MaxL、启动/停止偏置 StSp。

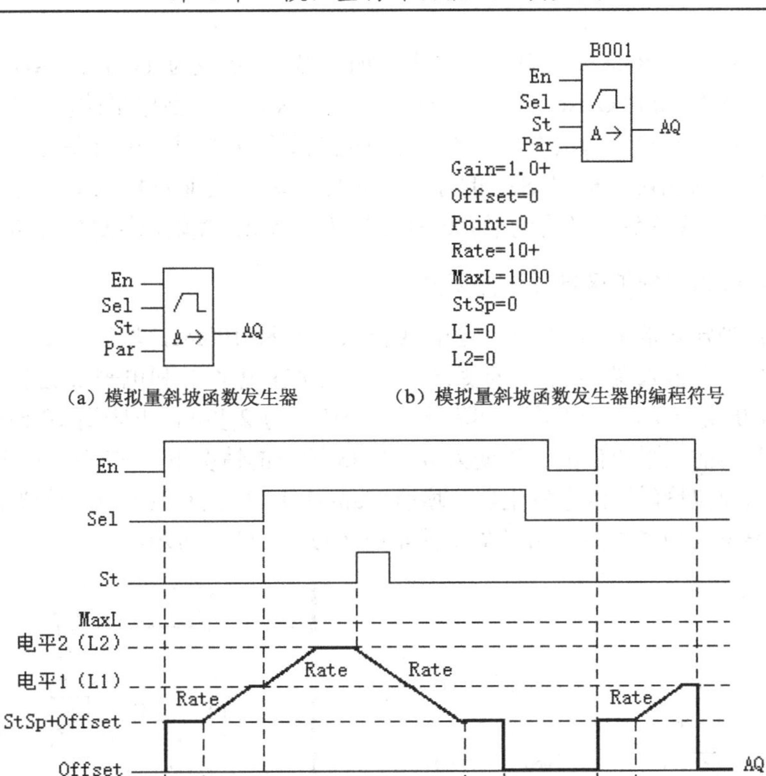

（a）模拟量斜坡函数发生器　（b）模拟量斜坡函数发生器的编程符号

（c）模拟量斜坡函数发生器的时序图

图 4.11　模拟量斜坡函数发生器的编程符号及时序图

——增益 Gain 的数值范围：0～10.00；

——偏置 Offset 的数值范围：-10000～10000；

——小数点后的位数 Point：0、1、2、3；

——变化速率 Rate：达到电平 1、电平 2 或偏置的速度，单位为步/s，数值范围为 1～10000；

——最大输出值 MaxL：数值范围为-10000～10000；

——启动/停止偏置 StSp：与偏置 Offset 相加以创建启动/停止电平的值。如果启动/停止电平偏置为 0，则启动/停止电平为偏移 Offset，数值范围为 0～20000；

电平 1、电平 2（L1、L2）：所设定的电平，每个电平的数值范围为-10000～20000。

模拟量输出端 AQ：AQ=(当前电平值-偏置 Offset)/增益 Gain，AQ 的数值范围为 0～32767。

说明：

（1）如果置位了输入 St，则该功能块只能在复位了输入 St 和 En 之后才能重新启动。

（2）当在参数模式或消息模式下显示 AQ 时，AQ 将显示为未测量的值（工作单位：当前电平）。

（3）在图 4.11（c）所示的波形中，在输入 En 置位后，功能块把 StSp+Offset 设置为当前输出电平，且保持 100ms，随后以速率中设置的加速度从电平 StSp+Offset 运行到选定的电平。根据电平选择端 Sel 的状态，决定运行到电平 1 还是电平 2，Sel 状态的变化会引起当前电平开始以指定速率 Rate 变化到选定电平。如果 St 由 0 变为 1，输出 AQ 的电平以指定速率减速，直至降到 StSp+Offset，在保持该电平 100ms 后，当前电平被设置为 Offset，输出 AQ 变为 0。在 St 处于置位的状态下，该功能只能在复位了 St 和 En 之后才可重新启动。当 Sel 发生变化时，功能块将根据 Sel 的连接以指定速率从当前目标电平运行到新的目标电平。输入 En 由 1 降为 0 后，当前电平立即被设置为 Offset，使输出 AQ 等于 0。

编程举例：模拟量斜坡函数发生器用法。

控制要求：当输入端 I1 为 1 时，输出 AQ=10，保持 100ms，然后以 2 步/s 的速度变化到选定的电平。随着输入端 I2 信号的变化，输出电平在电平 1 和电平 2 之间转换。当输入端 I3 的状态从 0 变为 1 时，电平开始降低，下降速率为 2 步/s，下降到 10 时停止，电平保持 100ms，随后当前电平和输出 AQ 变为 0。在 I3 置位的情况下，只有在使 I3 和 I1 复位之后才能重新启用模拟量斜坡函数发生器。增益 Gain=1.0，偏置 Offset=0，模拟量输出 AQ。

满足控制要求的功能块图和梯形图如图 4.12（a）和（b）所示。

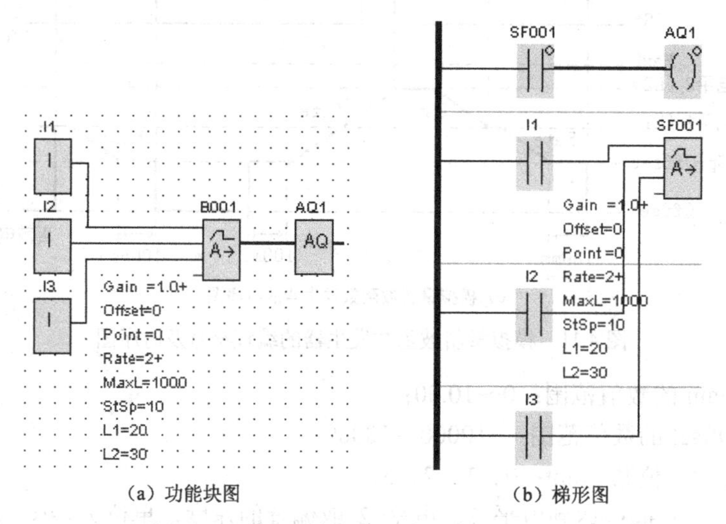

（a）功能块图　　（b）梯形图

图 4.12　模拟量斜坡函数发生器编程举例

4.1.7　模拟量 MUX（多路复用器）

模拟量 MUX（多路复用器）也称多路转换器。该功能块能够输出 4 个预定义的模拟量值中的一个或模拟量值 0，输入量为数字量，输出量为模拟量。该功能块的编程符号及时序图如图 4.13 所示。图（a）为模拟量多路复用器，图（b）为编程符号，图（c）示出了其时序图。

模拟量多路复用器的输入端包括 1 个信号使能端 En、2 个选择器端 S1 和 S2、1 个参数端 Par，输出端为 1 个模拟量输出端 AQ。

信号使能端 En：当该处的状态为 1 时，根据 S1 和 S2 的数值，将一个设置的模拟量值切换到输出 AQ；当该处的状态为 0 时，输出 AQ 处的模拟量值为 0。

选择器端 S1 和 S2：二者用于选择要输出的模拟量值。当 S1=0，S2=0 时，输出值为 V1；当 S1=0，S2=1 时，输出值为 V2；当 S1=1，S2=0 时，输出值为 V3；当 S1=1，S2=1 时，输出值为 V4。输出 AQ 为几个预设值的组合。

参数端 Par：V1、V2、V3 和 V4，为待输出的模拟量值，数值范围为-32768～32767；文本显示块中的小数点后的位数 Point（数值为 0、1、2、3）。

模拟量输出端 AQ：此输出只能连接到某个功能的模拟量输入、模拟量标志或模拟量输出连接器（AQ1、AQ2），数值范围为-32768～32767。当 En 置位时，该功能块将根据 S1 和 S2 的值在输出 AQ 处输出 4 个预设的模拟量值（V1～V4）之中的一个；如果 En 未置位，则该功能块将在输出 AQ 处输出模拟量值 0。

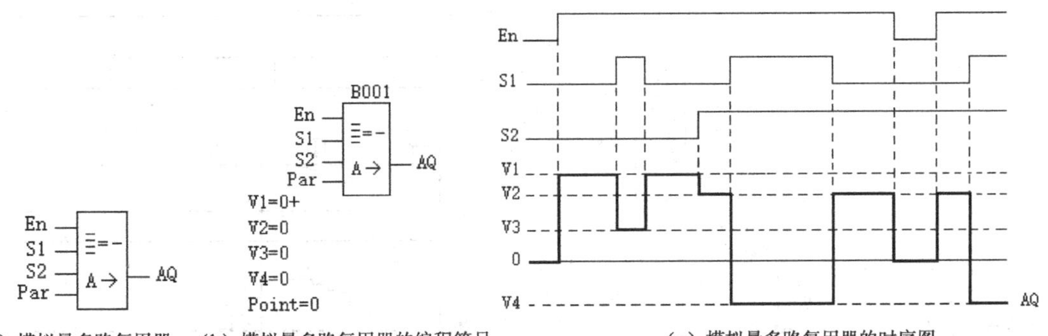

（a）模拟量多路复用器　（b）模拟量多路复用器的编程符号　（c）模拟量多路复用器的时序图

图 4.13　模拟量多路复用器的编程符号及时序图

编程举例：模拟量多路复用器用法。

控制要求：当输入端 I1 为 1 时，输出 AQ1 的值根据输入端 I2 和 I3 的状态而变化。当 I2 和 I3 为 0 时，输出 AQ1=5；当 I2=0 和 I3=1 时，输出 AQ1=7；当 I2=1 和 I3=0 时，输出 AQ1=12；当 I2=1 和 I3=1 时，输出 AQ1=24。当输入端 I1 为 0 时，输出 AQ1 的值为 0。

满足控制要求的功能块图和梯形图如图 4.14（a）和（b）所示。

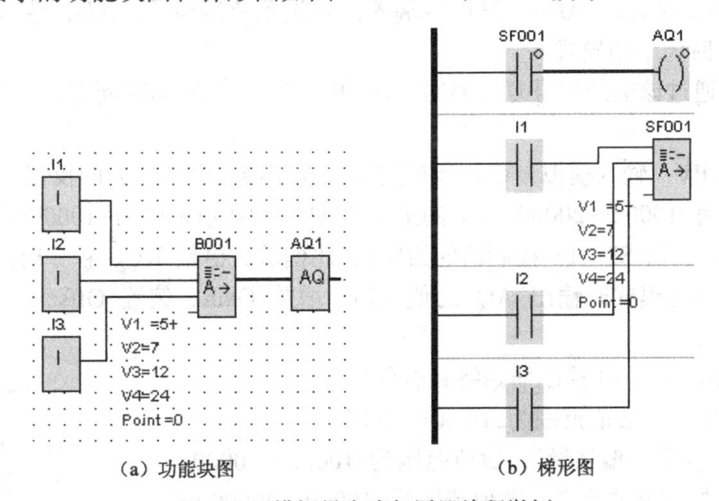

（a）功能块图　（b）梯形图

图 4.14　模拟量多路复用器编程举例

4.1.8　PI 控制器

控制工程的应用中，PID 控制方式（P—比例、I—积分、D—微分）在闭环控制系统中应用得最广。PID 控制结构简单、稳定性好、调整方便、可靠性高，常用于温度、压力、流量、液位等物理量的控制。实际应用时，可以根据具体情况进行单独控制或对三者进行任意组合，其中较多的组合方式为PI、PD、PID三种。LOGO!采用PI控制器功能块实现闭环控制。

LOGO!中的PI控制器可以把比例（P）作用和积分（I）作用组合使用，也可以单独使用。该功能块的编程符号及时序图如图4.15所示。其中图（a）为PI控制器，图（b）为编程符号，图（c）为时序图。

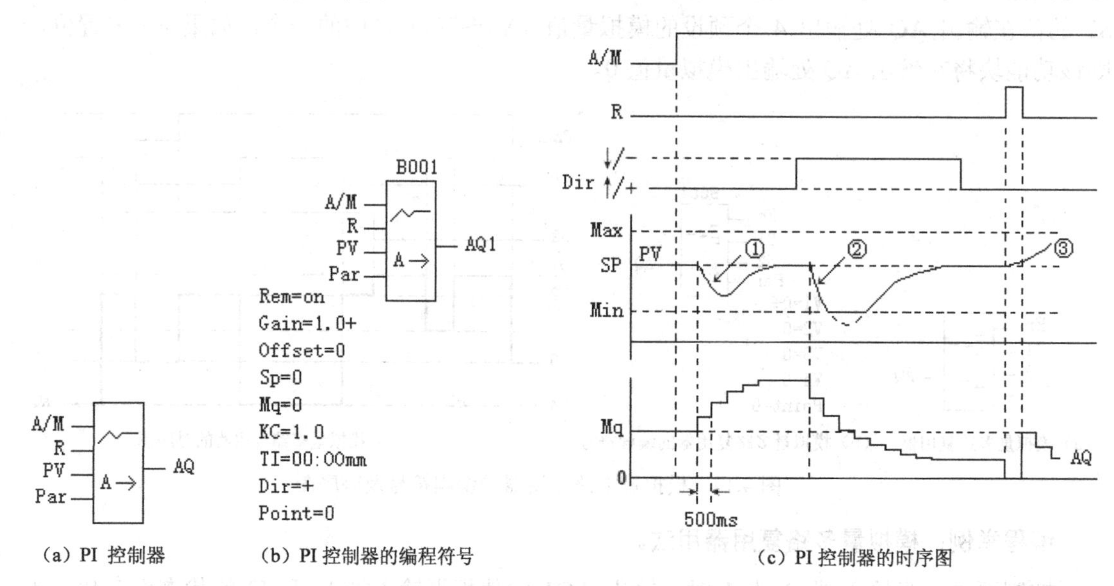

（a）PI 控制器　　（b）PI 控制器的编程符号　　（c）PI 控制器的时序图

图 4.15　PI 控制器的编程符号及时序图

PI控制器的输入端包括1个自动/手动模式设置端A/M、1个复位端R、1个过程变量端PV和1个参数端Par，输出端为1个模拟量输出端AQ。

自动/手动模式设置端A/M：通过该端的信号设置控制模式，A/M端为1时为自动模式，A/M端为0时为手动模式。

复位端R：通过该端的信号复位输出AQ。R=1时，输入A/M被禁用，输出AQ为模拟量值0。

过程变量端PV：输入模拟量值，即被控量，控制器（调节器）的反馈量。PV的最小值Min的数值范围为-10000～20000；PV的最大值Max的数值范围为-10000～20000。

参数端Par：包括SP（PI控制器的给定）、比例放大倍数KC、积分时间TI、控制器的作用方向Dir、手动模式时输出AQ的值Mq、增益Gain、偏置Offset、小数点后的位数Point等。

——Rem=on，表示PI控制器始终具有保持性；

——Gain：增益，数值范围为-10.00～10.00；

——Offset：偏置（偏移量），数值范围为-10000～10000；

——SP：PI控制器的给定，数值范围为-10000～20000；

——Mq：手动模式时输出AQ的值，数值范围为0～1000；

——KC：比例放大倍数，数值范围为00.00～99.99，增大该值可加快响应速度，但过大时会产生振荡，过小时会使被控制量响应太慢；

——TI：积分时间，数值范围为00:01～99:59，积分作用可消除偏差，该值大会使响应变得迟缓，抑制干扰的能力变差，该值小会使响应变快，但容易振荡；

——Dir：控制器的作用方向，Dir=+为正向，Dir=−为反向；

——Point：小数点后的位数，数值为 0、1、2、3。

模拟量输出端 AQ：AQ 只能连接到某个功能的模拟量输入、模拟量标志或模拟量输出（AQ1、AQ2），AQ 的数值范围为 0～1000。若输入 A/M 为 0，则输出 AQ=设置的参数 Mq（手动输出）的值；若输入 A/M 为 1，则启动自动模式，控制器将根据过程变量（反馈量或更新值）PV 和所设定的参数开始计算，计算公式为

更新值 PV =(PV×增益 Gain)+偏置 Offset

如果更新值 PV=设定值 SP，则该特殊功能不会改变 AQ 的值，如果更新值 PV≠设定值 SP，则按照 Dir 的作用方向进行计算。当 Dir=+时，如果更新值 PV>设定值 SP，则该特殊功能会减小 AQ 的值；如果更新值 PV<设定值 SP，则该特殊功能会增大 AQ 的值，如图 4.15（c）中的①和③。当 Dir=−时，如果更新值 PV>设定值 SP，则该特殊功能会增大 AQ 的值；如果更新值 PV<设定值 SP，则该特殊功能会减小 AQ 的值，如图 4.15（c）中的②。

说明：

（1）PI 控制器运行期间不能改变 Dir 的方向，图 4.15（c）中 Dir 方向的改变仅仅为了说明。

（2）当复位端 R 为 1 时，模拟量输出 AQ 为 0，PV 增大，由于 Dir=0，即方向为+，因此使 AQ 下降。

（3）干扰会导致 PV 值变化，当 Dir=0，即方向为正向时，AQ 会增大，直到 PV=SP；当 Dir=1，即方向为反向时，AQ 会减小，直到 PV=SP。

（4）如果输入 PV 大于参数 Max（最大值），则更新值 PV 设置为 Max 的值；如果输入 PV 小于参数 Min（最小值），则更新值 PV 设置为 Min 的值。

（5）当参数 KC=0 时，不能执行比例调节（P）功能；如果参数 TI=99:59，不执行积分调节（I）功能。仅用比例调节（P）功能，不能完全消除偏差；仅用积分调节（I）功能，系统响应太慢，通常采用比例调节（P）功能和积分调节（I）功能相结合的控制方式。较小的 KC 值和较大的 TI 值会使系统更稳定，但响应迟缓；而过大的 KC 值和较小的 TI 值会使系统不稳定。

（6）采样时间固定为 500ms。

PI 控制器编程举例 1

控制要求：当 I1=0 时，手动调节 PI 控制器的输出，使 AQ1=50。当 I1=1 时，PI 控制器进入自动模式，AQ1 的值根据 AI1 的值持续变化。当 AI1 等于设定值 SP 时，AQ1 保持不变。I2=1 时，AQ1=0。

图 4.16（a）和（b）所示为 PI 控制器编程举例 1 的功能块图和梯形图。KC 和 TI 的值可以在编程软件中根据被控对象的参数自动进行设定，也可以自己设定。

PI 控制器编程举例 2

控制要求：通过加热装置对室内进行加热，当室温低于 15℃时，加热器加热，当室温超过 15℃时，停止加热。采用温度传感器 Pt100 测温，测量值 PV 为温度值，给定值 SP=15℃。

室温控制 LOGO!输入/输出点安排如表 4.1 所示。

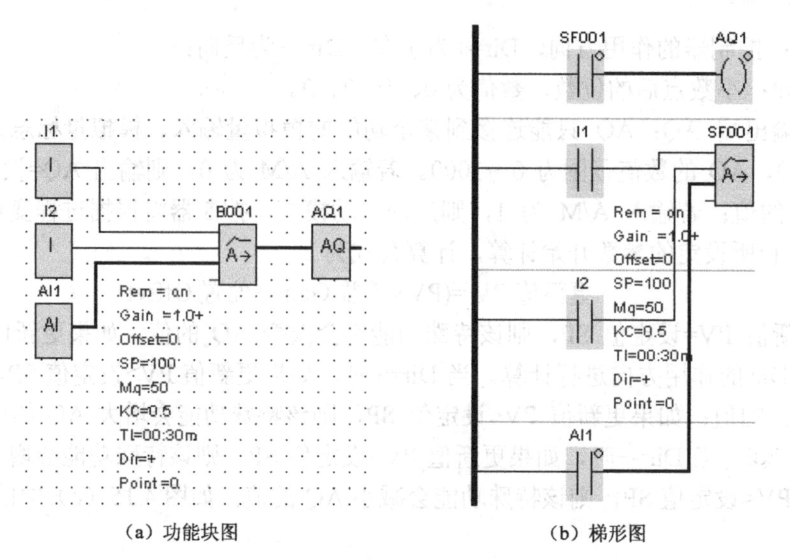

（a）功能块图 （b）梯形图

图 4.16 PI 控制器编程举例 1

表 4.1 室温控制 LOGO!输入/输出点安排

输入/输出	含 义	输入/输出	含 义
I1	接手动/自动状态转换信号	AI1	温度测量值
I2	接复位信号	AQ1	调节输出值

满足控制要求的功能块图和梯形图如图 4.17（a）和（b）所示。

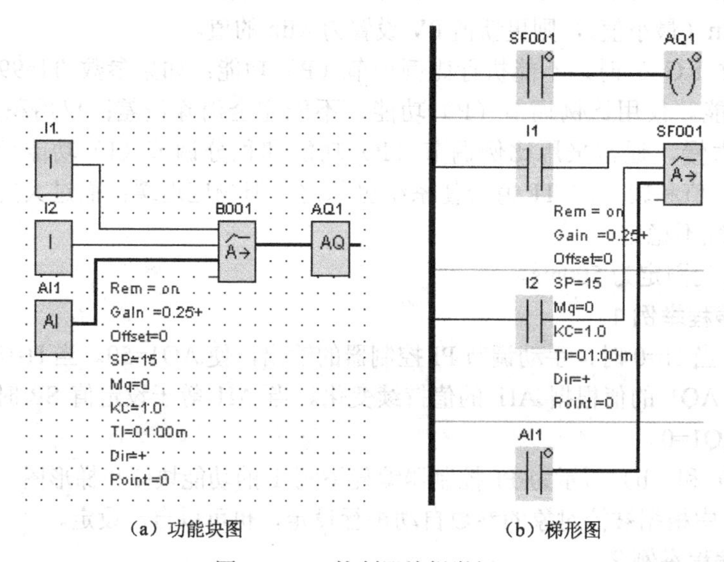

（a）功能块图 （b）梯形图

图 4.17 PI 控制器编辑举例 2

4.1.9 模拟算术运算

模拟算术运算功能块可以计算由用户定义的运算数和运算符构成的方程式的值并由 AQ 输出。该功能块的编程符号如图 4.18 所示。图（a）为模拟算术运算功能块，图（b）所示为编程符号。

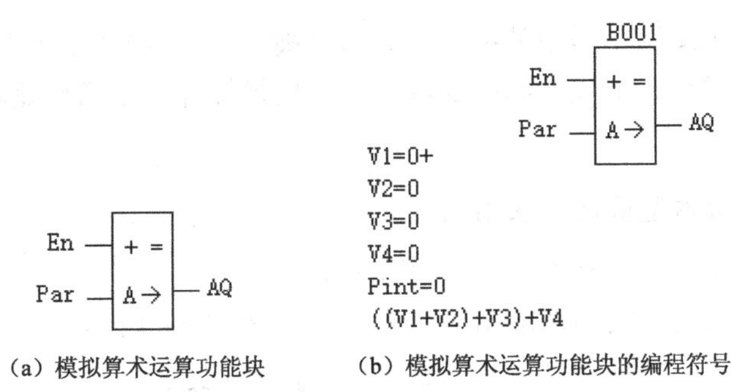

（a）模拟算术运算功能块　（b）模拟算术运算功能块的编程符号

图 4.18　模拟算术运算功能块及其编程符号

模拟算术运算功能块的输入端包括 1 个信号使能输入端 En 和 1 个参数端 Par，输出端为 1 个模拟量输出端 AQ。

使能输入端 En：该处的状态为 1 时启用模拟算术运算功能块。当 En=0 时，可以选择 AQ 输出为 0 或保持上一个数值。

参数端 Par：包括运算数、文本显示块中的小数点后的位数 Point、算术设置。

——运算数有 4 个：V1、V2、V3 和 V4，运算数值可以引用其他预定义功能块中的值；

——文本显示块中的小数点后的位数 Point：数值为 0、1、2、3；

——算术设置包括运算符和优先级。

运算符有 4 个标准运算符：+、−、×、÷。模拟算术运算功能将 4 个运算数和 3 个运算符组合在一起构成一个方程式，运算的数值固定为 4 个数，运算符的个数固定为 3 个（4 个运算符中的 3 个），分别为 Operate1（第 1 个运算符）、Operate2（第 2 个运算符）、Operate3（第 3 个运算符）。如果运算的数据不足 4 个，可以使用“+0”或“×1”等构造结构补充剩余的参数。

优先级（PRI）：对于每个运算符，都必须设置高（H）、中（M）或低（L）中唯一的优先级，先执行高优先级的运算，然后执行中优先级的运算，最后执行低优先级的运算。每项运算只能对应一个优先级。

模拟量输出端 AQ：对由运算数值和运算符构成的方程式计算出的结果。如果 AQ 被 0 除或溢出，则设置为 32767；如果负溢出，则设置为−32768。

说明：

（1）参数 V1、V2、V3 和 V4 的模拟量值可以使用以下功能块中的实际值：

- 模拟量比较器（实际值 Ax−Ay）；
- 模拟量阈值触发器（实际值 Ax）；
- 模拟量放大器（实际值 Ax）；
- 模拟量多路复用器（实际值 AQ）；
- 模拟量斜坡函数发生器（实际值 AQ）；
- 模拟算术运算（实际值 AQ）；
- PI 控制器（实际值 AQ）；
- 加/减计数器（实际值 Cnt）。

（2）在配置启用参数 En=0 的功能属性时，如果参数“Qen→0”=0，则 En=0，此功能将 AQ 置为 0；如果参数“Qen→0”=1，则 En=0，此功能使 AQ 保留其最后的值。Qen 为保存的输出过程变量，即当输入使能端 En 从 0 跳转到 1 时所保存的输出信号值。

（3）如果模拟算术运算功能块的执行结果为“被 0 除”或“溢出”，则置位相应的内部位，表明产生的错误类型，可以在编制的程序中使用模拟算术出错检测功能块来检测这些错误并根据需要控制程序。

编程举例：模拟算术运算功能块用法。

控制要求 1：当 I1=1 时，计算(12+6÷3)−1 的值。

满足控制要求的功能块图和梯形图如图 4.19（a）和（b）所示。

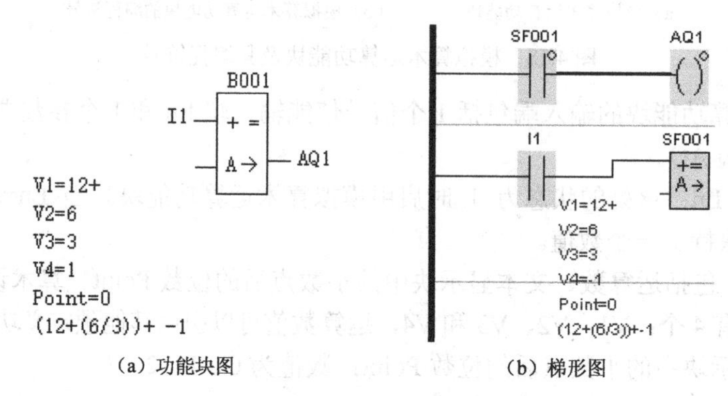

（a）功能块图　　（b）梯形图

图 4.19　模拟算术运算功能块编程举例 1

表 4.2 给出了图 4.19 中模拟算术运算功能块的参数和输出值。

表 4.2　图 4.19 中模拟算术运算功能块的参数和输出值

V1	Operator1（PRI）	V2	Operator2（PRI）	V3	Operator3（PRI）	V4
12	+(M)	6	/(H)	3	−(L)	1

控制要求 2：当 I1=1 时，计算 2+3×(1+4)的值。

满足控制要求的功能块图和梯形图如图 4.20（a）和（b）所示。

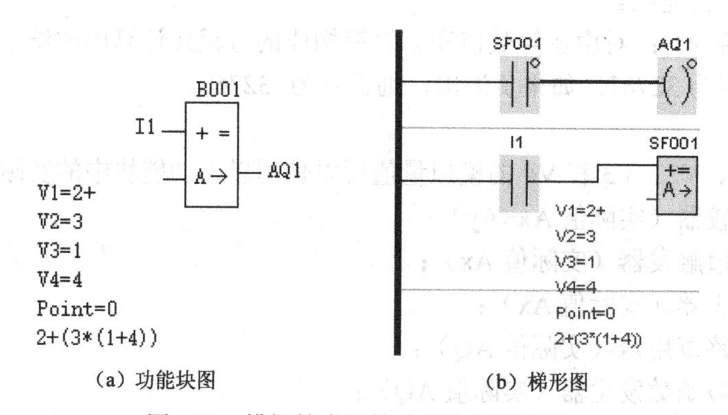

（a）功能块图　　（b）梯形图

图 4.20　模拟算术运算功能块编程举例 2

表 4.3 给出了图 4.20 中模拟算术运算功能块的参数和输出值。

表 4.3　图 4.20 中模拟算术运算功能块的参数和输出值

V1	Operator1（PRI）	V2	Operator2（PRI）	V3	Operator3（PRI）	V4
2	+（L）	3	*（M）	1	+（H）	4

控制要求 3：当 I1=1 时，计算(100−25)÷(2+1)的值。

满足控制要求的功能块图和梯形图如图 4.21（a）和（b）所示。

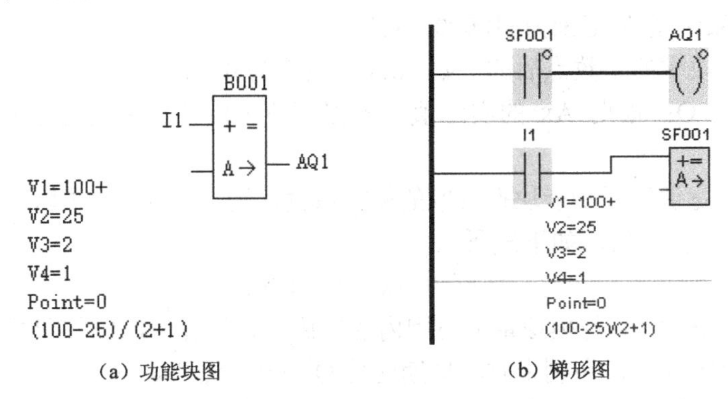

（a）功能块图　　（b）梯形图

图 4.21　模拟算术运算功能块编程举例 3

表 4.4 给出了图 4.21 中模拟算术运算功能块的参数和输出值。

表 4.4　图 4.21 中模拟算术运算功能块的参数和输出值

V1	Operator1（PRI）	V2	Operator2（PRI）	V3	Operator3（PRI）	V4
100	−(H)	25	/(L)	2	+(M)	1

4.1.10　脉宽调制器

脉宽调制器（PWM，Pulse Width Modulator）功能块将模拟量输入值 Ax 调制为受脉冲影响的数字量输出信号，脉冲宽度与模拟量值 Ax 成正比。该功能块的编程符号如图 4.22 所示。图（a）为脉宽调制器功能块，图（b）为编程符号。

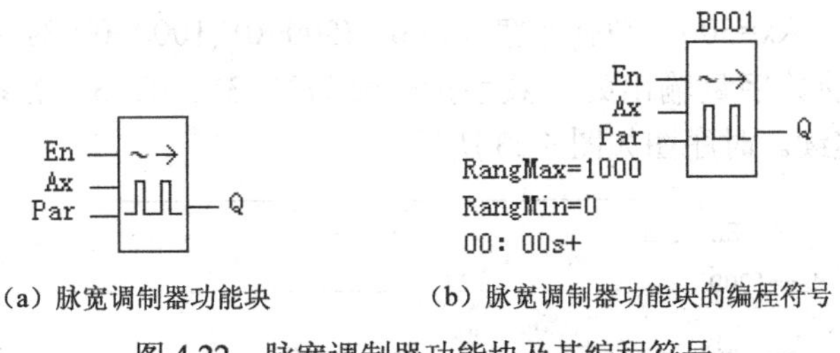

（a）脉宽调制器功能块　　（b）脉宽调制器功能块的编程符号

图 4.22　脉宽调制器功能块及其编程符号

脉宽调制器功能块的输入端包括 1 个信号使能输入端 En、1 个模拟量输入端 Ax 和 1 个参数端 Par，输出为 1 个开关量输出端 Q。

信号使能输入端 En：该处的状态为 1 时启用脉宽调制器功能块。

模拟量输入端 Ax：被调制的模拟量输入信号，把该处的模拟量信号调制为受脉冲影响的数字量输出信号。

参数端 Par：包括量程上/下限值、周期时间，以及增益 Gain、偏置 Offset、文本显示块中的小数点后的位数 Point。

——RangeMax：量程上限值 Max，数值范围为−20000～20000；

——RangeMin：量程下限值 Min，数值范围为−20000～20000；

——周期时间：受调制的数字量输出的周期时间，数值为 0.0～99.99s；

在块属性中，还可设置下列参数。

——增益 Gain：数值范围为-10.00～10.00；

——偏置 Offset：数值范围为-10000～10000；

——文本显示块中的小数点后的位数 Point：数值为 0、1、2、3。

开关量输出端 Q：根据 Ax 的实际值与模拟量值范围的比例在每个时间周期内置位一定时间后复位。

功能说明：脉宽调制器功能块把读取的模拟量输入端 Ax 的数值乘以增益 Gain 后，再加上偏置 Offset，得到实际值，如下式所示

实际值 Ax = Ax×增益+偏移

该功能块的计算值 Ax 与模拟量值范围内的比例：该块在 PT（周期时间）的比例时间内将数字输出量 Q 置位为 1，在剩余时间周期内使 Q 为 0，规则如下。

在时间周期 PT 内的脉冲宽度：PT×(Ax−Min)/(Max−Min)，Q=1；

在时间周期 PT 内的 0 电平范围：PT− PT×(Ax−Min)/(Max−Min)，Q=0。

如果 Ax 的当前值恰好位于上限，则输出 Q 会出现连续的信号；如果 Ax=0，则 Q 为 0，一直处于断开状态。

注意：计算过程中 Ax 为通过增益和偏移计算的 Ax 的实际值，Min 和 Max 是引用于特定范围的最小值和最大值。

编程举例：脉宽调制器用法示例。

示例 1：当 I1=1 时，采用脉宽调制器功能块根据 AI1 的值在周期时间 6s 内将输出 Q1 置位、复位。

将 Ax 值的模拟量值 500（范围为 0～1000）调制为数字量信号，用户定义的周期时间是 6s。

时间周期 PT=6s，Ax=500，则脉冲宽度为 6s×(500−0)/(1000−0)=3s。

在 PWM 功能的数字量输出处，数字量信号为高 3s、低 3s 的系列脉冲，只要参数 En=1，该模式就将继续。时序图如图 4.23 所示。

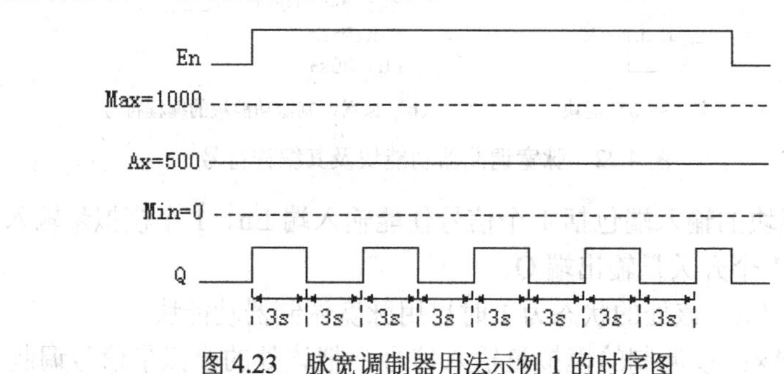

图 4.23　脉宽调制器用法示例 1 的时序图

示例 1 的功能块图和梯形图如图 4.24（a）和（b）所示。

示例 2：当 I1=1 时，采用脉宽调制器功能块将根据 AI1 的值在周期时间 10s 内置位、复位输出 Q1。

模拟量 Ax 的值在变化，将其变化值 800（范围为 0～1000）、500、300 调制为数字量信号，用户定义的周期时间是 10s。

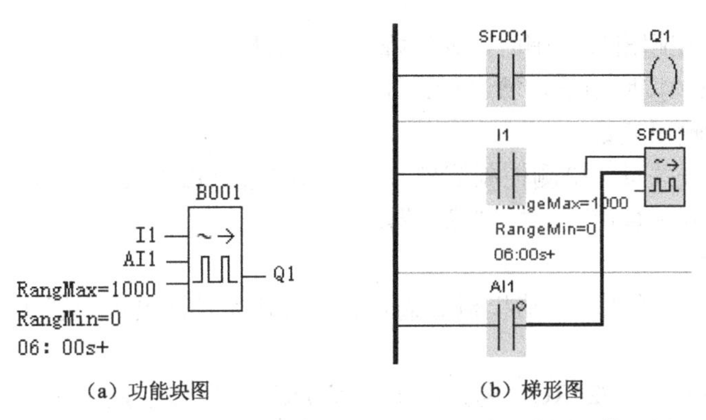

(a) 功能块图　(b) 梯形图

图 4.24　脉宽调制器功能块用法示例 1 的功能块图和梯形图

时间周期 PT=10s，则 Ax=800 时的脉冲宽度为 10s×(800−0)/(1000−0)=8s，低电平时间为 2s；Ax=500 时的脉冲宽度为 10s×(500−0)/(1000−0)=5s，低电平时间为 5s；Ax=300 时的脉冲宽度为 10s×(300−0)/(1000−0)=3s，低电平时间为 7s。

在 PWM 功能的数字量输出处，数字量信号为高 8s 低 2s、高 5s 低 5s、高 3s 低 7s 的系列脉冲，只要参数 En=1，该模式就将继续。时序图如图 4.25 所示。

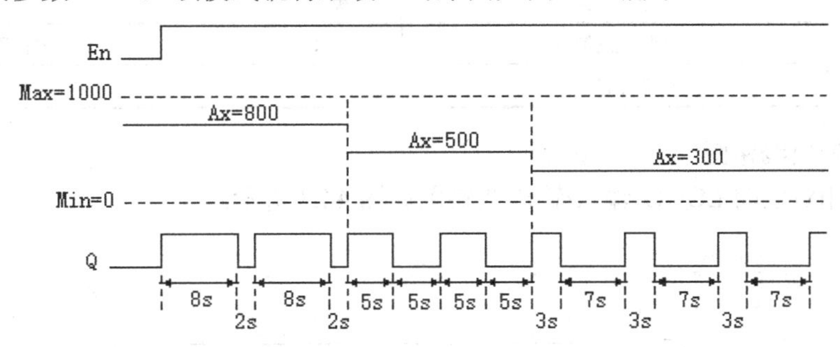

图 4.25　脉宽调制器用法示例 2 的时序图

示例 2 的功能块图和梯形图如图 4.26（a）和（b）所示。

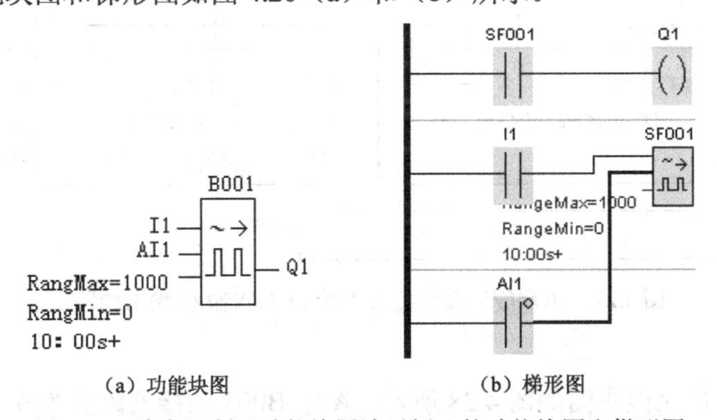

(a) 功能块图　(b) 梯形图

图 4.26　脉宽调制器功能块用法示例 2 的功能块图和梯形图

4.1.11　模拟量功能块应用示例

1. 自来水厂水质酸碱度检测及报警

控制要求：自来水厂需要对水质酸碱度（pH 值）进行检测，如果 pH 值在 6～8 范围内，则水质正常，在超出该范围时，通过蜂鸣器报警提示。

根据控制要求，按照如下步骤进行设计。

1）统计输入/输出点数

输入点：1 路开关量（检测控制信号），1 路模拟量（酸碱度信号），共 2 路输入信号。

输出点：1 路开关量信号，控制蜂鸣器。

2）进行系统配置

对于 1 路开关量输入、1 路模拟量输入、1 路开关量输出，配置 LOGO!主机即可满足要求。

主机型号：LOGO!12/24RC，电源电压 24V DC，8 路数字量输入，4 路继电器输出（触点电流 10A）。

电源模块：LOGO!POWER 24V/1.3A。

3）安排输入/输出点

表 4.5 给出了 LOGO!的输入/输出点的安排。

表 4.5 输入/输出点安排

输　入	含　义	输　出	含　义
I1	检测控制信号	Q1	蜂鸣器报警信号
AI1	酸碱度传感器信号		

4）输入/输出线路图

与表 4.5 相对应的 LOGO!输入/输出线路图如图 4.27 所示。

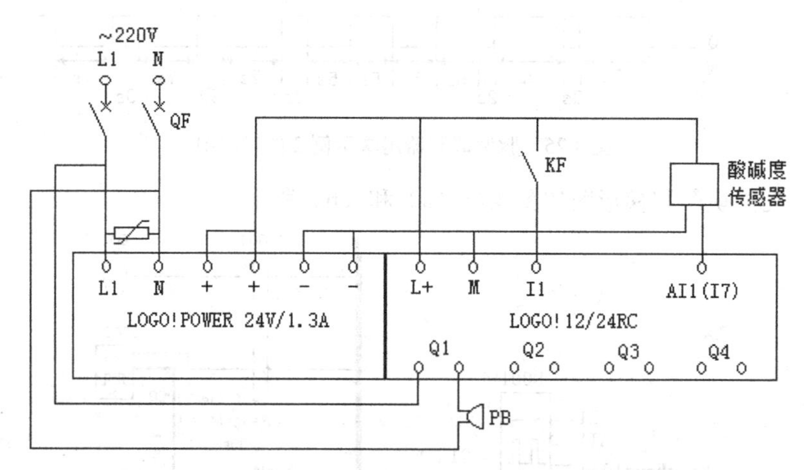

图 4.27 水质酸碱度检测及报警 LOGO!输入/输出线路图

5）功能块图

满足控制要求的功能块图如图 4.28 所示。图中 B003 的接通阈值为 6，差值 Delta 为 2，因此关断阈值为 8，当酸碱度的值在 6～8 的范围之外时，B003 的输出值为 0，经 B002 取反后输出为 1，从而在有检测控制信号（I1=1）的情况下使蜂鸣器在超出设定的范围时报警。

通过本例，掌握模拟量输入信号的硬件配置方法，进一步消化模拟量偏差值触发器的用法。

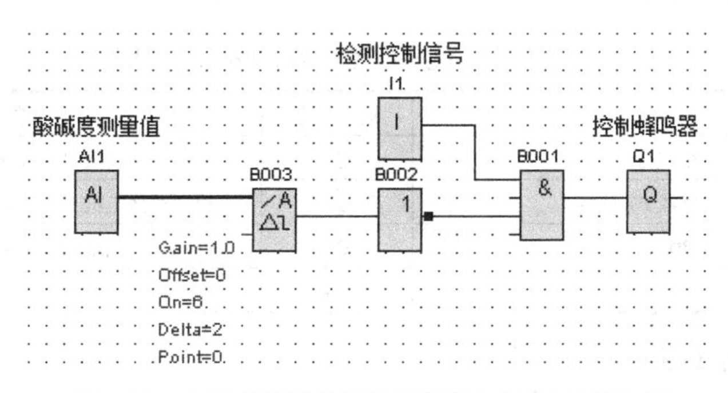

图 4.28　水质酸碱度检测及报警的 LOGO!功能块图

2．高压釜的控制

控制要求：在染料的生产过程中，需要使两种液体在至少 0.2MPa 的压力和 119±1℃的温度下进行混合。操作员手动将 2 种原料加入釜内，然后关闭液体阀门。按下启动按钮，压缩空气电磁阀打开，同时位于高压釜底部的加热电阻通电进行加热。当压力达到预定值时关闭电磁阀。整个过程中，通过搅拌电机驱动混合器进行搅拌，达到温度设定点后，再搅拌 5min，混合过程结束，关闭所有对象，信号灯亮。当再次启动混合过程时，信号灯熄灭。高压釜液体混合工艺流程示意图如图 4.29 所示。

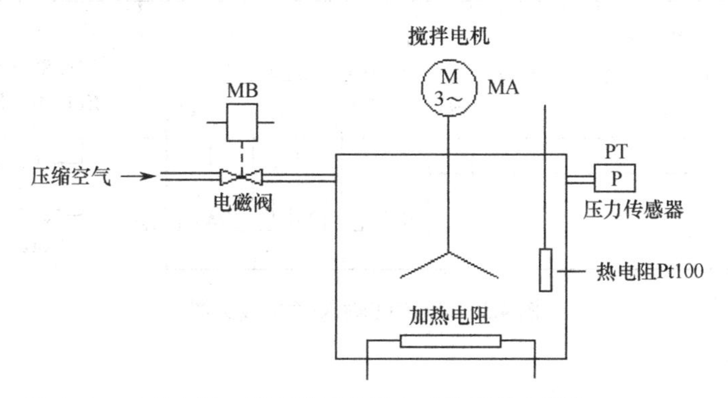

图 4.29　高压釜液体混合工艺流程示意图

根据控制要求，按照如下步骤进行设计。

1）统计输入/输出点数

输入点：1 路开关量（启动信号），2 路模拟量（压力、温度信号），共 3 路输入信号。

输出点：4 路开关量信号，分别控制电磁阀 MB、电动机 MA、加热电阻、指示灯。

2）进行系统配置

1 路开关量输入，2 路模拟量输入，4 路开关量输出，由于采用 Pt100 测温，因此需要配置 LOGO!主机、模拟量输入模块 LOGO!AM2 PT100 和电源模块。

主机型号：LOGO!12/24RC，电源电压 24V DC，8 路数字量输入，4 路继电器输出（触点电流 10A）。

扩展模块：模拟量输入模块 LOGO!AM2 PT100。

电源模块：LOGO!POWER 24V/1.3A。

3）安排输入/输出点

表 4.6 给出了 LOGO!输入/输出点的安排。

表 4.6 LOGO!输入/输出点安排

输 入	含 义	输 出	含 义
I1	启动按钮信号	Q1	控制压缩空气电磁阀 MB
AI1	压力传感器 PT 信号	Q2	控制搅拌电机 MA 的接触器 QA1
AI3	热电阻 Pt100	Q3	控制加热电阻的接触器 QA2
		Q4	停止指示灯 PG 信号

4）输入/输出线路图

与表 4.6 相对应的 LOGO!输入/输出线路图如图 4.30 所示。

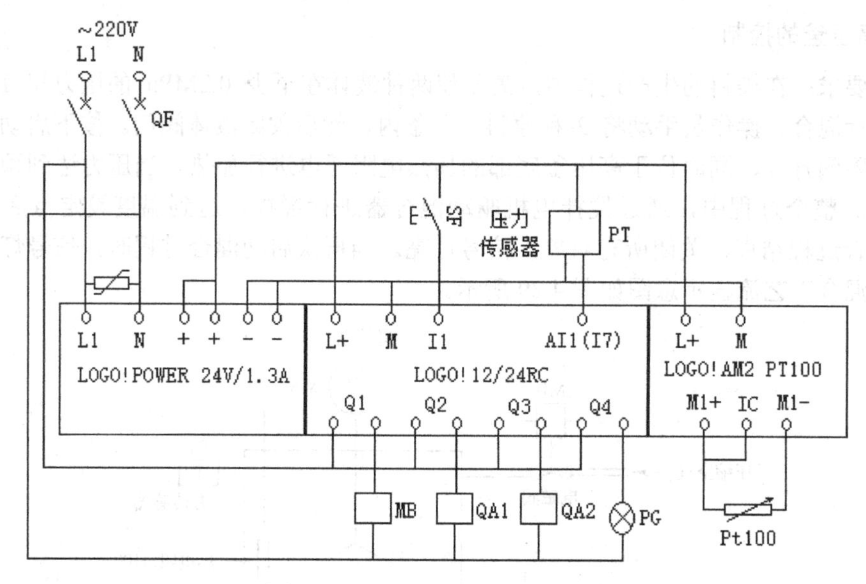

图 4.30 LOGO!输入/输出线路图

5）功能块图

满足控制要求的功能块图如图 4.31 所示。按下启动按钮 SF，锁存继电器 B002 置位。此时釜内压力低于设定压力 0.2MPa，模拟量阈值触发器 B005 的输出为 1，B001 的输出 Q1 有信号，电磁阀 MB 因线圈得电而打开，压缩空气进入釜内，釜内压力升高。在启动状态下，输出 Q2 有信号，LOGO!内部触点接通，电动机 MA 旋转，搅拌混合液体。当压力达到 0.2MPa 时，压力传感器 PT 的输出电压为 8V（PT 输出信号为 0～10V 直流电压信号，对应的压力范围为 0～0.25MPa，转换为 LOGO!内部数值 0～1000），模拟量阈值开关 B005 的输出变为 0，使得 B001 的输出 Q1 变为 0，电磁阀 MB 关闭。B004 把热电阻 Pt100 的电阻信号转换为开关信号，当温度超过 118℃时，B004 的输出为 1，当温度下降到低于 100℃时，B004 的输出变为 0（温度范围-50～250℃对应的 LOGO!内部数值为 0～1000）。从温度进入调节范围开始，搅拌 5min 后，B003 延时时间到，其输出使 B002 复位，B001 的输出 Q1 变为 0，关闭电磁阀 MB，同时电动机 MA 停止。B008 根据热电阻 Pt100 的信号控制加热电阻的通/断电，从而把温度控制在 119±1℃的温度范围内。B009 控制信号指示灯，混合过程结束后 Q4 有输出，指示灯亮。

通过本例，在巩固硬件、基本功能块和特殊功能块用法的基础上，消化模拟量阈值触发器和模拟量偏差值触发器的用法。

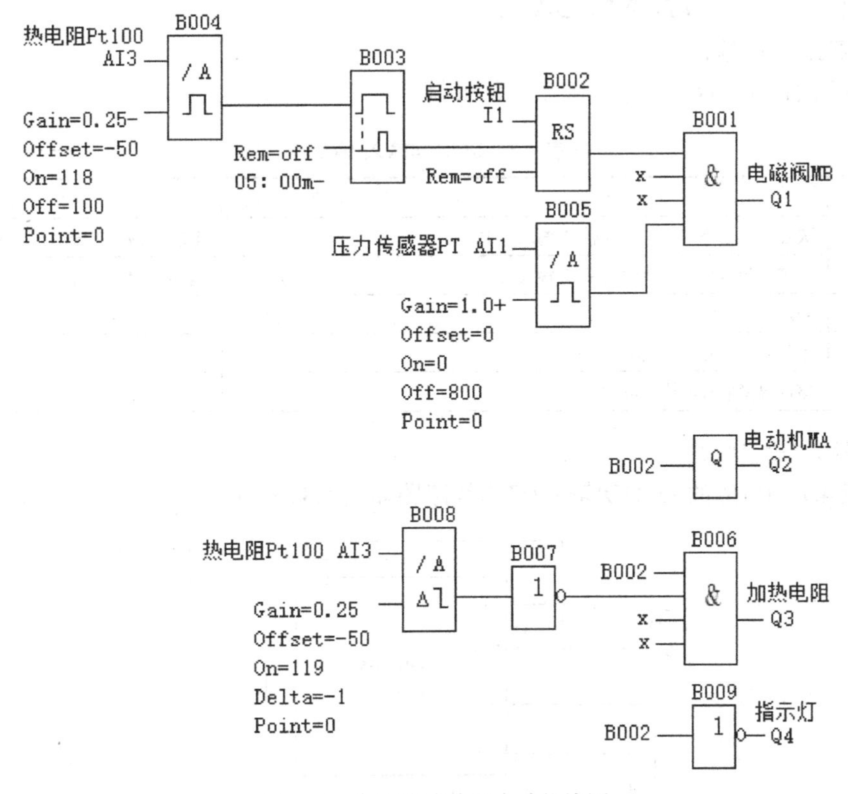

图 4.31　高压釜液体混合功能块图

3. 温室室内温度控制

控制要求：某温室要求内部温度不低于 15℃，通过电加热器对温室进行加热进而把室温控制在要求的范围内。在室温满足要求的同时，需要在每天的 8:00～20:00 每 2h 打开天窗进行 15min 的通风，在下雨及气温低于 15℃时关闭天窗。天气情况通过数字化雨水传感器探测，气温和室温采用热电阻 Pt100 测量。天窗由电动机开启和关闭，通过天窗两端的位置开关来检测天窗的开启和关闭状态。

根据控制要求，按照如下步骤进行设计。

1）统计输入/输出点数

开关量输入：天窗开启信号、天窗关闭信号、雨水传感器信号，共 3 路信号。

模拟量输入：室内温度和室外温度，共 2 路输入信号。

开关量输出：控制电动机 MA 的正反转进而控制天窗的开启和关闭，共 2 路信号。

模拟量输出：控制电加热器，1 路模拟量信号。

2）进行系统配置

3 路开关量输入，2 路模拟量输入，2 路开关量输出，1 路模拟量输出，需要配置 LOGO! 主机、模拟量输入模块、模拟量输出模块、电源模块。

主机型号：LOGO!12/24RC，电源电压 24V DC，8 路数字量输入，4 路继电器输出（触点电流 10A）。

扩展模块：模拟量输入模块 LOGO!AM2 PT100、模拟量输出模块 LOGO!AM2 AQ。
电源模块：LOGO!POWER 24V/1.3A。
3）安排输入/输出点
表 4.7 给出了 LOGO!输入/输出点的安排。

表 4.7 LOGO!输入/输出点安排

输 入	含 义	输 出	含 义
I1	天窗开启信号，开启到位后 I1 输入为 1	Q1	电动机 MA 正转，开启天窗
I2	天窗关闭信号，关闭到位后 I2 输入为 1	Q2	电动机 MA 反转，关闭天窗
I4	雨水传感器信号	AQ1	控制加热器
AI1	室外温度信号，热电阻 Pt100		
AI2	室内温度信号，热电阻 Pt100		

4）输入/输出线路图
与表 4.7 相对应的 LOGO!输入/输出线路图如图 4.32 所示。

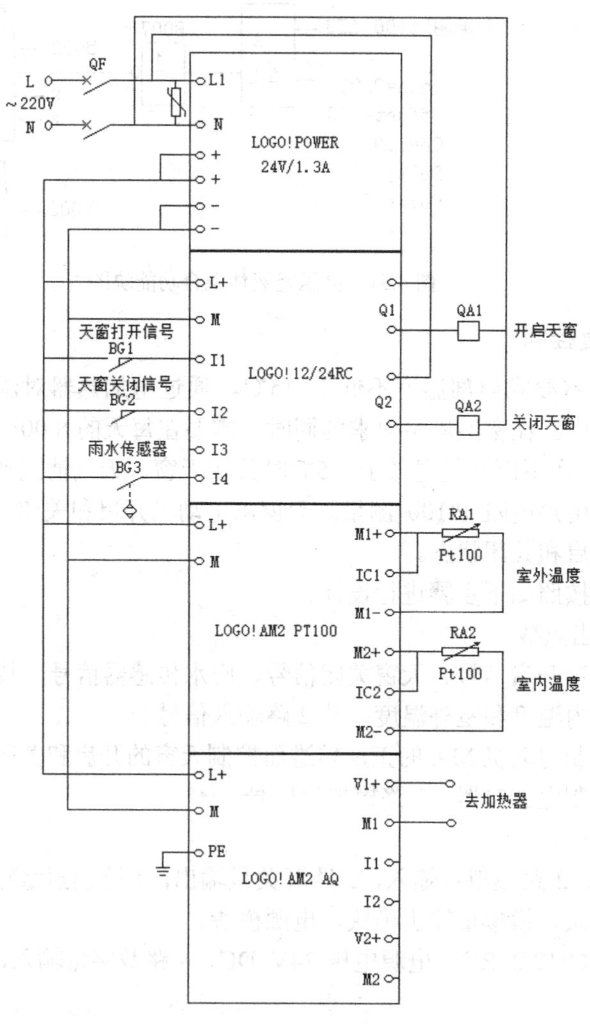

图 4.32 温室室内温度控制 LOGO!输入/输出线路图

5）功能块图

满足控制要求的功能块图如图 4.33 所示。

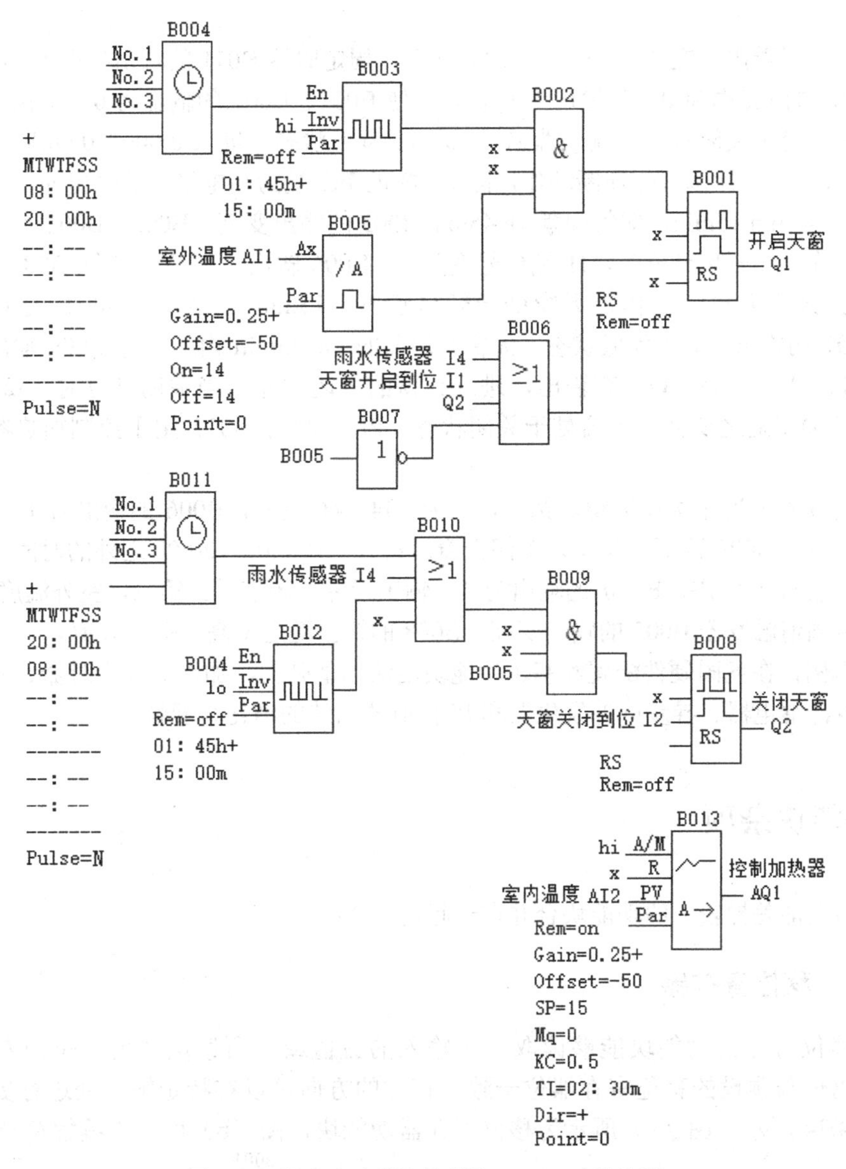

图 4.33 温室室内温度控制的 LOGO!功能块图

控制过程有 2 个控制对象，1 个是控制天窗开启和关闭的电动机，另 1 个是控制室温的加热器。通过输出 Q1 和输出 Q2 控制电动机的正反转，实现天窗的开启与关闭。天窗开启过程中，输出 Q1 为 1，电动机正转，开启到位后，输出 Q1 变为 0，电动机停止，输入 I1 和 I2 分别为 1 和 0 状态。天窗关闭过程中，输出 Q2 为 1，电动机反转，关闭到位后，输出 Q2 变为 0，电动机停止，输入 I1 和 I2 变为 0 和 1 状态。温度的控制采用 PI 控制器功能模块实现。温度设定值为 15℃（B013 中的参数 SP=15），PI 控制器的参数（KC 和 TI）可以根据实际情况设定（B013 中设定 KC=0.5，TI=02：30m）。功能块图中，分别通过脉冲继电器 B001 和 B008 实现天窗的开启和关闭。B004 和 B003 实现“每天 8:00～20:00 每 2h 打开天窗进行 15min 通风”的功能，B011、B010 和 B012 则实现“在 8:00～20:00 之外和下雨及气温低于 15℃时关闭天窗”的功能。程序中，温度的分辨率为 1℃，低于 15℃时的动作温度为 14℃。

从程序可以看出，在 20:00～次日 8:00 期间，周定时器 B011 的输出状态为 1，异步脉冲发生器 B003 的 En 端为 0，其输出为 0 状态，使 B002、B001 的输出为 0，不执行开启天窗的操作，天窗处于关闭状态。输入端 I1 为 0、I2 为 1 状态。进入 8:00～20:00 时间区间后，B003 按照设定时间比例进行通断动作，因 B003 的 Inv 端为高电平，其输出的低电平与高电平比例为 1h 45min:15min，即每间隔 1h 45min B003 的输出变高，B002、B001 有输出，天窗进行开启动作。当开启到位时，I1 端信号变为 1，B006 输出 1 状态，使得 B001 的输出 Q1 变低，停止开启天窗的操作，天窗处于开启状态。15min 到达后，B003 的输出变低，B002、B001 的输出 Q1 仍为低状态。天窗开启前的 1h 45min 内，首先 B009 输出高电平，B008 的输出状态变高，Q2 有输出，进行天窗的关闭动作，当关闭到位时，I2 输入变为 1，B008 的输出随之变低，天窗处于关闭状态。PI 控制器 B013 用于控制加热器，调节室内温度。

在下列 3 种情况下关闭天窗。第一，雨天，I4 端有输入，B006 的输出为 1，B001 输出低电平，B010、B009 输出 1 状态，关闭天窗。第二，在 8:00～20:00 之外的时间区间，周定时器 B011 输出 1 状态，B010 的输出为 1，输出天窗关闭信号。第三，室外温度低于 15℃时，模拟量阈值触发器 B005 的输出变高，B008 的输出随之变高，关闭天窗。

通过本例，在巩固硬件配置和基本功能块用法的基础上，加深对周定时器、模拟量阈值触发器、脉冲继电器、异步脉冲发生器和 PI 控制器用法的消化与理解。

4.2 功能块杂项

本节将功能差异较大的功能块合并在一起进行介绍。

4.2.1 移位寄存器

使用移位寄存器功能块能够读取一个输入的数值或将所读取数值的位向左或向右移动，使输出值与预设的移位寄存器位一致。移位的方向可以在特定输入处进行更改。该功能块如图 4.34 所示。图（a）所示为移位寄存器功能块，图（b）所示为编程符号。

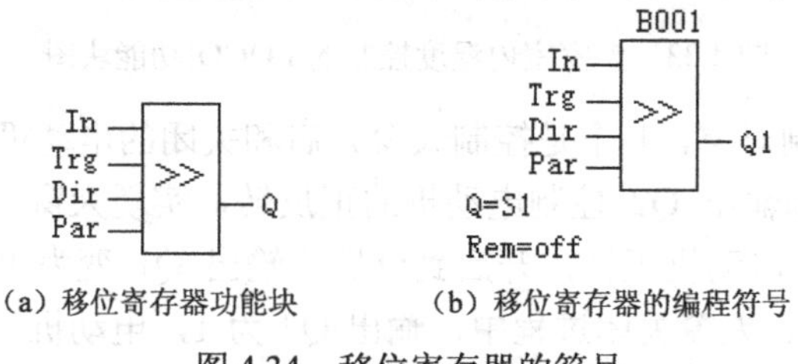

（a）移位寄存器功能块　　（b）移位寄存器的编程符号

图 4.34　移位寄存器的符号

移位寄存器功能块包括 1 个输入端 In、1 个触发端 Trg、1 个移位方向端 Dir、1 个参数端 Par 和 1 个输出端 Q。

输入端 In：数据输入端。在触发端 Trg 的信号出现上升沿时，启动移位寄存器功能，读取 In 端的数据。

触发端 Trg：该端信号的上升沿启动移位寄存器功能，下降沿不起作用。

移位方向端 Dir：该端的信号确定移位寄存器位 S1～S8 的移位方向。当 Dir=0 时，移位方向为 S1→S8（向上移位），将输入端 In 的值写入 S1，同时 S1 的上一个值移位至 S2，S2 的上一个值移位至 S3，以此类推；当 Dir=1 时，移位方向为 S8→S1（向下移位），将输入端 In 的值写入 S8，同时 S8 的上一个值移位至 S7，S7 的上一个值移位至 S6，以此类推。

参数端 Par：用于确定输出 Q 值的移位寄存器位。可能的设置为 S1 到 S8 中的某一位。

输出端 Q：输出值与配置的移位寄存器位一致。

图 4.35 示出了移位寄存器时序图，图中以 Q=S4 为例。t1 时刻，输入端 In 为“1”状态，t1 之前 S1 到 S8 的状态如图（b）中最左端，触发端 Trg 由“0”变为“1”，移位方向端 Dir 为“0”，因此向上移位（S1→S8），移位后的状态如图（b）中的 t1 时刻状态，Q=S4=0。t2 时刻，输入端 In 为“0”状态，t2 之前 S1 到 S8 的状态如图（b）中 t1 下方，t2 时刻的 Trg 信号使得移位操作又进行一次向上移位（S1→S8），移位后的状态如图（b）中 t2 时刻下方的状态，Q=S4=0。同样，在 t3 和 t4 时刻的移位使得 S1 到 S8 的状态变化为图（b）中 t3 和 t4 时刻下方的状态。在 t4 时刻，满足 Q=S4，因此时 S4=1，故 Q=1。在 t5 时刻，S4=0，故 Q=0。t6 时刻，移位方向端 Dir 变为“1”，移位方向变为向下移位（S8→S1）。t7 时刻，Trg 由“0”变为“1”，In 为“1”状态，移位后的状态如图（b）中的 t7 时刻，S8=1，S4=1，因此输出 Q=1。

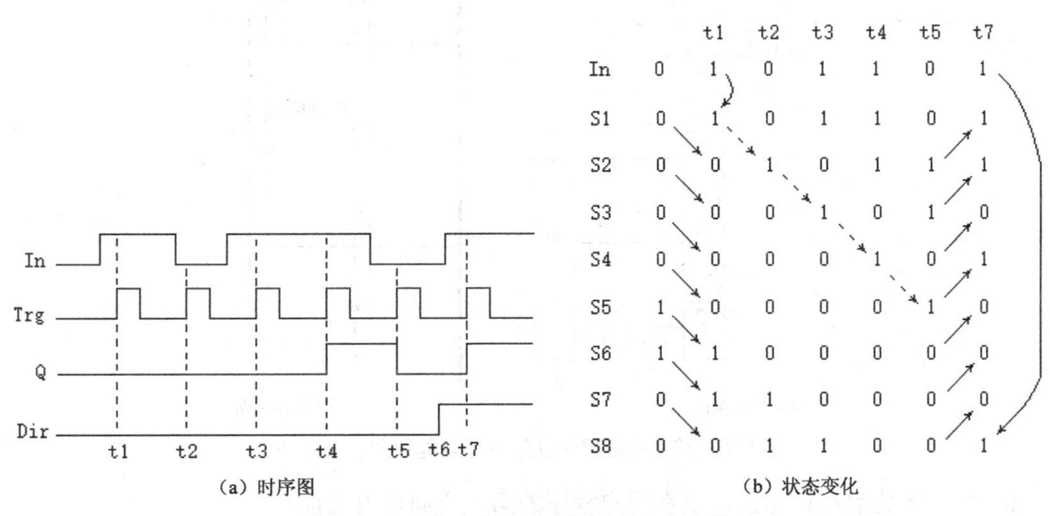

（a）时序图　　（b）状态变化

图 4.35　移位寄存器时序图及状态变化情况

注意：

（1）该特殊功能移位寄存器只能在程序中使用一次。

（2）LOGO!8 的只读移位寄存器位范围为 S1.1～S4.8，不同于以前的版本。

编程举例：移位寄存器用法示例。

控制要求：当系统由停止状态转换为运行模式时，输出 Q1、Q2 和 Q3 的状态为 1、0 和 0；当输入端 I1 的状态由 0 变为 1 时，输出 Q1、Q2 和 Q3 的状态为 0、1 和 0；当输入端 I1 的状态再次由 0 变为 1 时，输出 Q1、Q2 和 Q3 的状态为 0、0 和 1；当输入端 I1 的状态第三次由 0 变为 1 时，输出 Q1、Q2 和 Q3 的状态为 1、0 和 0。之后按上述过程循环。

满足控制要求的功能块图和梯形图如图 4.36（a）和（b）所示。

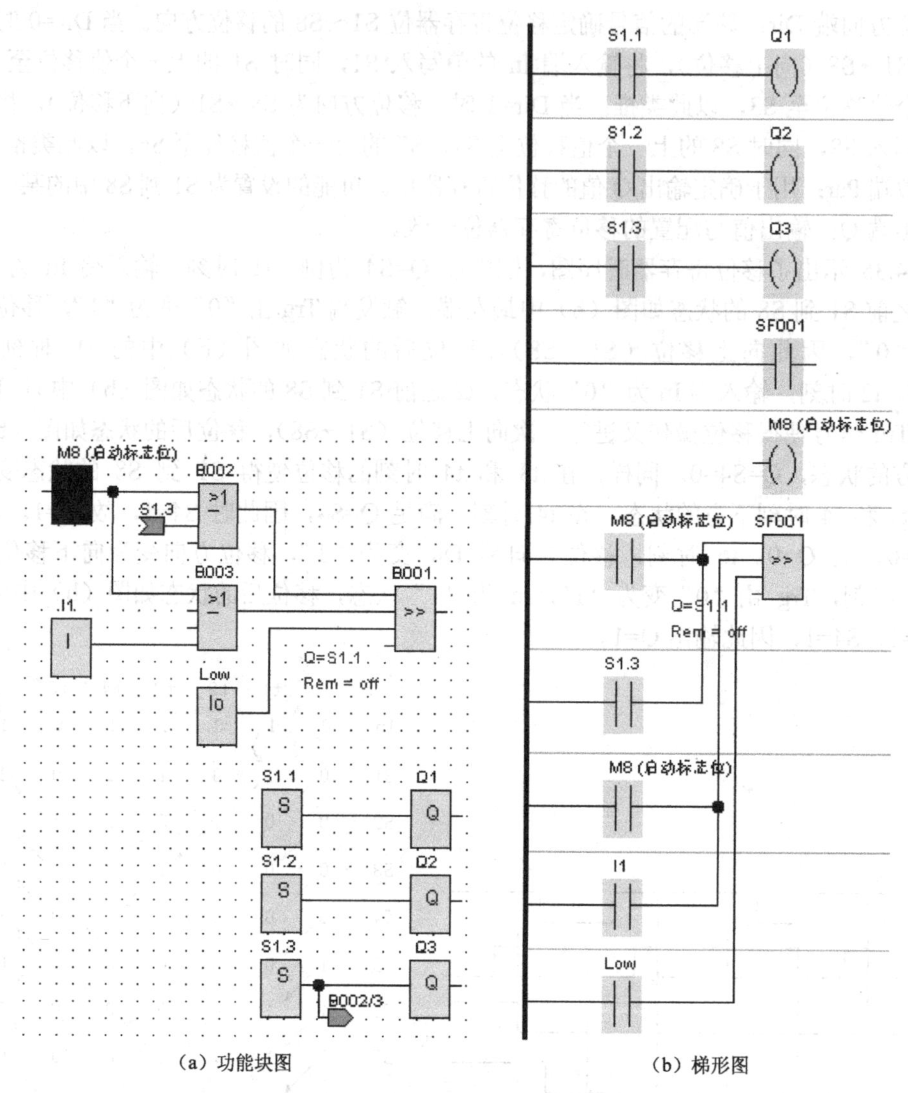

（a）功能块图　　　　（b）梯形图

图 4.36　移位寄存器用法示例的功能块图和梯形图

说明：M8 为启动标志位，仅在用户程序的第一个周期内置位。

系统运行之前，输出 Q1、Q2 和 Q3 均为 0。当系统由停止状态转换为运行模式时，B002 和 B003 的输出状态均为 1，B001 输出“1”状态，Q1 有输出，Q2 和 Q3 仍为 0。LOGO!的第二个扫描周期 M8 变回“0”状态。当 I1 端出现第一个信号上升沿时，状态向上转移，因 B002 的输出为 0，S1.1 的状态变为 0，而 S1.1 的“1”状态转移到了 S1.2，S1.2 的“0”状态转移到了 S1.3，故输出 Q1、Q2 和 Q3 的状态分别为“0”“1”“0”。当 I1 端出现第二个信号上升沿时，B001 再一次进行移位动作，使 S1.1、S1.2、S1.3 的状态变为“0”“0”“1”。此时，B002 输入端 S1.3 的状态为 1。当 I1 端出现第三个信号上升沿时，输出 Q1、Q2 和 Q3 的状态分别为“1”“0”“0”，与系统上电运行时的状态相同。之后的工作情况重复上述过程。

4.2.2　软开关（软键）

软开关（软键）提供了机械按钮或开关的操作。该功能块如图 4.37 所示。图（a）所示为软开关（软键）功能块，图（b）所示为编程符号。

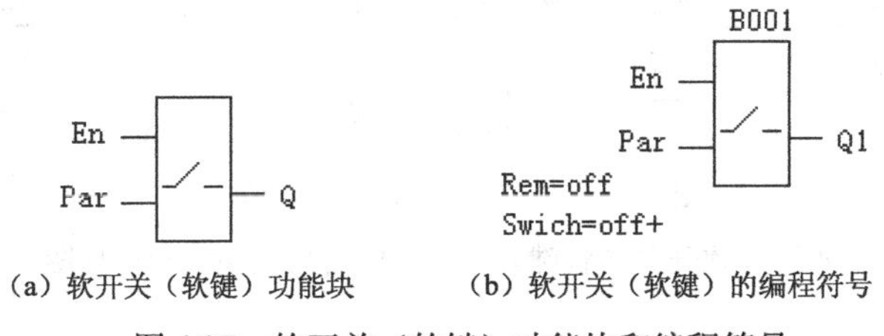

（a）软开关（软键）功能块　（b）软开关（软键）的编程符号

图 4.37　软开关（软键）功能块和编程符号

软开关（软键）功能块包括 1 个使能输入端 En、1 个参数端 Par 和 1 个输出端 Q。

使能输入端 En：该端的信号从 0 跳变到 1 并且在参数分配模式下确认了开关为开通状态（Switch=on），则置位输出 Q。

参数端 Par：包括编程模式下的参数和运行模式（参数分配模式）下的参数，以及接通或关断状态。

编程模式下的参数有 Switch（开关：持续接通或关断）和 Momentary（瞬动按钮：只在 1 个循环周期内动作）两种类型。开关的“接通”或“断开”状态取决于程序第 1 次启动时开关的状态，如果禁用了保持性，则在程序的第 1 次启动时进行初始化。“/”表示无保持性，“R”状态表示具有保持性。

运行模式（参数分配模式）下的参数：Switch=off/on（关断/开通）。

输出端 Q：运行模式（参数分配模式）下，在 En=1、参数类型为 Switch（开关），且设置并确认 Switch=on 的情况下，输出 Q 置位为“1”。如果 En=1、参数类型为 Momentary（瞬动按钮），在参数分配模式下设置并确认 Switch=on，则输出 Q 在其后 1 个循环周期内为“1”，然后复位为“0”。

在以下 3 种情况下，输出复位为“0”：

（1）输入端 En 的信号从 1 跳变到 0；

（2）软键功能被配置为瞬时按钮，且按钮接通 1 个循环周期之后；

（3）在参数分配模式下设置 Switch=off 并按下确认键。

软开关（软键）功能块的时序图如图 4.38 所示。

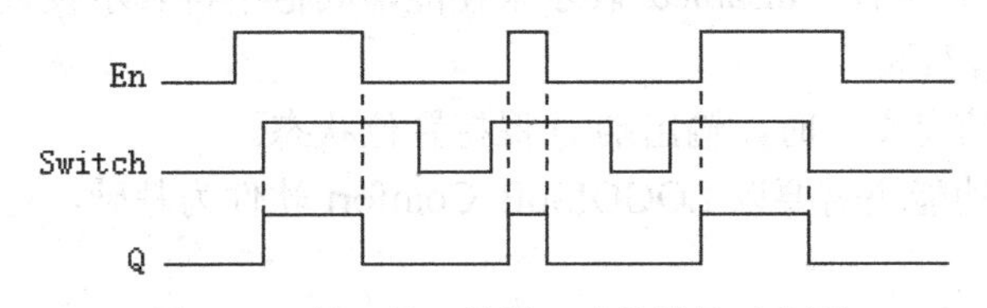

图 4.38　软开关（软键）功能块的时序图

编程举例：软开关（软键）用法示例。

控制要求：当 I1 为 1 状态时，若 Switch=on，则 Q1=1；若 Switch=off，则 Q1=0。当 I1 为 0 状态时，Q1=0。

满足控制要求的功能块图和梯形图如图 4.39 所示。程序中 Switch=off+中的“+”表示在参数赋值菜单中允许读/写参数。

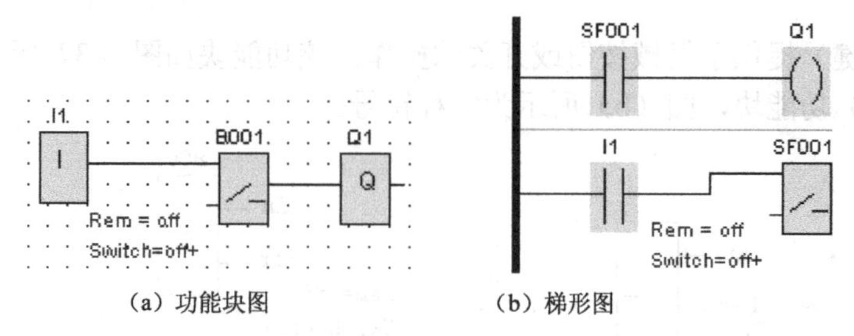

（a）功能块图　　（b）梯形图

图 4.39　软开关（软键）用法示例的功能块图和梯形图

4.2.3　信息文本显示器

信息文本显示器功能块用于 LOGO!处于运行（RUN）模式时在文本显示器上显示配置的信息，包含文本和其他参数的信息。该功能块和编程符号如图 4.40 所示，图（a）所示为信息文本显示器功能块，图（b）所示为编程符号。

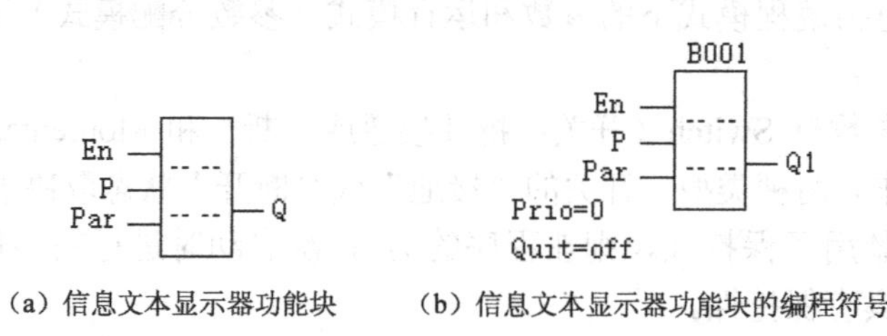

（a）信息文本显示器功能块　　（b）信息文本显示器功能块的编程符号

图 4.40　信息文本显示器功能块和编程符号

信息文本显示器功能块包括 1 个使能输入端 En、1 个优先级输入端 P、1 个参数端 Par 和 1 个输出端 Q。

使能输入端 En：该端信号从 0 跳变到 1 时将触发信息文本的输出，LOGO!显示面板上将显示已经配置了参数值的信息文本（通过安装在计算机上的 LOGO!Soft Comfort 进行信息文本设置）。

优先级输入端 P（Priority）：Prio 为信息文本的优先级，其数值范围为 0～127；Quit 为信息文本的退出确认。

参数端 Par：包括信息文本和字符集类型。信息文本用于信息文本的输入；字符集类型通过设置 Text0、Text1 进行，disabled 表示未使能，其他字符表示设置的字符集类型，比如 GBK 表示支持语言为汉语。

输出端 Q：激活信息文本时，输出端 Q 保持置位状态。

信息文本显示器功能块需要以 LOGO!Soft Comfort 软件为基础，更多的参数说明这里不再介绍。

4.2.4　应用示例——贴标机的控制

工艺过程和控制要求：货仓出货时，需要在包裹的外包装上贴标签。贴标机所贴包裹放在 1m 长的传送带上，该传送带与上下级传送带具有相同的速度，如图 4.41 所示。传送带电机通过变频器供电。贴标时要求传送带的速度比正常传送速度慢，因此在包裹距离该段传送带终点 780mm 时，需要将速度降低到调定的速度。当包裹距离终点 200mm 时，恢复原速运行。贴标过程由 1 台机器单独完成，当包裹随着传送带通过贴标机的中心线（距离终点 500mm）时，产生宽度为 1s 的脉冲，启动贴标机，进行贴标操作。操作面板配置启动/停止按钮、调频电位器和运行指示灯，贴标过程中，可以通过电位器调节变频器的输出频率，从而调节带速，由指示灯指示设备的运行状态。

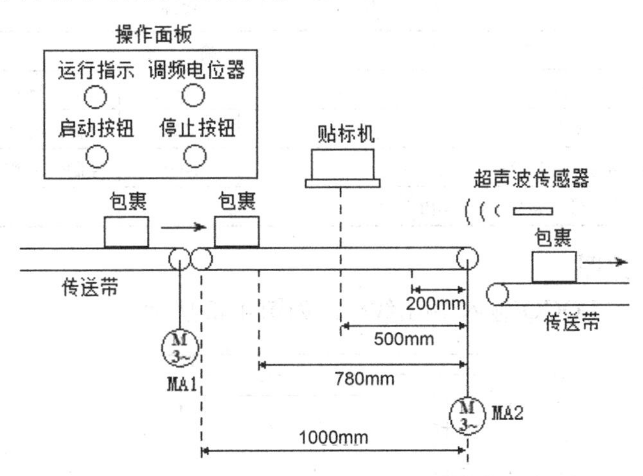

图 4.41　传送带上货物贴标示意图

包裹的形状不同，包裹的位置通过超声波传感器探测，超声波传感器发射的信号碰到目标后会被反射回传感器，因信号从发射到接收需要一段时间，通过测量该段时间即可测量出传感器与被测物之间的距离。超声波传感器在其内部将该时间转换为模拟量信号（标准的电压或电流信号）或者频率信号。对于 LOGO!控制器，可以通过快速输入端 I3 读入频率信号。超声波传感器可以区分远近物体，对于外部条件（如灰尘和水蒸气）的依赖性比较小，特别适用于恶劣的工作环境，比如面粉仓或水泥仓。本例中超声波传感器的输出信号为频率信号，探测范围为 0～1m，对应输出频率为 40～400Hz。当传送带上没有包裹时，超声波传感器输出的脉冲信号频率为 400Hz，当距离为 0 时，脉冲信号频率为 40Hz，据此可计算出减速过程开始位置的频率约为 321Hz（对应 780mm 处），贴标机中心线位置的频率为 220Hz（对应 500mm 处），开始加速位置的频率为 112Hz（对应 200mm 处）。

根据控制要求，按照如下步骤进行设计。

1）统计输入/输出点数

开关量输入：传送带启动/停止信号、超声波传感器高频脉冲信号，共 3 路。

模拟量输入：经电位器输入的电压信号，共 1 路。

开关量输出：1 路输出控制电动机 MA1 和 MA2 运行及进行设备运行指示，另 1 路输出为贴标机运行信号，共 2 路信号。

模拟量输出：输出电压信号，控制变频器的输出频率，1 路模拟量信号。

2）进行系统配置

对于 3 路开关量输入、1 路模拟量输入、2 路开关量输出、1 路模拟量输出，需要配置 LOGO!主机、模拟量输出模块、电源模块。

主机型号：LOGO!12/24RC，电源电压 24V DC，8 路数字量输入，4 路继电器输出（触点电流 10A）。

扩展模块：模拟量输出模块 LOGO!AM2 AQ。

电源模块：LOGO!POWER 24V/1.3A。

3）安排输入/输出点

表 4.8 给出了 LOGO!输入/输出点的安排。

表 4.8　LOGO!输入/输出点安排

输　入	含　义	输　出	含　义
I1	启动按钮 SF1，常开点	Q1	MA1、MA2 运行，运行指示
I2	停止按钮 SF2，常闭点	Q2	贴标机运行
I3	超声波传感器信号，高频脉冲	AQ1	控制变频器的输出频率
AI2	电位器输入电压信号，调节变频器输出频率		

4）输入/输出线路图

与表 4.8 相对应的 LOGO!输入/输出线路图如图 4.42 所示。

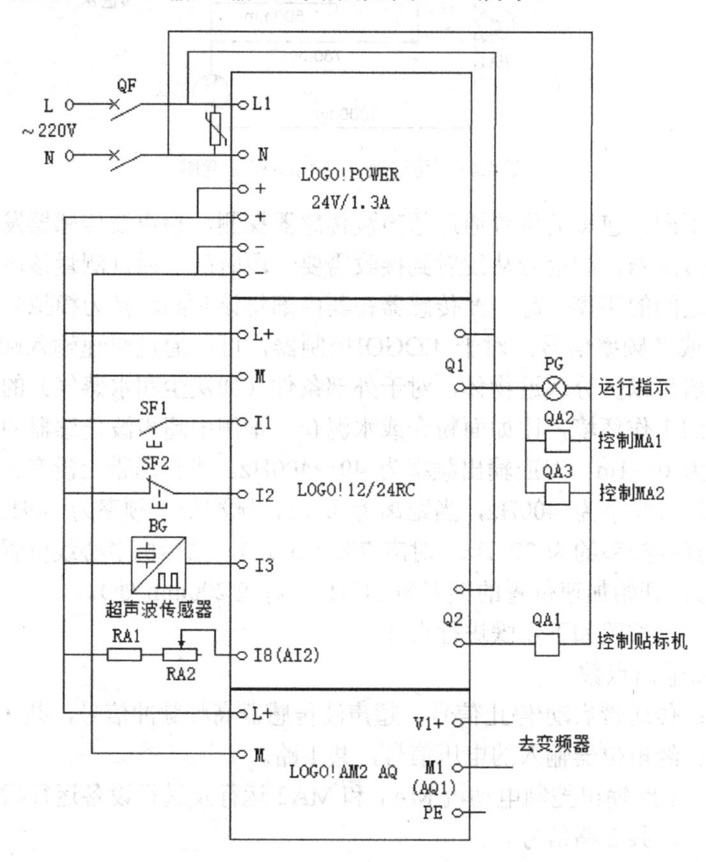

图 4.42　贴标机控制 LOGO!输入/输出线路图

5）功能块图

满足控制要求的功能块图如图 4.43 所示。按下启动按钮 SF1 后，锁存继电器 B002 的输出置位，信息文本显示器 B001 按设定的情况显示相关内容，输出 Q1 有信号，运行指示灯亮，同时电动机 MA1 和 MA2 运行，传送带动作。在按下停止按钮 SF2 的瞬间，输入端 I2 的信号变为 0，B003 的输出变为 1，使锁存寄存器 B002 复位，输出 Q1 变为 0。

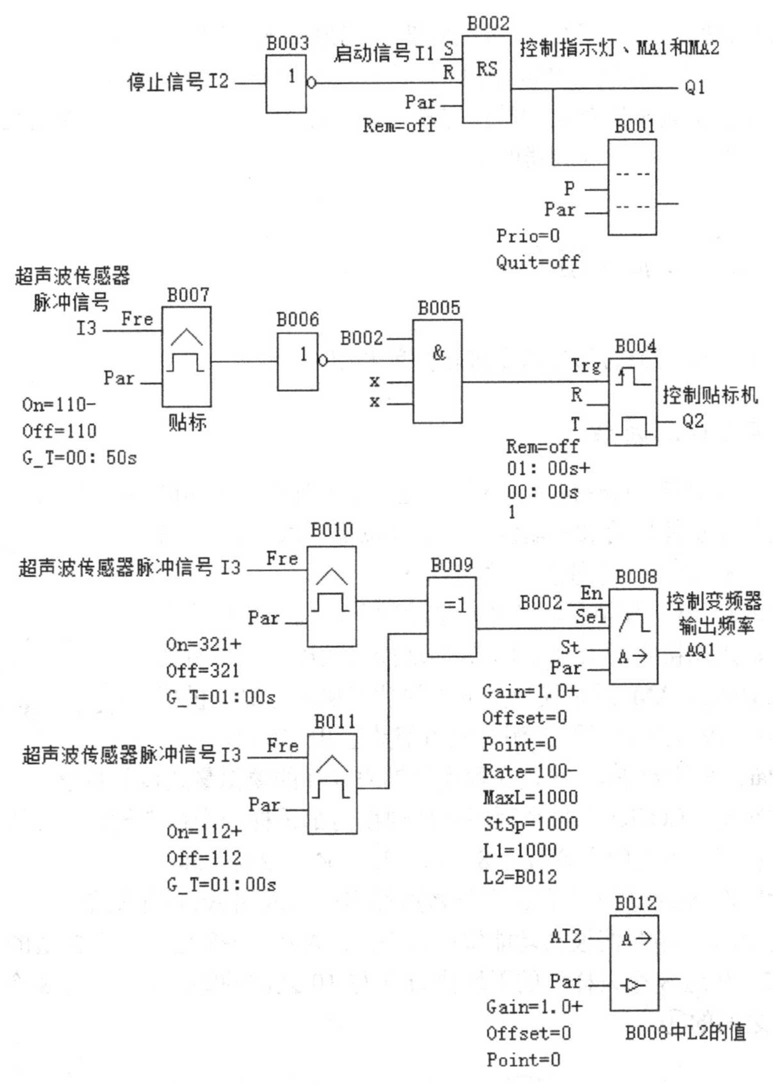

图 4.43　贴标机控制 LOGO!功能块图

对于模拟量输出值，只有 0～1000 范围内的数值能够被转换为 0～10V 的电压，据此，对模拟量斜坡函数发生器 B008 进行参数设置。B008 中的最大输出值 MaxL 为 1000，对应 10V；当输入端 Sel 为低电平时，选择电平 1（L1=1000），当输入端 Sel 为高电平时，选择电平 2（L2=B012），降低到设定的电平（模拟量放大器 B012 的输出值）；启动/停止偏置 StSp 设定为 1000。

贴标的动作点、减速点和加速点均由频率阈值开关 B007、B010 和 B011 设置。阈值开关 B007 的接通阈值和关断阈值都设为 110，门限时间设为 0.5s（当门限时间设为 1s 时，阈值设为 220），如果包裹位于传送带的中央，B007 的输出由 1 变为 0，与门 B005 的输出随之由 0 变为 1，使边沿触发脉宽继电器 B004 的输出 Q2 接通 1s。开始时，B007 为 1 状态，当包裹位于传送带的中央时变为 0 状态，因此需要用非门 B006 对 B007 的状态取反。

当脉冲信号频率在 112～321Hz 范围内时，阈值开关 B010 和 B011 的输出状态不同，异或门 B009 的输出状态为 1，模拟量斜坡函数发生器 B008 选择电平 2（L2=B012），传送带以

B012 的输出值低速前行。当脉冲信号频率低于 112Hz 时，B010 和 B011 的输出状态相同，异或门 B009 的输出状态为 0，B008 选择电平 1（L1=1000），传送带以高速运行。

本例给出了模拟量输出模块的扩展方法，在程序中需要重点消化模拟量阈值开关、模拟量斜坡函数发生器和模拟量放大器的用法。

4.3 LOGO!8 增加的指令

本节对 LOGO!8 增加的部分指令进行简单介绍。

4.3.1 模拟量滤波器

模拟量滤波器功能块对模拟量输入信号进行平均处理。该功能块的符号如图 4.44 所示。

模拟量滤波器功能块的输入端包括 1 个模拟量输入端 Ax 和 1 个参数端 Par，输出端为 1 个模拟量输出端 AQ。

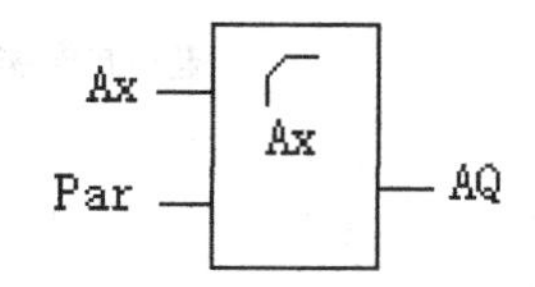

图 4.44 模拟量滤波器功能块

模拟量输入端 Ax：模拟量滤波器功能块输入的模拟量信号，可以是模拟量输入端接收的信号 AI、其他功能块输出的模拟量信号 AQ、模拟量标志 AM 或带模拟量输出的功能块编号等。模拟量输入 AI 的 0～8V 电压信号按比例对应内部数值 0～1000。

参数端 Par：采样数 Sn，决定在程序周期内采样的模拟量数值的数量，程序周期数由所设定的采样数决定。LOGO!在每个程序采样周期内都采样一个模拟量数值，程序周期数与所设定的采样数相同。可能的设置数为 8、16、32、64、128、256。

模拟量输出端 AQ：基于当前的采样数所得出的输入端 Ax 的平均值。

图 4.45 给出了模拟量滤波器功能块的时序图。图中 1～8 这 8 个采样值的平均值为 8 与 9 之间的①，2～9 这 8 个采样值的平均值为 9 与 10 之间的②，3～10 这 8 个采样值的平均值为 10 与 11 之间的③。

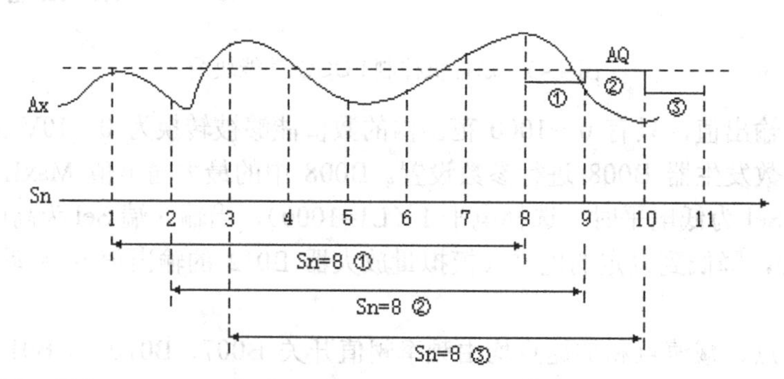

图 4.45 模拟量滤波器功能块的时序图

功能说明：

（1）模拟量滤波器功能块根据设定的采样数 Sn 在输入端 Ax 处获得一个模拟量信号，然后输出该模拟量数值。

（2）LOGO!程序中最多可用 8 个模拟量滤波器。

4.3.2　最大值/最小值

最大值/最小值功能块对模拟量输入端 Ax 的最大值和最小值进行记录。该功能块的符号如图 4.46 所示。

最大值/最小值功能块的输入端包括启用端 En、选择端 S1、模拟量输入端 Ax 和参数端 Par，输出端为 1 个模拟量输出端 AQ。

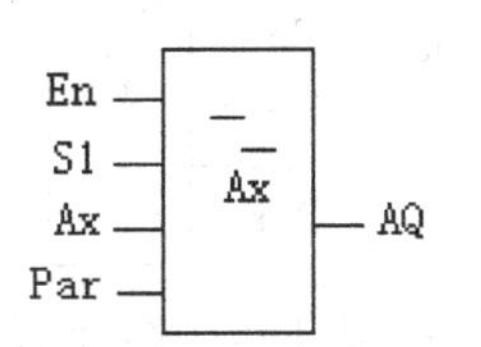

图 4.46　最大值/最小值功能块

启用端 En：该端的信号使 AQ 端输出一个模拟量数值。具体数值由参数 ERst 和 Mode 决定。

选择端 S1：只有把参数 Mode 设置为 2 时，S1 才生效。

模拟量输入端 Ax：输入的模拟量信号，可以是模拟量输入端接收的信号 AI、其他功能块输出的模拟量信号 AQ、模拟量标志 AM 或带模拟量输出的功能块编号等。模拟量输入 AI 的 0～8V 电压信号按比例对应内部数值 0～1000。

参数端 Par：参数包括 Mode、ERst 和掉电保持。Mode 可能的设置参数：0、1、2、3。当 Mode 为 0 时，AQ 为最小值；当 Mode 为 1 时，AQ 为最大值；当 Mode 为 2 且 S1=0 时，AQ 为最小值；当 Mode 为 2 且 S1=1 时，AQ 为最大值；当 Mode 为 3 时，AQ 为实际值 Ax。ERst 为启用复位，可能的设置参数：0、1。当 ERst 为 0 时，禁用复位；当 ERst 为 1 时，启用复位。

模拟量输出端 AQ：根据所做的配置，将最小值、最大值或当前值输出到 AQ。

图 4.47 给出了最大值/最小值功能块的时序图，图中给出了 ERst=1 时的情况。当既考虑 ERst=1 又考虑 ERst=0 的情况时，状态变化如下：当 ERst=1 和 En=0 时，功能块将 AQ 的数值设置为 0；当 ERst=1 和 En=1 时，功能块根据 Mode 和 S1 的设置在 AQ 处输出一个大小变化的值；当 ERst=0 和 En=0 时，功能块将 AQ 的数值保持在当前值；当 ERst=0 和 En=1 时，功能块根据 Mode 和 S1 的设置在 AQ 处输出一个大小变化的值。Mode=0 时将 AQ 设置为最小值；Mode=1 时将 AQ 设置为最大值；Mode=2 和 S1=0 时，将 AQ 设置为最小值；Mode=2 和 S1=1 时，将 AQ 设置为最大值；Mode=3 时，输出当前的模拟量输入值。

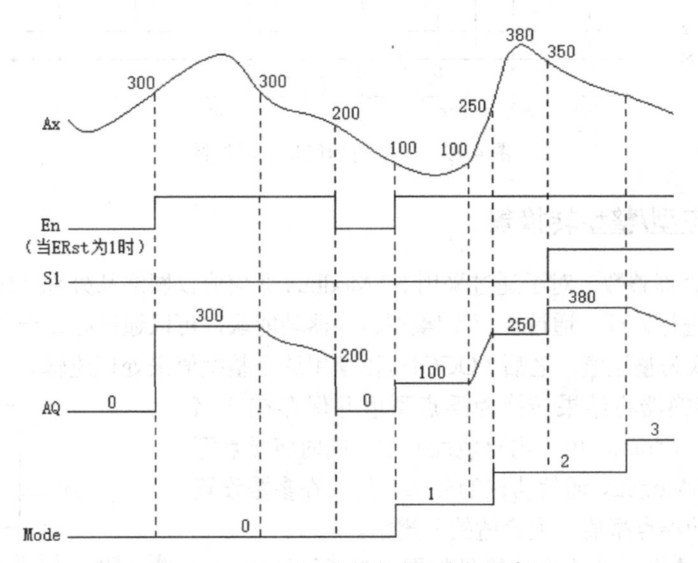

图 4.47　最大值/最小值功能块的时序图

4.3.3 平均值

平均值功能块在设定的时间周期内对模拟量输入计算平均值。该功能块的符号如图 4.48 所示。

平均值功能块的输入端包括启用端 En、复位端 R、模拟量输入端 Ax 和参数端 Par，输出端为 1 个模拟量输出端 AQ。

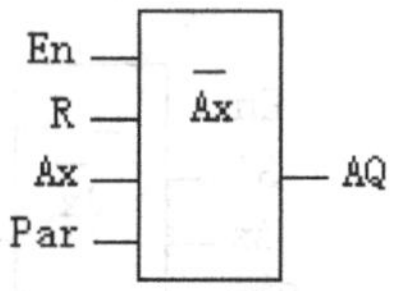

启用端 En：该端的信号状态由 0 变为 1 时，启用平均值功能；状态由 1 变为 0 时，保持模拟量输出值。

复位端 R：该端的信号清除模拟量输出值，使 AQ 变为 0。

图 4.48 平均值功能块

模拟量输入端 Ax：输入的模拟量信号可以是模拟量输入端接收的信号 AI、其他功能块输出的模拟量信号 AQ、模拟量标志 AM 或带模拟量输出的功能块编号等。模拟量输入 AI 的 0～8V 电压信号按比例对应内部数值 0～1000。

参数端 Par：参数包括 St、Sn 和掉电保持。St 是采样时间，可以将时基设为 s（秒）、d（天）、h（小时）或 min（分钟），对应的数值范围为 1～59、1～365、1～23、1～59。Sn 是采样数，与 s（秒）、d（天）、h（小时）、min（分钟）相对应的数值范围为 1～100、1～32767、1～32767、1～6000（小于 5min）或 1～32767（大于 6min）。

模拟量输出端 AQ：在设定的采样时间周期内把模拟量输入端 Ax 的平均值经 AQ 输出。

图 4.49 给出了平均值功能块的时序图。根据设定的采样时间（St=10s）和采样数（Sn=8）获取模拟量输入信号，AQ 端输出模拟量数值的平均值。R 处的高电平信号将 AQ 复位为 0。

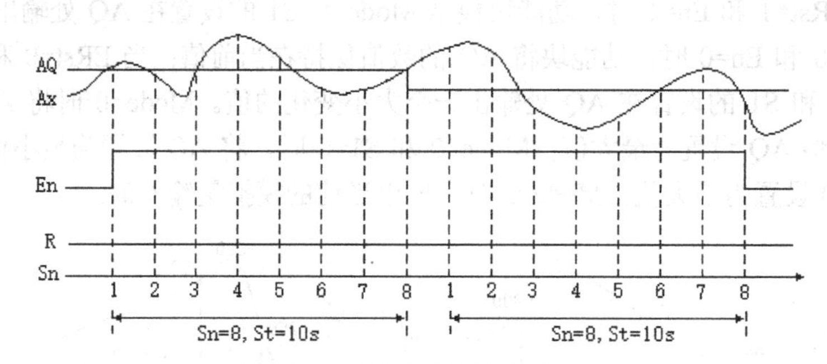

图 4.49 平均值功能块的时序图

4.3.4 浮点型/整型转换器

LOGO!只能处理整数，对于通过采用 S7/Modbus 通信协议网络从外部系统传送的浮点数，LOGO!无法直接进行处理。通过浮点型/整型转换器功能块，可以通过除以分辨率，在数值范围内将浮点型值转换为整型值，之后 LOGO!可以使用这个整型值来处理逻辑。如果需要，可以使用浮点型/整型转换器将结果转换为浮点型值并保存在 VM（Variable Memory adress，可变内存地址）中，同时将浮点型值传送给采用 S7/Modbus 通信协议的外部系统。在参数设置中，需要为输入的浮点型值设置合适的分辨率。

浮点型/整型转换器功能块的符号如图 4.50 所示。

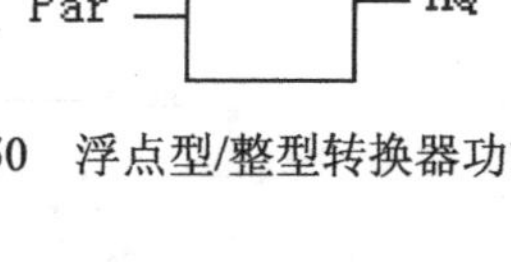

图 4.50 浮点型/整型转换器功能块

浮点型/整型转换器功能块有参数端 Par 和模拟量输出端 AQ。

参数端 Par：包括输入数据的类型、可变内存和分辨率。数据类型有单精度型（32 位单精度浮点数）和双精度型（64 位双精度浮点数）。可变内存是保存在可变内存地址 VM 中的浮点型或双精度型起始地址，单精度型的数值范围为 0～847，双精度型的数值范围为 0～843。分辨率是输出值的除法器，数值范围为 0.001～1000。

模拟量输出端 AQ：模拟量输出值，数值范围为−32768～32767。

功能说明：

通常需要同时使用浮点型/整型转换器和整型/浮点型转换器来完成任务。使用这两个功能块的典型方式有以下几种：

（1）通过网络（基于 S7/Modbus 通信协议）从外部系统传送浮点型值并存储在 VM 中。

（2）使用浮点型/整型转换器对存储在 VM 中的浮点型值进行转换。

（3）使用 LOGO!主机模块处理整数。

（4）使用整型/浮点型转换器将处理结果转换为浮点型值并存储在 VM 中。

（5）将浮点型值传送至外部系统（基于 S7/Modbus 通信协议）。

计算规则：

定义 Q=数据输入/分辨率

对于模拟量输出端 AQ，在 Q 为−32768～32767 时，模拟量输出 AQ=Q；若模拟量输出超出−32768～32767 的范围，则模拟量输出为 32767 或−32768。对于扩展模拟量输出，如果 Q 为−999 999 999～999 999 999 时，则扩展模拟量输出=Q，如果 Q 超出这个范围，模拟量输出为−999 999 999 或 999 999 999。

编程模式下参数设置示例：

Type.　=Float　/输入的类型

VM.　=0　/可变内存地址

Res.　=0.100　/分辨率

参数赋值模式下参数设置示例：

Type.　=Float　/输入的类型

VM.　=0　/可变内存地址

Res.　=0.100　/分辨率

eAq　=0　/扩展模拟量输出

Aq　=0　/模拟量输出

4.3.5 整型/浮点型转换器

利用整型/浮点型转换器功能块，可以通过乘以分辨率在数值范围内将整型值转换为浮点型值，并保存在 VM 中，并通过网络将结果传送给外部系统。在参数设置中，需要为输出的浮点型值设置合适的分辨率。

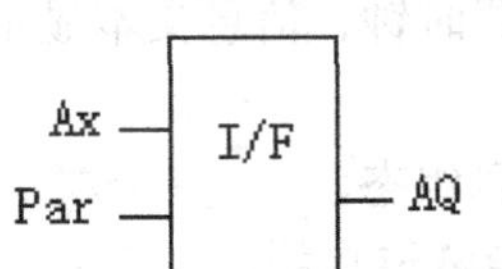

图 4.51　整型/浮点型转换器功能块

整型/浮点型转换器功能块的符号如图 4.51 所示。

整型/浮点型转换器功能块包括输入端 Ax、参数端 Par 和模拟量输出端 AQ。

输入端 Ax：输入的模拟量信号，可以是模拟量输入端接收的信号 AI、其他功能块输出的模拟量信号 AQ、模拟量标志 AM 或带模拟量输出的功能块编号等。模拟量输入 AI 的 0～8V 电压信号按比例对应内部数值 0～1000。

参数端 Par：包括输出数据的类型、可变内存和分辨率。输出数据的类型有单精度型（32 位单精度浮点数）和双精度型（64 位双精度浮点数）。可变内存是保存在可变内存地址中的浮点型或双精度型起始地址，单精度型的数值范围为 0～847，双精度型的数值范围为 0～843。分辨率是输出值的乘法器，数值范围为 0.001～1000。

模拟量输出端 AQ：模拟量输出值，数值范围为-32768～32767。

功能说明：见浮点型/整型转换器功能块。

计算规则：

VM 中的浮点型值=模拟量输入×分辨率。

模拟量输出端 AQ 在连接模拟量输入连接器的情况下，模拟量输出 AQ=模拟量输入；在未连接模拟量输入连接器的情况下，当扩展模拟量输入为-32768～32767 时，模拟量输出=扩展模拟量输入；当模拟量输入超出-32768～32767 的范围时，模拟量输出为 32767 或-32768。

在已经连接模拟量输入连接器的情况下，扩展模拟量输入=模拟量输入；在未连接扩展模拟量输入连接器的情况下，当扩展模拟量输入为-999 999 999～999 999 999 时，模拟量输出=扩展模拟量输入；当模拟量输入超出-999 999 999～999 999 999 范围时，模拟量输出为 999 999 999 或-999 999 999。

编程模式下参数设置示例：

Type. =Float /输入的类型
VM. =0 /可变内存地址
Res. =0.100 /分辨率
eAx =0 /扩展模拟量输入

参数赋值模式下参数设置示例：

Type. =Float /输入的类型
VM. =0 /可变内存地址
Res. =0.100 /分辨率
eAx =0 /扩展模拟量输入
eAq =0 /扩展模拟量输出
Aq =0 /模拟量输出

4.4 LOGO!面板操作

面板有 6 大功能：创建程序、设置参数、监控运行状态、设置时钟、信息文本显示和操作存储卡，如图 4.52 所示。

编辑程序：启动/停止程序、清除程序、为程序加密、修改消息组态。

设置参数：运行过程中修改功能块参数，编程时可以开放或隐藏该功能。

监控运行状态：数字量输入/输出、模拟量输入/输出、标志位。

设置时钟：修改日期、设置实时时钟、进行冬令时和夏令时的切换、同步功能

（EIB/KNX 通信）。

信息文本显示：作为小型文本显示器，显示文本、变量数值或状态。

操作存储卡：实现程序在 LOGO!和存储卡之间的传送（为 LOGO!添加附加保护功能）。

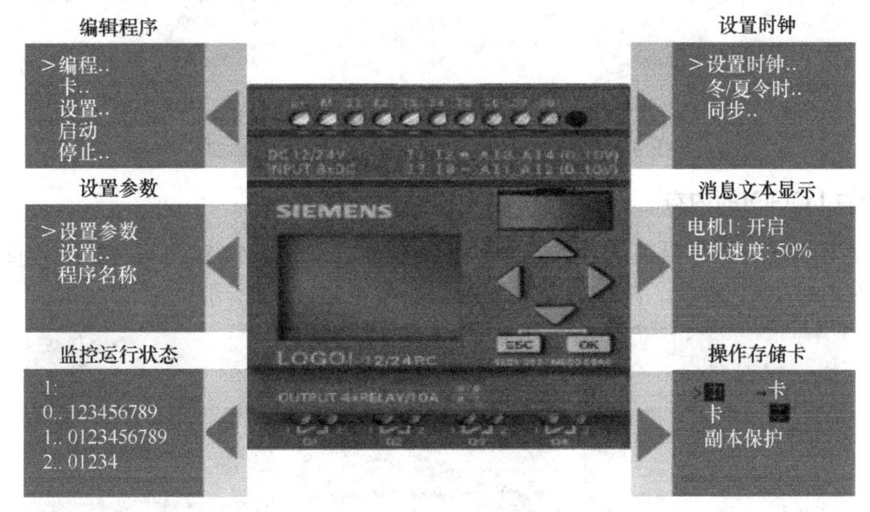

图 4.52　LOGO!面板功能

4.4.1　创建程序

创建程序的过程包括编辑程序、编辑名称、设置模拟量输出信号类型等，编辑程序、编辑名称已在 2.7.1 节有所介绍，这里不再重复。

1．设置模拟量输出信号类型

在编程菜单下选择编辑菜单，通过上下键选择 AQ 进入模拟量输出类型进行设置，如图 4.53（a）和（b）所示。在图 4.53（c）所示的 AQ 类型界面中，选择相应的类型。

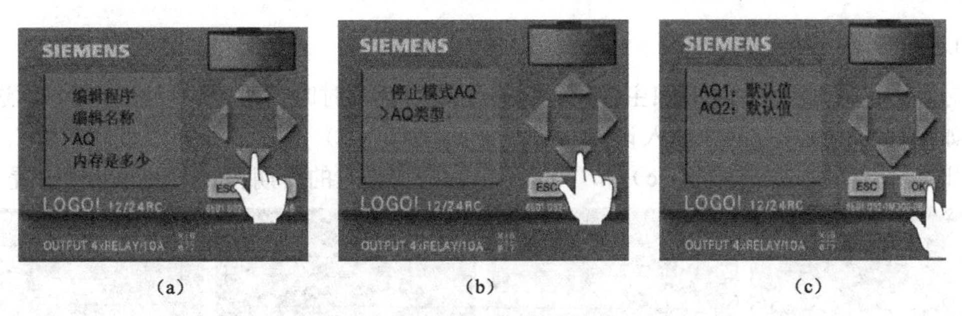

图 4.53　模拟量输出类型设置界面

2．设置停止模式下模拟量的输出值

在编程菜单下选择编辑菜单，进入图 4.53（b）所示的界面，选择停止模式 AQ，如图 4.54（a）所示。停止模式 AQ 画面中有“已定义”和“最后一个”两个选项，如图 4.54（b）所示。“已定义”选项可以为模拟量输出值设定特定值，“最后一个”选项表示模拟量输出值保持其最后值，如图 4.54（b）和（c）所示。

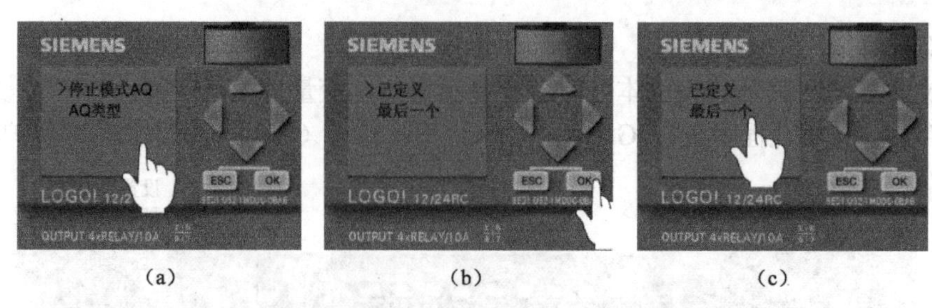

(a) (b) (c)

图 4.54 停止模式下模拟量的输出值设置画面

3. 查看 LOGO!的内存

在编程菜单下选择编辑菜单，选择“内存是多少”，如图 4.55（a）所示，可查看内存的情况，如图 4.55（b）所示。没有内存时的画面如图 4.55（c）所示。

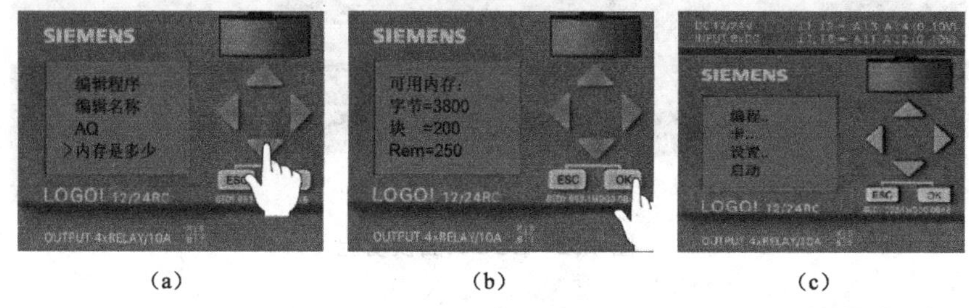

(a) (b) (c)

图 4.55 LOGO!内存查看画面

修改程序、清除程序、保护程序、设置密码、运行程序、停止程序、监控运行状态已在 2.7.1 节介绍。

4.4.2 设置时钟

时钟设置包括设置时钟、冬/夏令时、同步三项参数。一些国家有冬/夏令时制度，随白天时间的加长对时间进行变更，LOGO!可以满足这一要求。

1. 时钟的设置

对含有实时时钟的 LOGO!主机模块，在需要设置实时时钟时，可以在主菜单下选择设置，如图 4.56（a）所示。进入设置菜单，如图 4.56（b）所示，选择“设置时钟”，进入“设置时钟”界面，如图 4.56（c）和（d）所示，根据当时的日期和时间进行时钟设置。

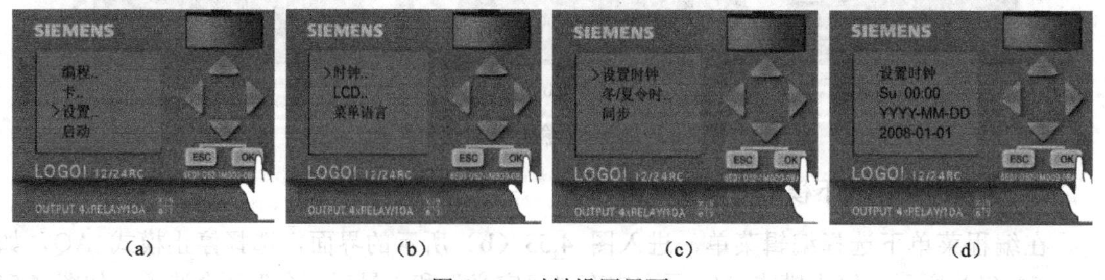

(a) (b) (c) (d)

图 4.56 时钟设置界面

2. 同步

LOGO!主机与通信模块 EIB/KNX 相连时，可以启用或禁用 LOGO!主机与通信模块

EIB/KNX 时间上的同步。在主菜单下选择设置项，进入设置菜单，如图 4.56（a）和（b）所示。在时钟选项里选择“同步”，进入图 4.57（a）所示的界面。按下 OK 键，进入图 4.57（b）所示的界面，光标指向“开”，按下 OK 键完成同步设置。

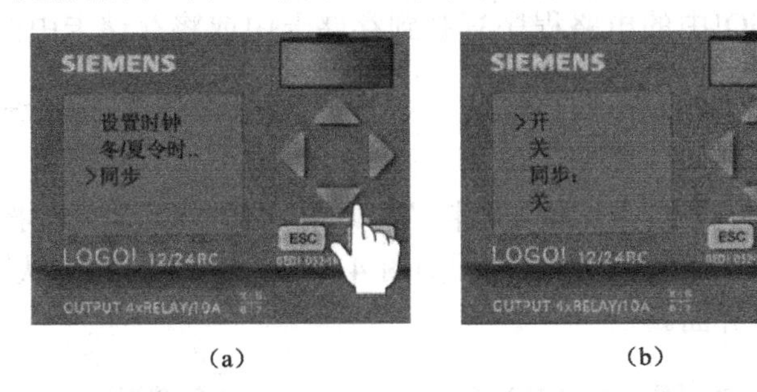

（a）　　（b）

图 4.57　同步设置界面

4.4.3　设置 LCD 显示屏

在主菜单下选择设置项，进入设置菜单，如图 4.56（a）和（b）所示。将光标“>”指向“LCD..”，如图 4.58（a）所示。按下 OK 键，进入图 4.58（b）所示的界面，对“对比度”和“背光”进行设置，图 4.58（c）和（d）所示为“对比度”设置界面。

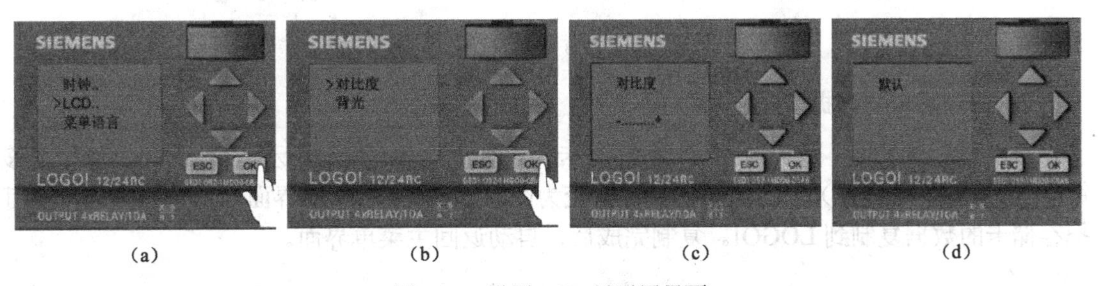

（a）　　（b）　　（c）　　（d）

图 4.58　设置 LCD 显示屏界面

4.4.4　设置菜单语言

在主菜单下选择设置项，进入设置菜单，如图 4.56（a）和（b）所示。将光标“>”指向“菜单语言”，如图 4.59（a）所示。按下 OK 键，进入图 4.59（b）和（c）所示的界面，对菜单语言进行设置，CN 为中文，EN 为英文，按下 OK 键确认。

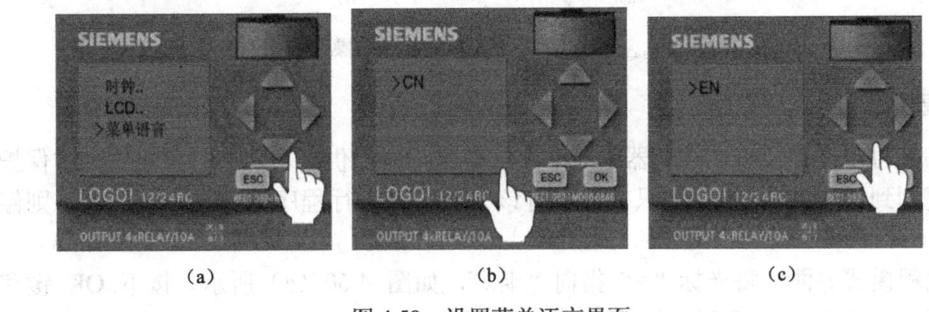

（a）　　（b）　　（c）

图 4.59　设置菜单语言界面

4.4.5　操作存储卡

LOGO!存储卡和 LOGO!电池卡为 LOGO!提供了 32KB 的存储空间。当把存储卡安装到 LOGO!时，可以将 LOGO!中的电路程序复制到存储卡中或将存储卡中的电路程序复制到 LOGO!中。

1. 把 LOGO!的数据复制到存储卡

在编程模式界面，将光标“>”指向“卡..”，如图 4.60（a）所示。按下 OK 键，进入图 4.60（b）所示的界面，按下确认键，界面如图 4.60（c）所示，按确认键即可复制。复制完成后，自动返回主菜单界面。

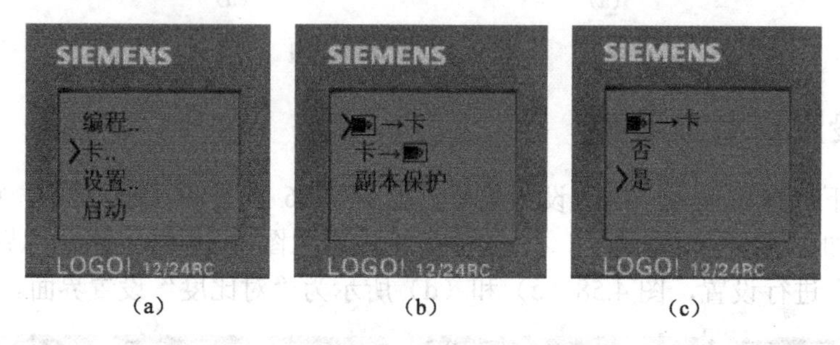

(a)　(b)　(c)

图 4.60　LOGO!到存储卡复制数据操作界面

2. 把存储卡的数据复制到 LOGO!

在编程模式界面，将光标“>”指向“卡..”，如图 4.60（a）所示。按下 OK 键和下移键，界面如图 4.61（a）所示。按确认键，变为图 4.61（b）所示的界面，再按确认键，即可把存储卡的数据复制到 LOGO!。复制完成后，自动返回主菜单界面。

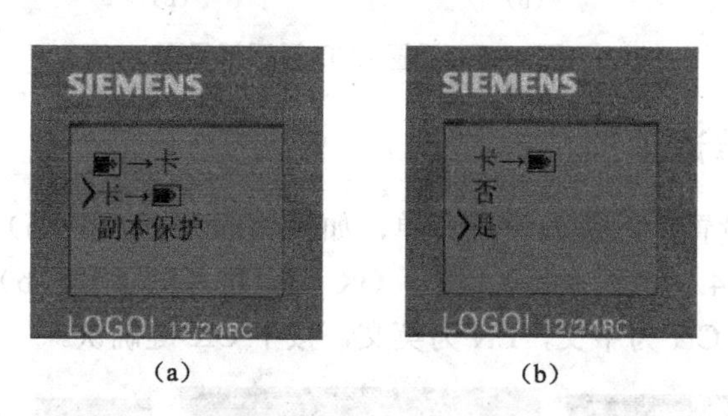

(a)　(b)

图 4.61　存储卡到 LOGO!复制数据操作界面

3. 副本保护

LOGO!可以为存储卡、存储器电池卡上的电路程序提供副本保护。将设置副本保护卡中的程序复制到 LOGO!主机后，只有在插有该卡后才可运行程序。如果将卡拔出，则停止运行程序。

在编程模式界面，将光标“>”指向“卡..”，如图 4.60（a）所示。按下 OK 键和下移键，界面如图 4.62（a）所示。按确认键，进入图 4.62（b）所示的界面的副本保护菜单。按向下键，使光标位于图 4.62（c）所示界面的位置，按下确认键。

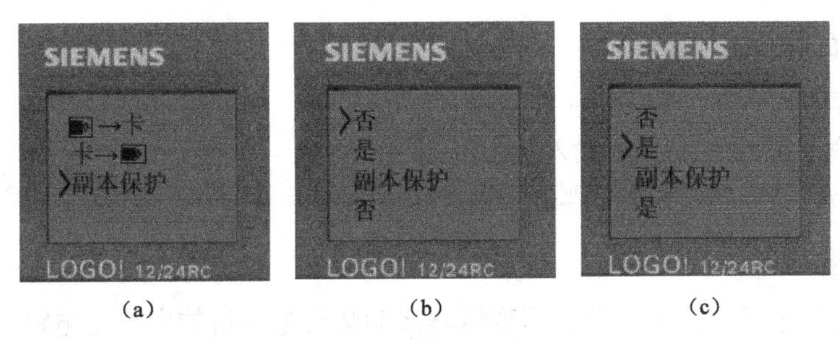

(a)　(b)　(c)

图 4.62　副本保护操作界面

4.5　特殊功能指令应用实验

4.5.1　1 台自耦变压器分时降压启动 2 台电动机

1．实验目的

（1）巩固采用 LOGO!进行控制的方法和步骤。

（2）掌握 LOGO!输入/输出线路图的设计方法。

（3）巩固基本功能块的用法，学会采用特殊功能块（定时器功能块）进行编程。

（4）熟悉在 LOGO!主机上输入程序和运行程序的方法。

2．实验内容

采用 1 台自耦变压器分时降压启动 2 台电动机，参照图 3.23 所示的主电路和图 3.24 所示的控制线路，分别对如下 2 种情况进行实验。

（1）启动和停止 2 台电动机的任意 1 台电动机，2 台电动机不可同时运行。

（2）在启动第 1 台电动机之后再启动第 2 台电动机，可分别停止 2 台电动机。

（3）如果启动按钮、停止按钮和热继电器均采用常开触点，重复实验内容的（1）和（2）。

3．实验中使用的设备及相关电器材料

根据电动机容量的大小确定相关电器的容量。

（1）小容量三相异步电动机 2 台。

（2）三极空气开关 1 个。

（3）双极空气开关 1 个。

（4）交流接触器 5 个。

（5）热继电器 2 个。

（6）按钮 4 个。

（7）LOGO!主机 LOGO!230RCE。

4．实验需要重点掌握的知识

（1）LOGO!的输入/输出点安排及其控制线路。

（2）基本功能指令、定时器功能块及其用法。

（3）功能块程序的编制方法。

5．实验前的准备工作

（1）根据要求写出实验步骤。

（2）安排输入/输出点，画出输入/输出线路图。

（3）编制出实验程序，以便实验过程中进行验证。

6．实验报告内容

（1）画出实验过程中采用 1 台自耦变压器启动 2 台电动机的电气主电路。

（2）画出 LOGO!输入/输出线路图。

（3）写出实验过程。

（4）给出实验过程中的程序并加以分析。

（5）对实验过程中所出现的问题进行分析并给出解决的思路。

（6）写出从硬件和软件上防止自耦变压器同时启动 2 台电动机的措施。

（7）对实验内容（1）、（2）的方法和（3）的方法进行比较。

4.5.2 水箱水位控制

1．实验目的

（1）熟悉采用 LOGO!进行控制的方法和步骤。

（2）掌握 LOGO!输入/输出线路图的设计方法。

（3）巩固基本功能块的用法，学会采用定时器功能块、锁存继电器进行编程。

（4）掌握在 LOGO!主机上输入程序的方法。

（5）学会使 LOGO!进入运行状态和停止状态的操作方法。

（6）学会在 LOGO!上观察运行情况的方法。

2．控制要求

通过 1 台水泵或控制 1 个电磁阀向水箱内注水。为了保证水箱内水位在最低水位和最高水位之间，通过液位浮球开关自动控制水泵的启动和停止，或者控制进水管电磁阀的通断。水箱水位控制工艺图如图 4.63 所示。液位浮球开关（BG）放置于水箱内，当水箱内的水位为低水位时，BG 内部的一对常开点闭合，控制水泵或者电磁阀动作，开始向水箱注水，液位浮球开关围绕固定点随之向上漂浮；当浮球开关漂浮到高水位时，原来闭合的一对常开点断开，液位浮球开关内部的另一对常开触点接通，控制水泵停止或关闭电磁阀，停止向水箱注水。

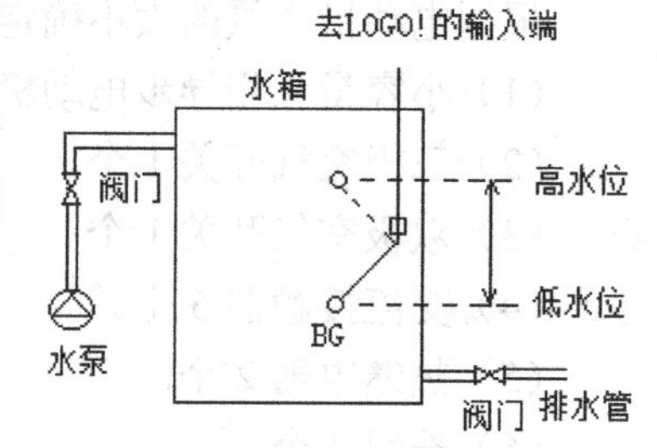

图 4.63 水箱水位控制工艺图

控制要求：

（1）既可通过液位浮球开关实现水箱水位的自动控制，又可通过按钮控制水泵或电磁阀，进而控制水位，通过转换开关进行 2 种控制方式的切换。

（2）水位到达高水位时经 30s 后方可动作，水位到达低水位时经 1min 后动作。

（3）启动按钮、停止按钮均采用常开触点。

3．实验内容

（1）根据控制要求设计出控制线路。

（2）编写出满足要求的功能块图。

（3）把程序输入 LOGO!。

（4）让 LOGO!处于运行状态，验证设计的正确性。

（5）如果所做的设计不符合控制要求，请找出问题并更正，直到满足控制要求为止。

（6）如果停止按钮采用常闭触点，画出 LOGO!的输入/输出线路图，编制相应的程序并加以验证。

4．实验中使用的设备及相关电器材料

根据电动机容量的大小确定相关电器的容量。

（1）1 台小型水泵或 1 个电磁阀。

（2）2 个双极空气开关。

（3）1 个交流接触器。

（4）1 个热继电器。

（5）2 个按钮。

（6）1 个转换开关。

（7）LOGO!主机 LOGO!230RCE。

5．实验需要重点掌握的知识

（1）LOGO!的输入/输出点安排及其控制线路。

（2）基本功能指令、定时器功能块、锁存继电器等指令的用法。

（3）功能块图的编制方法。

6．实验前的准备工作

（1）根据要求写出实验步骤。

（2）安排输入/输出点，画出输入/输出线路图。

（3）编制出实验程序，以便在实验过程中进行验证。

7．实验报告内容

（1）画出 LOGO!输入/输出线路图。

（2）写出实验过程。

（3）给出实验过程中的程序并加以分析。

（4）对实验过程中所出现的问题进行分析并给出解决的思路和方法。

本 章 小 结

本章介绍了 LOGO!的模拟量特殊功能块，并通过应用示例加以说明，以便读者加深理解和尽快掌握。这些指令加强了 LOGO!的功能，拓展了其应用范围。同时本章对功能块杂项、LOGO!8 增加的部分指令进行了介绍。LOGO!的程序编辑可以通过主机的操作显示面板进行，在 2.7 节和 3.4 节已有介绍，但不够全面，本章进行了补充和完善，并通过实验来加强。

表4.9和表4.10总结了本章的各种模拟量特殊功能块和功能块杂项，使读者一目了然。表4.11对LOGO!8增加的部分指令进行了归纳。

表4.9 LOGO!模拟量特殊功能块指令

功能块名称	编 程 符 号	功 能 说 明
模拟量比较器	B001；输入：Ax、Ay、Par；符号：ΔA；输出：Q On=0 Off=0 Gain=1.0+ Offset=0 Point=0	根据模拟量输入Ax和Ay的差及两个可预设的阈值使输出置位或复位。如果差值超过了参数化的接通阈值，则输出Q接通；如果差值低于参数化的关断阈值，则输出Q关断
模拟量阈值触发器	B001；输入：Ax、Par；符号：/A；输出：Q Gain=1.0+ Offset=0 On=0 Off=0 Point=0	根据模拟量输入信号和两个可预设的阈值使输出置位或复位。当Ax的值超过设定的接通阈值时，输出置1；当Ax的值低于设定的关断阈值时，输出置0
模拟量偏差值触发器	B001；输入：Ax、Par；符号：/A、Δ；输出：Q Gain=1.0+ Offset=0 On=0 Delta=0 Point=0	根据可以预设的阈值On和差值Delta置位和复位输出。当输入Ax的值大于或等于On时，输出Q等于1；当Ax的值等于On+Delta时，输出Q等于0。Delta的值可以为正，也可以为负
模拟量监视器	B001；输入：En、Ax、Par；符号：A、±Δ；输出：Q Delta1=0+ Delta2=0 Gain=1.0 Offset=0 Point=0	输入En从0变为1时，保存此时的模拟量输入值Ax（这个过程变量值称为Aen）。如果Ax的实际值超出上限（Aen+Δ1）和下限（Aen−Δ2）范围，则输出Q置位；如果Ax的实际值在上限（Aen+Δ1）和下限（Aen−Δ2）的范围内，或者使能端En处的信号为低电平，则输出Q复位
模拟量放大器	B001；输入：Ax、Par；符号：A→、▷；输出：AQ Gain=1.0+ Offset=0 Point=0	把Ax端获取的模拟量信号值乘以增益，然后与偏移值相加，在AQ处输出，即AQ=Ax×增益Gain+偏移Offset。模拟量输出只能处理0～1000范围内的数值
模拟量斜坡函数发生器	B001；输入：En、Sel、St、Par；符号：A→；输出：AQ Gain=1.0+ Offset=0 Point=0 Rate=10+ MaxL=1000 StSp=0 L1=0 L2=0	输入En端的“1”状态启动斜坡函数，先使参数化值的StSp+Offset输出到AQ端100ms的时间，然后以参数化的速率启动斜坡操作，使输出变化至电平1或电平2（Sel=0→电平1；Sel=1→电平2）。St输入端的“1”状态会使输出值AQ以参数化的速率降低到StSp+Offset，并保持100ms后关断。当En的状态由1变为0时，会使当前电平立即设置为Offset，使输出AQ等于0。模拟量输出AQ=(当前电平值−偏置Offset)/增益Gain

（续表）

功能块名称	编程符号	功能说明
模拟量多路复用器	B001 En S1 S2 Par —AQ V1=0+ V2=0 V3=0 V4=0 Point=0	输入 En 从 0 变为 1 时，根据 S1 和 S2 的值在输出 AQ 处输出 4 个预设的模拟量值（V1～V4）之中的一个；如果 En 未置位，该功能块将在输出 AQ 处输出模拟量值 0
PI 控制器	B001 A/M R PV Par —AQ1 Rem=on Gain=1.0+ Offset=0 Sp=0 Mq=0 KC=1.0 TI=00:00mm Dir=+ Point=0	自动/手动模式设置端 A/M 为 1 时为自动模式，为 0 时为手动模式。通过复位端 R 的信号使输出 AQ 复位。R=1 时，输入 A/M 被禁用，输出 AQ 为模拟量值 0。过程变量 PV 为被控量（反馈量）。控制器参数 Par 包括 SP（给定）、比例放大倍数 KC、积分时间 TI、控制器的作用方向 Dir、手动模式时输出 AQ 的值 Mq、增益 Gain、偏置 Offset、小数点后的位数 Point 等
模拟算术运算	B001 En Par —AQ V1=0+ V2=0 V3=0 V4=0 Pint=0 ((V1+V2)+V3)+V4	可以计算由用户定义的运算数和运算符构成的方程式的值并由 AQ 输出。En 为 1 时启用模拟算术运算功能块。En 为 0 时，可以选择 AQ 输出为 0 或保持上一个数值。运算符有+、−、×、÷这 4 个标准运算符，将 4 个运算数和 3 个运算符组合在一起构成一个方程式从而进行计算
脉宽调制器	B001 En Ax Par —Q RangMax=1000 RangMin=0 00: 00s+	将模拟量输入值 Ax 调制为受脉冲影响的数字量输出信号，脉冲宽度与模拟量值 Ax 成正比。使能 En 为 1 时启用该功能块。根据 Ax 的实际值与模拟量值范围的比例在每个时间周期内使输出 Q 置位一定时间后复位

表 4.10　LOGO!其他功能块指令

功能块名称	编程符号	功能说明
移位寄存器	B001 In Trg Dir Par >> —Q1 Q=S1 Rem=off	在触发输入端 Trg 的信号出现上升沿时，启动移位寄存器功能，读取 In 端的数据。Dir=0 时向上移位（S1>>S8），Dir=1 时向下移位（S8>>S1）。参数端 Par 用于确定输出 Q 值的移位寄存器位。输出端 Q 值与配置的移位寄存器位一致
软开关（软键）	B001 En Par —Q1 Rem=off Swich=off+	使能端 En 的信号从 0 跳变到 1 并且在参数分配模式下确认了开关为开通状态，则置位输出 Q。参数 Par 包括编程模式下的参数和运行模式（参数分配模式）下的参数，以及接通或关断状态

（续表）

功能块名称	编 程 符 号	功 能 说 明
信息文本显示器	B001 En P Par Q1 Prio=0 Quit=off	使能端 En 的信号从 0 跳变到 1 时将触发信息文本的输出，LOGO!显示面板上将显示已经配置了参数值的信息文本（通过安装在计算机上的 LOGO!Soft Comfort 进行信息文本设置）。参数 Par 包括信息文本和字符集类型

表 4.11 LOGO!8 增加的部分指令

功能块名称	功 能 符 号	功 能 说 明
模拟量滤波器	Ax Par Ax AQ	按照设置的采样数 Sn 对模拟量输入信号 Ax 进行平均处理，并经模拟量输出端 AQ 输出
最大值/最小值	En S1 Ax Par Ax AQ	对模拟量输入信号 Ax 的最大值和最小值进行记录，根据所做的配置，将最小值、最大值或当前值输出到 AQ。En 端的信号使 AQ 端输出一个模拟量数值，具体数值由参数 ERst 和 Mode 决定。只有把参数 Mode 设置为 2 时，输入 S1 才生效
平均值	En R Ax Par Ax AQ	在设定的时间周期内对模拟量输入 Ax 计算平均值，并经 AQ 输出。En 端的状态由 0 变为 1 时，启用平均值功能，状态由 1 变为 0 时，保持模拟量输出值。R 端的信号清除模拟量输出值，使 AQ 变为 0
浮点型/整型转换器	F/I Par AQ	采用 S7/Modbus 通信协议网络从外部系统传送的浮点数，通过浮点型/整型转换器功能块，将浮点型值转换为整数型值
整型/浮点型转换器	Ax Par I/F AQ	通过乘以分辨率在数值范围内将整数型值转换为浮点型值，并保存在 VM（可变内存地址）中，通过网络将结果传送给外部系统

习 题 4

1．某焊接车间内的通风装置使用 1 台电压控制式风扇进行空气调节。当开关 SF1 处于“手动”位置时，可通过转换开关 SF2 使风扇以预先设定的 3 挡速度之一运转。当转换开关 SF2 在“1”位时，风扇电压为 2V；当转换开关 SF2 在“2”位时，风扇电压为 5V；当转换开关 SF2 在“3”位时，风扇电压为 8V。而开关 SF1 处于“自动”位置时，可通过传感器输出的 0～10V 电压信号自动控制风扇的运行状态，使风扇在预设的范围内动作。采用 LOGO!进行控制，设计输入/输出线路图，编写满足要求的程序。

2．某压力报警系统通过压力传感器检测压力，压力传感器检测压力的范围为 0～1.0MPa，对应输出 0～10V 的电压信号。当压力达到 0.8MPa 时，声光报警器得电，发出报警信号；当压力低于 0.6MPa 时，报警减除。报警期间，工作人员按下报警减除按钮，声光报警器熄灭。在压力恢复正常后，按下复位按钮，报警系统正常工作。请用 LOGO!实现控制要求。

3．某料仓通过两条传送带进行灌装，1 号传送带电机由变频器供电，控制要求如下。

（1）按下按钮 SF1 时，变频器 TA1 的输出频率随控制电压的增大而增大，在按钮 SF1 按下 2s 后，控制电压从 0V 逐渐上升到 5V，1 号传送带以 1 挡速度运行。在控制电压为 2V 时，2 号传送带开始启动。

（2）按下按钮 SF2 时，1 号传送带以 2 挡速度运转，其控制电压为 9.5V。

（3）按下按钮 SF3 时，控制电压逐渐降为 0V，1 号传送带缓慢停止。1 号传送带停止时，2 号传送带也停止。

（4）控制电压值的变化为每秒 30 个步距。

（5）按钮 SF4 为急停按钮，按下该按钮，2 条传送带立即停止。

（6）当按下按钮 SF3 时，必须在 1 号传送带停止运行后，方可重新启动。

请用 LOGO!实现控制，安排输入/输出点，画出控制线路，编写相应的程序。

4．建筑物的采暖通过热水循环泵把热量送入其中。某居民小区的换热站有 3 台热水循环泵，其启停控制随着气温的变化而自动进行，3 台泵采用 2 用 1 备的工作方式，正常运行时最多只有 2 台循环泵运行。当气温较高时，1 台泵即可满足要求；当气温变低时，如果 1 台泵不能满足要求，则自动启动第 2 台泵。第 1 台循环泵由变频器供电，其余 2 台工频运行，通过转换开关选择 2 台工频泵中的 1 台。设置变频器的下限频率为 30Hz，要求保持换热站内换热机组的出水温度和回水温度之差为 15℃。当气温升高时，热用户的用热量减少，循环泵减速；当气温降低时，热用户的用热量增加，循环泵加速。一旦变频器运行频率达到最大值，第 1 台循环泵就以最高速度运行，并开始启动第 2 台循环泵。当变频器运行在下限频率时，自动停止第 2 台循环泵。请用 LOGO!实现控制。

实践、认识、再实践、再认识，这种形式，循环往复以至无穷，而实践和认识之每一循环的内容，都比较地进到了高一级的程度。

——毛泽东

第 5 章　编程软件

本章重点介绍 LOGO!的编程软件，以便能够通过计算机实现创建程序，离线仿真，程序的下载、在线测试和上传，文档记录等。

本章学习目标：

（1）学会使用 LOGO!Soft Comfort 编程软件，重点掌握通过编程软件进行程序编辑和离线仿真。

（2）掌握程序的下载、在线测试和上传。

（3）学会利用编程软件建立程序、保存程序和打开程序，了解其他相关操作。

5.1　编程软件 LOGO!Soft Comfort 介绍

LOGO!Soft Comfort 是专门用于在 PC 上编辑 LOGO!用户程序的软件。其主要功能包括：采用功能块图和梯形图编写程序、离线仿真程序、生成和打印电路程序的概览图、PC 和 LOGO!间双向传送程序、设置 LOGO!的时间、在线测试、文档记录。该软件可以通过登录西门子网站进行下载。

5.1.1　下载编程软件

LOGO!Soft Comfort 软件具有 Linux、Mac 和 Windows 三个操作系统版本，用户可根据所使用的操作系统选择相应的安装程序。其中，当操作系统类型为 Windows 时，操作系统类型与 LOGO!Soft Comfort 软件版本的对应关系如表 5.1 所示。

表 5.1　LOGO!Soft Comfort 软件版本与操作系统的兼容性

操作系统类型	软件版本	操作系统版本
Windows	V8.2	Win10、Win8、Win7、Windows XP
	V8.1.1	
	V8.1.0	
	V8	Win8、Win7、Windows XP
	V7.0	Win7、Windows XP、Windows Vista、Windows 98、Windows NT 4.0、Windows Me、Windows 2000
	V6.0	Windows XP、Windows Vista、Windows 98、Windows NT 4.0、Windows Me、Windows 2000

LOGO! Soft Comfort V8 是绿色版，无须安装，双击程序运行即可。步骤如下：

（1）单击相关链接下载 LOGO!Soft Comfort V8（Windows）完整版软件。

（2）此版软件为绿色版本（指不用安装），解压缩，直接打开完整安装软件包，根据操作系统版本，选择相应文件夹（Windows），单击应用程序运行即可，如图 5.1 及图 5.2 所示。

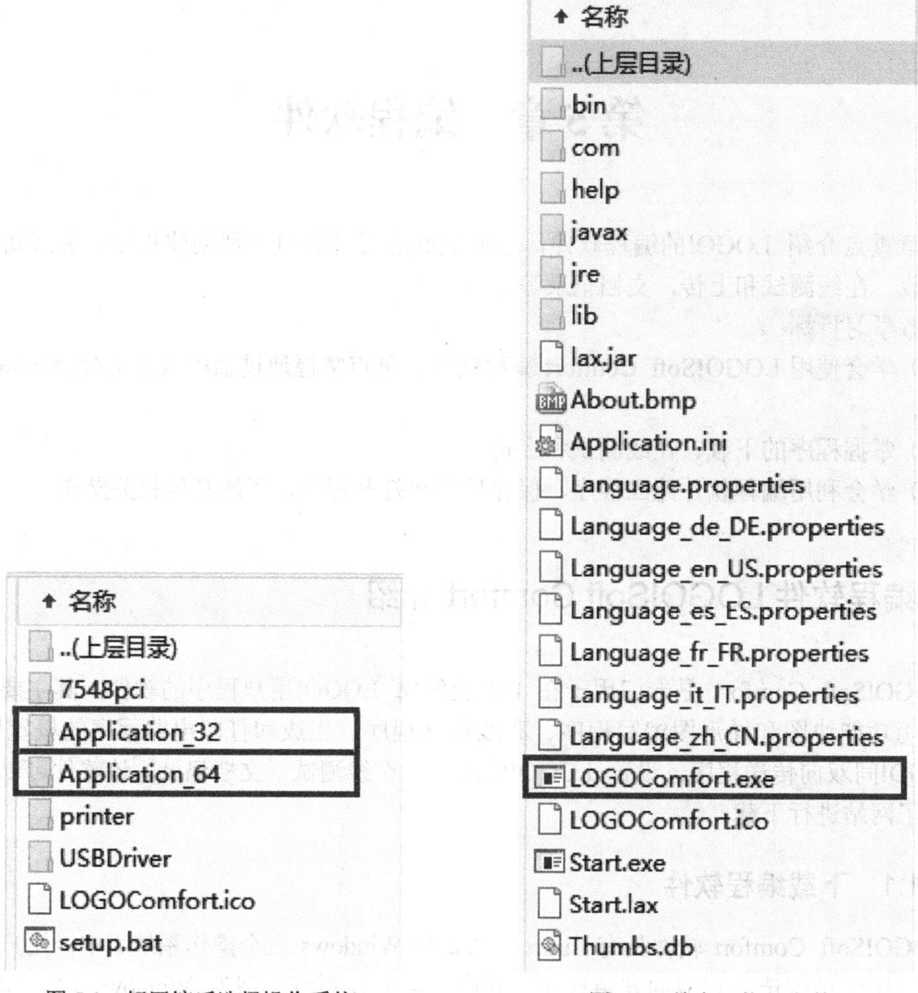

图 5.1　解压缩后选择操作系统　　　　图 5.2　单击可执行文件

5.1.2　编程软件界面介绍

LOGO!Soft Comfort V8.2 的编程界面如图 5.3 所示，有 Diagram Mode（电路图模式）和 Network Project（网络项目）两种模式，可根据需要进行选择。在 Diagram Mode 下，显示界面包括菜单栏、标准工具栏、指令树、编程区等部分。

1. 菜单栏

菜单栏位于顶部，如图 5.4 所示。这里有编辑和管理程序的各种命令，包括“File”（文件）、“Edit”（编辑）、“Format”（格式）、“View”（查看）、“Tools”（工具）、“Window”（窗口）和“Help”（帮助）。

在菜单栏中单击“Tools”（工具），出现图 5.5 所示的界面。再单击“Options”（选项），出现语言选择界面，如图 5.6 所示，在此界面中选择中文。

退出当前界面，重新进入编程软件，则变为图 5.7 所示的中文界面。

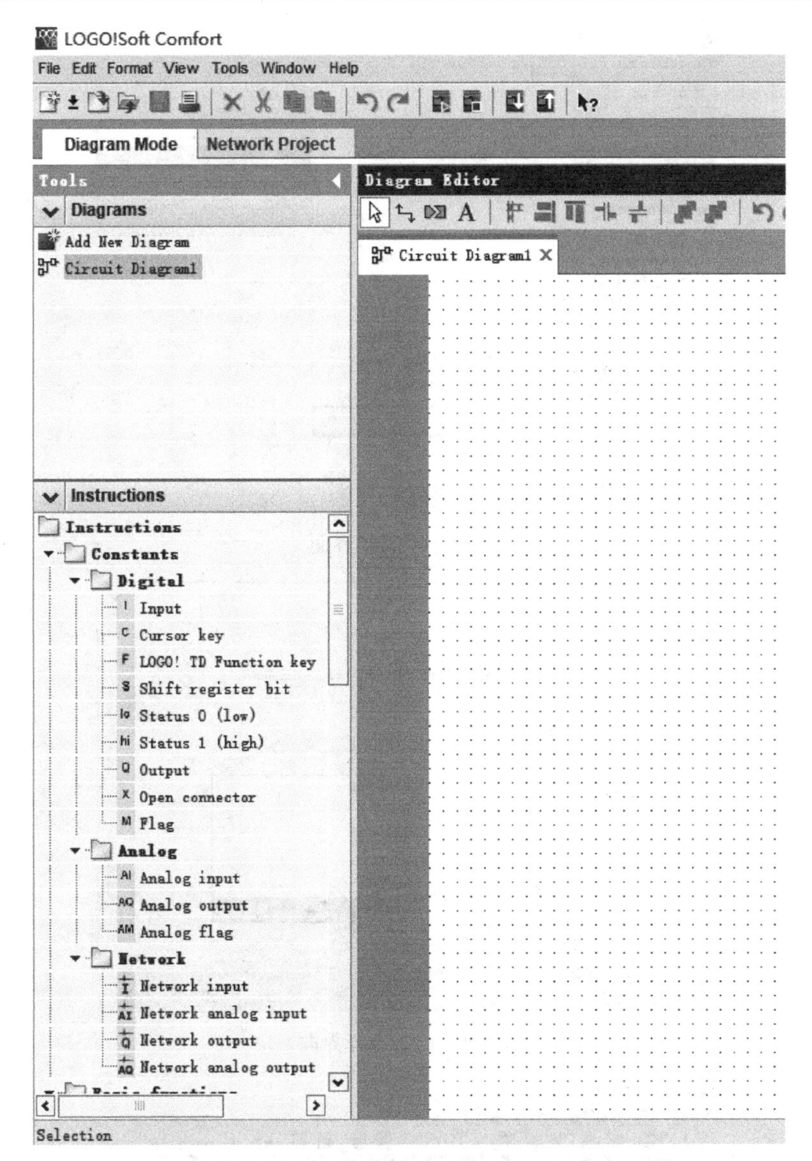

图 5.3　LOGO!Soft Comfort V8.2 的编程界面

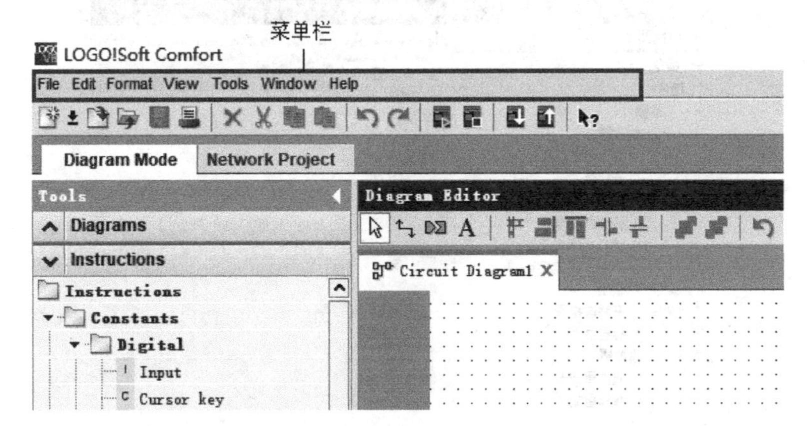

图 5.4　菜单栏界面

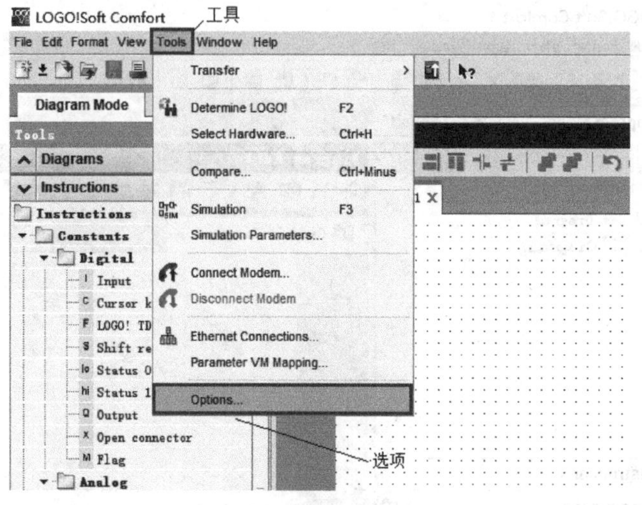

图 5.5　工具栏界面

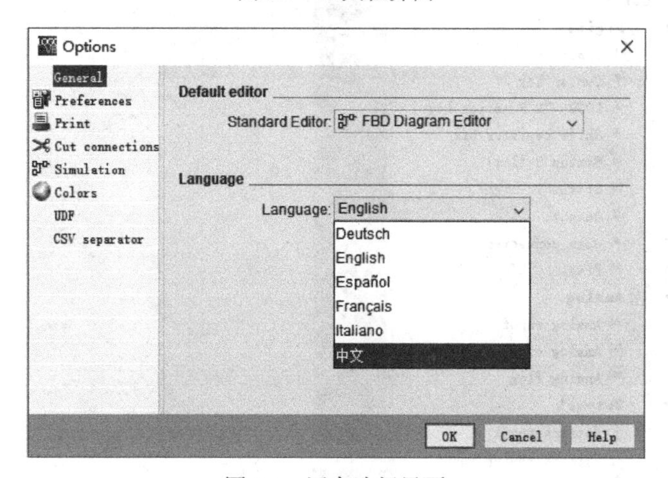

图 5.6　语言选择界面

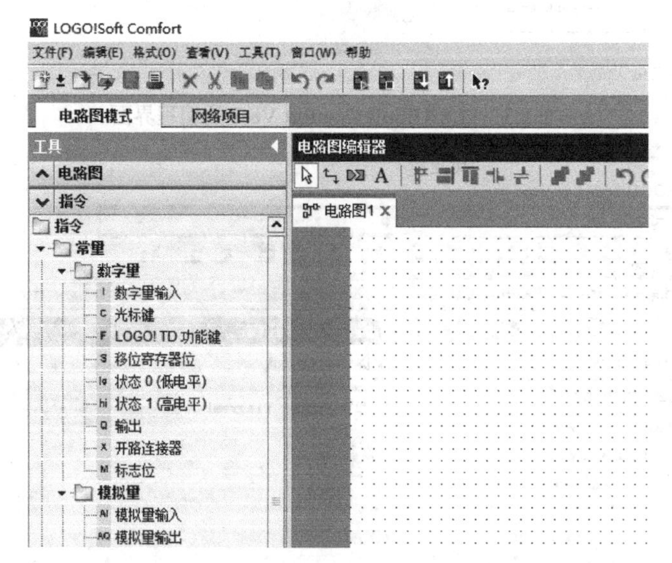

图 5.7　中文界面

2. 标准工具栏

标准工具栏位于菜单栏的下方，如图 5.8 所示。该栏的命令用于新建程序、打开程序、保存程序、打印程序、使 LOGO!运行/停止、向 LOGO!传送各种电路程序、从 LOGO!传送电路程序等。

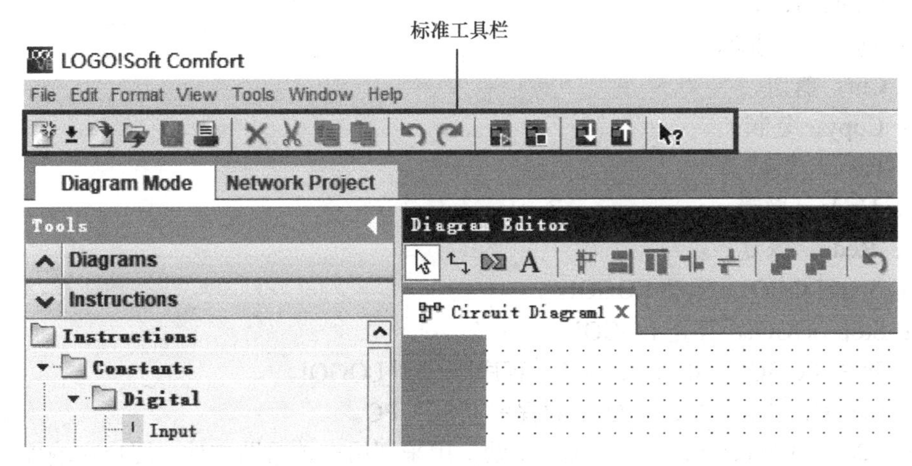

图 5.8　标准工具栏

在图 5.8 所示的标准工具栏内，各命令的功能如下。

：New，新建文件。

：从 FBD（Function Block Diagram，功能块图）、LAD（Ladder Diagram，梯形图）和 UDF（User Defined Function，用户自定义功能块）中进行选择，如图 5.9 所示。一般采用功能块图编程。UDF 将重复的时序控制创建为函数和库，便于轻松地移植到其他项目程序中。可以将电路程序作为一个单独的 UDF 功能块保存起来，并可在 UDF 或 FBD 编辑的程序中进行调用。

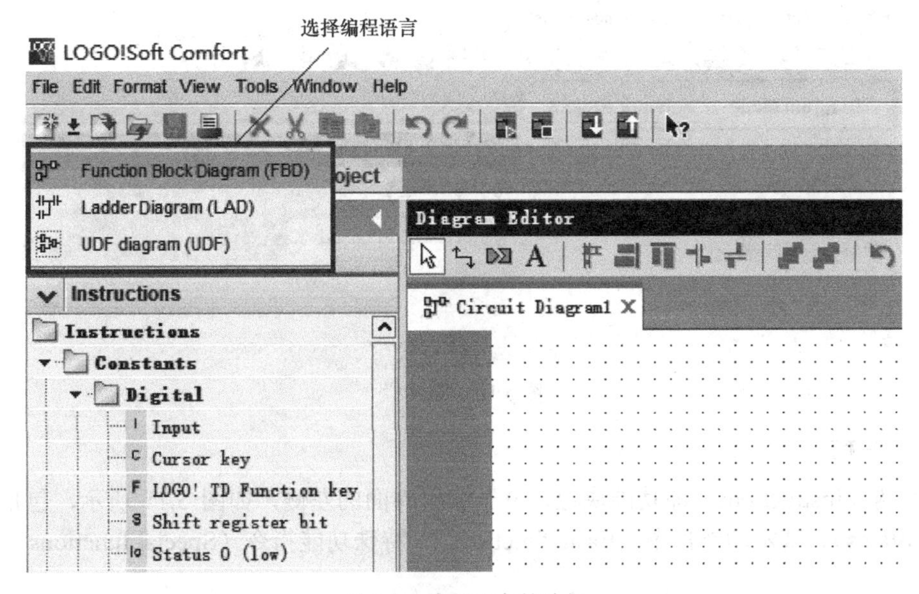

图 5.9　编程语言的选择

：Open，打开一个已创建的程序。

：Close，关闭激活的窗口。如果尚未保存当前的程序，则系统会提示保存。

：Save，保存。当初次保存新创建的程序时，将打开一个窗口，从中可以指定所保存程序的路径和文件名。

：Print，打印。

：Delete，删除。

：Cut，剪切。

：Copy，复制。

：Paste，粘贴。

：Undo，撤销。

：Redo，恢复。

：Start LOGO!，启动 LOGO!。

：Stop LOGO!，停止 LOGO!。

：PC→LOGO!，将 PC 中创建的程序下载到 LOGO!。

：LOGO!→PC，将 LOGO!中的程序上传到 PC。

：Context-Sensitive Help，关联帮助，用来调用有关帮助文件。用户在编程过程中如有疑问，可使用该功能查看相关信息。先单击该命令，然后单击某对象，将打开一个包含该对象相关信息的窗口。熟练使用该功能，会帮助用户更快、更好地掌握软件编程。

其中，这 4 个命令应用得最多。

3. 模式栏

在 Diagram Mode（电路图模式）和 Network Project（网络项目）中选择编程模式，如图 5.10 所示。

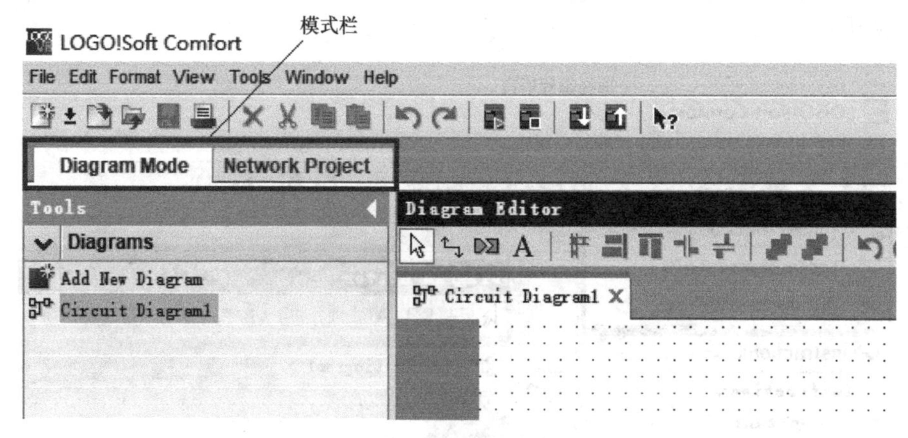

图 5.10　模式栏

4. 指令树

指令树（Instructions）即功能块栏，位于编程界面的左侧，如图 5.11 所示，包括各种常量（Constants）、基本功能指令（Basic functions）、特殊功能指令（Special functions）等。

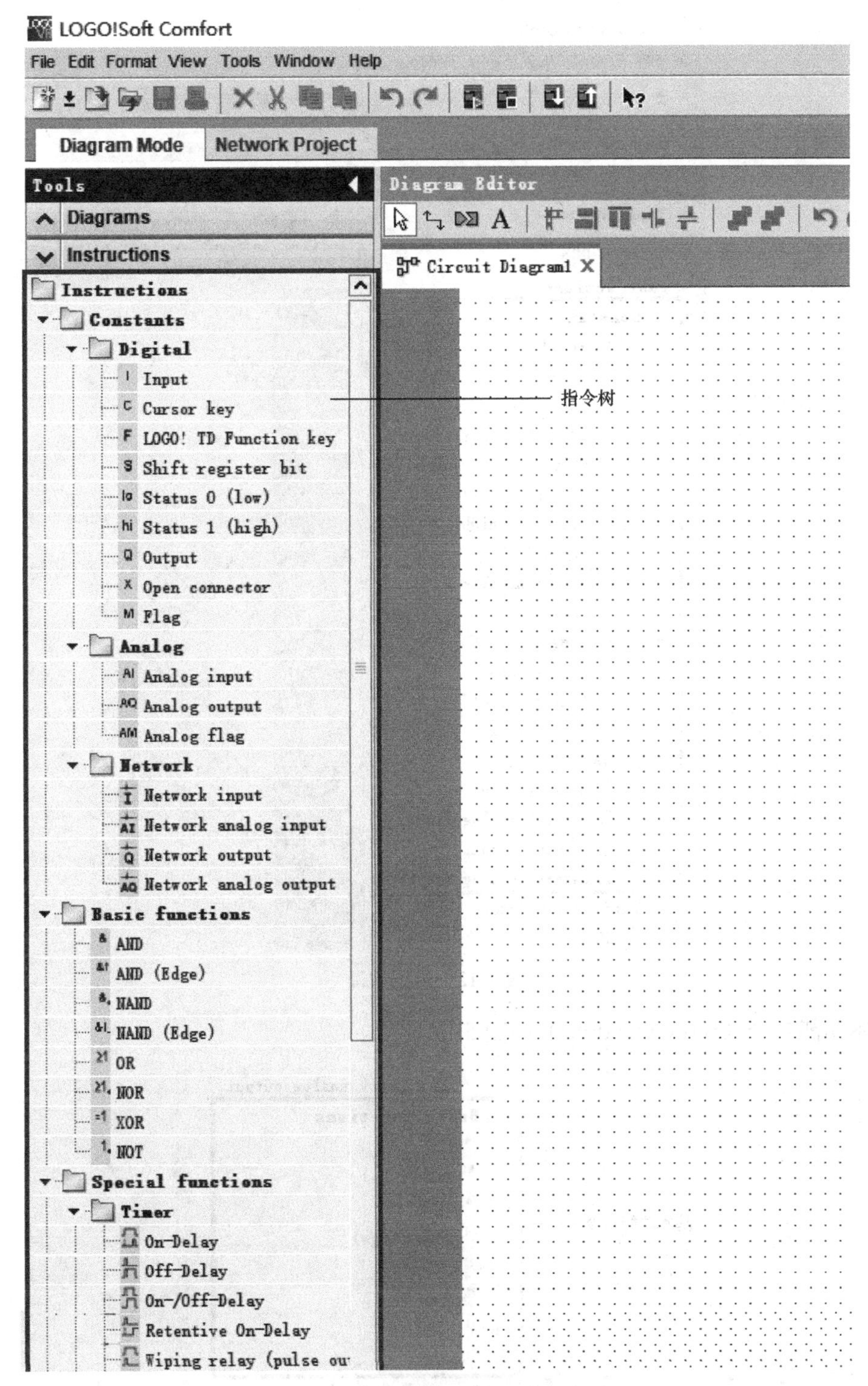

图 5.11　指令树

数据常量（Constants）包括数字量（Digital）、模拟量（Analog）、网络信号（Network），如图 5.12 所示。

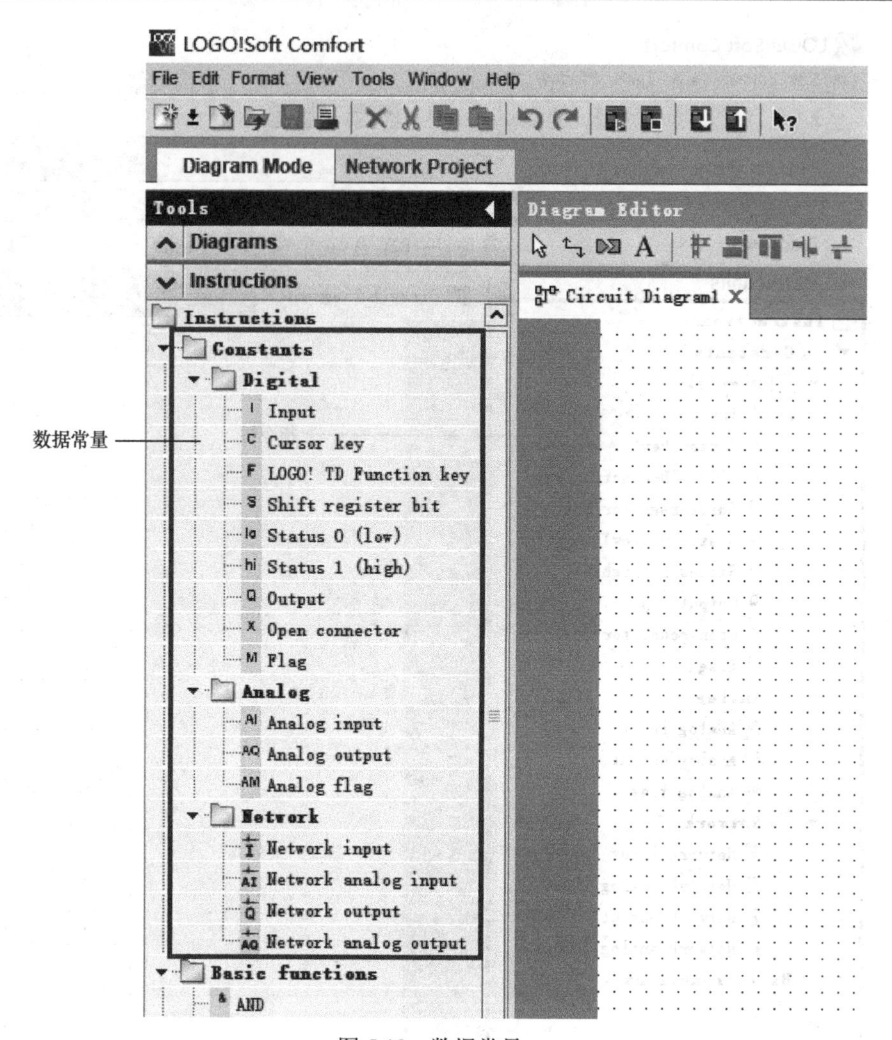

图 5.12 数据常量

基本功能指令（Basic functions）如图 5.13 所示。

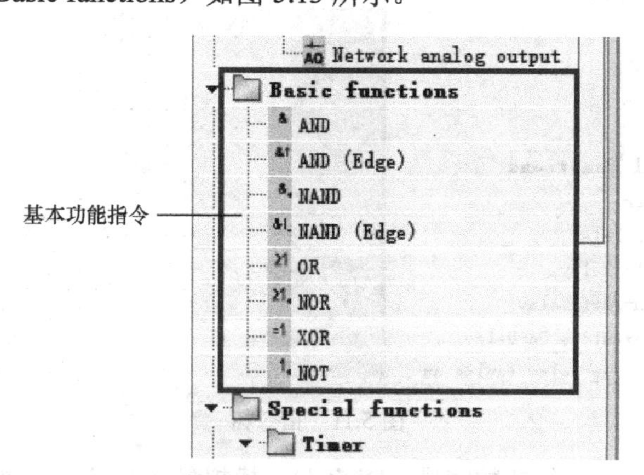

图 5.13 基本功能指令

特殊功能指令（Special functions）如图 5.14 所示。

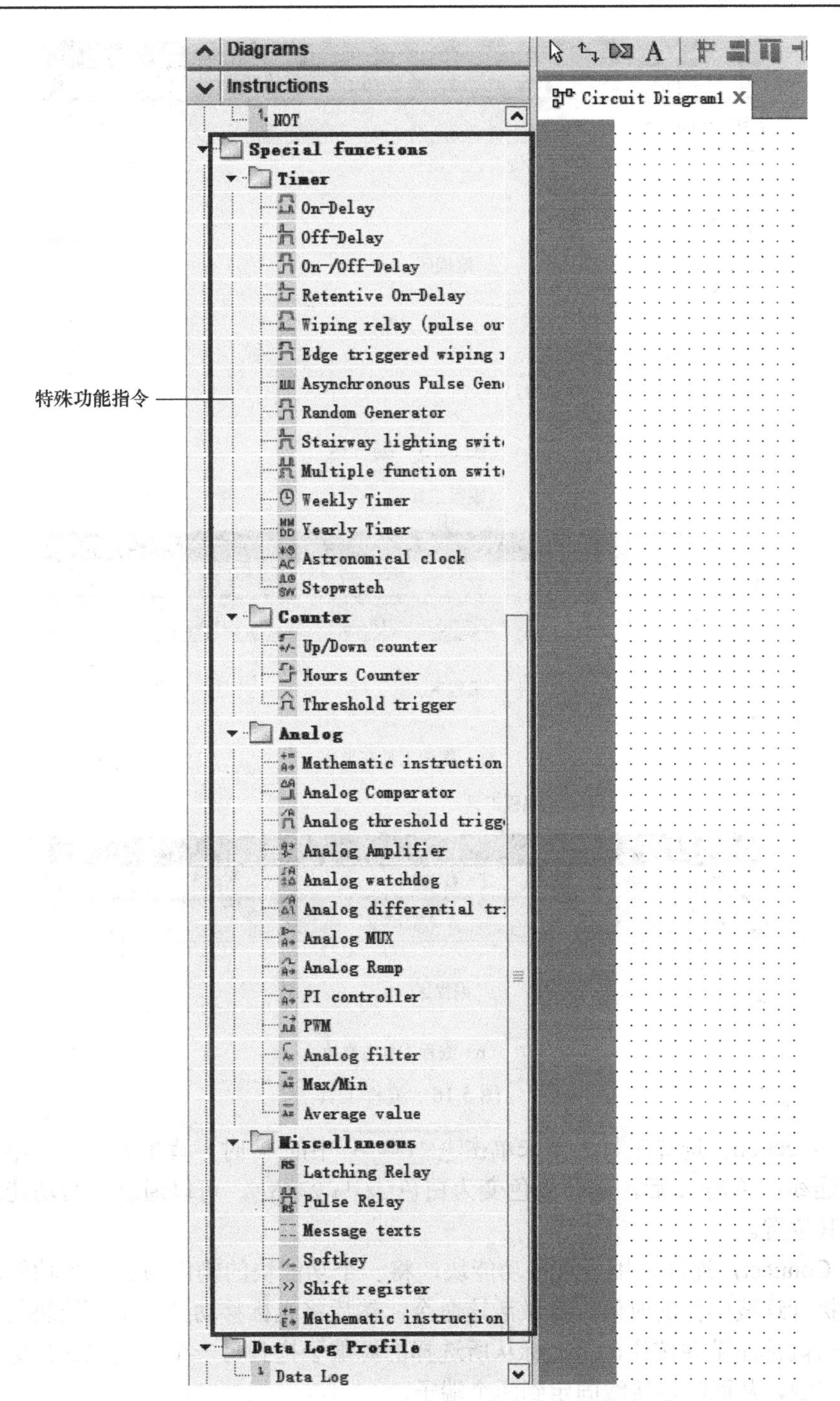

图 5.14　特殊功能指令

5. 编程区

编程区（Diagram Editor）位于指令树的右侧，如图 5.15 所示。

6. 编程工具

编程区的上方为编程工具，如图 5.16 所示，在编程界面，图（b）是图（a）的向右延伸。

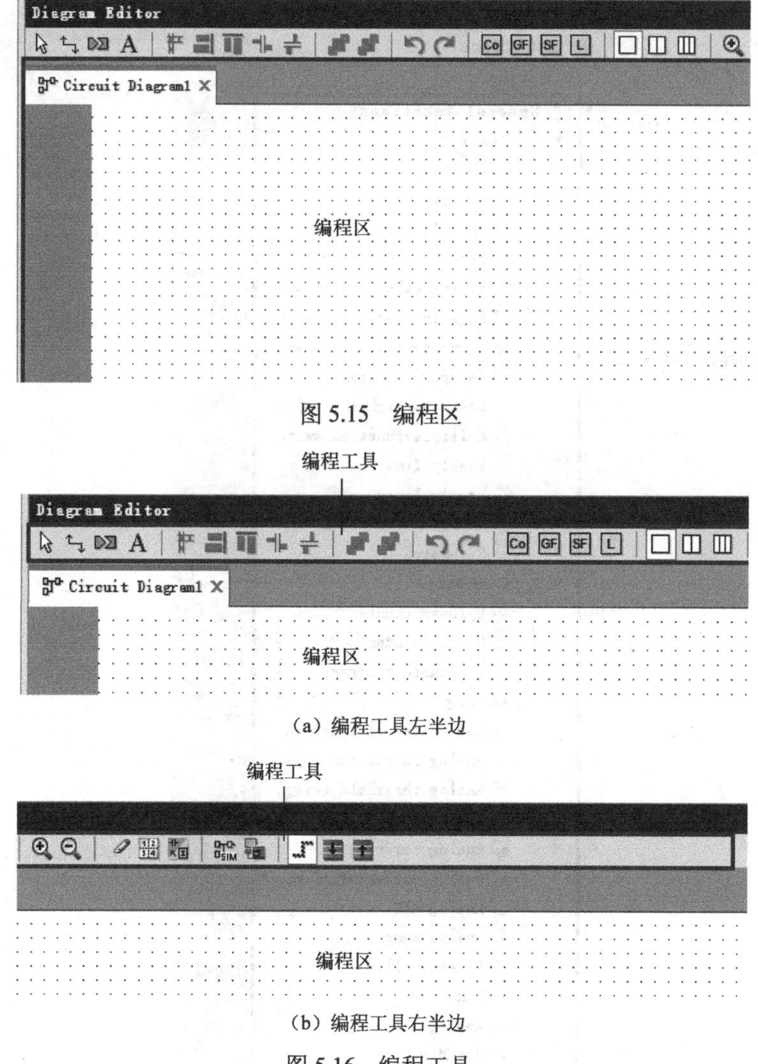

图 5.15 编程区

（a）编程工具左半边

（b）编程工具右半边

图 5.16 编程工具

：Selection，选择工具。当未单击 A 中的 时，背景为深色，不能移动功能块图中的连线；单击 后，其背景色变为白色 A ，可以通过单击功能块之间的连线而移动其位置。

：Connect，连线。用于连接功能块，将一个功能块的输出与另一个功能块的输入相连接。在执行连线操作的时候，先激活该命令，然后将光标移动到一个功能块的输入或输出端子，单击鼠标左键并按住，将光标从所选择的源端子拖到另一个功能块的目标端子，之后释放鼠标左键，从而将连接线固定到两个端子。

：Cut/Join Connection，切断/连接工具，用于切断或连接功能块之间的连接。要切断连接，在切断/连接工具处于激活状态时通过单击选择相关的线，该连接将会在相连的各块处被引用符号所替换，该引用标有相连接的 I/O 和功能块的编号/输入端。

A ：Insert Comments，插入注释，可以在编程区的适当位置插入文本注释。

：Align Automatically，自动对齐、垂直对齐和水平对齐。选定的对象自动按垂直方向和水平方向对齐。

：Horizontally Distribute Space，水平分布空间。

：Vertically Distribute Space，垂直分布空间。

：Bring to Front，置顶，放到前面。

：Send to Back，置底，放到后面。

：Constants/Connectors，常量/连接器。单击后编程区的下方出现图 5.17 所示的常量/连接器编程显示界面。

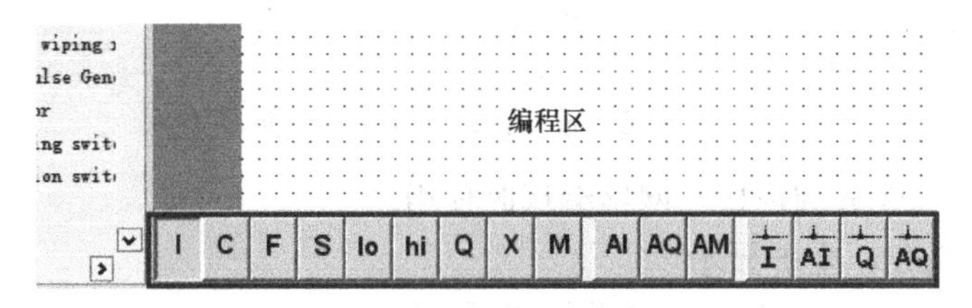

图 5.17　常量/连接器编程显示界面

：Basic Functions，基本功能块。单击后编程区的下方出现图 5.18 所示的基本功能块编程显示界面。

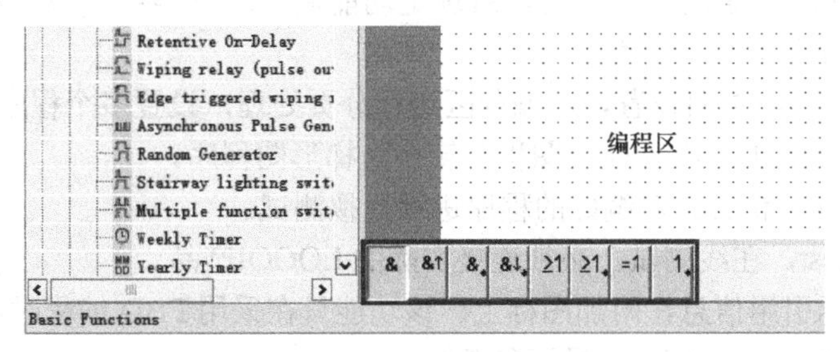

图 5.18　基本功能块编程显示界面

：Special Functions，特殊功能块。单击后编程区的下方出现图 5.19 所示的特殊功能块编程显示界面，图（b）是图（a）的向右延伸。

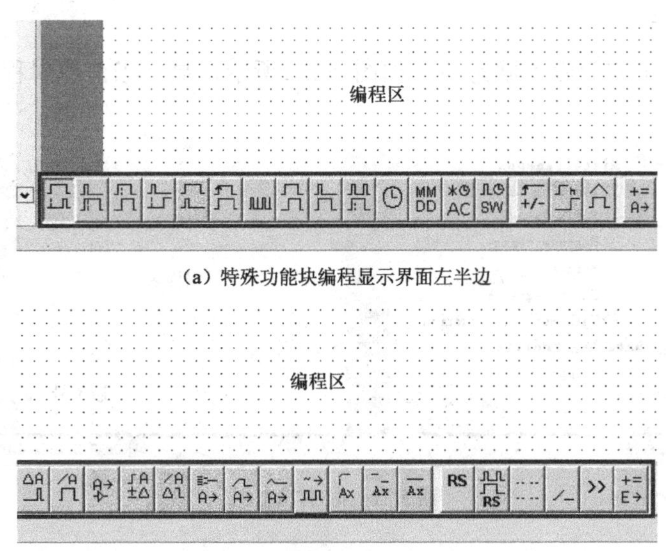

（a）特殊功能块编程显示界面左半边

（b）特殊功能块编程显示界面右半边

图 5.19　特殊功能块编程显示界面

L：Data Log Profile，数据记录配置文件。单击后编程区的下方出现图 5.20 所示的界面。

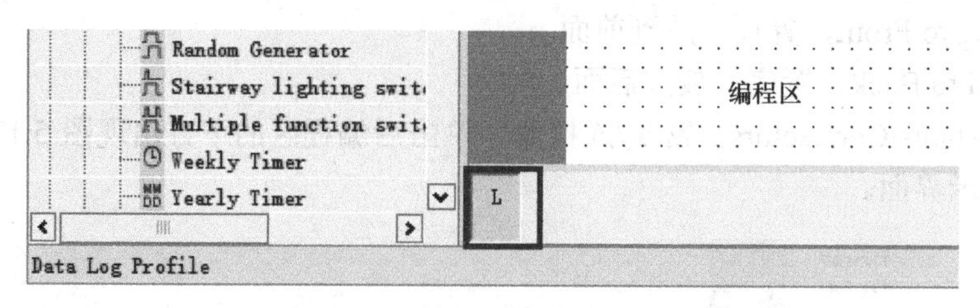

图 5.20 数据记录配置文件界面

：按 1/2/3 分割窗口，网络编程时使用。

：Undo Split，全屏显示。

：Split into two windows，二分屏显示。

：Split into three windows，三分屏显示。

：Zoom In、Zoom Out，将编程区的内容放大、缩小。

：Select Lines，激活该命令时，所选定功能块的所有连接线都显示为彩色；选择单个连接线，则选定的连接线为彩色。

：Page Layout，页面设置，对编程区进行分页处理，设置多个程序页面。

：Convert to LAD，将功能块图程序转换为梯形图程序。

：Simulation，仿真。对编好的程序进行模拟测试。

：Online Test，在线测试。必须连接实际的 LOGO!产品。

：展示引用信息在附加图标上。该功能只在采用 FBD 编程时可用。

：Show Reference Line，显示参考线。

：Expand all Parameter boxes，展开所有参数框。

：Collapse all Parameter boxes，收藏所有参数框。

7．版本状态栏

在编程界面的下方为版本状态栏，如图 5.21 所示，显示当前编辑程序的 LOGO!的版本号。

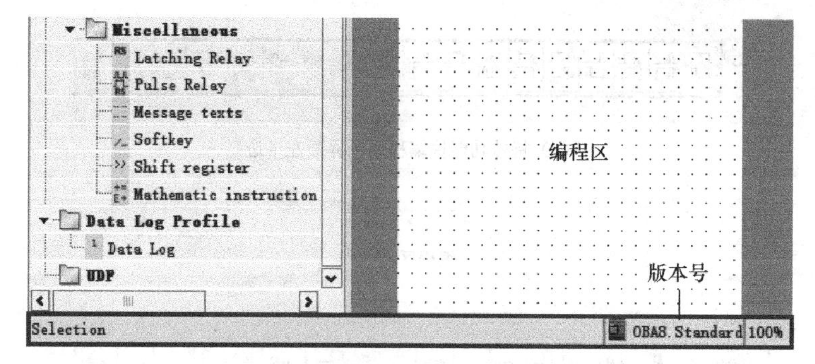

图 5.21 版本状态栏

8．网络模式

在图 5.3 所示的编程界面中单击“Network Project”，进入网络模式编程界面。其中左侧框内部分为设备树，如图 5.22 所示，用以添加网络内的各种通信设备，包括 LOGO!8、S7 系列兼容设备、Modbus 兼容设备、触摸屏等。

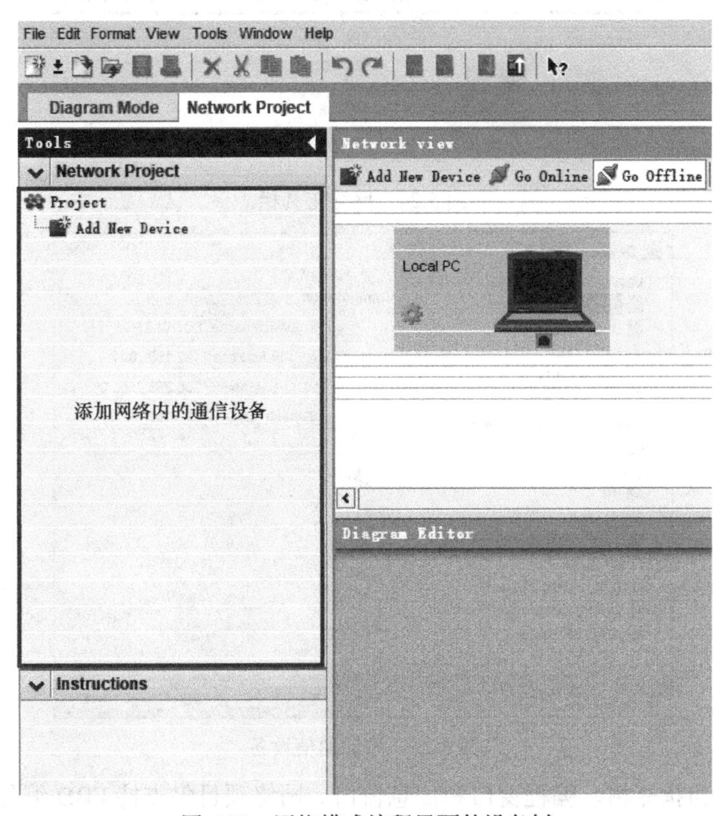

图 5.22　网络模式编程界面的设备树

图 5.23 所示为网络视图，其中上方为本地计算机，下方用来添加设备间的通信连接、组态数据传送等。

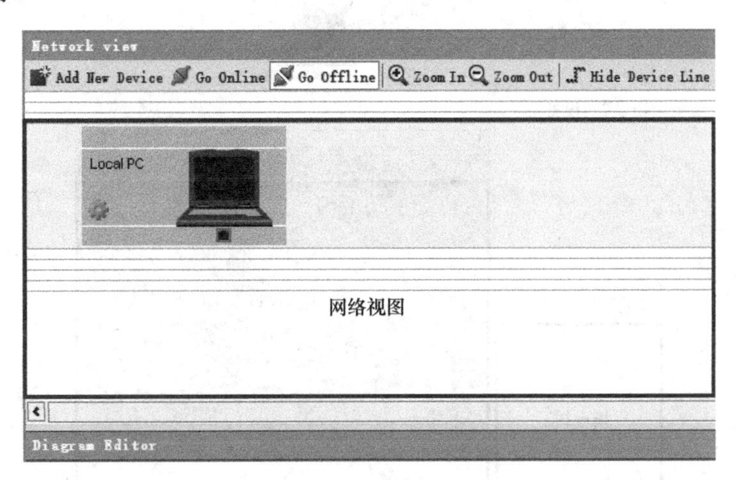

图 5.23　网络视图

图 5.24 所示的框内为网络工具栏，单击“Add New Device”，出现图 5.25 所示的界面，在该界面下添加通信设备。

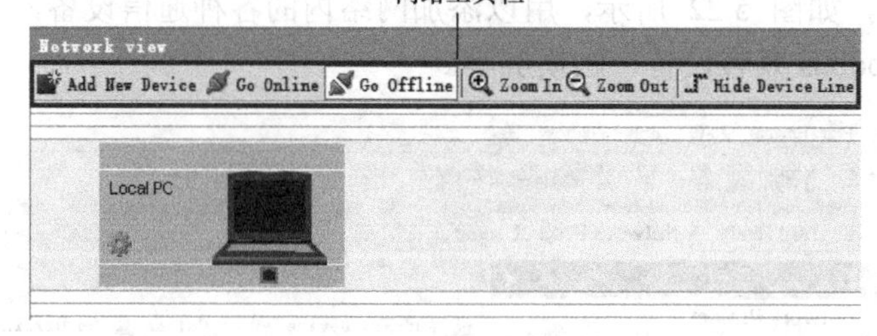

图 5.24 网络工具栏

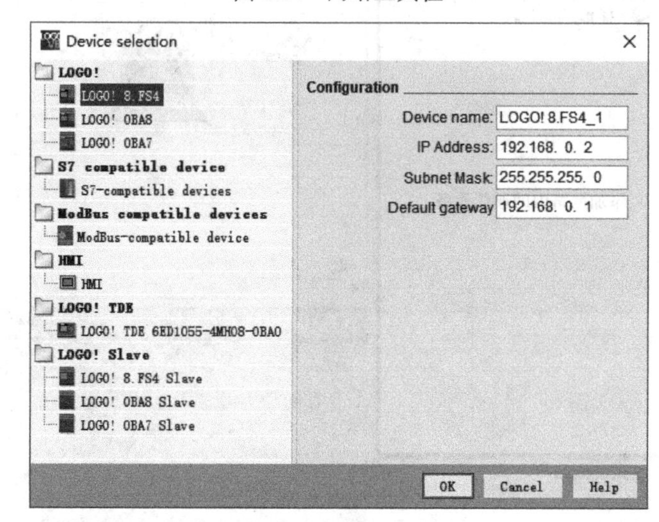

图 5.25 添加通信设备

图 5.26 所示为指令树、编程窗口和信息窗口。网络项目仅支持 FBD 编程语言。

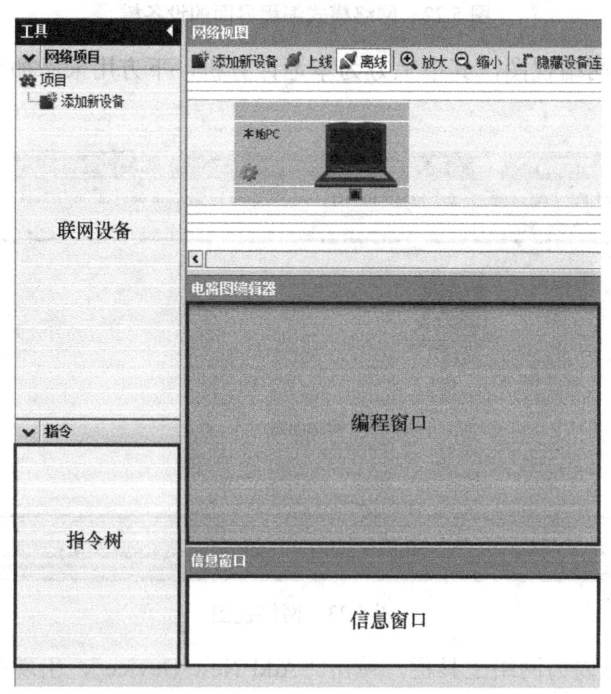

图 5.26 指令树、编程窗口和信息窗口

5.2　编程软件的使用

一个完整程序的创建过程包括创建程序，离线仿真（软件模拟），程序的下载、在线测试和上传，文档记录几个步骤。

5.2.1　创建程序

通过单击菜单栏中的“文件”→“新建”→选择编程语言，可以创建一个文件；或者单击标准工具栏中的新建文件，出现图 5.27 所示的设置界面。在该界面下，可新建一个程序。单击左侧属性对话框的各项，可逐项输入相关信息，对 LOGO!进行设置。在“基本设置”中设置设备名和电路程序名，在“硬件类型”中设置 LOGO!主机型号等硬件类型，如图 5.28 所示。

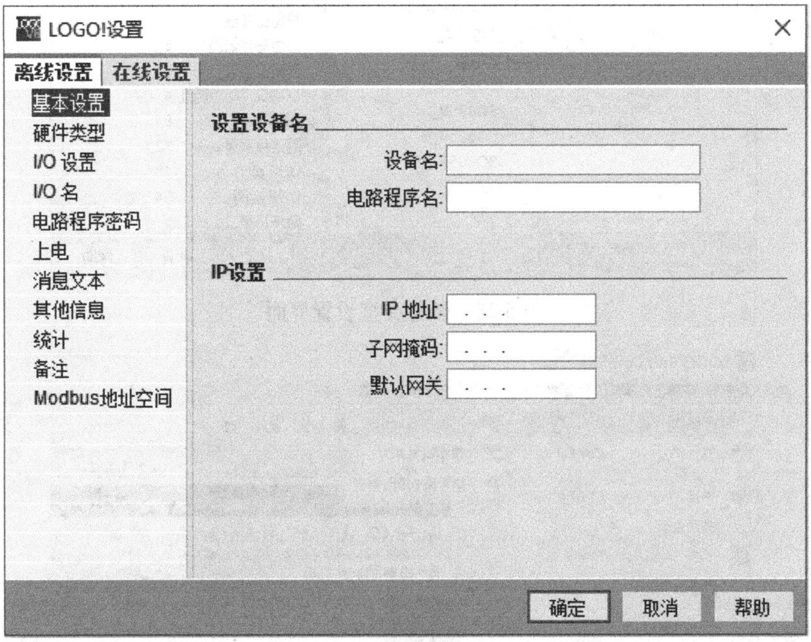

图 5.27　LOGO!设置界面

在硬件确定的情况下，开始创建新的电路程序。选择的编程语言为功能块图，单击“文件”→“新建”→“功能块图（FBD)”，如图 5.29 所示。

下面以图 5.30 所示的功能块图为例介绍程序的创建方法。

选择在电路图模式下创建程序。在编程界面左侧的工具栏中选择元件或功能块，在编程界面单击相关量，如图 5.31 所示，图中选择数字量输出，在编程界面双击，出现图（a）的输出 Q1 和图（b）的输出 Q 选择框。在选择框中选择输出 Q3，出现图（c）所示的界面。需要移动功能块时，用鼠标左键按住被移动对象将其拖动到合适位置后释放鼠标左键。

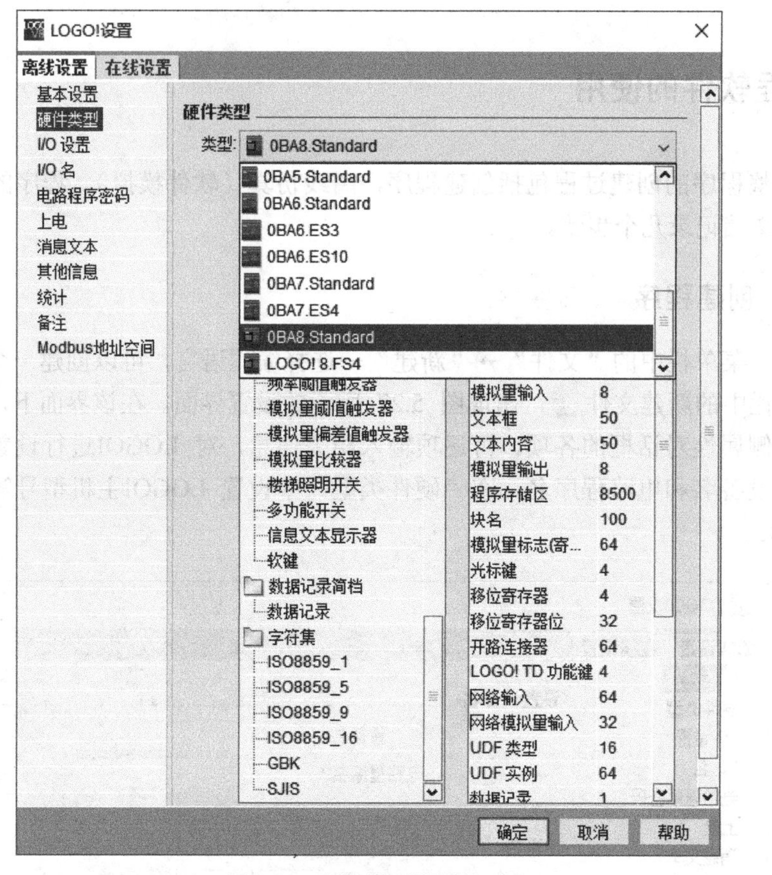

图 5.28 硬件类型设置界面

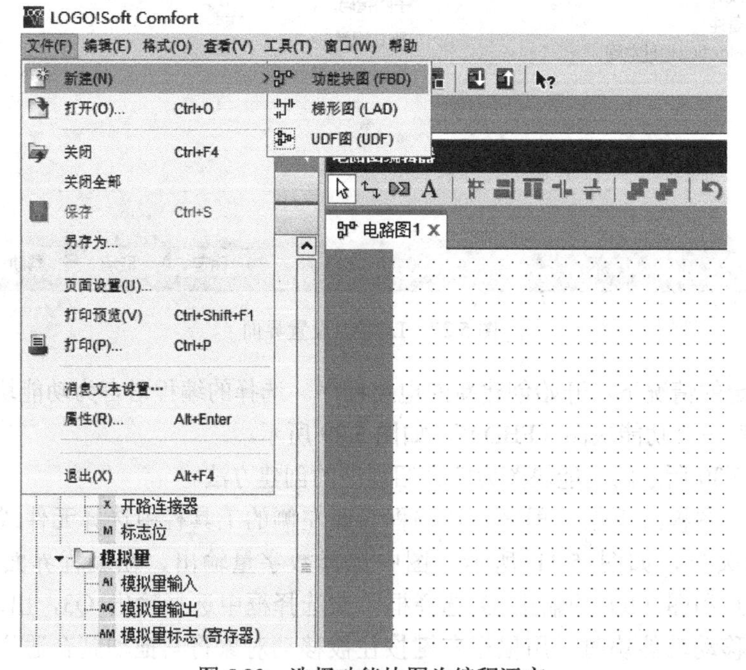

图 5.29 选择功能块图为编程语言

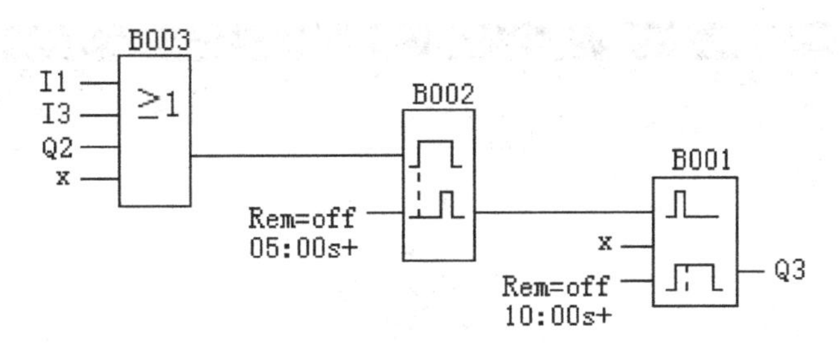

图 5.30　创建功能块图示例程序

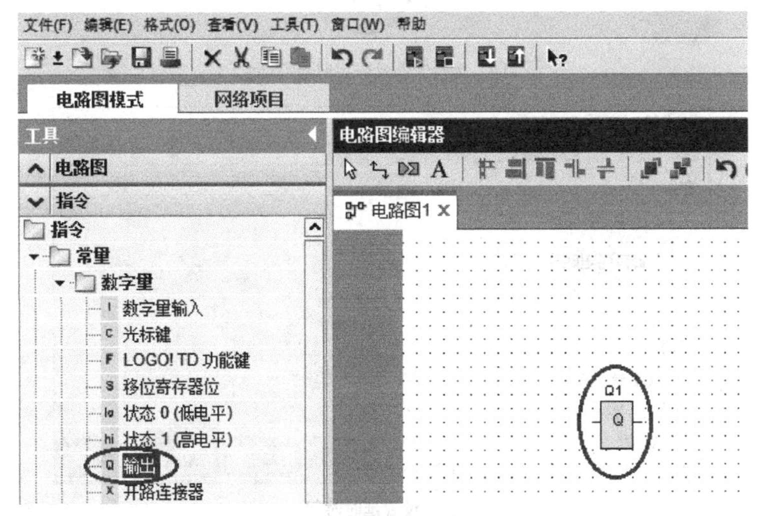

（a）输出 Q1 界面

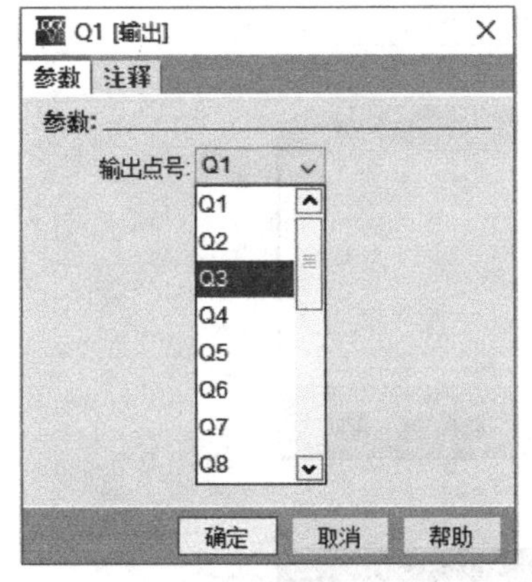

（b）选择输出 Q3

（c）确认输出 Q3

图 5.31　选择数字量输出

选择关断延时定时器，出现定时器及其参数设置界面，如图 5.32（a）和（b）所示，单击“参数”，设置 10s 的延时时间。对定时器的说明，可通过单击“注释”输入注释内容来完成，如图 5.33（a）所示的“断开延时 10s”，随后单击“确定”按钮，出现功能块 B001，单击 B001 的输出并连接到 Q3，界面如图 5.33（b）所示。连线的操作可以通过单击工具栏中的 命令激活连线命令，然后将光标移动到要连接的块输入或输出，单击并按住，将光标从所选择的源端子拖拉到目标端子，释放鼠标左键，从而完成连接。

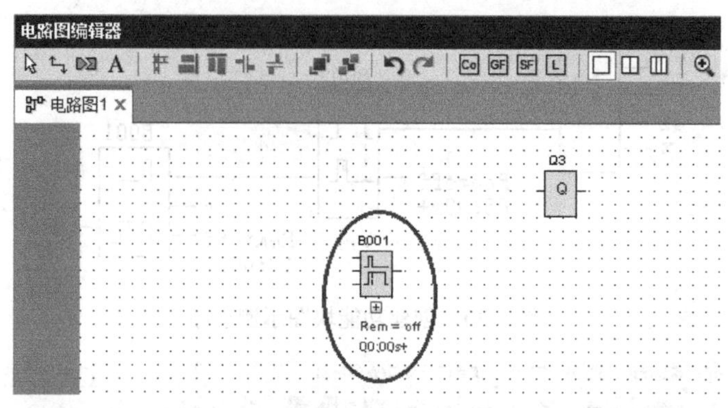

（a）选择关断延时定时器界面

（b）设置延时时间

图 5.32　定时器参数设置

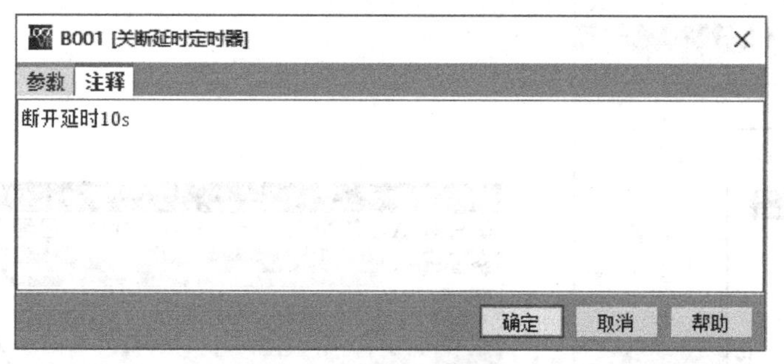

（a）进行注释

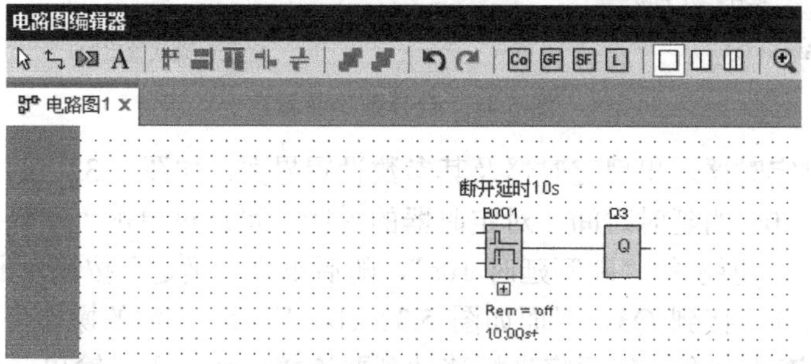

（b）连接关断延时定时器

图 5.33　注释及连线

单击接通延时定时器，出现定时器功能块 B002 及其参数设置界面，设置相关参数，并使其输出与 B001 的输入相连，如图 5.34 所示。

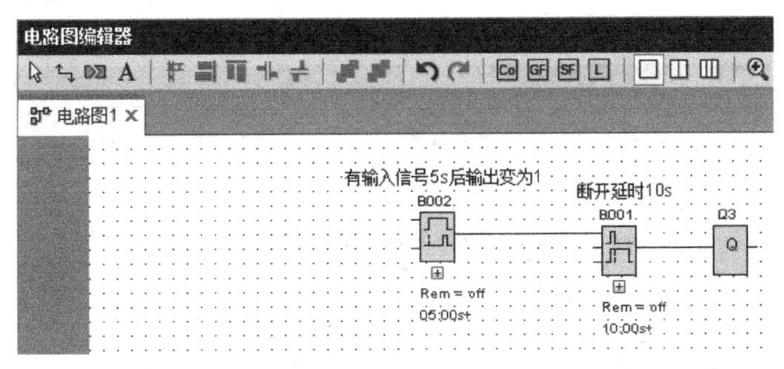

图 5.34　连接接通延时定时器

或门 B003 通过单击基本功能块的“OR（或）”并双击出现，同时出现图 5.35（a）所示的对话框。在对话框中进行相关参数的设置和注释，然后连接 B003 的输出与 B002 的输入，如图 5.35（b）所示。

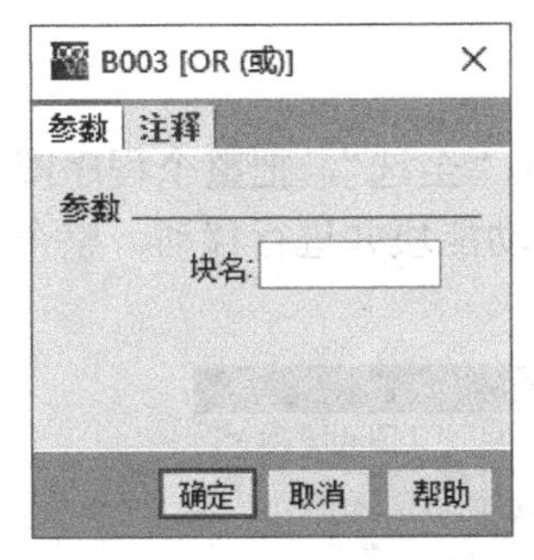

（a）或门参数设置及注释对话框

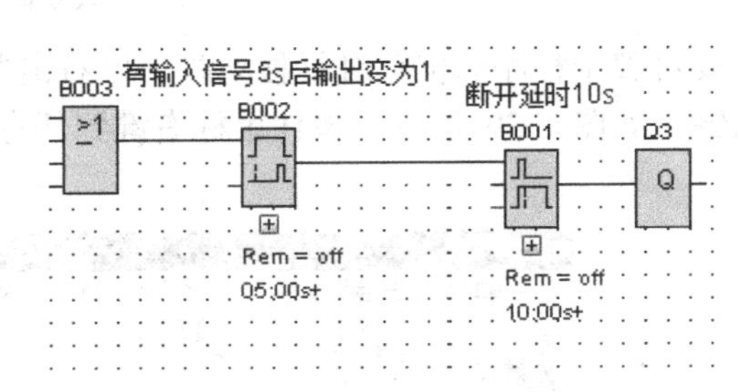

（b）或门与其后功能块的连接

图 5.35　或门参数设置及连接

对 B003 的输入信号进行设置。在单击“数字量输入”之后，在编程界面单击，出现输入点号 I1，双击 I1，出现图 5.36 所示的界面，单击 I1 和“确定”按钮，则选择了 I1，之后把 I1 连到 B003 的输入端。再次单击编程界面，在数字量输入参数设置界面选择输入 I3，并把 I3 连接到 B003 的第二个输入端。最后把 Q2 放置于编程界面，把 Q2 连接到 B003 的第三个输入端，这样就创建了图 5.37 所示的功能块图。

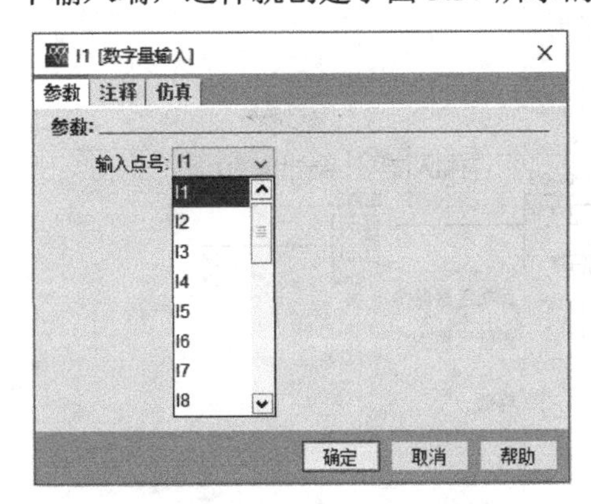

图 5.36　或门输入信号的选择

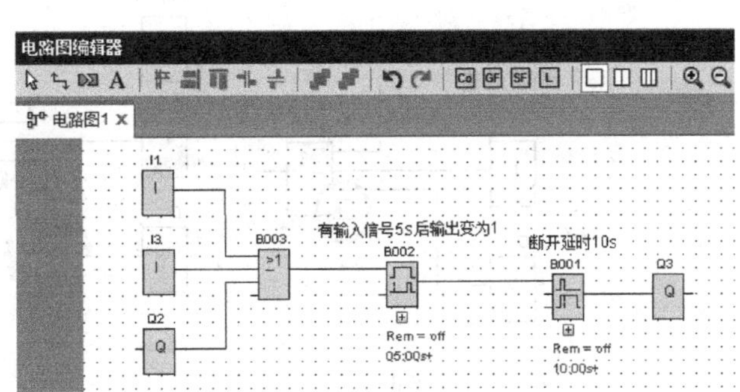

图 5.37　编程软件创建的功能块图

如果需要修改程序中定时器、计数器等功能块的参数，可以右击被修改功能块，出现图 5.38 所示的画面，再单击“块属性”，出现接通延时定时器的参数设置界面，重新进行参数设置。

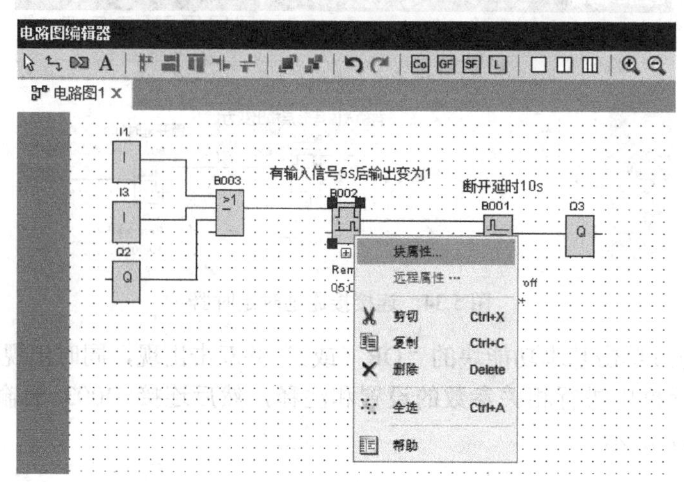

图 5.38 修改参数界面

当需要对整个程序的位置进行移动时，可右击并选择“全选”，把整个程序圈起来，松开鼠标右键，如图 5.39 所示。按住鼠标右键到任意一个功能块并进行移动，整个程序会随之移动。

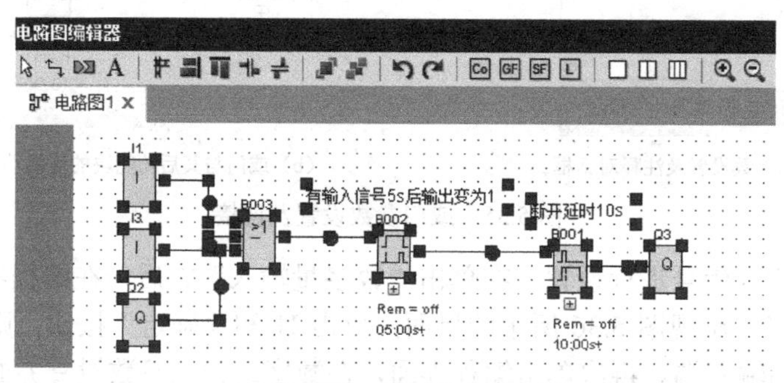

图 5.39 程序的移动

对输入信号取反有两种方法：一种是双击输入端，如图 5.40（a）所示；另一种是先右击输入端，如图 5.40（b）所示，再单击“反相连接器”。

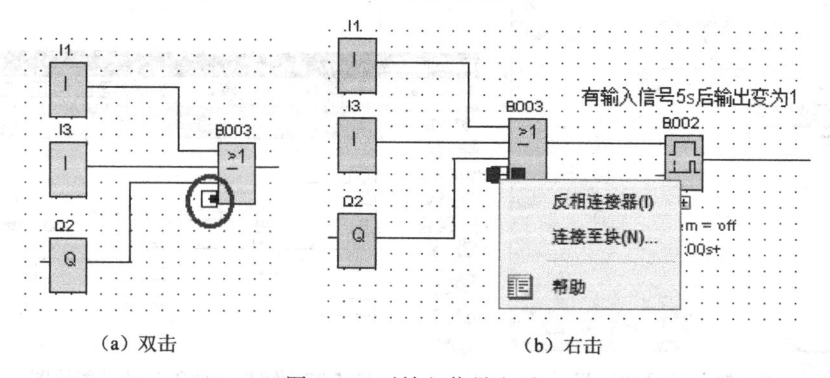

（a）双击 （b）右击

图 5.40 对输入信号取反

在程序编辑过程中，在编程界面右击，出现图 5.41 所示的菜单，便于编程时使用。

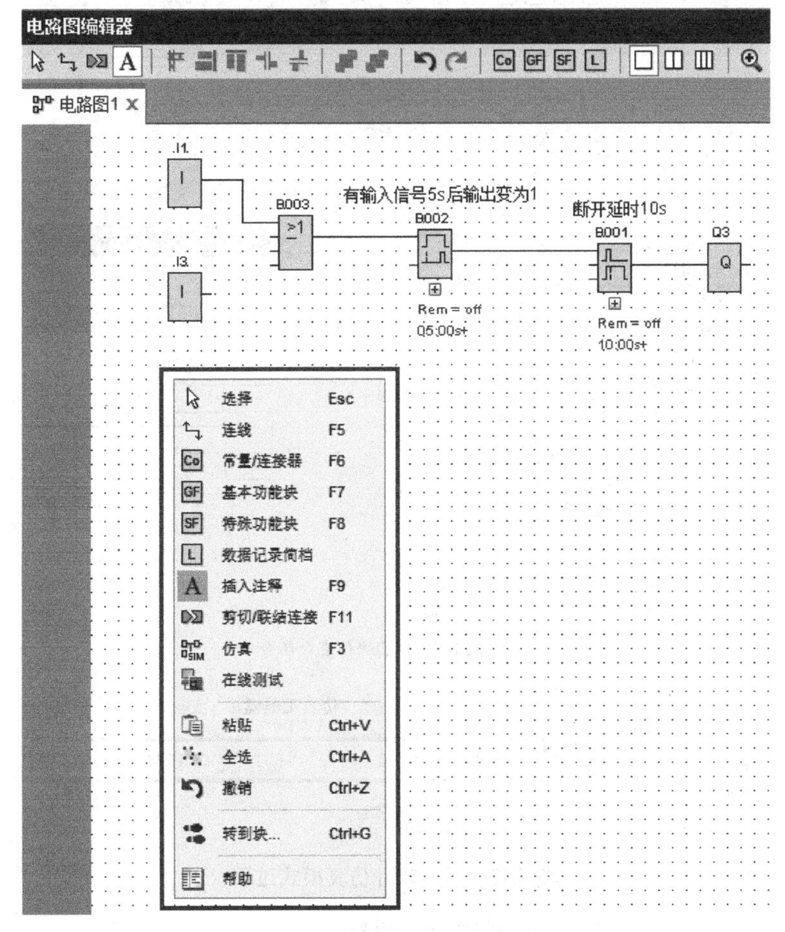

图 5.41　编程界面内的菜单

5.2.2　离线仿真

离线仿真即软件模拟，在无须硬件的情况下可以实时测试运行结果，可以节省调试成本。单击编程工具栏中的仿真命令 ，如图 5.42（a）所示；或者单击菜单栏中“工具”→“仿真”，如图 5.42（b）所示，进入软件仿真模式。仿真工具盒如图 5.42（c）所示。

1．仿真工具盒内各命令的含义

« ：单击 « ，隐藏输入，符号变为 » ，单击该符号，显示输入。

» ：单击 » ，显示输出，符号变为 « ，单击该符号，显示输出。

：电源，用于电源故障仿真。在电源发生故障后通过参考可保持特征来测试切换响应。

▶：启动仿真。

■：停止仿真。

❚❚：暂停仿真。

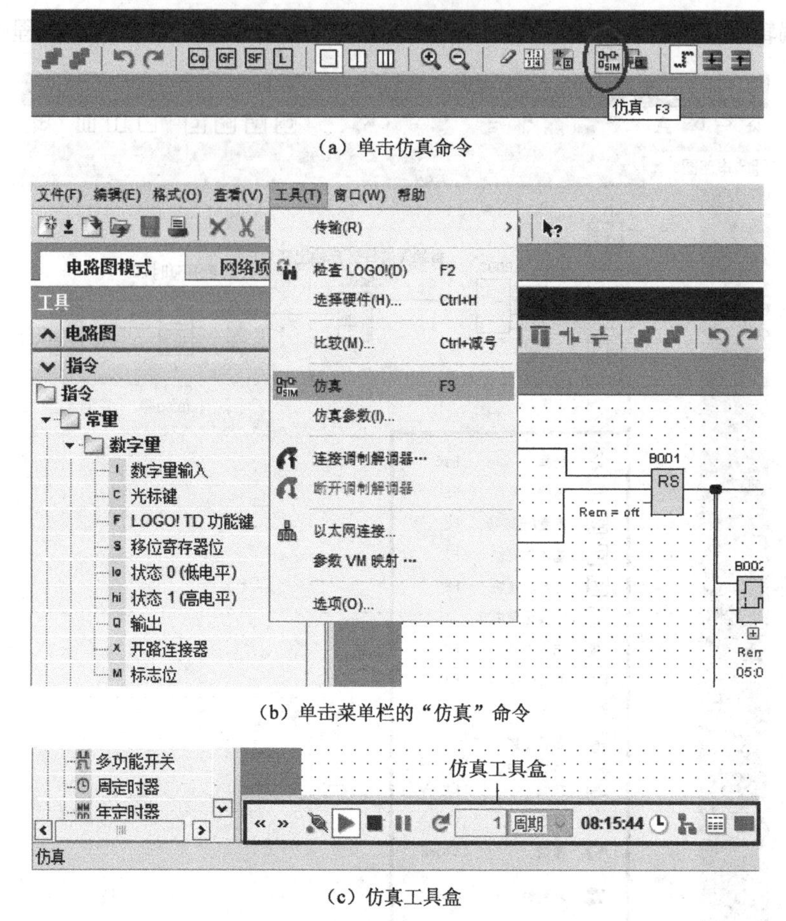

（a）单击仿真命令

（b）单击菜单栏的“仿真”命令

（c）仿真工具盒

图 5.42　进入软件仿真模式过程

1 周期 08:15:44：时间控制图标。

：执行步进模式仿真。启动特定时间长度或周期的仿真。

1 周期：每步执行的周期数和步进动作单位。设定时间段和时基或设置特定的周期数。

08:15:44：显示当前的日期和时间。当鼠标位于该位置时，会显示年、月、日和时间。

：为仿真设置日期和时间。

：该 IP 地址未经配置。

：数据表。

：显示消息窗口。

2．仿真示例

以 3 台电动机的顺序启动为例进行介绍。当按下启动按钮后，第 1 台电动机立即启动，延时 5s 后第 2 台电动机启动，再过 5s 第 3 台电动机启动；按下停止按钮，3 台电动机同时停止。功能块图及仿真工具盒如图 5.43 所示，其中图（a）为停止状态时的功能块图，所有连线均为黑色，图（b）为停止状态时的仿真工具盒，输入 I1 和 I2 无输入信号，显示为蓝色的“**0**”，输出 Q1、Q2 和 Q3 为黑色无光信号状态。

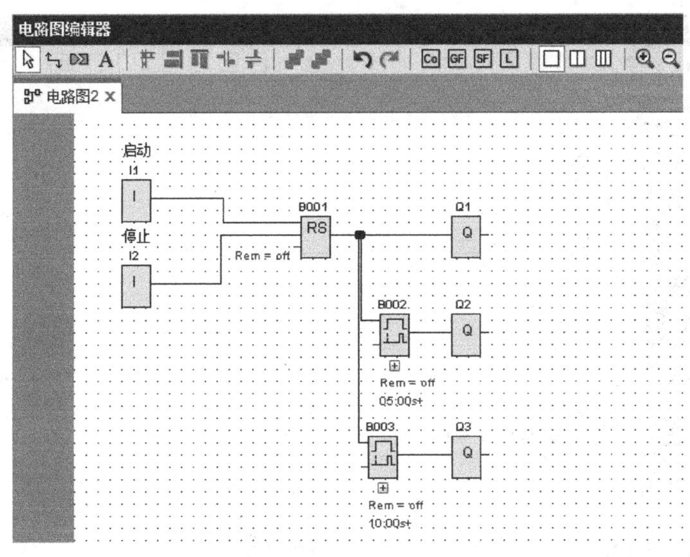

（a）停止状态时的功能块图

（b）停止状态时的仿真工具盒

图 5.43　3 台电动机顺序启动功能块图及停止状态时的仿真工具盒

按下“开始/继续仿真”，进入仿真状态。单击下方的启动开关 I1，对应输出 Q1 的指示灯亮，与输出 Q2 和 Q3 相对应的指示灯处于熄灭状态，1 号电动机运行，2 号和 3 号电动机停止，只要运行时间没有达到 5s，就一直保持该状态。图 5.44 所示为按下启动开关后 4.14s 时刻的仿真状态，其中图（a）为编辑器下方的仿真工具盒的状态，输入 I1 有信号，显示红色“**1**”，输入 I2 无信号，显示蓝色“**0**”，输出 Q1 为黄色发光信号状态，输出 Q2 和 Q3 为黑色无光信号状态。图（b）为功能块图的状态，从 I1 到 B001 的 S 端，再到输出端 Q1、B002 输入端和 B003 输入端，连线为红色，表示有信号流通。

在单击启动开关 I1 后的第 5s，输出 Q2 对应的指示灯亮，2 号电动机也开始运行。图 5.45 所示为按下启动开关后 6.41s 时刻的仿真状态，其中图（a）为编辑器下方仿真工具盒的状态，输入 I1 有信号，显示红色“**1**”，输入 I2 无信号，显示蓝色“**0**”，输出 Q1 和 Q2 为黄色发光信号状态，输出 Q3 为黑色无光信号状态。图（b）为功能块图的状态，从 I1 到 B001 的 S 端，再到输出端 Q1、B002 输入端和输出端 Q2、B003 输入端，红色连线为信号流通路径。

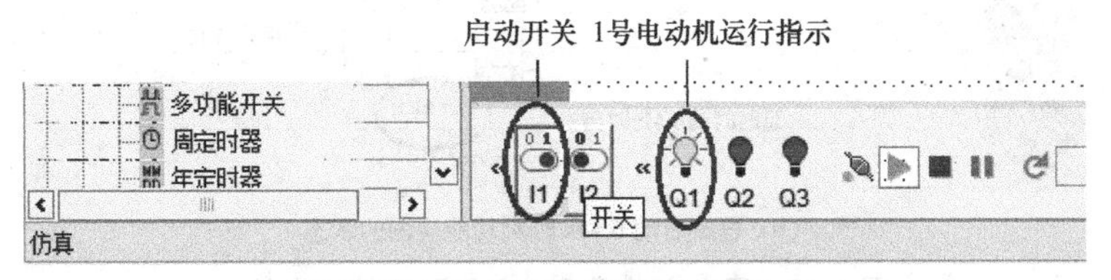

（a）1 号电动机运行时仿真工具盒的状态

图 5.44　程序启动 5s 内的仿真状态

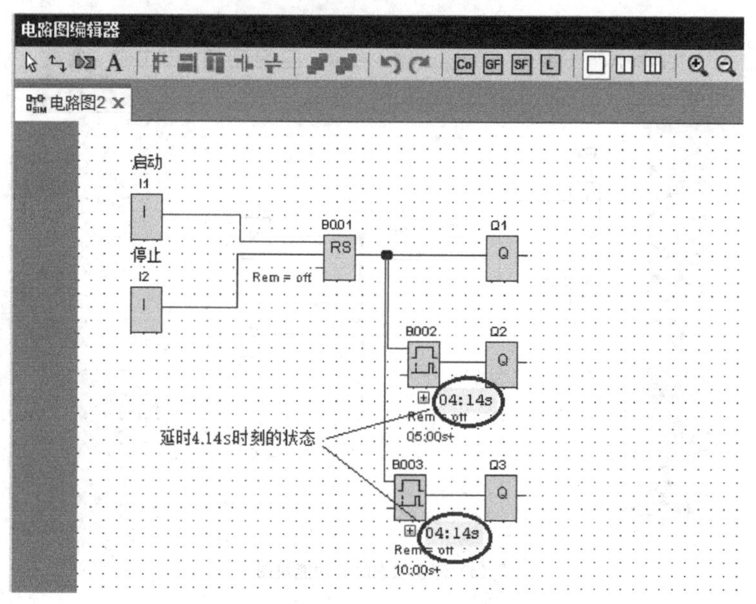

（b）程序启动 4.14s 时刻功能块图的状态

图 5.44　程序启动 5 秒内的仿真状态（续）

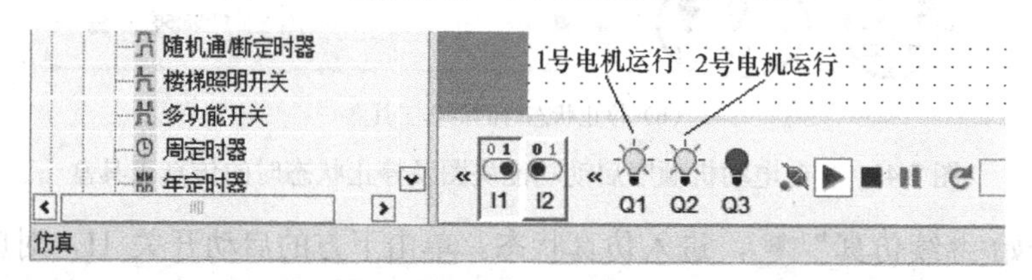

（a）1 号和 2 号电动机运行时仿真工具盒的状态

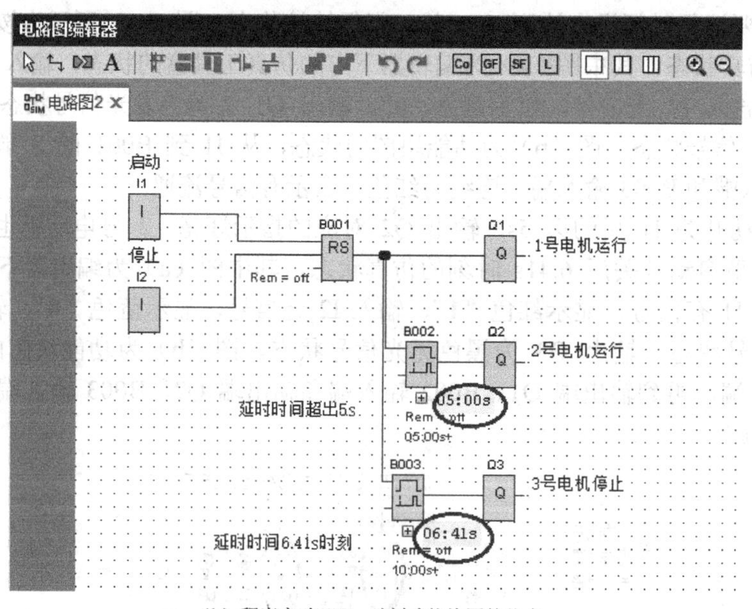

（b）程序启动 6.41s 时刻功能块图的状态

图 5.45　程序启动后 5～10 秒区间的仿真状态

按下“停止仿真”■时，电路图编辑器显示界面如图 5.43 所示。

3. 仿真参数的设置

仿真参数既可单独设置，又可集中设置。

（1）单独设置。以输入 I1 的仿真参数设置为例，鼠标指向输入 I1 并右击，出现图 5.46（a）所示的界面，单击“块属性”或者双击，出现图 5.46（b）所示的界面。打开“仿真”选项卡，界面如图 5.46（c）所示，在该界面设置相关参数。

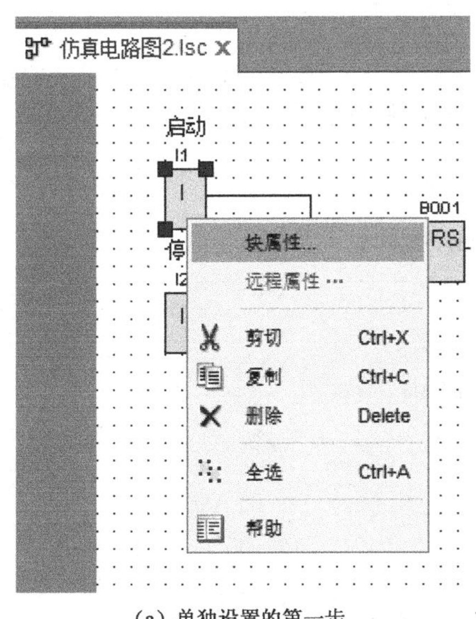

（a）单独设置的第一步

I1 [数字量输入]

参数　注释　仿真

参数：

输入点号: I1

确定　取消　帮助

（b）I1 参数设置界面

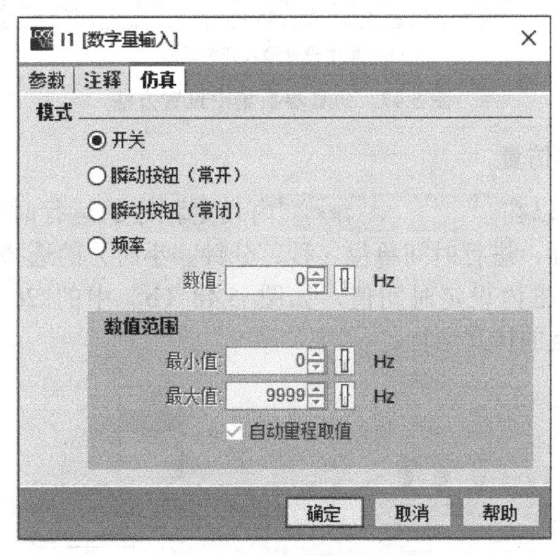

（c）I1 仿真参数设置界面

图 5.46　仿真参数单独设置方法

（2）集中设置。在菜单栏中单击“工具”→“仿真参数”，如图 5.47（a）所示，进入图 5.47（b）所示的“输入开关功能”对话框，框内包含所有输入，可以在此设置程序中所包含的输入仿真参数。

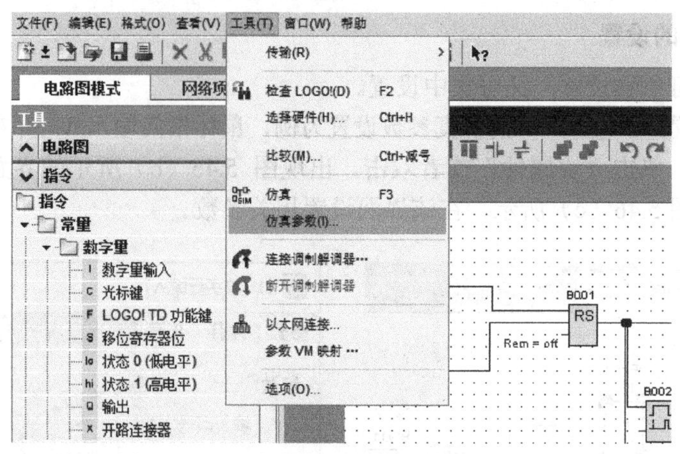

（a）在工具栏中选择仿真参数

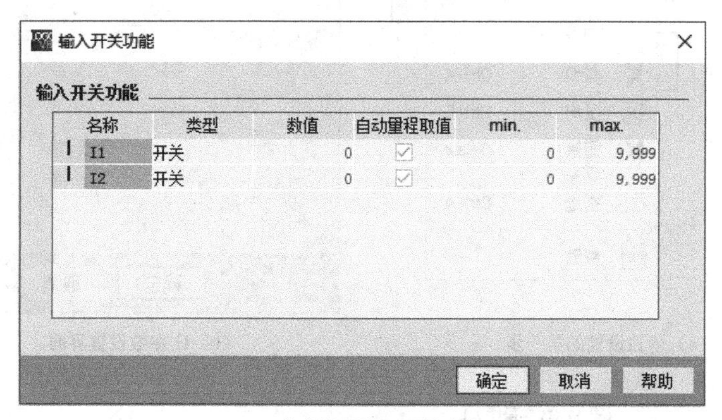

（b）集中设置输入开关功能

图 5.47　仿真参数集中设置方法

4．在设定的时间内仿真

在停止状态下，可以在 1 周期 内设定程序的运行时间。单击周期栏，出现图 5.48（a）所示的画面，进行时间单位（秒、分钟、小时）的选择，当选择秒为单位时，单击“s”，然后在数字框内设定时间值，如图 5.48（b）中的 20，则程序的运行时间为 20s。单击 ，进行 20s 的仿真运行。

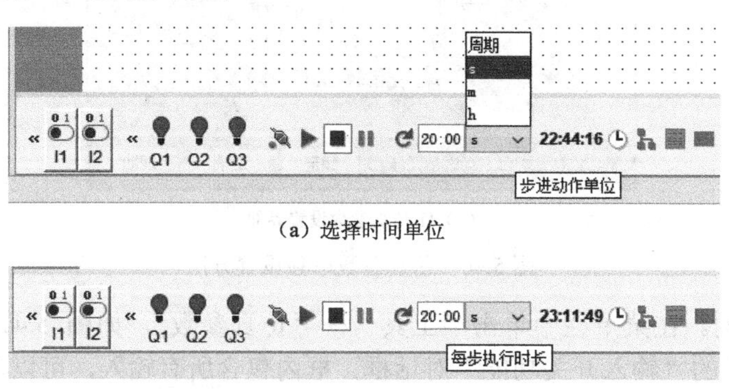

（a）选择时间单位

（b）设定时间

图 5.48　设定运行时间

5.2.3　程序的下载、在线测试和上传

1．程序的下载和在线测试

当程序创建完毕且仿真调试成功时，用户可以将程序下载到 LOGO!主机模块中。如果程序不能下载到 LOGO!中，可能的原因是通信端口参数设置不正确。

程序的下载步骤如下。

（1）单击标准工具栏中的下载命令，或者在菜单栏中单击“工具”→“传输”→“PC→LOGO!”，如图 5.49 所示。进入图 5.50（a）所示的通信接口连接方式选择对话框后，设置“LOGO!电缆”连接方式，如图 5.50（b）所示。

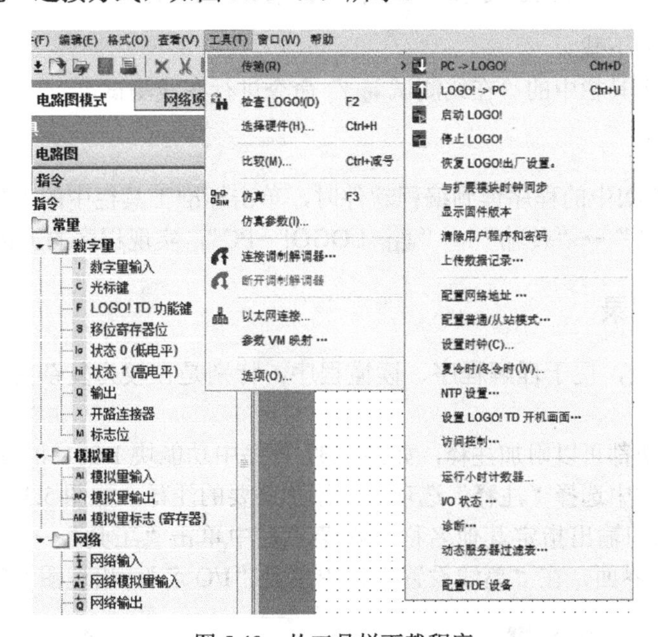

图 5.49　从工具栏下载程序

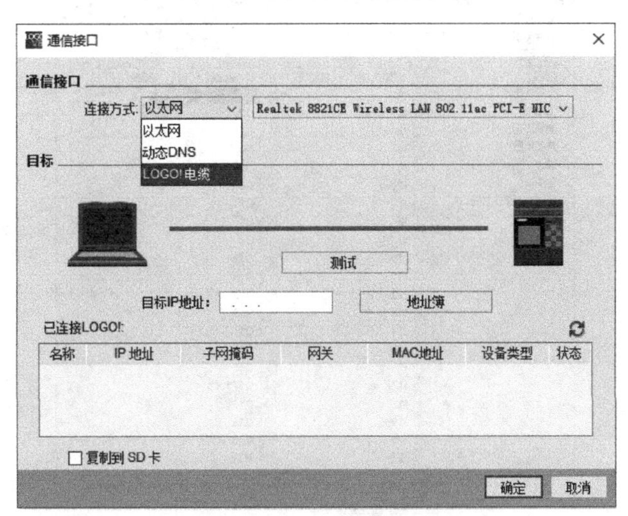

（a）通信接口连接方式选择对话框

图 5.50　选择下载程序的通信接口连接方式

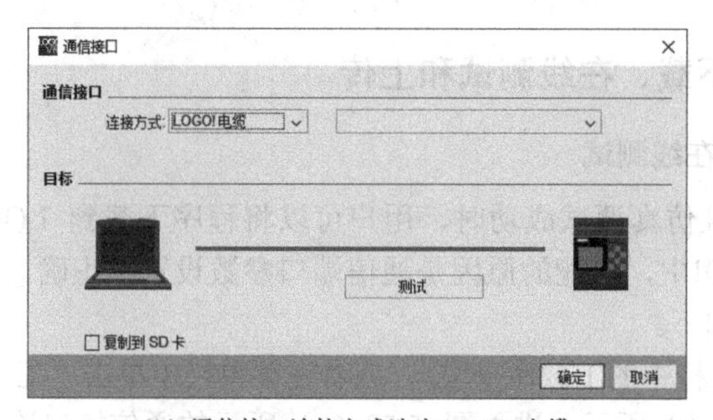

（b）通信接口连接方式选为 LOGO!电缆

图 5.50　选择下载程序的通信接口连接方式（续）

（2）进行程序的下载。

（3）选择编程工具栏中的“在线测试 ”命令进行在线测试。

2．程序的上传

当需要将 LOGO!中的程序读到编程软件时，单击标准工具栏中的上传命令 ，或者在菜单栏中单击“工具”→“传输”→“ LOGO!→PC”，实现程序的上传。

5.2.4　文档记录

对文档进行记录，便于理解程序、读懂程序，特别是在较为复杂的程序中，效果极为明显。

（1）每个功能块都可以附加注释，如图 5.37 程序中功能块 B001 和 B002 上方的文字。在“块属性”对话框中选择“注释”选项卡，添加必要的注释，如图 5.33（a）所示。

（2）可为输入和输出指定其他名称。在菜单栏中单击“工具”→“选择硬件”，出现“ LOGO!设置”界面，在“离线设置”栏中单击“I/O 名”，出现图 5.51 所示的画面，在

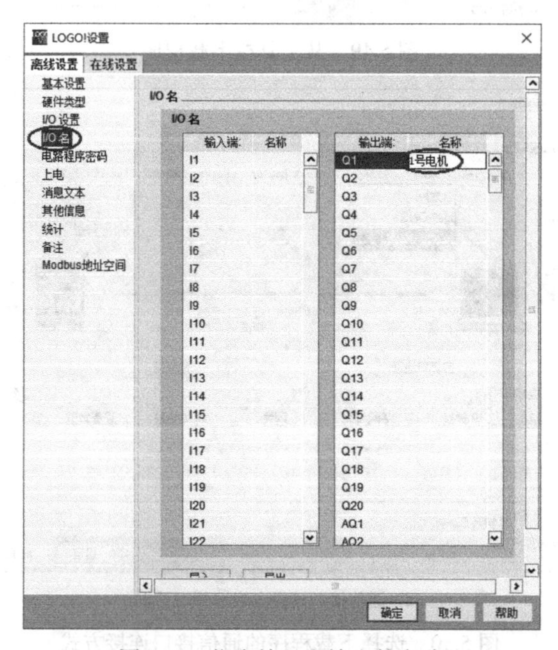

图 5.51　指定输入和输出的名称

需要标注名称的输入和输出栏内标注相应的名称，如图 5.51 中输出 Q1 的名称为“1 号电机”。

（3）可随意放置自由文本并对其格式化。单击编程工具 A ，在编程区的适当位置单击，出现注释框，可进行文本注释，如图 5.52 所示。

（4）通过交叉页面来表述用户的控制程序。程序较大时，需要将程序分为几个页面来编写，使程序更清晰明了，可读性更好。通过单击编程工具栏中的“编程页面设置”进行分页处理。在编程页面，单击命令，出现“编程页面设置”对话框，根据需要对其内部“水平”和“垂直”进行设置，如图 5.53 所示，图中把页面分为了左、右两页。

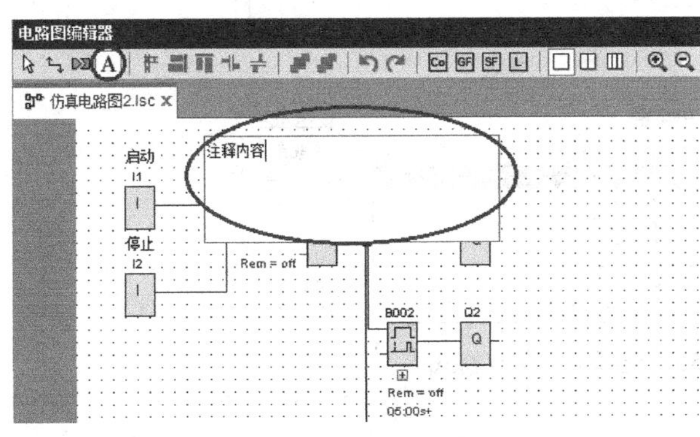

图 5.52　插入注释

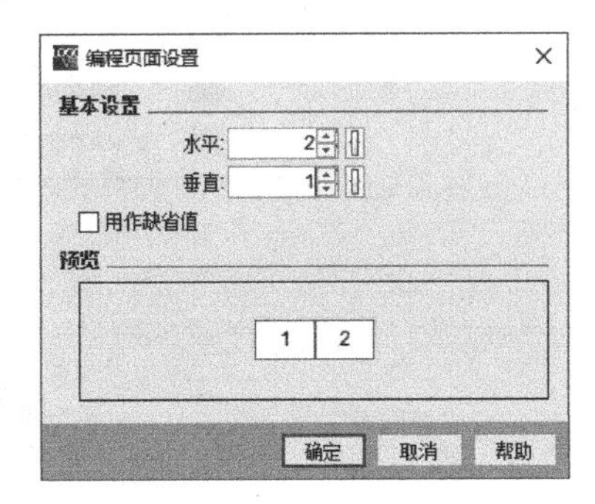

图 5.53　分页处理

（5）打印系统组态信息，或单独打印参数和接口名称等信息。选择“文件”→“打印”命令，在弹出的“打印设置”对话框中设置需要打印的内容，如图 5.54 所示。也可以从“文件”中先进入“打印预览”界面，在该界面下进行“打印”。另一种进入“打印设置”对话框的方法是单击“工具”→“选项”→“打印设置”，出现图 5.55 所示的对话框，在该对话框中选择所打印的内容。

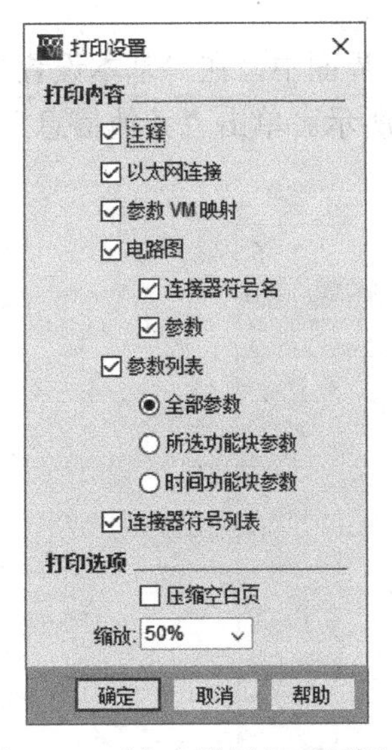

图 5.54　“打印设置”对话框

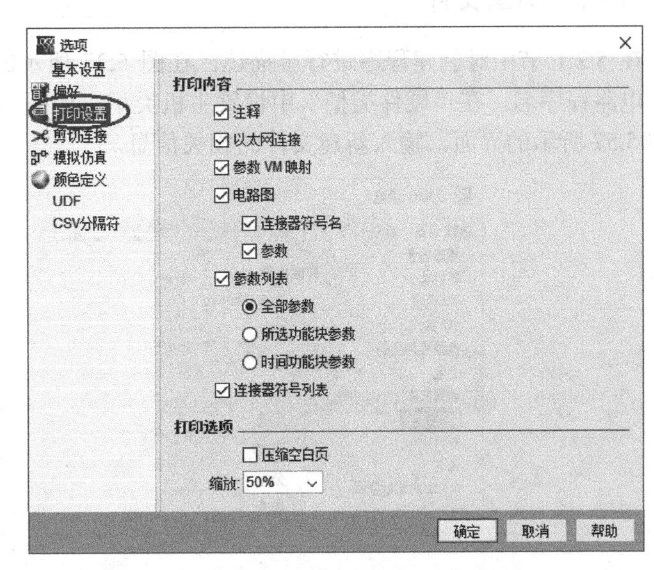

图 5.55　在工具栏进行打印设置

（6）文件保存格式。文件可保存为 PDF（*.pdf）或 JPG（*.jpg）格式，易于与标准 Windows 应用程序集成。在菜单栏中单击“文件”→“另存为”，弹出“保存”对话框，在下方“文件类型”中进行选择，如图 5.56 所示。

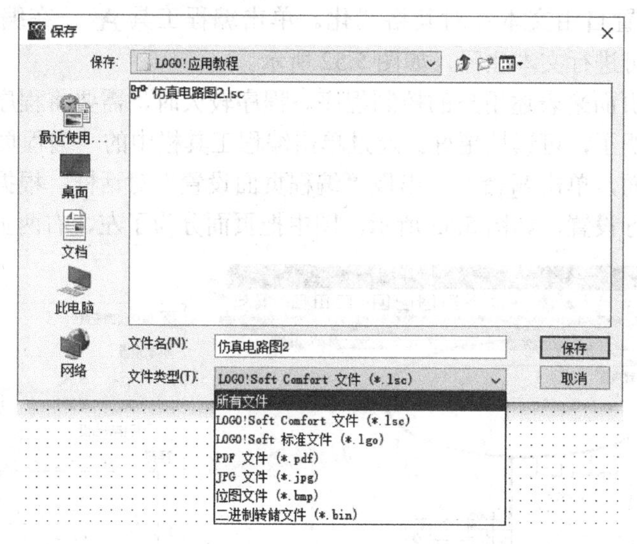

图 5.56　选择文件保存格式

5.3　编程软件的相关操作

编写程序时需要新建文件、保存文件、打开已保存的文件、进行程序加密、清除用户程序和密码等操作。一部分内容已在前面介绍，本节介绍其余部分内容。

5.3.1　新建文件

在 5.2.1 节中对创建程序进行了描述，在图 5.27 所示的设置界面中，在“基本设置”中输入电路程序名，在“硬件类型”中设置主机类型，如图 5.28 所示。单击“其他信息”，出现图 5.57 所示的界面，输入新建文件的相关信息。

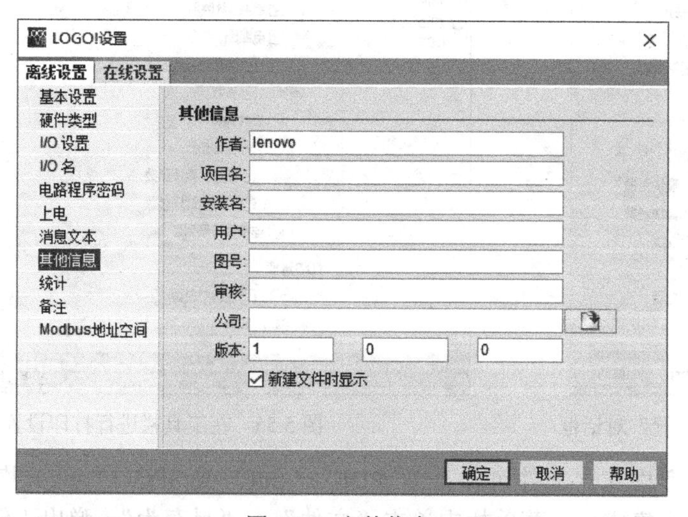

图 5.57　文件信息

5.3.2　保存程序和打开程序

1．保存程序

新创建的程序初次进行保存时，单击“文件”→“保存”，打开一个图 5.58 所示的对话框，从中选择保存程序的路径、文件名和文件类型。

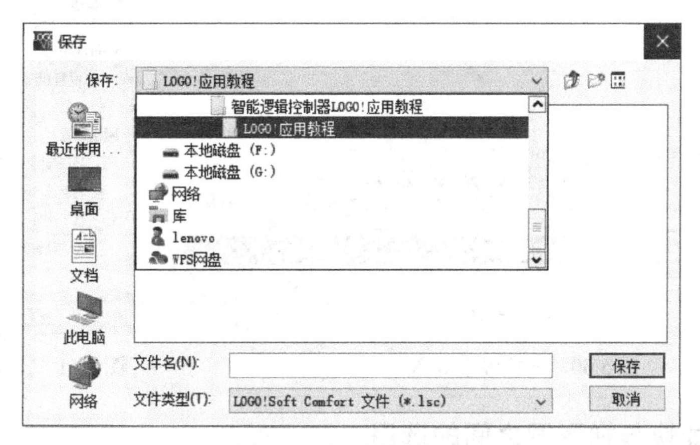

图 5.58　初次保存程序

如果要保存修改后的程序，单击标准工具栏中的（保存）命令，原程序被修改后的程序覆盖，修改后的程序仍将保存到与原文件相同的路径和名称中。也可以通过单击“文件”→“保存”完成。

另一种保存方法是在编程区上部右击，弹出快捷菜单，如图 5.59 所示，单击“保存”或“另存为”保存程序。未被保存的程序，其程序名显示为红色。

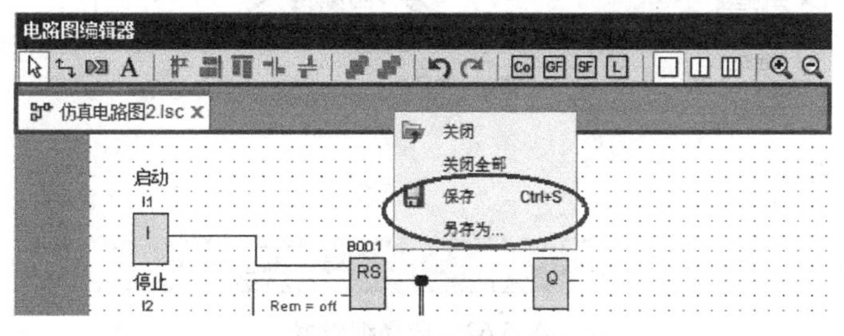

图 5.59　程序的快捷保存方式

2．打开已有程序

常采用以下几种方法打开一个已有程序。

（1）在菜单栏中，选择“文件”→“打开”。

（2）在标准工具栏中，单击命令，在弹出的对话框中找到要打开的程序，选择并单击“打开”按钮。

（3）在菜单栏中，单击“文件”，在菜单的下端出现一列最近打开过的文件，单击相应的文件即可打开该文件。

（4）单击左侧工具栏中的“电路图”，出现“新加电路图”和已经保存的一系列文件，双击要打开的文件。

5.3.3　网格的显示与隐藏

在菜单栏中单击“格式”→“格式化网格”，出现图 5.60 所示的界面，单击“格式化网格”，弹出图 5.61 所示的“网格”对话框，在该处进行网格的显示和隐藏设置。

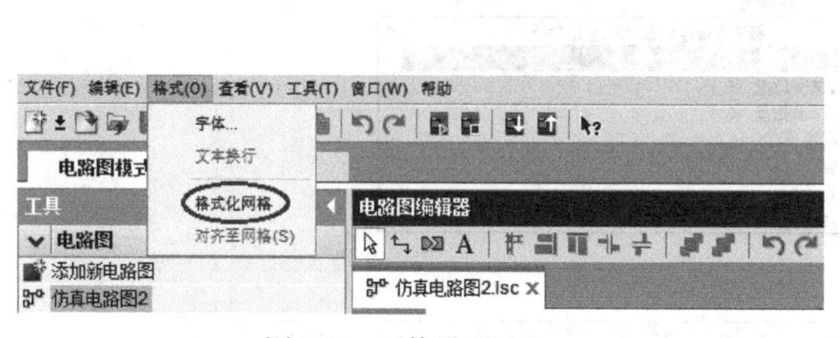

图 5.60　网格设置导入

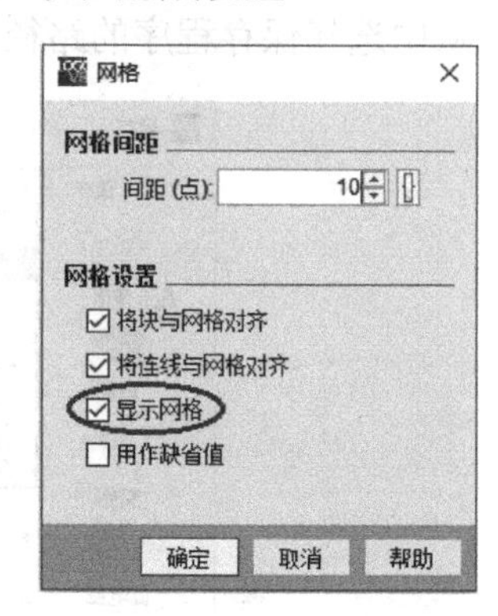

图 5.61　“网格”对话框

5.3.4　功能块与梯形图之间的选用

在菜单栏中选择“工具”→“选项”，在图 5.62 所示界面的“基本设置”中，对“标准编辑器”内的“FBD 编辑器”或“LAD 编辑器”进行选择。默认编辑器为“FBD 编辑器”。

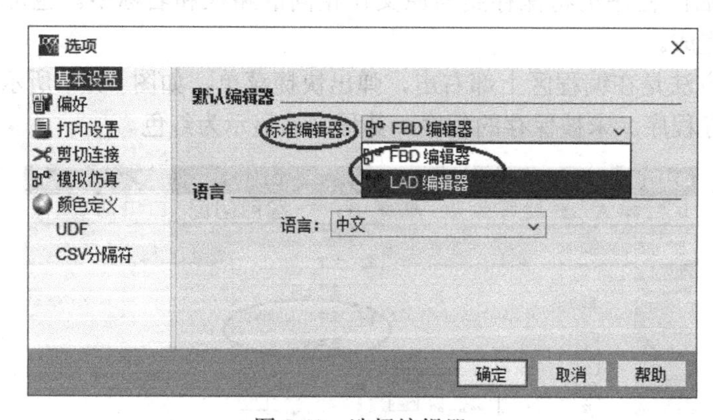

图 5.62　选择编辑器

5.3.5　程序间的比较、程序加密及清除用户程序和密码

1．程序间的比较

在同时打开多个程序时，为了方便查看、比较不同的程序，可通过“工具”→“比较”，对弹出的“比较”对话框中的程序进行查看、比较和编辑。

2．程序加密

为创建的程序设置保护密码。在菜单栏中选择“文件”→“属性”，进入“LOGO!设置”对话框，单击左侧“电路程序密码”，出现图 5.63 所示的对话框，在该对话框中输入密码。

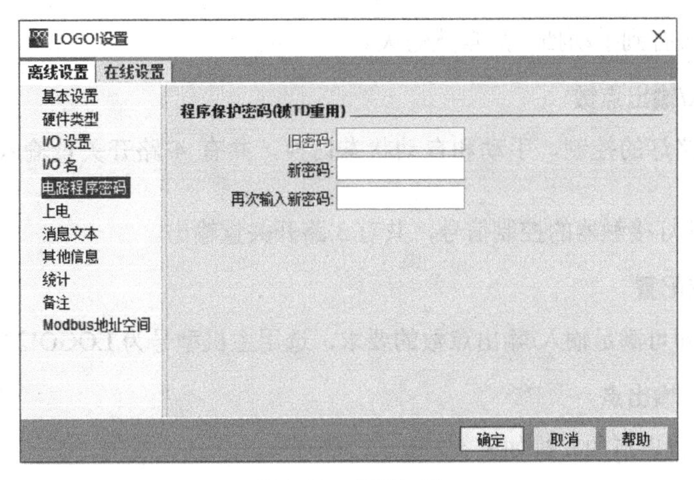

图 5.63　程序加密

3. 清除用户程序和密码

清除用户程序和密码是指清除 LOGO!中的用户程序和密码，在 LOGO!与计算机经适配器电缆连接的情况下进行。在菜单栏中通过“工具”→“传输”→“清除用户程序和密码”进行清除，如图 5.64 所示。

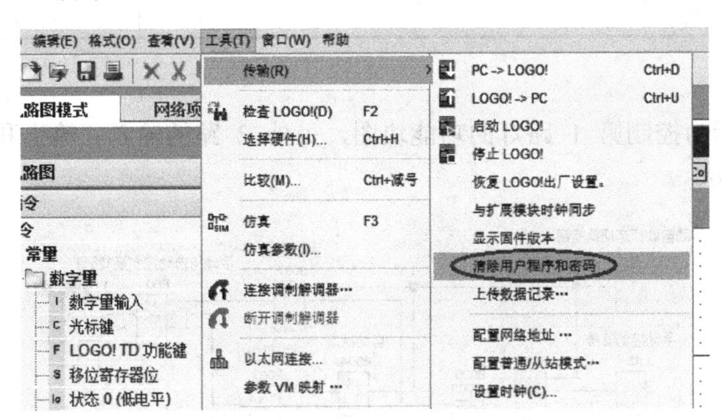

图 5.64　清除用户程序和密码

5.4　离线仿真应用示例

5.4.1　照明控制系统的仿真

1. 控制要求

某照明控制系统中有 3 路灯需要进行控制，控制方式有手动和自动 2 种，通过旋钮进行切换。手动控制方式下，旋钮的常开触点闭合，通过各自的控制按钮使 3 路灯点亮，经 LOGO!内部关断延时功能块设定的时间后灯熄灭，每 1 路都是单独进行控制的，可以根据不同需求分别设定不同的时间。自动控制方式时，照明灯由 LOGO!内部的周定时器控制，周定时器可以设置回路接通与关断的时刻，可根据需要分别设置，最多可设置 3 个不同的时间段，且每路分别用不同的时钟来控制。在自动状态且灯处于点亮的时间段内，如需要熄灭，则可以将转换开关打到手动挡，灯自然熄灭。

2. 统计输入/输出点数

输入点：3 路灯的控制，手动和自动状态切换，共有 4 路开关量输入，全部采用常开触点。

输出点：3 路灯接触器的控制信号，共有 3 路开关量输出。

3. 进行系统配置

LOGO!主机即可满足输入/输出点数的要求，选用主机型号为 LOGO!230RC。

4. 安排输入/输出点

LOGO!输入/输出点的安排如表 5.2 所示。

表 5.2 LOGO!输入/输出点安排

输 入	含 义	说 明	输 出	含 义
I1	手动自动切换旋钮	手动状态时常开触点闭合，自动状态时常开触点断开	Q1	控制第 1 路灯接触器
I2	第 1 路灯启动按钮	按钮常开触点闭合灯亮，断开灯延时熄灭	Q2	控制第 2 路灯接触器
I3	第 2 路灯启动按钮	同上	Q3	控制第 3 路灯接触器
I4	第 3 路灯启动按钮	同上		

5. 功能块图

图 5.65 所示为控制第 1 路灯的功能块图，另外 2 路的输入、输出和时间的设定值不同，这里不再给出。

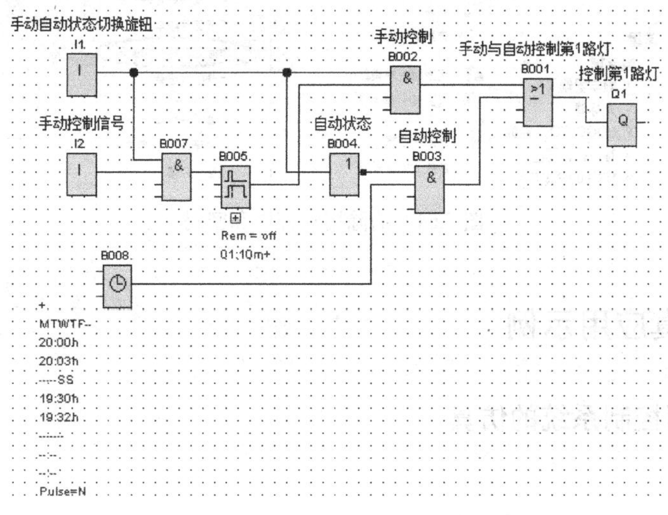

图 5.65 控制第 1 路灯的功能块图

6. 离线仿真

在 LOGO!Soft Comfort 界面可对程序进行仿真。进入仿真状态，先单击界面中的 I1，切换到手动控制方式进行仿真。单击第 1 路灯启动按钮信号 I2，随之有输出 Q1，信号路径如图 5.66 中的粗线所示。

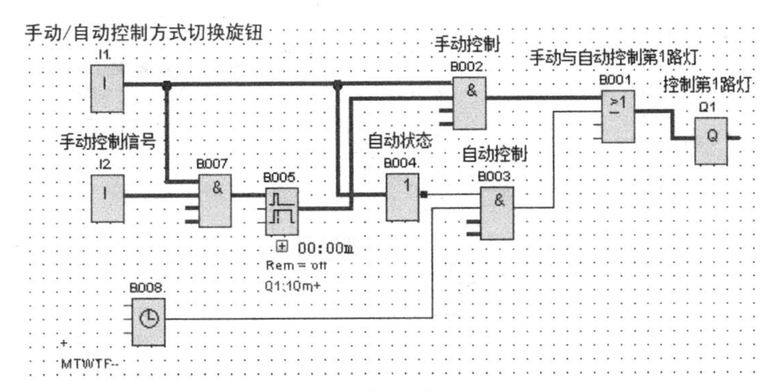

图 5.66　手动启动时信号路径

再次单击信号 I2 后，开始了停止过程，B007 的输出为 0，信号路径如图 5.67（a）中的粗线所示。关断延时定时器 B005 开始延时，在 1 分钟 10 秒之内，输出 Q1 保持 1 状态。延时到达设定时间之后，输出 Q1 变为 0 状态，第 1 路灯熄灭，信号路径如图 5.67（b）中的粗线所示。

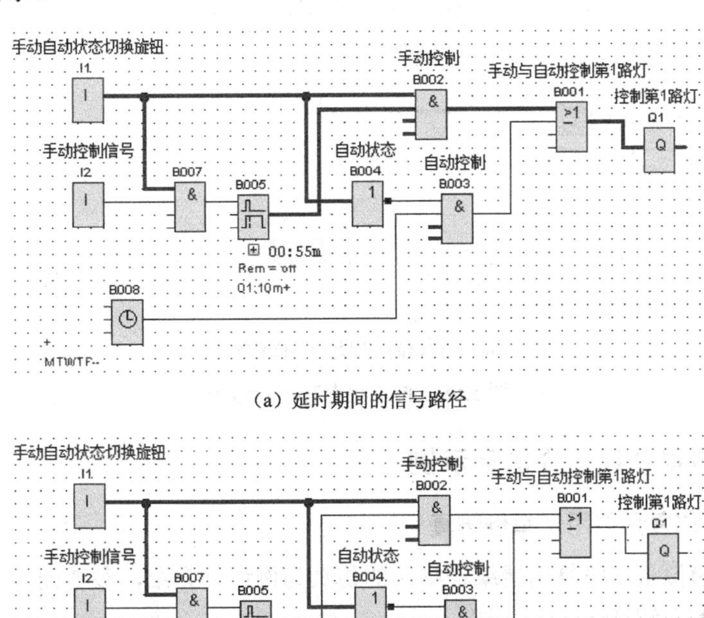

（a）延时期间的信号路径

（b）延时时间到达后的信号路径

图 5.67　延时过程信号路径

去掉输入信号 I1，切换为自动控制方式，输出 Q1 根据周定时器 B001 的设定时间动作。在设定的动作时间范围之外，输出 Q1 为 0 状态，如图 5.68（a）所示。在设定的动作时间范围之内，周定时器 B008 有输出信号，B003 的 2 个输入均为 1 状态，输出变为 1 状态，输出 Q1 随之变高，如图 5.68（b）所示。

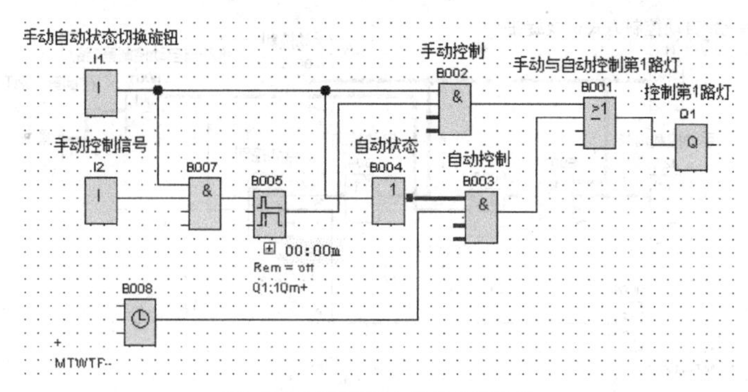

(a) 设定时间范围之外的信号路径

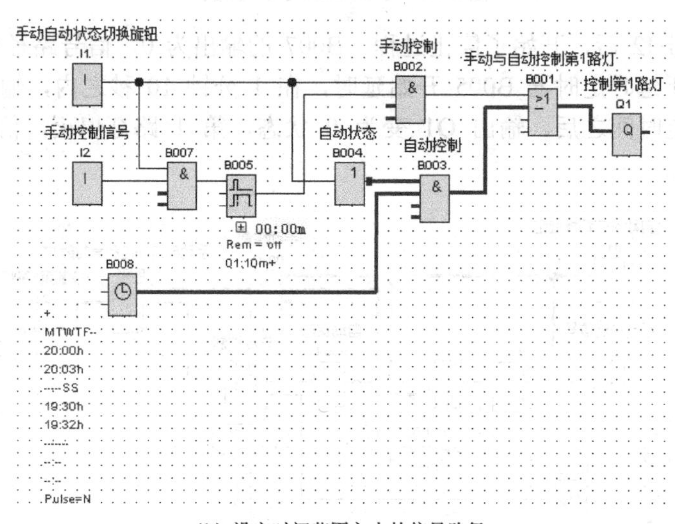

(b) 设定时间范围之内的信号路径

图 5.68　自动状态时信号路径

5.4.2　模拟量功能指令仿真示例

1. 模拟量多路复用器用法举例仿真

以 4.1.7 节模拟量多路复用器编程举例的仿真为例进行介绍，参考图 4.14。未设置参数时的功能块图如图 5.69 所示。

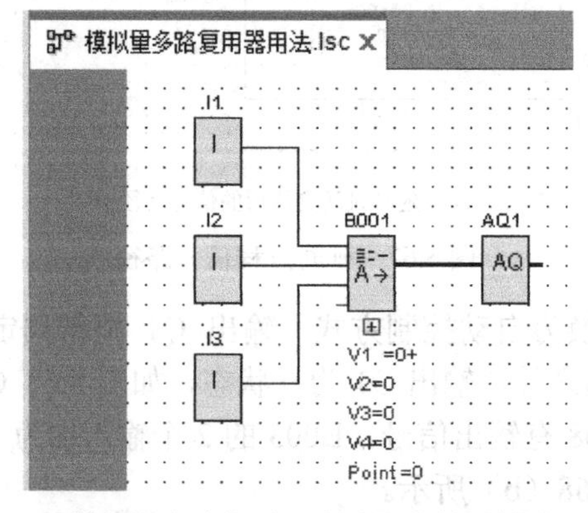

图 5.69　模拟量多路复用器未设置参数时的功能块图

参数设置界面如图 5.70 所示。在该界面中，可以按照控制要求分别对 4 种状态的值进行设置。

设置参数后的功能块图如图 5.71 所示。

B001 [模拟 MUX]
参数 | 注释
参数
块名:
V1 (S1=0; S2=0)　5
V2 (S1=0; S2=1)　7
V3 (S1=1; S2=0)　12
V4 (S1=1; S2=1)　24
小数位
该消息文本中的小数位数: 0　+12345
其他
激活参数保护
确定　取消　帮助

图 5.70　模拟量多路复用器参数设置界面

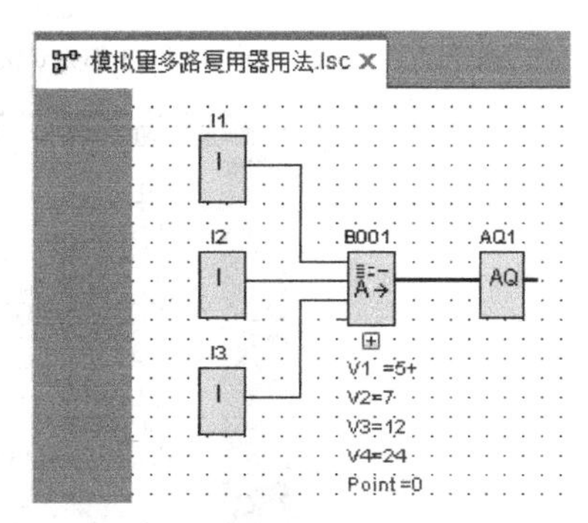

图 5.71　模拟量多路复用器设置参数后的功能块图

进入仿真状态后，当 I1=0 时，不管 I2 和 I3 的状态如何，AQ1 的输出都为 0。图 5.72 所示为 I2 和 I3 都为 0 状态及 I2 和 I3 都为 1 状态的情况，从图中可以看出，B001 下方参数中和界面最下端仿真工具栏中所示的 AQ1 都为 0。

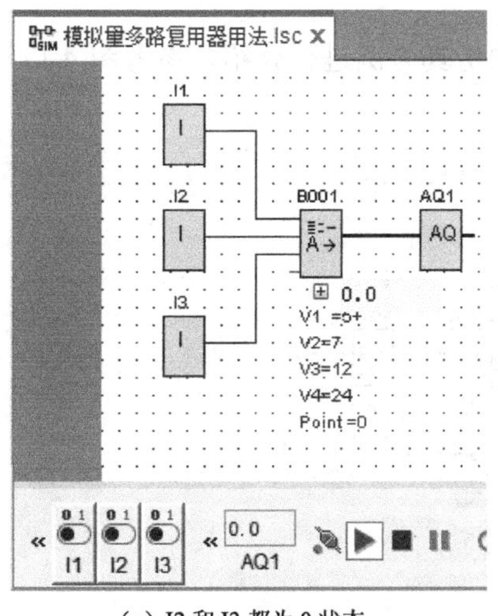

(a) I2 和 I3 都为 0 状态

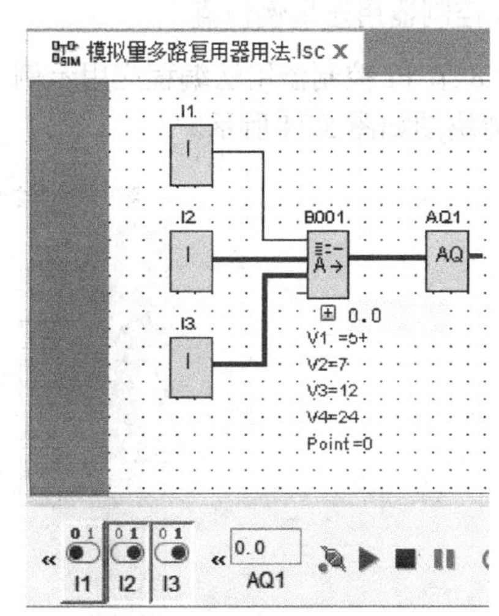

(b) I2 和 I3 都为 1 状态

图 5.72　I1 为 0 状态时模拟量多路复用器输出 0 值

在仿真状态下，当I1=1时，模拟量多路复用器B001的输出值AQ1取决于I2和I3的状态，4种状态及输出AQ1的值分别如图5.73（a）、（b）、（c）和（d）所示。

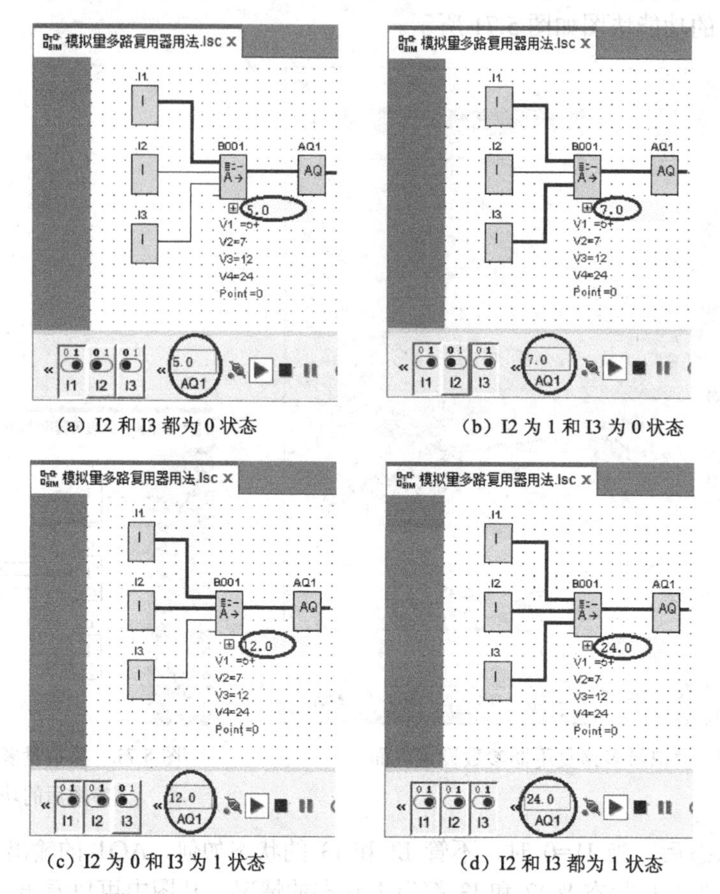

（a）I2和I3都为0状态　（b）I2为1和I3为0状态

（c）I2为0和I3为1状态　（d）I2和I3都为1状态

图5.73　I1为1状态时模拟量多路复用器的输出值

2. PI控制器用法举例仿真

以4.1.8节PI控制器用法编程应用示例2的仿真为例进行介绍，参考图4.17。未设置参数时的功能块图如图5.74所示。

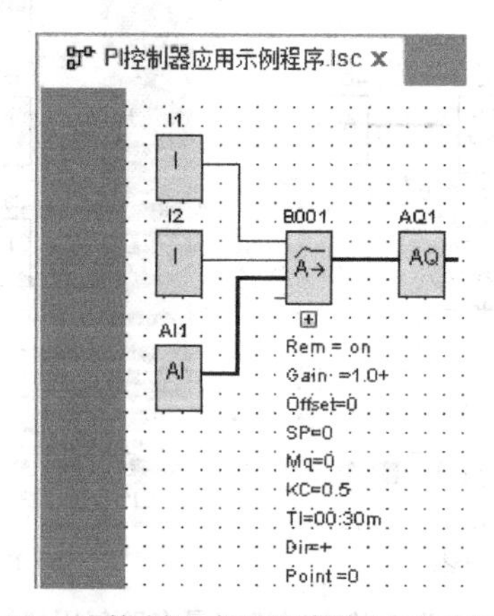

图5.74　PI控制器未设置参数时的功能块图

参数设置界面如图 5.75 所示。在该界面中，可以根据具体情况进行相关参数的设置。如图中，传感器选择 PT100/PT1000，温度采用摄氏温度，分辨率为 1，设定值为 15，参数采用温度（慢速），P、I 参数采用默认值（比例放大倍数 KC=1，积分时间 TI=2s）。

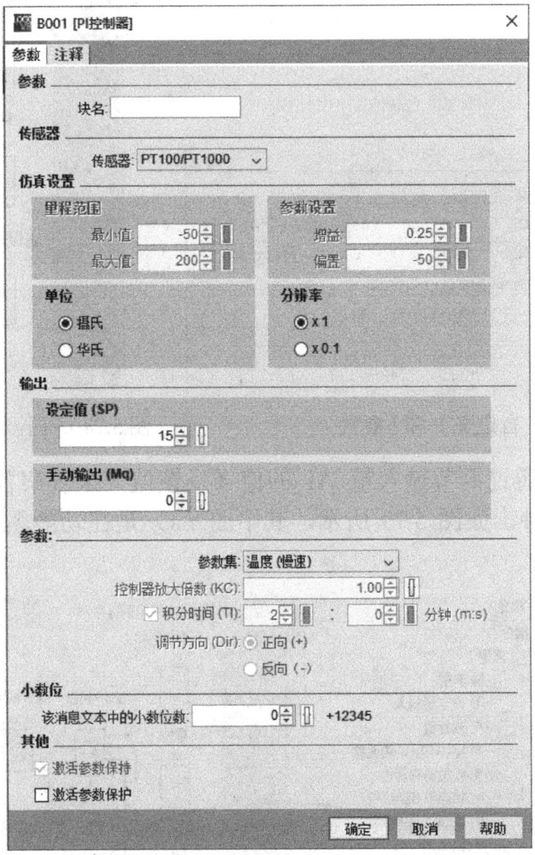

图 5.75　PI 控制器参数设置界面

如果需要改变 P 和 I 的值，可以在“参数集”中选择“用户定义”，如图 5.76 所示，然后根据具体情况设置 P 和 I 参数，如图 5.77 所示。对于热容量小的较小空间，温度变化快，可设置 KC=0.5，TI=30s；对于热容量大的较大空间，温度变化慢，可设置 KC=1，TI=120s；对于快速变化的压力控制，可设置 KC=3.0，TI=5s；对于慢速变化的压力控制，可设置 KC=1.2，TI=12s；对于无排水的蓄水池或水容器充水，可设置 KC=1，TI=99.59s；对于有排水的蓄水池或水容器充水，可设置 KC=0.7，TI=20s。

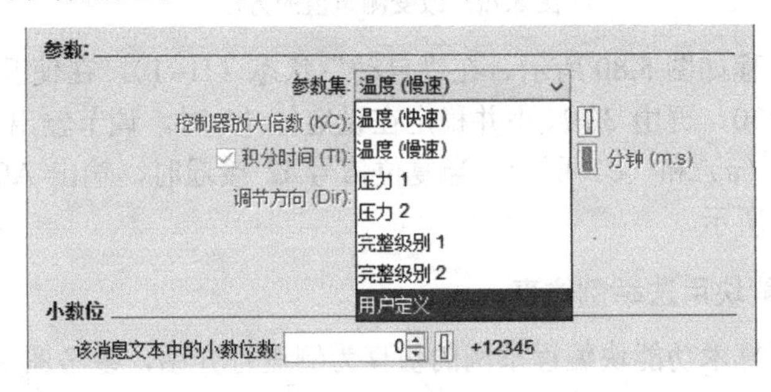

图 5.76　参数设置

参数设置完成后，功能块图如图 5.78 所示。

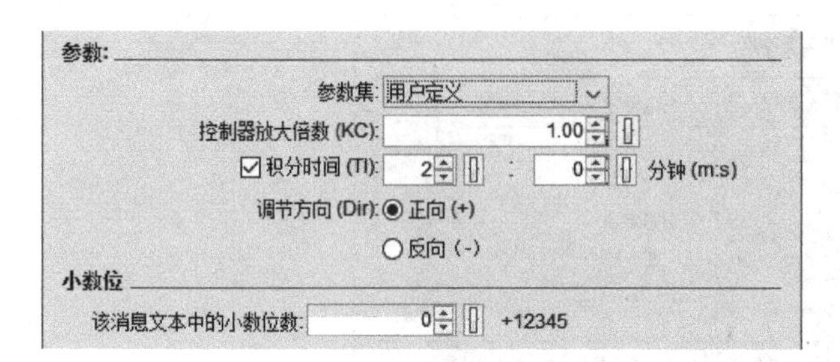

图 5.77　自定义 P 和 I 参数

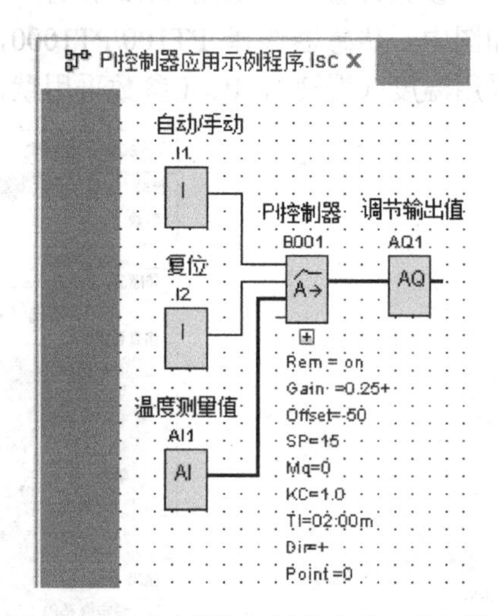

图 5.78　PI 控制器设置参数后的功能块图

进入仿真状态后，通过调节输入量 AI 的值（反馈值）来观察各个量的变化情况。改变测量值 AI 的方法有 2 种，如图 5.79 所示，其中图（a）是在功能图上修改的，图（b）是在仿真工具盒中修改的。

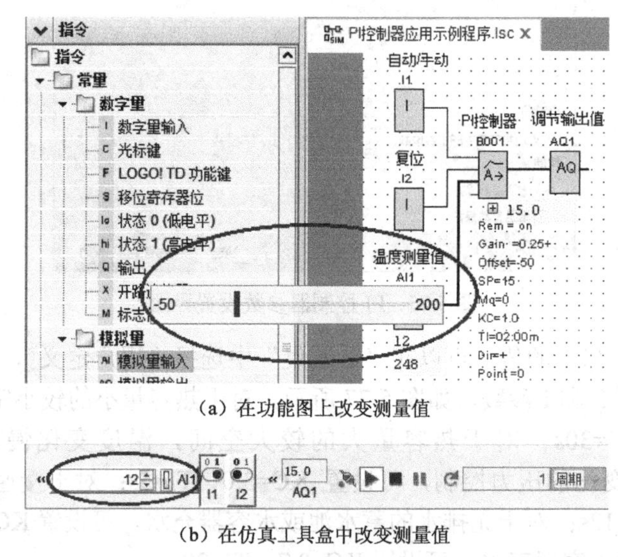

（a）在功能图上改变测量值

（b）在仿真工具盒中改变测量值

图 5.79　改变测量值的方法

测量值的调节过程如图 5.80 所示。在“自动”状态（I1=1），在使温度测量值 PV（被控量 AI）由 0 变化到 30，再由 30 减小并稳定在设定值 15 时，调节输出值 AQ、温度测量值 PV 的变化如图 5.80（a）和（c）所示。当复位信号 I2 接通时，输出 AQ 的值复位为 0，如图 5.80（b）和（c）所示。

3．模拟算术功能块用法举例仿真

以 4.1.9 节模拟算术功能块编程举例的仿真为例进行介绍，参考图 4.19。未设置参数时的模拟算术功能块如图 5.81 所示。

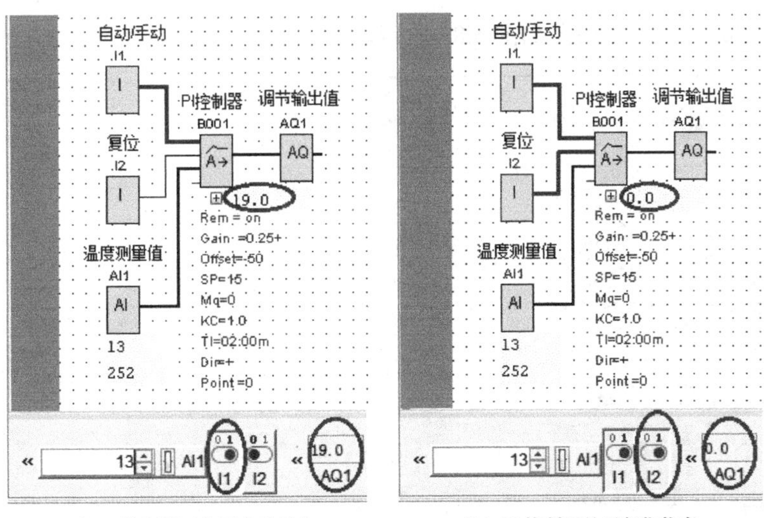

（a）PI 控制器工作于自动状态　　（b）PI 控制器处于复位状态

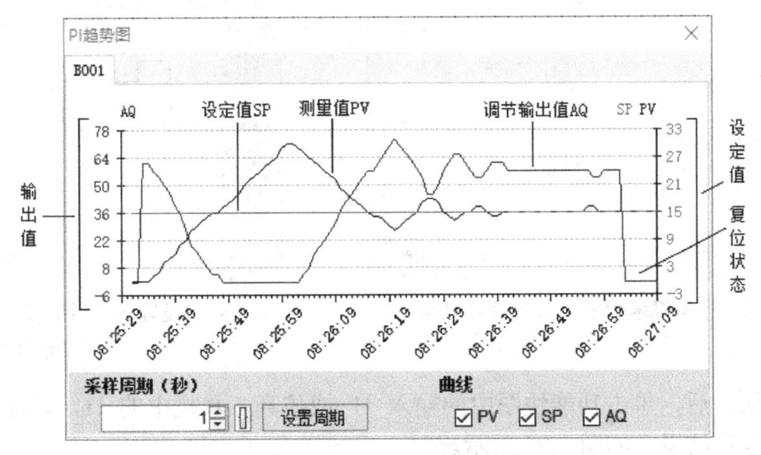

（c）PI 控制器各个量的变化曲线

图 5.80　PI 控制器及其调节过程

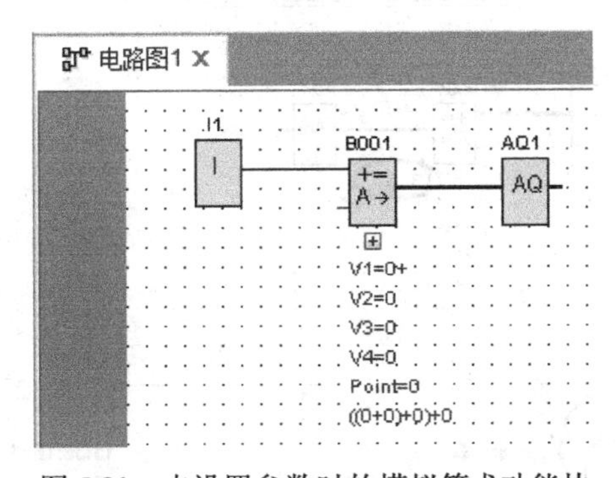

图 5.81　未设置参数时的模拟算术功能块

参数设置界面如图 5.82 所示。在该界面中，可以根据算术表达式进行相关参数的设置。如图中，V1=12，运算符为“+”，V2=6，运算符为“÷”，V3=3，运算符为“−”，V4=1。首先进行除法运算，V2 运算的优先级为 H，其次进行加法运算，V1 运算的优先级为 M，最后进行减法运算，V3 运算的优先级为 L。

参数设置完成后，功能块图如图 5.83 所示。

B001 [算术指令]
参数 注释
参数
块名:
指令
V1
12
运算符 1: + 优先级 1: M
V2
6
运算符 2: ÷ 优先级 2: H
V3
3
运算符 3: - 优先级 3: L
V4
1
小数位
该消息文本中的小数位数: 0 +12345
输出
当"En=0"时，输出为:
0 上一个数值
其他
激活参数保护
确定 取消 帮助

图 5.82 模拟算术功能块参数设置界面

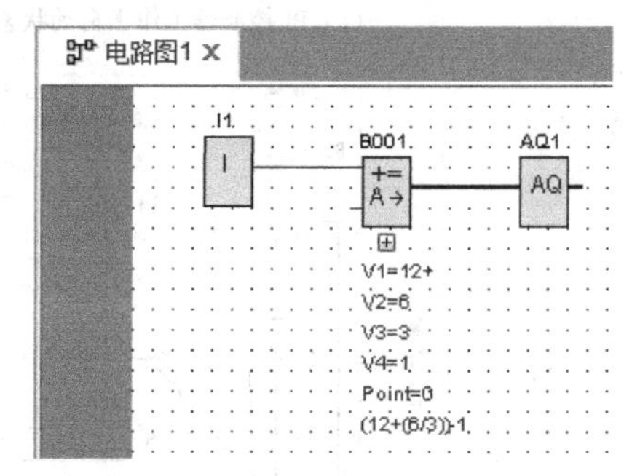

图 5.83 设置参数后的模拟算术功能块的功能块图

进入仿真状态后，单击功能块图中的输入 I1 或仿真工具栏中的 I1，功能块图和仿真工具栏都出现了运算结果，如图 5.84 所示。

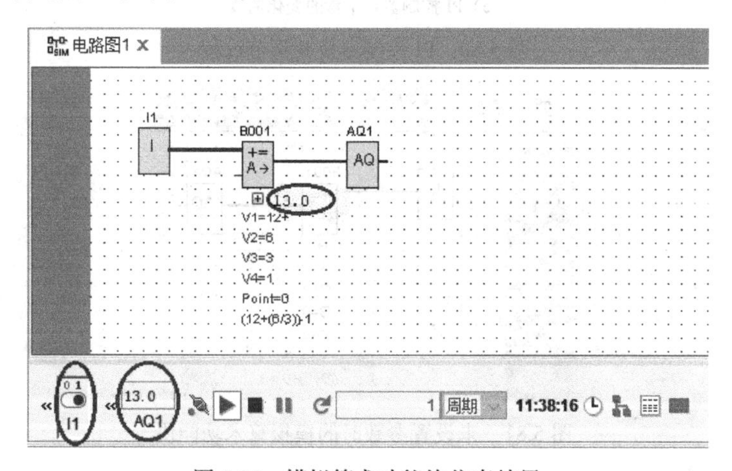

图 5.84 模拟算术功能块仿真结果

5.4.3 高压釜控制仿真

参考 4.1.11 节中图 4.31 所示的高压釜控制的功能块图。通过编程软件 LOGO!Soft

Comfort 编辑的功能块图如图 5.85 所示。

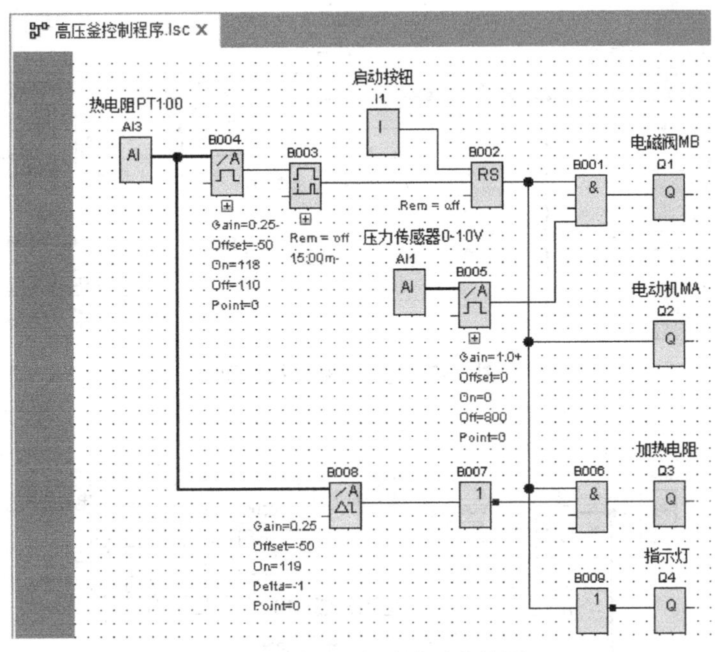

图 5.85　高压釜控制的功能块图

当功能块图中的交叉连线较多时，为了减少连线交叉，可以使用“中断表示”。图 5.85 中，B002 的输出分别连接到了 4 处，可以在每个连接处右击，比如在 B002 输出端连接到 Q2 的连线上右击，出现图 5.86 所示的界面，单击“中断表示”，变换为图 5.87 所示的界面，用符号“Q2/1”和“B002”代替了二者之间的连线。对每处连线进行同样的操作，界面变为图 5.88 所示的形式，该功能块图与图 5.85 等效。

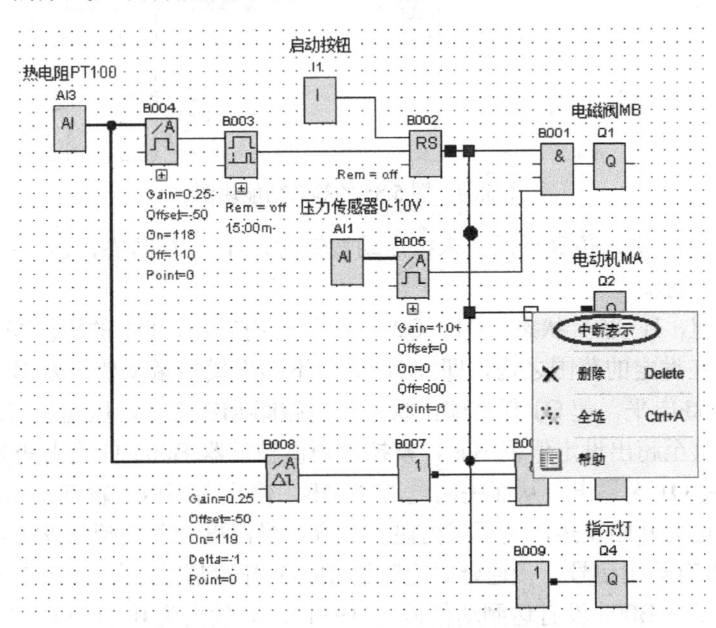

图 5.86　符号代替连线的操作界面

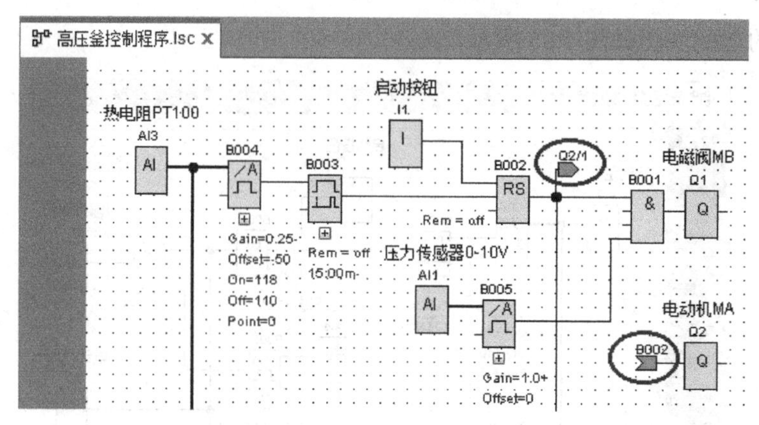

图 5.87　符号代替连线界面

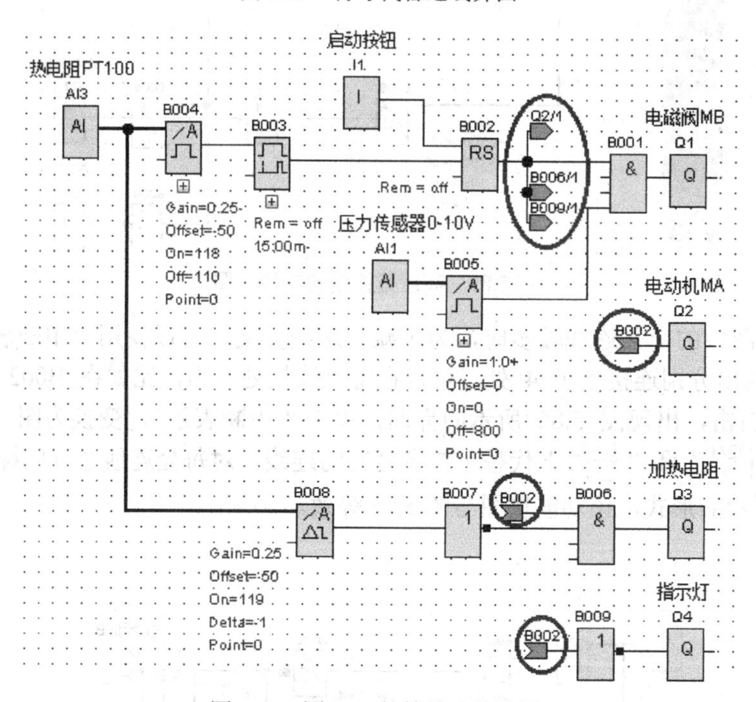

图 5.88　图 5.85 的等效功能块图

单击仿真命令进入仿真界面。未按启动按钮时，I1 为 0 状态，Q4 有输出，停止指示灯亮，如图 5.89 所示。

按下启动按钮，I1 为 1 状态，Q1、Q2、Q3 同时有输出，Q4 的输出变为 0，如图 5.90 所示。只要压力在设定的范围之内，即 AI1 的值不超出模拟量阈值触发器 B005 设定的范围，B005 就输出高电平，使 Q1 保持输出状态，电磁阀 MB 打开，压缩空气进入高压釜。

当压力达到甚至超出设定值范围时，模拟量阈值触发器 B005 的输出变为 0，B001 的输出随之变为 0，使 Q1 无输出，从而关闭电磁阀 MB，停止向高压釜输气，如图 5.91 所示。

加热电阻通电后开始发热，高压釜内温度上升，当温度达到模拟量阈值触发器 B004 的接通值时，B004 有输出信号，接通延时定时器 B003 开始延时，如图 5.92 所示。图中由于模拟量偏差值触发器 B008 没有达到动作值（119+1），其输出为 0，使 Q3 仍有输出，加热电阻继续通电加热。

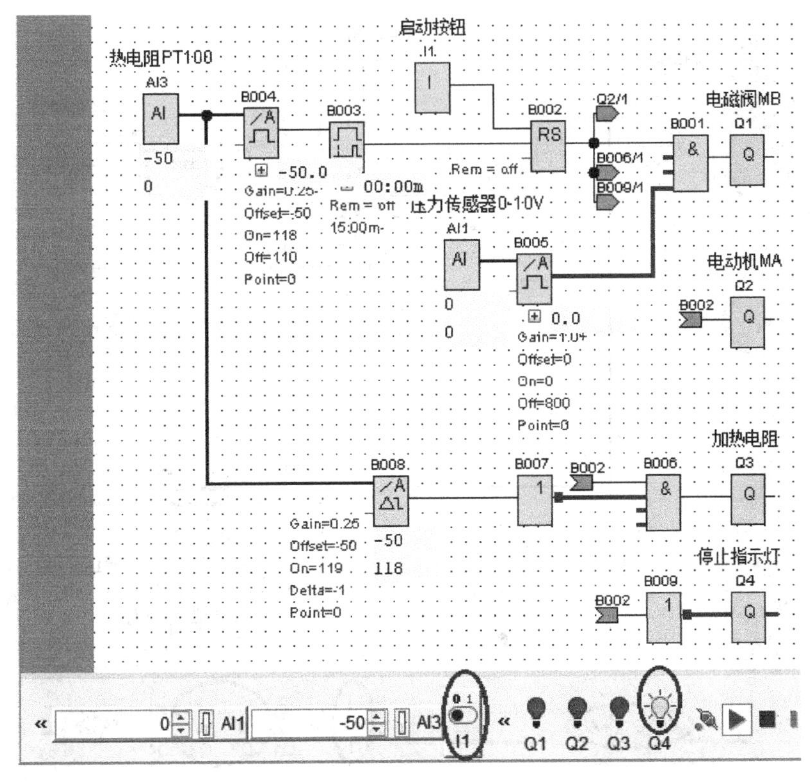

图 5.89　仿真时的停止状态

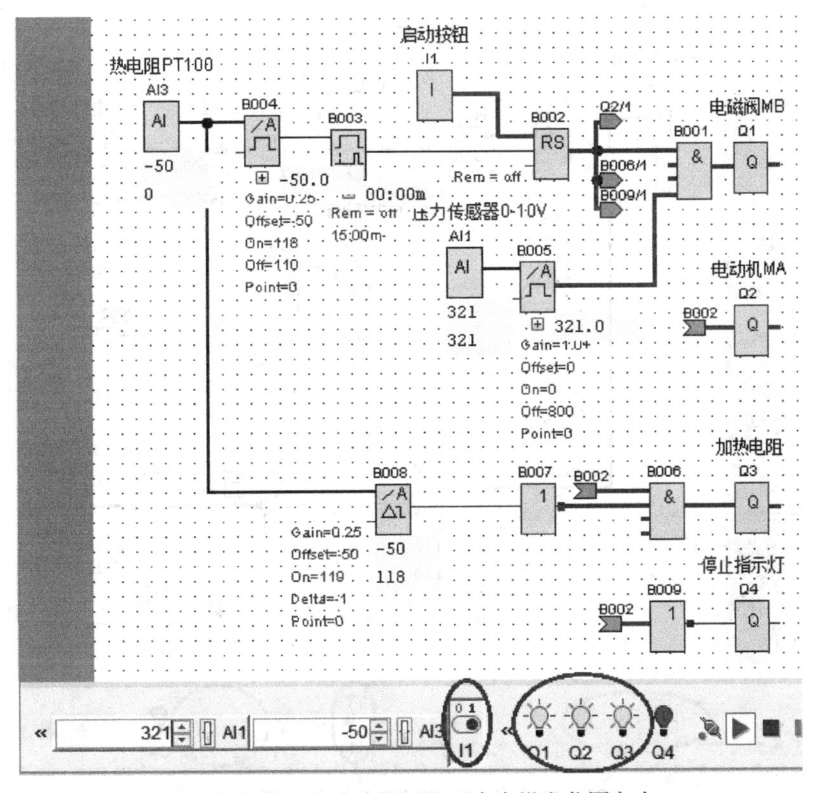

图 5.90　按下启动按钮后且压力在设定范围之内

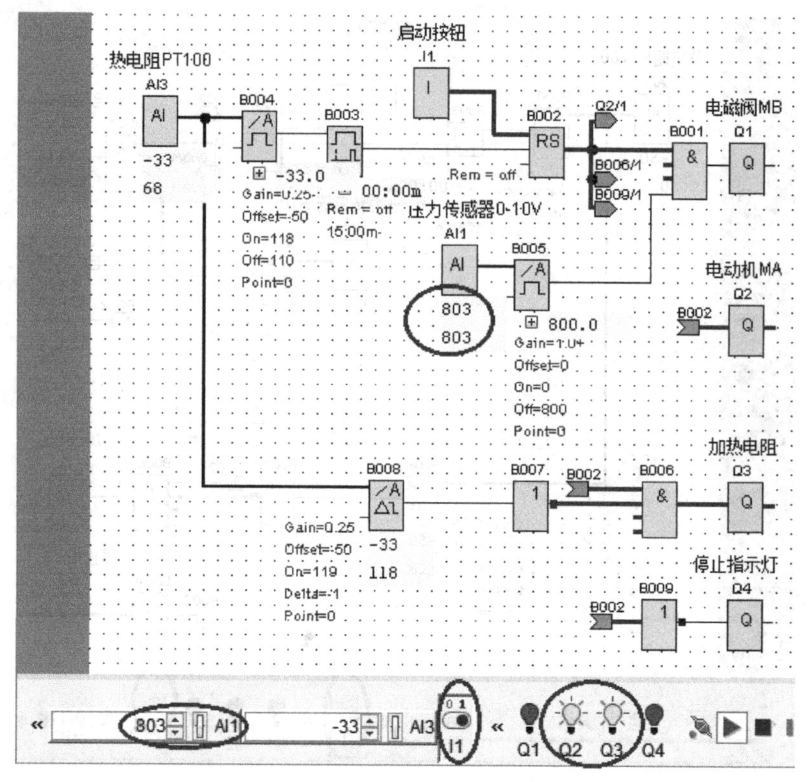

图 5.91　按下启动按钮后且压力超出设定范围

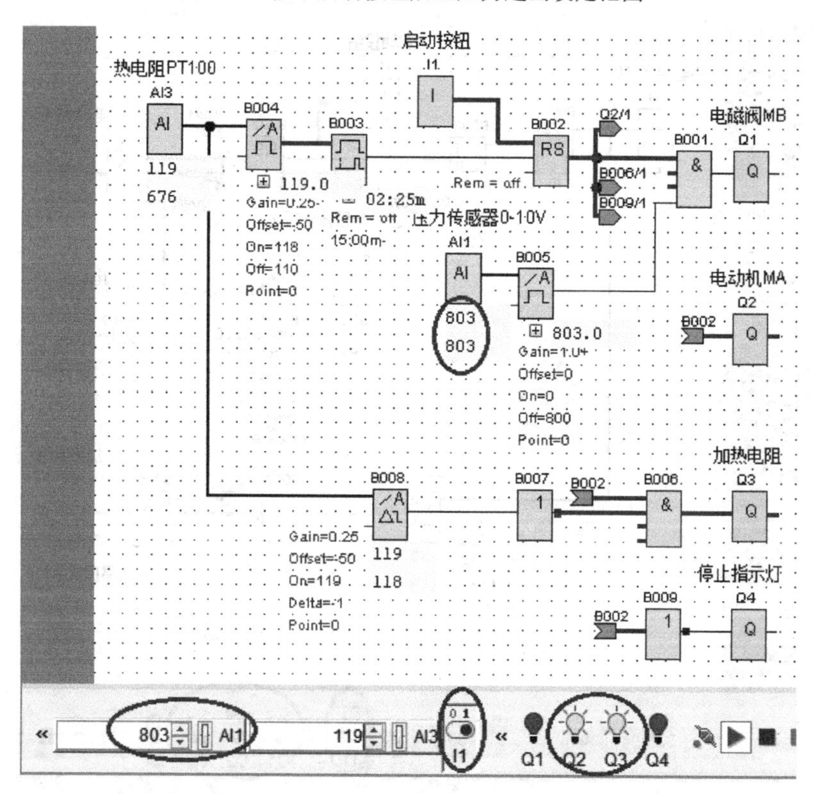

图 5.92　温度达到接通值时的延时期间

当温度上升到动作值（119+1）时，模拟量偏差值触发器 B008 有输出信号，使 B007 的输出变低，输出 Q3 信号消失，加热电阻停止加热，如图 5.93 所示。

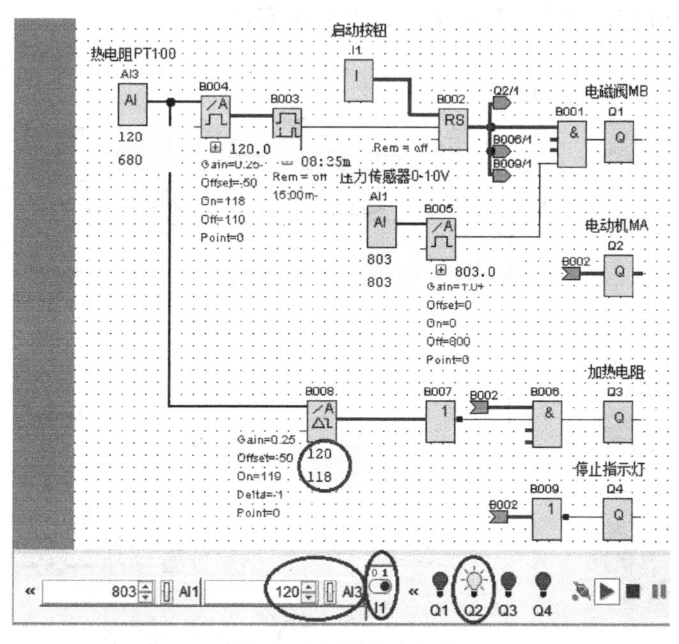

图 5.93　超温停止加热

停止加热后，高压釜内温度下降，当温度值降为下限值（119−1）时，模拟量偏差值触发器 B008 的输出变低，使 Q3 输出信号，加热电阻通电加热，Q4 输出信号消失，停止指示灯熄灭，如图 5.94 所示。

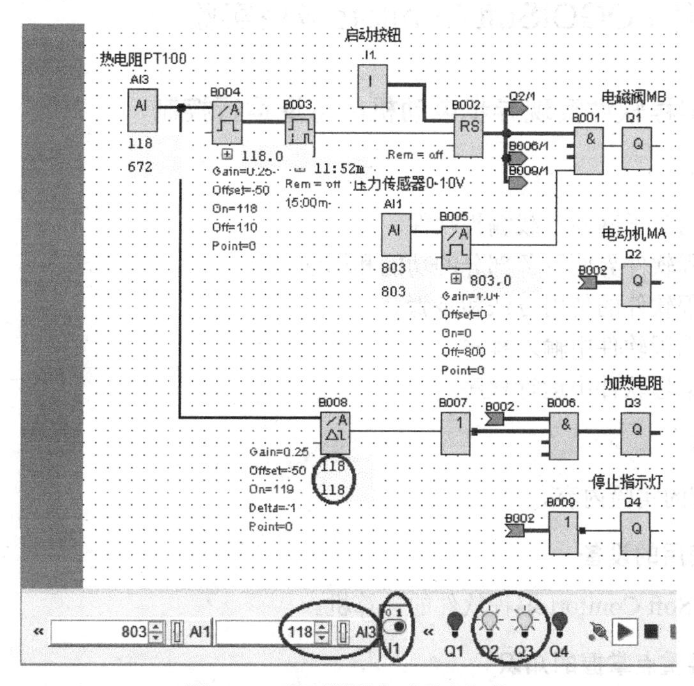

图 5.94　到下限温度时重启加热

当加热时间达到设定的15min时，接通延时定时器B003的输出变高，锁存继电器B002复位，其输出变低，使得输出Q2和Q3断开，电动机MA和加热电阻断电，同时输出Q4的信号使停止指示灯亮，混合过程结束，如图5.95所示。

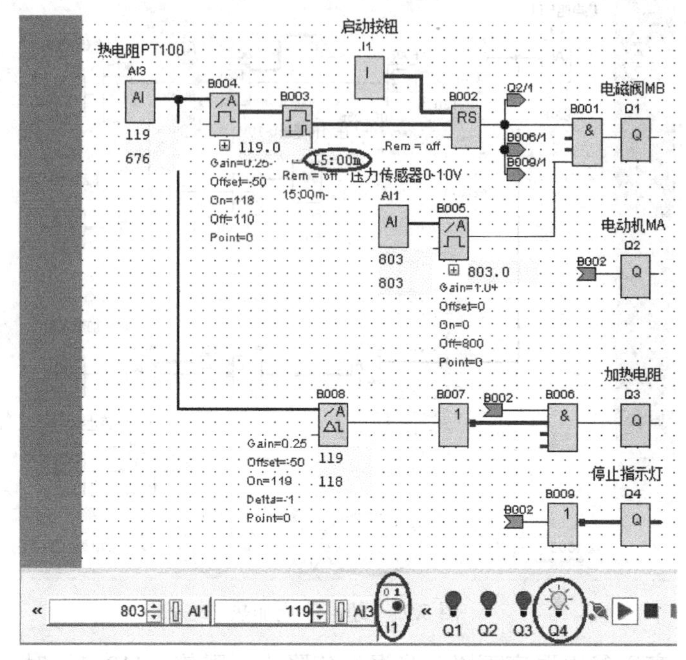

图5.95　混合过程结束

5.5　编程软件LOGO!Soft Comfort应用实验

5.5.1　用编程软件实现异步电动机的可逆运行控制

1．实验目的

（1）能够在西门子网站下载编程软件。

（2）熟悉编程软件界面及各部分的功能和用法。

（3）学习编程软件的使用方法和步骤。

（4）学习在编程软件中输入程序。

（5）学习在编程软件中运行程序。

2．实验内容

详见2.7.2节的实验内容。

3．实验中使用的设备

装有LOGO!Soft Comfort编程软件的计算机。

4．实验需要重点掌握的知识

（1）基本功能指令及其用法。

（2）编程软件 LOGO!Soft Comfort 的使用方法。
（3）利用编程软件进行仿真。

5．实验前的准备工作

（1）根据实验内容写出实验步骤。
（2）安排输入/输出点，编制实验程序。
（3）学会下载编程软件。

6．实验报告内容

（1）画出实验过程中电动机正反转电气控制主电路。
（2）安排 LOGO!的输入/输出点。
（3）写出实验过程。
（4）给出实验过程中的程序。
（5）分析实验过程中所出现的问题。
（6）指出程序中防止电动机正转和反转同时动作的措施。
（7）模拟热继电器的保护动作。
（8）从程序中比较正—停—反控制和正—反—停控制。

5.5.2　用编程软件实现 1 台自耦变压器分时降压启动 2 台电动机

1．实验目的

（1）熟悉编程软件的使用。
（2）学习编程软件的使用方法和步骤。
（3）学习在编程软件中输入程序。
（4）学习在编程软件中运行程序。
（5）学会在编程软件中修改程序。

2．实验内容

在消化 3.1.11 节中相关控制要求、硬件电路和程序的基础上，用编程软件进行仿真。

3．实验中使用的设备

装有 LOGO!Soft Comfort 编程软件的计算机。

4．实验需要重点掌握的知识

（1）LOGO!的输入/输出点安排。
（2）基本功能指令、定时器功能块及其用法。
（3）编程软件 LOGO!Soft Comfort 的使用方法。
（4）利用编程软件进行仿真。

5．实验前的准备工作

（1）根据实验要求写出实验步骤。
（2）安排输入/输出点，编制实验程序。

（3）熟悉编程软件。

6．实验报告内容

（1）画出实验过程中采用 1 台自耦变压器启动 2 台电动机的电气主电路。
（2）安排 LOGO!输入/输出点。
（3）写出实验过程。
（4）给出实验过程中程序并加以分析。
（5）分析实验过程中所出现的问题，并给出解决办法。
（6）写出程序中防止自耦变压器同时启动 2 台电动机的措施。

5.5.3 用编程软件实现蓄水池水位控制

1．实验目的

（1）熟悉编程软件的使用。
（2）熟悉编程软件界面，学会常用功能的用法。
（3）学会在编程软件中输入程序。
（4）学会在编程软件中运行程序。
（5）学会在编程软件中修改程序。
（6）学会把程序下载到 LOGO!主机中。

2．控制要求

控制要求详见 3.2.5 节。

3．实验内容

（1）对 3.2.5 节中的蓄水池水位控制程序进行仿真。

（2）观察程序的运行情况，如果所做的设计不符合控制要求，请找出问题并更正，直到满足控制要求为止。

（3）如果停止按钮采用常闭触点，画出 LOGO!的输入/输出线路图，编制相应的程序并加以验证。

（4）下载程序到 LOGO!。
（5）在 LOGO!上观察运行情况。

4．实验中使用的设备及相关材料

（1）装有 LOGO!Soft Comfort 编程软件的计算机。
（2）LOGO!电缆。
（3）LOGO!主机。

5．实验需要重点掌握的知识

（1）LOGO!的输入/输出点安排及其控制线路图。
（2）利用编程软件进行仿真。
（3）下载程序。

6. 实验前的准备工作

（1）写出实验步骤。
（2）安排输入/输出点，画出输入/输出线路图。
（3）编制程序，以便在实验过程中进行验证。

7. 实验报告内容

（1）根据控制要求写出实验步骤。
（2）安排 LOGO!的输入/输出图。
（3）写出满足要求的功能块程序。
（4）写出仿真过程中出现的问题和解决办法。
（5）写出采用 LOGO!进行实验的过程。

5.5.4　温度控制实验

1. 实验目的

（1）熟悉采用 LOGO!进行控制的方法和步骤。
（2）掌握采用 LOGO!进行控制的硬件电路设计方法。
（3）掌握采用基本功能块和特殊功能块进行编程的方法。
（4）学会采用编程软件输入程序。
（5）学会用编程软件运行程序。
（6）学会利用编程软件修改程序。
（7）学习下载程序并在 LOGO!上运行程序的方法。

2. 控制要求

某空间要求把内部温度控制在要求的范围（比如 40～50℃）内，通过 2 个电加热器进行加热，内部温度采用热电阻 Pt100 测量。当温度低于设定的下限值（比如 40℃）时，2 个电加热器同时通电加热。当温度高于中间值（比如 45℃）时，使 1 个电加热器断电，只通过 1 个电加热器加热。当温度高于上限值（比如 50℃）时，电加热器断电，停止加热。

控制要求如下。

（1）既可根据温度的变化进行自动控制，又可手动操作按钮控制 2 组加热电阻加热，通过旋钮（或转换开关）切换自动状态和手动状态。

（2）温度到达设定值时，电加热器的通/断电并不立即执行，而是经过设定的时间（比如 30s）才动作。

（3）启动按钮、停止按钮均采用常开触点。

3. 实验内容

（1）根据控制要求设计控制线路。
（2）编写出满足要求的功能块程序。
（3）在装有 LOGO!Soft Comfort 编程软件的计算机上进行仿真。
（4）观察程序的运行情况，验证程序的正确性。
（5）若程序不能满足要求，请修改程序并重新仿真，直到满足控制要求为止。

（6）把程序下载到LOGO!中。

（7）让LOGO!处于运行状态，验证软/硬件的正确性。

4．实验中使用的设备及相关电器材料

（1）装有LOGO!Soft Comfort编程软件的计算机。

（2）LOGO!电缆。

（3）LOGO!主机LOGO!230RCE和扩展模块。

（4）4个按钮。

（5）1个旋钮或转换开关。

（6）LOGO!主机。

（7）1只Pt100热电阻。

（8）2个电加热器。

（9）2个双极空气开关（1个用于控制电路，1个用于加热电阻）。

（10）2个交流接触器。

5．实验需要重点掌握的知识

（1）LOGO!的输入/输出点安排及其控制线路图。

（2）基本功能指令、特殊功能指令的用法。

（3）功能块程序的编制方法。

（4）利用编程软件进行仿真。

（5）下载程序。

（6）LOGO!与外围电器、传感器的接线。

6．实验前的准备工作

（1）根据实验指导书中的要求写出实验步骤。

（2）配置相应的主机和扩展模块，安排输入/输出点，画出输入/输出线路图。

（3）按照要求编制出功能块程序。

7．实验报告内容

（1）画出LOGO!输入/输出线路图。

（2）写出实验过程。

（3）给出实验过程中的程序并进行分析。

（4）对实验过程中所出现的问题进行分析并给出解决方法。

本章小结

本章介绍了编程软件LOGO!Soft Comfort的下载、编程界面及其使用和操作方法，以及程序的下载、在线测试和上传的方法，并结合应用示例讲解了离线仿真。最后通过若干实验项目对编程软件的用法和仿真加以巩固。

学会编程软件LOGO!Soft Comfort的使用，可以在LOGO!上调试程序前先进行仿真和修改程序，为在 LOGO!上实际调试节省时间。

习　题　5

1．参考 3.1.3 节中的编程举例——接通断开延时的实现，对其进行仿真。

2．参考 3.1.5 节中的编程举例——在设定的时间范围内进行随机通断定时控制，对其进行仿真。

3．参考 4.1.9 节中模拟算术运算功能块编程举例的控制要求 2，当 I1=1 时，计算 2+3×(1+4)的值，通过仿真进行计算。

4．参考 4.1.9 节中模拟算术运算功能块编程举例的控制要求 3，当 I1=1 时，计算 (100−25)÷(2+1)的值，通过仿真进行计算。

5．参考 4.1.5 节中模拟量放大器编程举例中的功能块图，对其进行仿真。

6．参考 4.1.6 节中模拟量斜坡函数发生器编程举例中的功能块图，对其进行仿真。

7．参考 4.1.10 节中脉宽调制器编程举例中的功能块图，对其进行仿真。

8．参考 4.1.11 节中自来水厂水质酸碱度检测及报警应用示例，对其进行仿真。

9．参考 4.1.11 节中温室室内温度控制应用示例，对其进行仿真。

10．参考 4.2.1 节中移位寄存器编程举例，对其进行仿真。

我荒废了时间，时间便把我荒废了。

——莎士比亚

第 6 章　LOGO!通信及组网

网络模式编程界面在 5.1.2 节的网络模式中已做简单介绍。本章在介绍网络项目相关操作的基础上，对 LOGO!的以太网通信进行介绍。

本章学习目标：

（1）重点掌握网络项目的建立、网络项目中程序的上传、下载和在线测试。

（2）掌握 LOGO!之间的以太网通信。

（3）了解网络模式下 LOGO!8 之间的通信。

（4）了解 LOGO!与 S7 系列 PLC 的以太网通信。

（5）了解 LOGO!与触摸屏的以太网通信。

6.1　LOGO!软件 LOGO!Soft Comfort V8.2 网络模式概述

6.1.1　LOGO!Soft Comfort V8.2 网络模式界面

在 LOGO!Soft Comfort V8.2 的编程界面中选择“网络项目”，如图 6.1 所示。

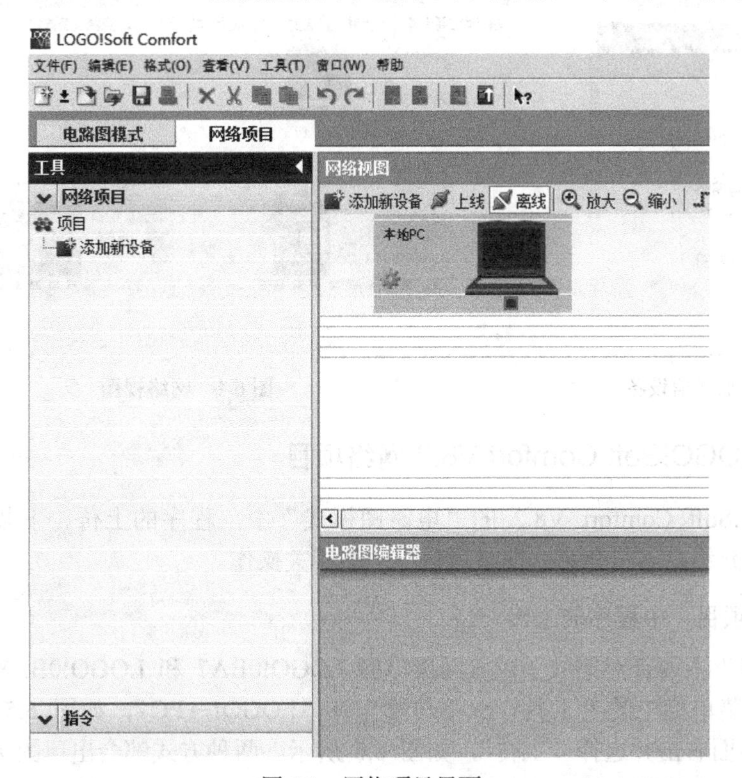

图 6.1　网络项目界面

在“网络项目”左侧的“工具”下方或右侧的“网络视图”中，双击“添加新设备”，出现图 6.2 所示的“选择设备”界面，可在左侧选择相关的通信设备。

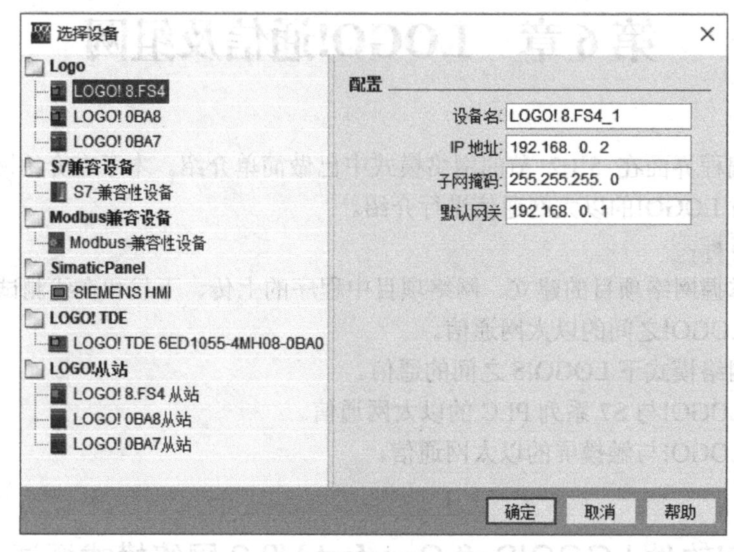

图 6.2　选择设备界面

根据网络中的联网通信设备，选择相应设备并进行添加，如图 6.3 所示，选择 LOGO! 0BA8 和 LOGO!0BA7。“网络视图”中则显示出相应的设备和 IP 地址，如图 6.4 所示。

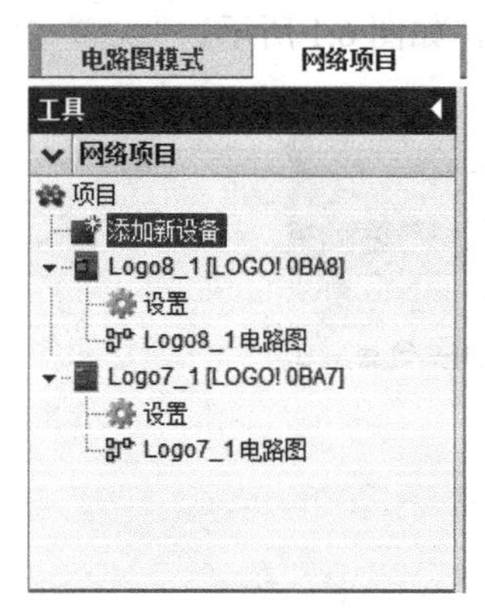

图 6.3　添加通信设备

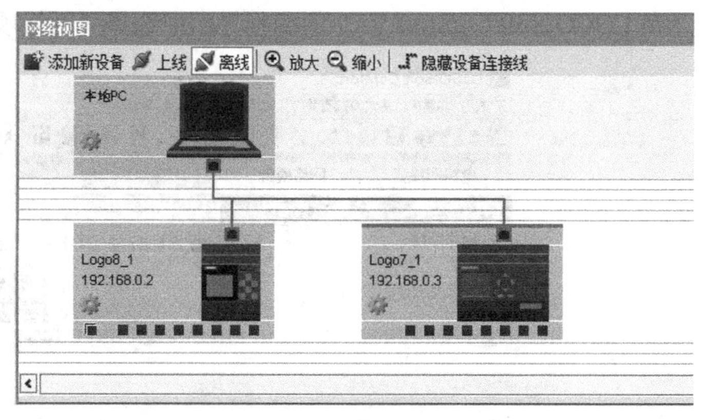

图 6.4　网络视图

6.1.2　LOGO!Soft Comfort V8.2 网络项目

在 LOGO!Soft Comfort V8.2 的“电路图模式”中，程序的上传、下载和在线测试在 5.2.3 节中已做介绍，本节介绍“网络项目”中的相关操作。

1. “网络项目”中程序的上传

“网络项目”主要针对集成了以太网接口的 LOGO!0BA7 和 LOGO!0BA8 及以后的新版本产品。单击菜单栏中的“工具”→“传输”→“LOGO!→PC”，如图 6.5 所示，或者在“网络视图”界面右击并选择“上传”，如图 6.6 所示。两种方式都会出现图 6.7 所示的通信接口界面，在该界面下选择“以太网”或“动态 DNS”通信接口连接方式，通常选择“以太网”连接方式。“动态 DNS”服务器方式应用得较少，其界面如图 6.8 所示。比较图 6.7 和图 5.50（a）中的通信接口连接方式可以看到，图 6.7 的选项中没有“LOGO!电缆”可供选择。

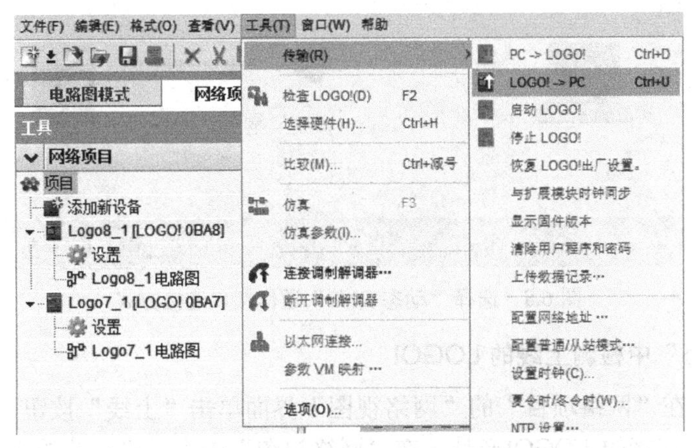

图 6.5　通过菜单栏中的“工具”选择通信接口连接方式

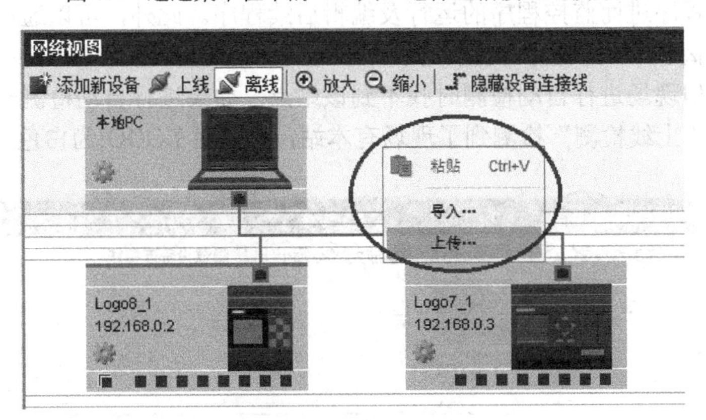

图 6.6　通过“网络视图”选择通信接口连接方式

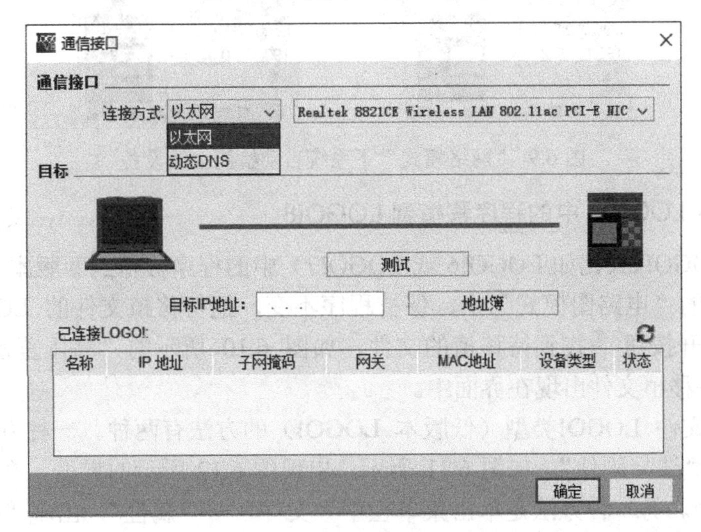

图 6.7　选择“以太网”通信接口连接方式

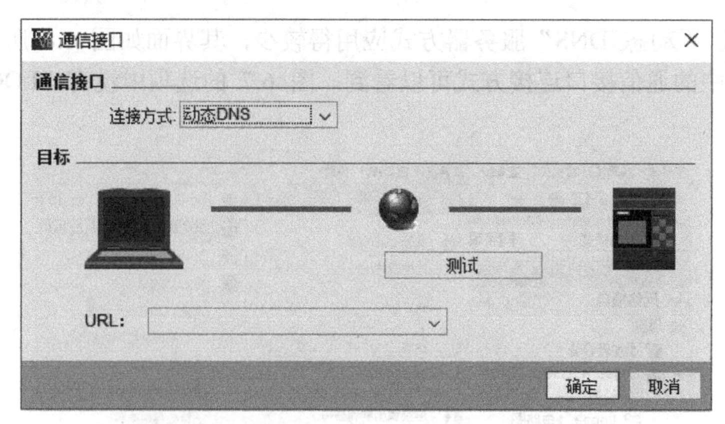

图 6.8 选择“动态 DNS”通信接口连接方式

2.“网络项目”中检测上线的 LOGO!

参考图 6.4，在“网络项目”的“网络视图”界面单击“上线”按钮，如图 6.9 所示，系统会自动检测已连接的 LOGO!产品，在“网络视图”中查看已连接的 LOGO!设备及其 IP 地址，并可上传程序进而监控程序的运行及编辑后续程序。此外，可以通过标识来清楚地识别“上线”与“离线”的设备，视图中的“√”表示本站已上线，“?”表示“离线项目”中创建了本站点，但现场进行自动检测时找不到该站点。如果进行自动检测时“离线项目”并无此站，而通过“上线检测”检测到了现场有本站，则此时 LOGO!为白色。

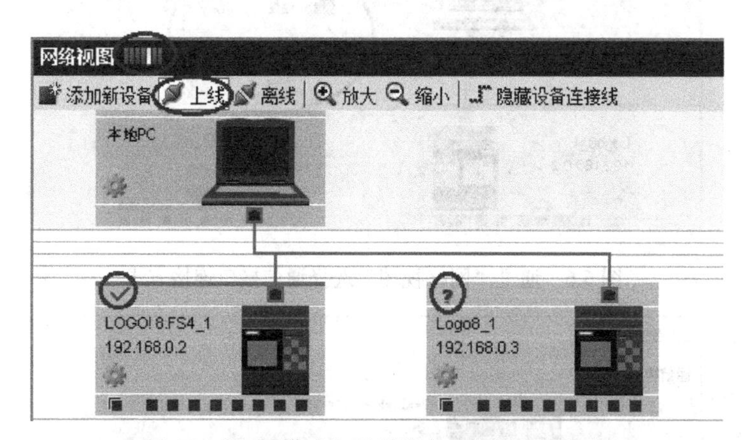

图 6.9 “网络模式”下系统自动检测上线设备

3．把低版本 LOGO!x 中的程序移植到 LOGO!8

把低版本 LOGO!x（比如 LOGO!6 或 LOGO!7）中的程序移植到新版本 LOGO!中的方法是：在编程软件的“电路图模式”中，保持程序不变，把待移植文件的 LOGO!变换为目标 LOGO!。通过打开按钮找到待移植的文件，如图 6.10 所示的“高压釜控制程序”。单击“打开”按钮，待移植文件出现在界面中。

选择待移植文件 LOGO!类型（低版本 LOGO!）的方法有两种。一种方法是单击菜单栏中的“工具”→“选择硬件”，如图 6.11 所示，出现图 6.12 所示的界面，在该界面选择移植目标 LOGO!类型。另一种方法是单击菜单栏中“文件”→“属性”，出现“LOGO!设置”界面，在该界面下单击“硬件类型”，出现图 6.12 所示的选择界面。

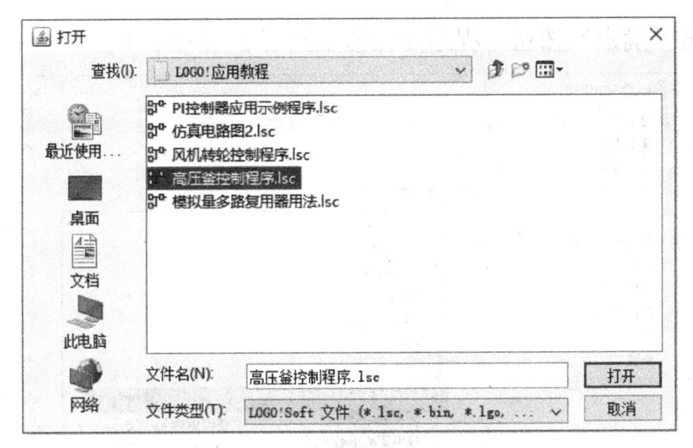

图 6.10　选择待移植文件

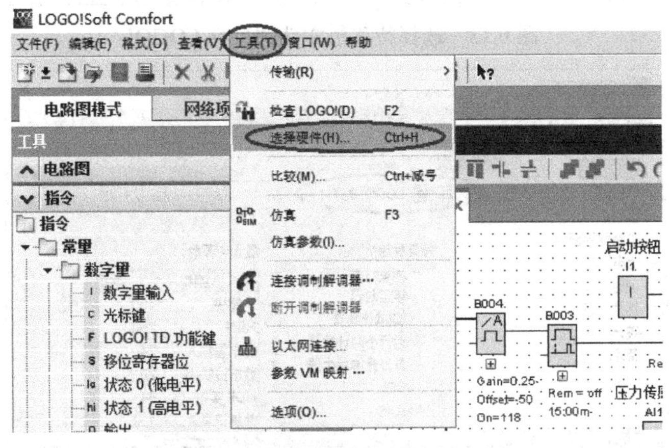

图 6.11　硬件类型选择过程界面

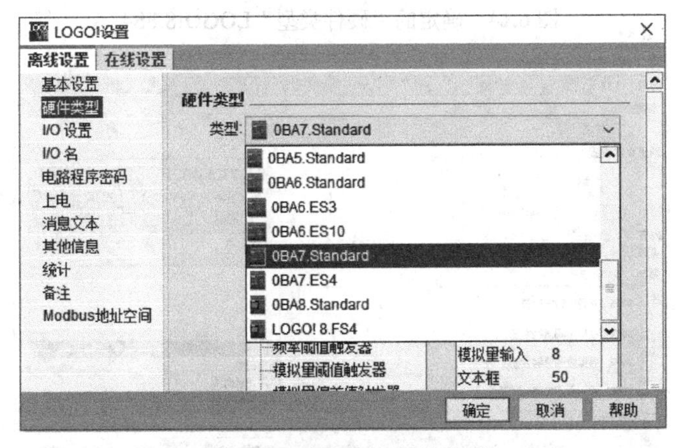

图 6.12　移植前的硬件类型

从 LOGO!的类型中单击目标 LOGO!，如图 6.13 中的 LOGO!8.FS4，“硬件类型”变为所选类型，如图 6.14 所示。单击“确定”按钮，界面右下角的 LOGO!型号由 0BA7.Standard 变为 LOGO!8.FS4。

之后，需要添加 LOGO!8 的新功能——显示信息文本内容。单击杂项中的“信息文本显示器”，出现图 6.15 所示的界面。在该界面的“消息显示位置”栏选择“网络服务器”，如

图 6.16 所示。单击“确定”按钮，程序即被移植到了 LOGO!8 中。

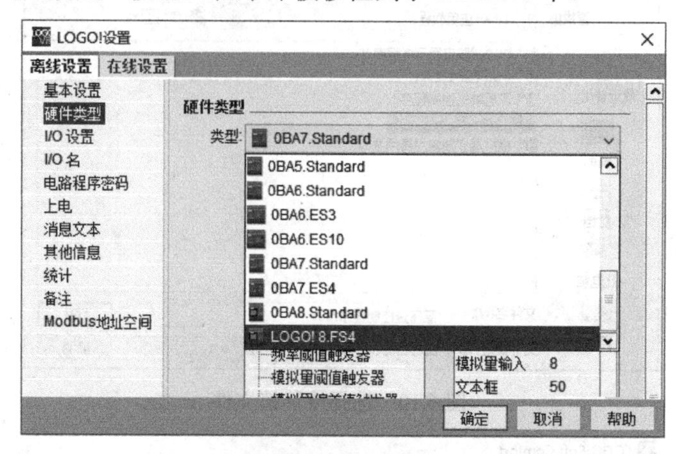

图 6.13 选择待移植文件的目标 LOGO!

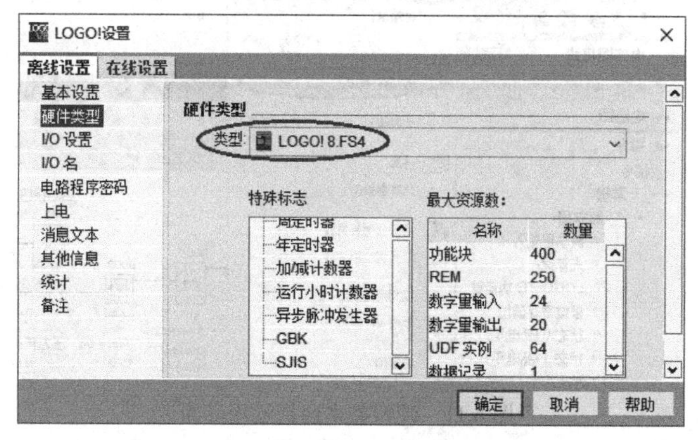

图 6.14 确定的“硬件类型”LOGO!8.FS4

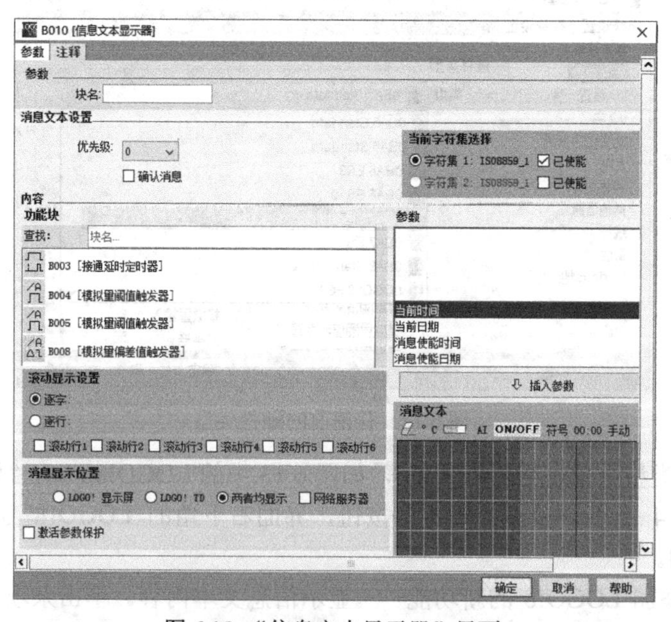

图 6.15 “信息文本显示器”界面

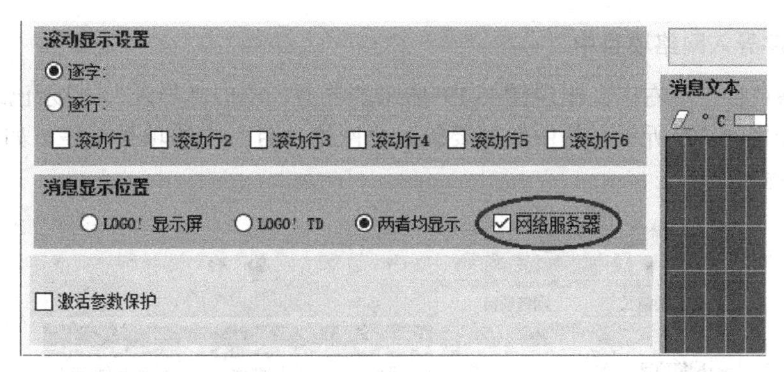

图 6.16　选择“网络服务器”

为了使用网络服务器功能，可通过单击“工具”→“以太网连接”，如图 6.17 所示，随后出现图 6.18 所示的界面，进行相关参数设置，连接以太网，进行在线设置。连接在线 LOGO!主机后，选择“访问控制”设置，激活“Web-Server”。这样，就可以通过网页的方式监控 LOGO!8 的运行情况。

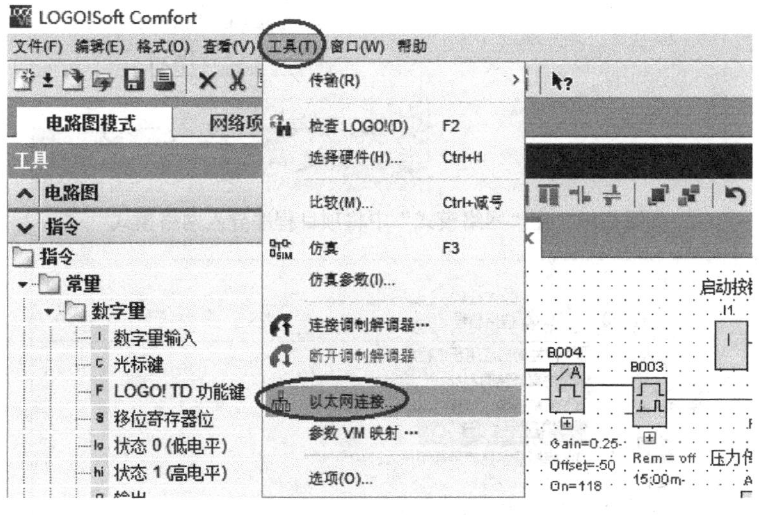

图 6.17　连接以太网

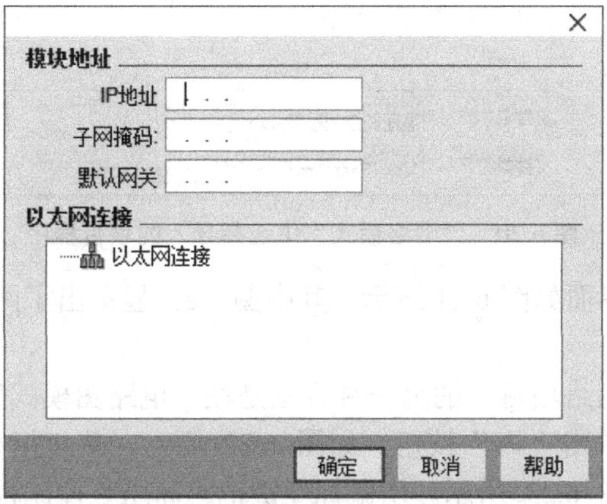

图 6.18　以太网连接设置

4. 将程序导入网络项目中

在“网络项目”下右击，出现图 6.19 所示的界面。单击“导入”，显示已编辑好的项目程序名称，如图 6.20 所示，从中选择要输入“网络项目”中的项目程序，如图 6.20 中的“高压釜控制程序”。

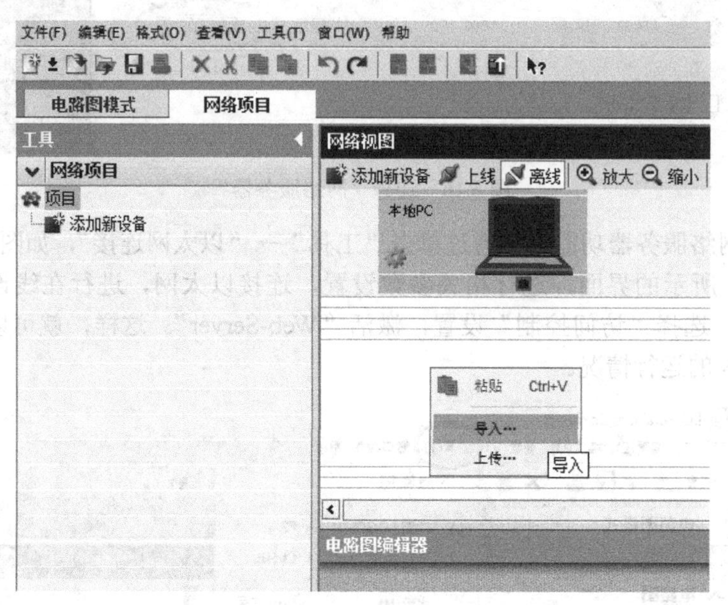

图 6.19　在“网络模式”中将项目程序导入网络模式

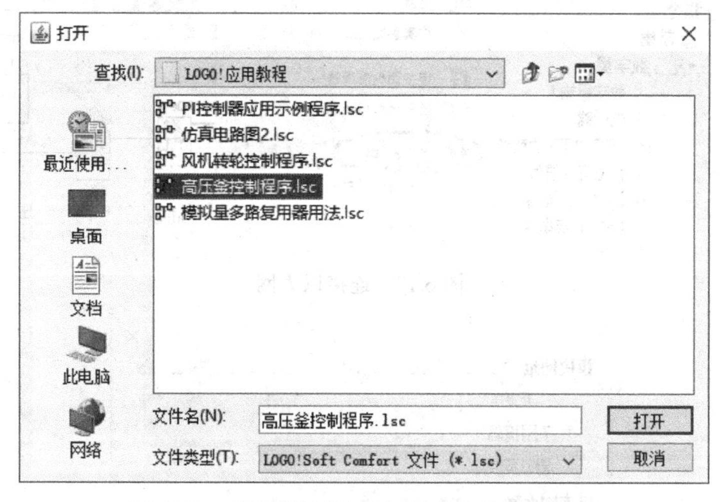

图 6.20　“网络模式”中选择导入的项目程序

项目程序导入后的界面如图 6.21 所示，其中图（a）显示出了网络项目，图（b）为导入的项目程序。

把项目程序导入“网络项目”的另一种方法是在“电路图模式”直接导入。在“工具”下方的“电路图”左侧单击“^”按钮，如图 6.22 所示，从“指令”显示界面切换到项目程序名称显示界面，如图 6.23 所示。用鼠标左键把“高压釜控制程序”拖入“网络项目”，界面变为图 6.23 所示的界面。

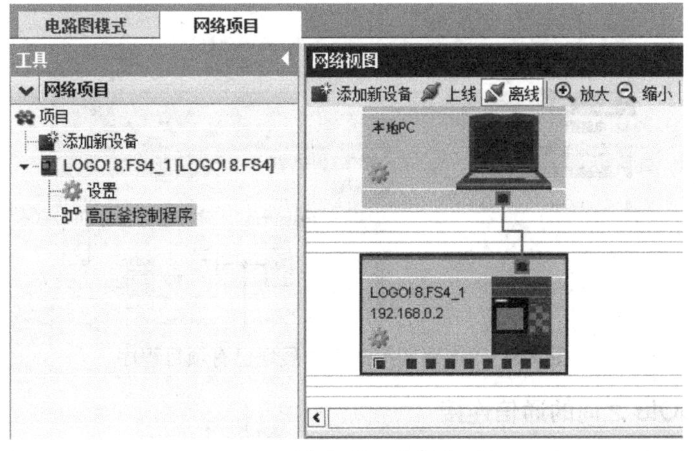

（a）网络项目和网络视图

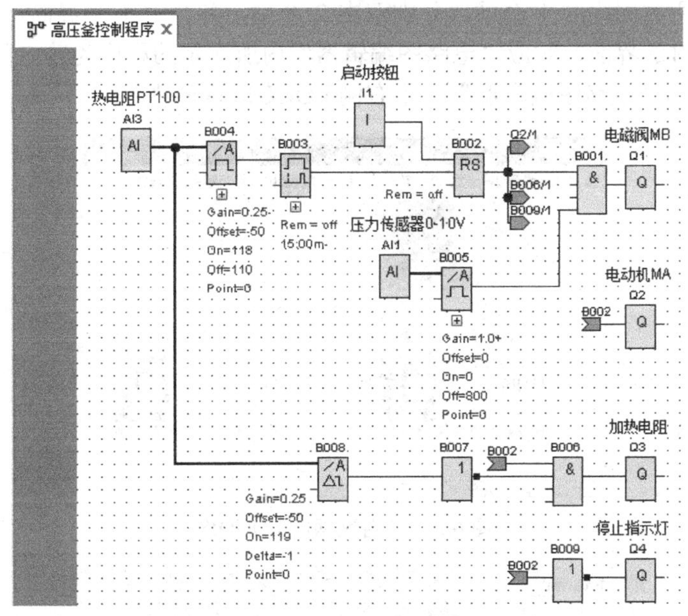

（b）导入的项目程序

图6.21　项目程序导入后的界面

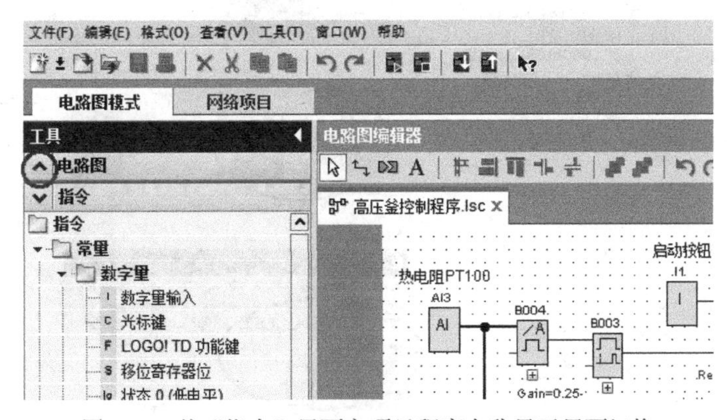

图6.22　从“指令”界面向项目程序名称显示界面切换

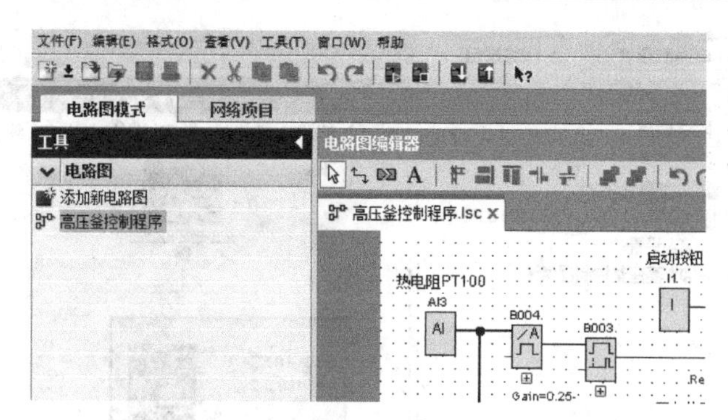

图 6.23 “电路图模式”中展现已有项目程序

5. 2 台 LOGO!8 之间的通信连接

在图 6.24 所示的 2 台 LOGO!8 之间，欲通过左侧 LOGO!8 的 I1 控制右侧 LOGO!8 的 Q1，二者各自为所联网络的 1 个站，分别双击 2 个站，各产生 1 个界面，图 6.25 所示为双击左侧 LOGO!8 时的界面，对应“电路图编辑器”内所显示的程序为其内部程序。如果双击右侧的 LOGO!，则“电路图编辑器”显示右侧 LOGO!8 内的程序。

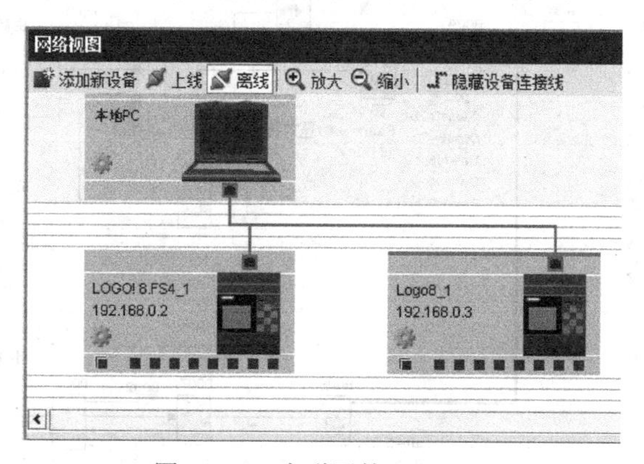

图 6.24　2 台联网的 LOGO!8

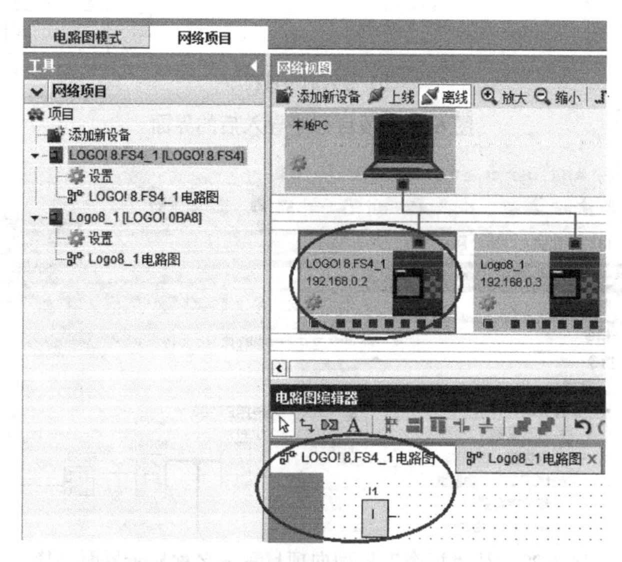

图 6.25　双击左侧 LOGO!8 时的界面

单击二分屏命令◫，显示屏一分为二，单击右侧 LOGO!8 内程序“LOGO8_1 电路图”，拖拽到右侧显示屏内，显示界面如图 6.26 所示。

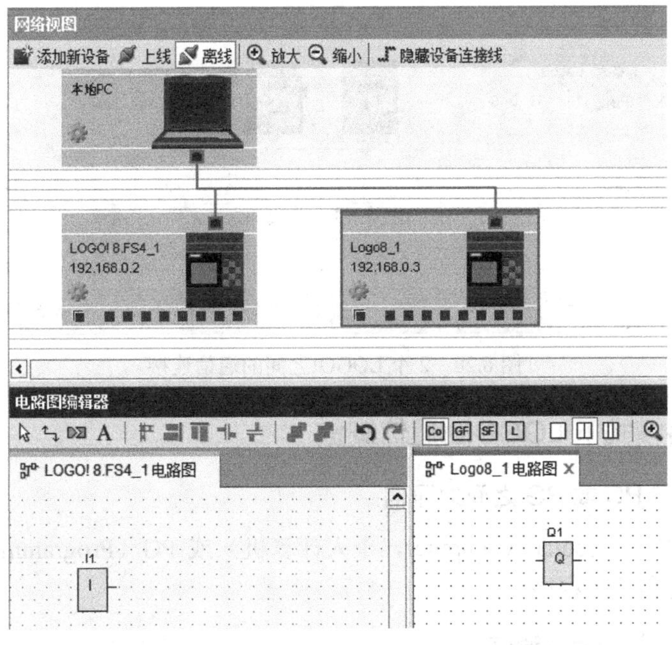

图 6.26　二分屏显示

单击左侧屏幕 I1 端，拖拽到右侧屏幕的 Q1 端，“电路图编辑器”变为图 6.27 所示的界面，系统自动建立了网络的连接。此时，一旦左侧 LOGO!8 的 I1 有输入信号，右侧 LOGO!8 的输出端 Q1 就有输出。

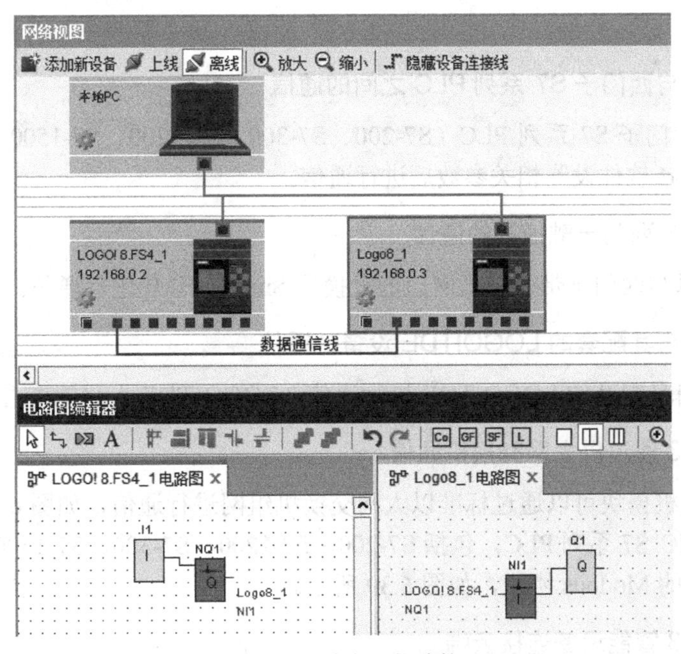

图 6.27　建立网络连接

双击图 6.27 中两个 LOGO!8 之间的数据通信线，出现图 6.28 所示的 2 个站点的设备名、IP 地址及二者之间的关系。

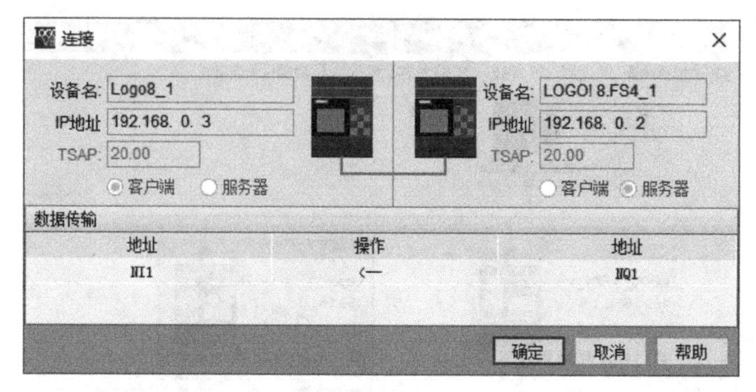

图 6.28　2 个 LOGO!之间的通信连接

6.1.3　网络模式下 LOGO!8 通信概览

1. LOGO!8 与 PC 或 PG 之间的通信

LOGO!8 与 PC（Personal Computer，个人计算机）或 PG（Programmer，编程器）进行通信，主要是上传和下载程序。

2. LOGO!8 之间的相互通信

LOGO!8 之间进行通信，通过 LOGO!Soft Comfort 软件进行相关参数设置。

3. LOGO!8 与 LOGO!7 之间的通信

LOGO!8 与 LOGO!7 之间经 LOGO!Soft Comfort 软件设置相关参数，通过以太网进行通信。

4. LOGO!8 与西门子 S7 系列 PLC 之间的通信

LOGO!8 与西门子 S7 系列 PLC（S7-200、S7-300、S7-1200、S7-1500、S7-400）之间经 LOGO!Soft Comfort 软件设置相关参数后进行通信。

5. LOGO!8 与西门子触摸屏的通信

LOGO!8 可以与西门子带有以太网口的触摸屏 Simatic HMI 进行通信。

6. LOGO!8 与其配套的 LOGO!TDE 设备的通信

LOGO!8 与自身配套的 LOGO!TDE 进行通信，LOGO!TDE 上只能查看相关信息。

7. LOGO!8.3 通过以太网交换机通信

LOGO!8.3 主机模块可以通过标准以太网交换机组网进行通信，如图 6.29 所示。通过 S7 协议连接 SIMATIC S7 系列 PLC，包括 S7-200、S7-1200、S7-300、S7-1500 等，且支持以太网 TCP/IP 网络上的 Modbus 协议，如图 6.30 所示。

8. LOGO!8.3 智能设备连接云端

“云”的概念来自自然界天空中的云，是人类共同拥有的资源。“云计算”是将计算任务分布在由大量计算机构成的资源池上，使各种应用系统能够根据需要获取计算力、存储空间和各种软件服务。云计算通过网络以按需要、易扩展的方式获取所需资源（硬件、平台、软件）。提供资源的网络称为“云”。对于使用者，“云”中的资源可以无限扩展，并且可以随时获取，像自来水、电、暖一样按需购买和使用。“云端”是资源端，一般解释为采用应用程序虚拟化技术的软件平台，集软件搜索、下载、使用、管理、备份等多种功能于一体。

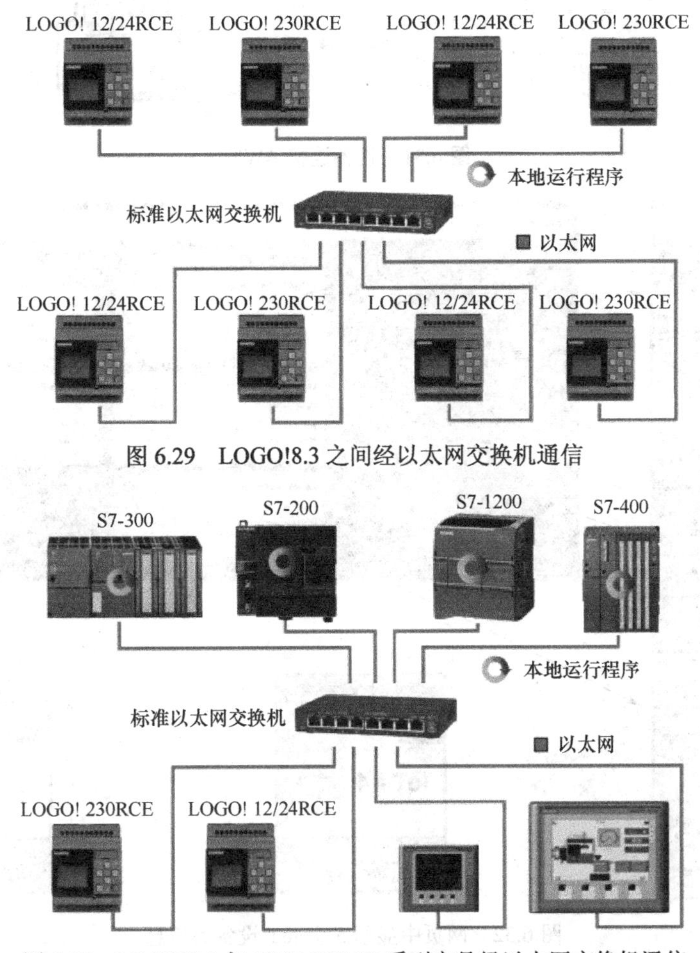

图 6.29　LOGO!8.3 之间经以太网交换机通信

图 6.30　LOGO!8.3 与 SIMATIC S7 系列产品经以太网交换机通信

LOGO!8.3 通过全新发布的网页组态软件 LOGO! LWE V1.1（Web Editor V1.1），在 AWS 上创建 Web_App（Application），将安装在不同现场的设备进行统一管理、远程监视设备的运行参数和状态、远程控制设备的运行、对设备报警信号进行远传、把 PC 及远程设备移动接入等，如图 6.31 所示。AWS（Amazon Web Services）是亚马逊公司的云计算 IaaS 和 PaaS 服务平台，面向用户提供包括弹性计算、存储、数据库、应用程序在内的一整套云计算服务，能够帮助企业降低 IT 投入成本和维护成本。

实际应用时，IoT（Internet of Things，物联网）中的 OEM（Original Equipment/Entrusted Manufacture，原始设备制造）位于不同地区，如图 6.32 所示。通过“云”进行信息传送，对设备组网，由中央控制室集中管控，在网页中显示 5 个 LOGO!组成的 IoT 设备信息，对设备进行云端管理。

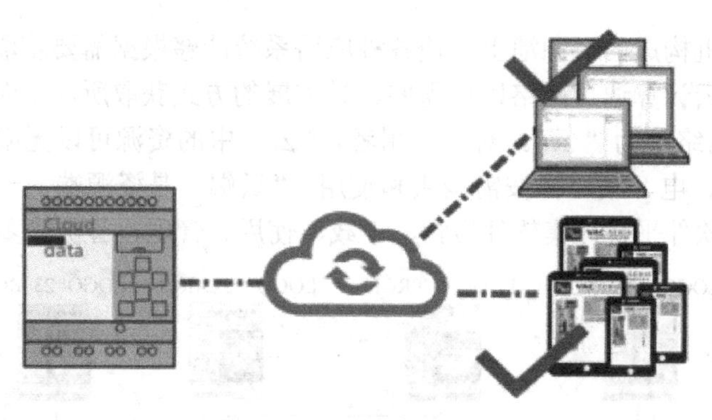

图 6.31　设备连接 AWS

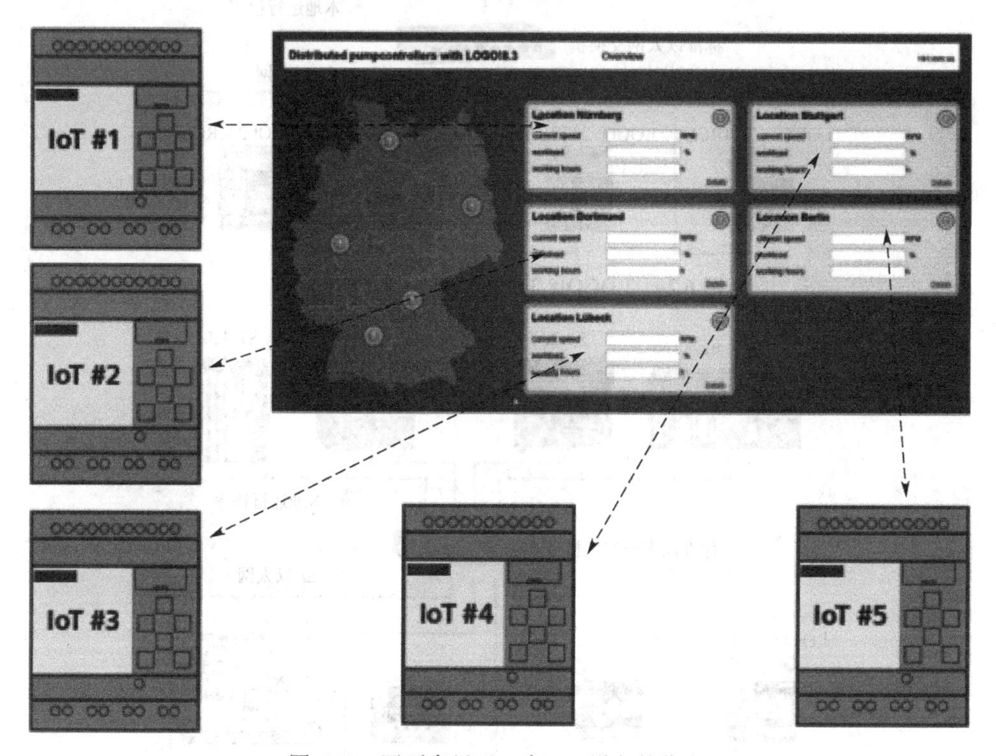

图 6.32　网页中显示 5 个 IoT 设备的信息

6.2　LOGO!之间主主以太网通信

LOGO!从 0BA7 开始以后的版本都支持以太网通信。图 6.33 所示为 LOGO!0BA7 的主站与主站之间通信的硬件连接图。1 台 LOGO!0BA7 支持最多 8+1 个网络连接。其中“8”是最多 8 个基于 TCP/IP 协议的 S7 通信连接，包括 LOGO!设备、具有以太网功能的 SIMATIC S7 PLC、具有以太网通信功能的 SIMATIC HMI 设备；“1”是在 LOGO!主机模块与安装有 LOGO!Soft Comfort V7.0 及以上版本的 PC 之间进行最多 1 个以太网连接。

建立 LOGO!0BA7 之间主站与主站模式需要将 2 台 LOGO!0BA7 设备通过网线连接并进行相关设置，如图 6.34 所示。

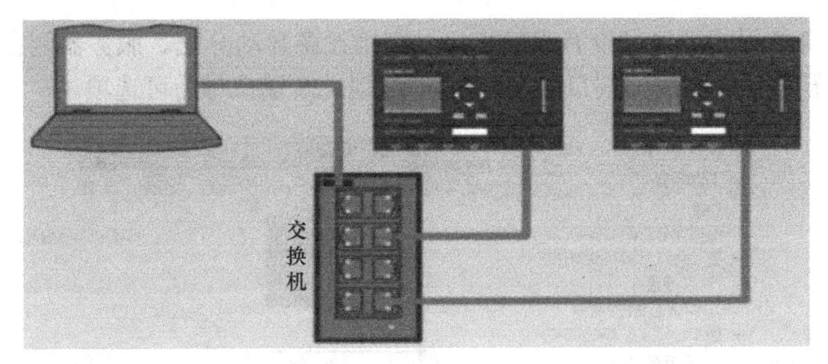

图 6.33　LOGO!0BA7 的主站与主站之间通信的硬件连接图

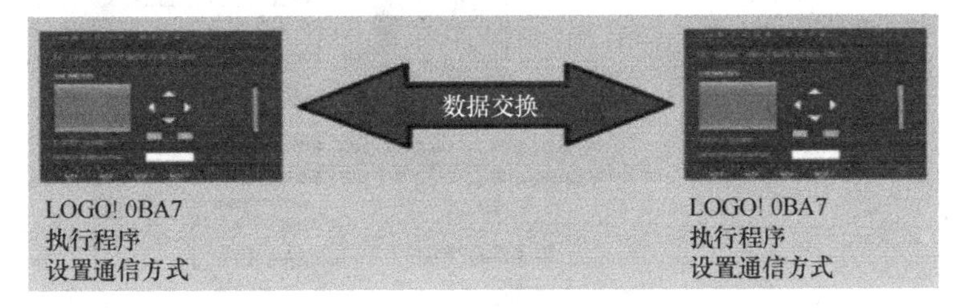

图 6.34　建立 LOGO!0BA7 之间主站与主站模式

参照图 6.1、图 6.2、图 6.3 和图 6.4，添加网络项目中的设备。假设网络项目中有 2 个 LOGO!0BA7 站点，如图 6.35 所示，2 个 LOGO!内部程序分别为“高压釜控制程序”和“模拟量多路复用器”。

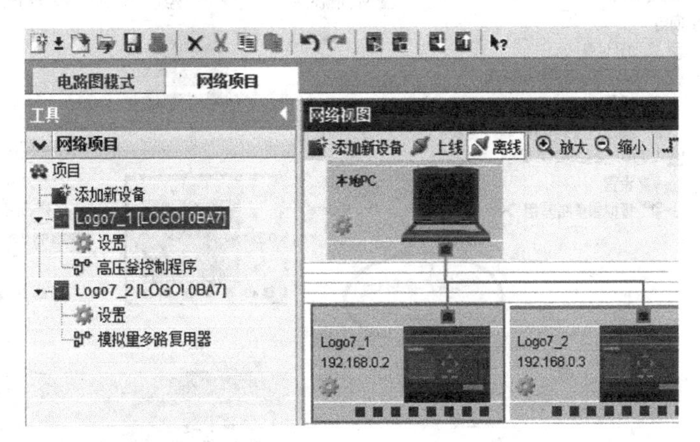

图 6.35　2 个 LOGO!0BA7 组网

先设置左侧站点 Logo7_1 参数。单击“网络视图”中的左侧站点 Logo7_1（IP 地址为 192.168.0.2），或者单击“网络项目”中的“Logo7_1”，出现图 6.36（a）和（b）所示的设置界面，在“添加客户端连接”和“添加服务器连接”之间选择其中之一。两种连接模式是通信协议中的概念，在使用 TCP（Transmission Control Protocol，传输控制协议）通信建立连接时，可采用客户端服务器模式，也称主从式架构，简称 C/S 结构，将通信的双方以客户端（Client 或 Customer）与服务器（Server）的身份区分开来。服务器是被动角色，等待来自客户端的连接请求，处理请求并回传结果，类似于接听咨询电话回答问题者。客户端为主动角色，发送连接请求，等待服务器的响应，类似于打电话咨询问题的人。客户端侧在配置 TCP 连接时，必须设置服务器 IP 地址及端口号，IP 类似于电话号码，端口号类似于电话分机号。如果自身使用的端口号没有明确指定，则由设备自动分配。服务器侧在配置 TCP 连接时，必须设置服务器使用的端口号，客户端 IP 地址及端口号为可选项。

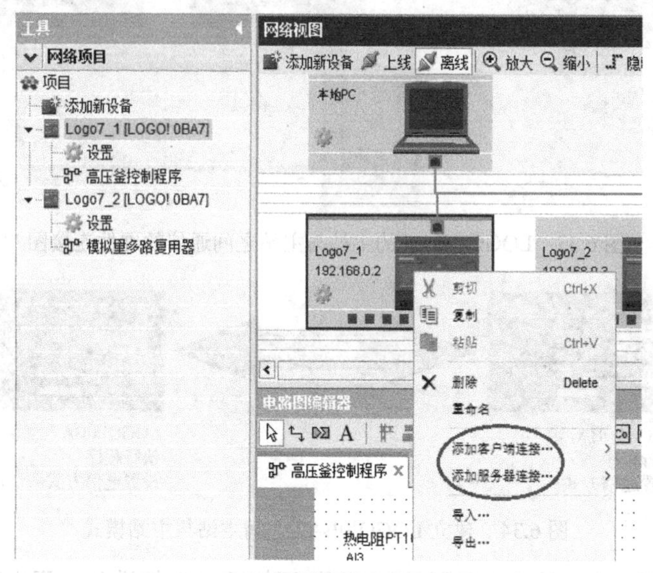

（a）从网络项目中选择

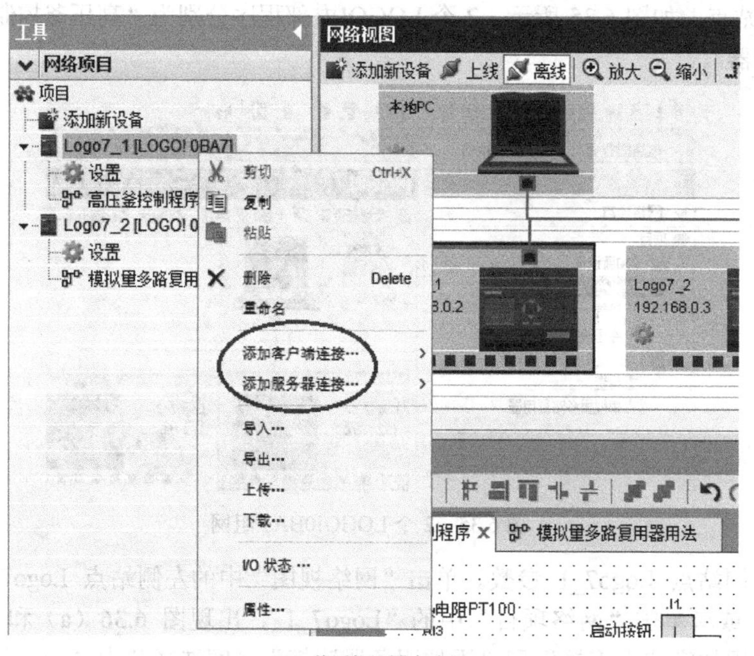

（b）从网络视图中选择

图 6.36　选择连接模式

在图 6.36 中，把左侧 LOGO!设置为主站，选择“添加服务器连接”→“S7 连接”，界面由图 6.37 变为图 6.38，图中，TSAP（Transport Service Access Point，传输服务访问点）的默认值为 20.00。在该界面右侧，如果选择“服务器端接受所有连接请求”，则可勾选，如图 6.39 所示。

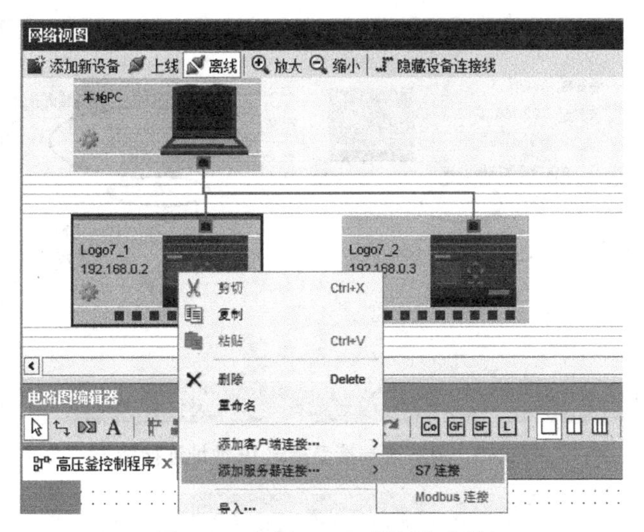

图 6.37　左侧 LOGO!设置为主站

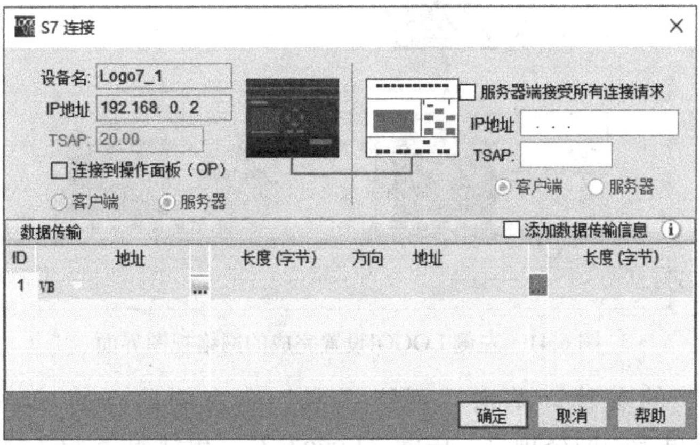

图 6.38　S7 连接

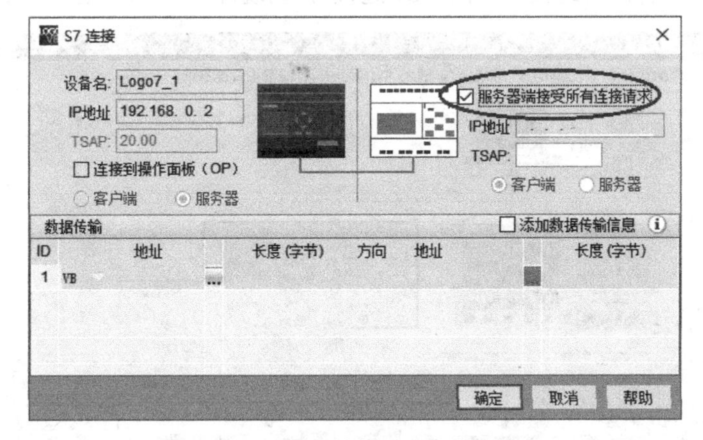

图 6.39　服务器端接受所有连接请求

如果只接受某个客户端的请求，需要填入该客户端的 IP 地址，本例中填入另一个站的 IP 地址（192.168.0.3），如图 6.40 所示。至此，左侧 LOGO!的服务器设置完成，网络视图界面如图 6.41 所示。

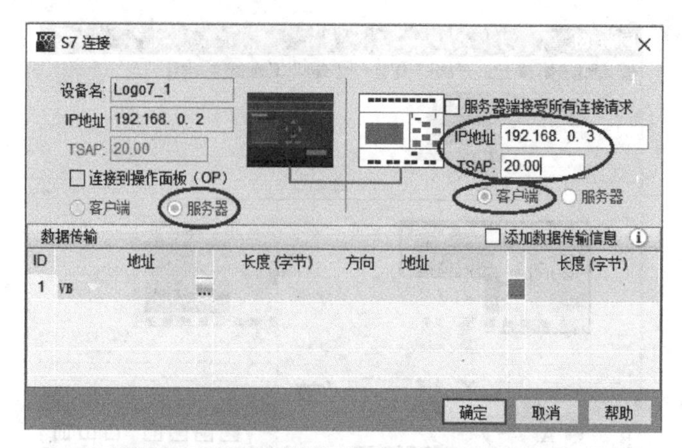

图 6.40　服务器端接受指定 IP 地址连接请求

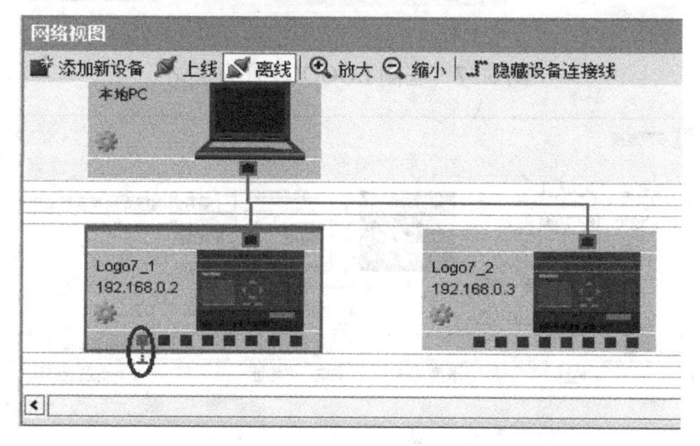

图 6.41　左侧 LOGO!设置完成的网络视图界面

设置 Logo7_2 的参数。单击“网络视图”中右侧站点的 Logo7_2（IP 地址为 192.168.0.3），或者单击“网络项目”中的“Logo7_2”，出现图 6.42（a）和（b）所示的设置界面，选择“添加客户端连接”中的“S7 连接”，出现图 6.43 所示的“S7 连接”界面。

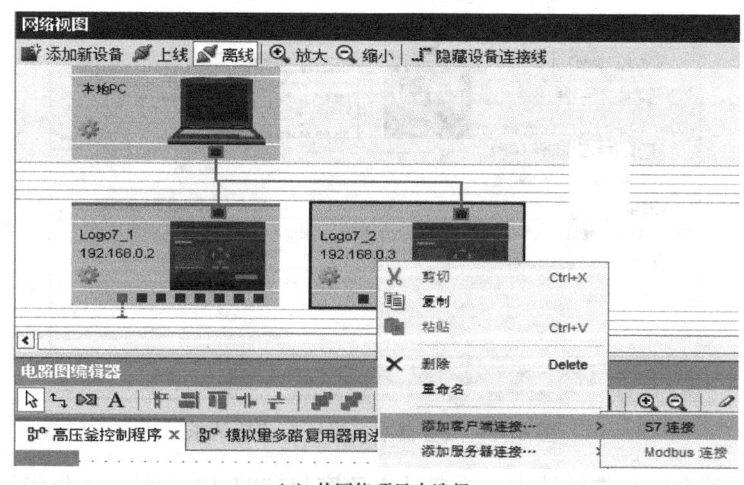

（a）从网络项目中选择

图 6.42　添加客户端连接模式

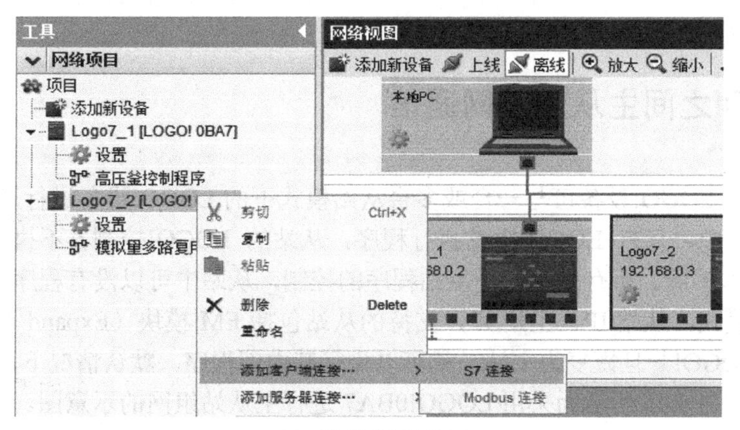

（b）从网络视图中选择

图 6.42　添加客户端连接模式（续）

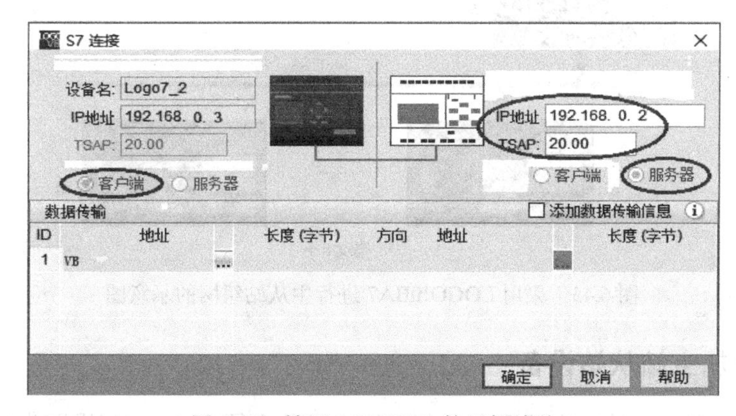

图 6.43　填写 LOGO7_2 的目标地址

在图 6.43 中，填入 Logo7_2 的目标站地址，本例中为 Logo7_1 的地址 192.168.0.2，单击“确定”按钮，“网络视图”中两台 LOGO!的下端出现一条天蓝色连线，如图 6.44 所示。至此，网络设置完成。

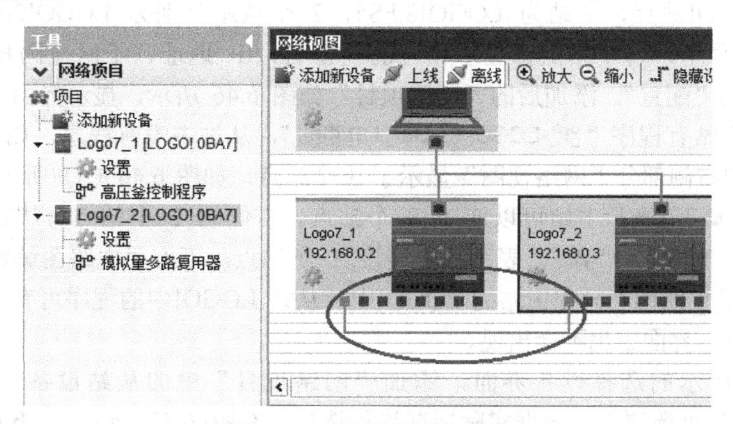

图 6.44　联网后的网络视图

设置过程也可以通过“工具”→“以太网连接”进行，这里不再介绍。

6.3 LOGO!之间主从以太网通信

作为主站的 LOGO!设备可与一台或多台从站模式下的 LOGO!设备进行通信。在 LOGO!之间的主从通信中，只有 LOGO!主站执行程序，从站的 LOGO!控制器不执行内部程序，只进行主站的 I/O 扩展。所有的动作受主站程序的控制，从站中可以没有程序。所有的从站只需要设置从站模式、从站 IP、主站 IP，支持的从站包括 EM 模块（Expand Module，扩展模块）。从站的 LOGO!一旦恢复为主站，就可以执行其内部程序。默认情况下，所有的 LOGO!都为主站模式。图 6.45 所示为采用 LOGO!0BA7 进行主从站组网的示意图。

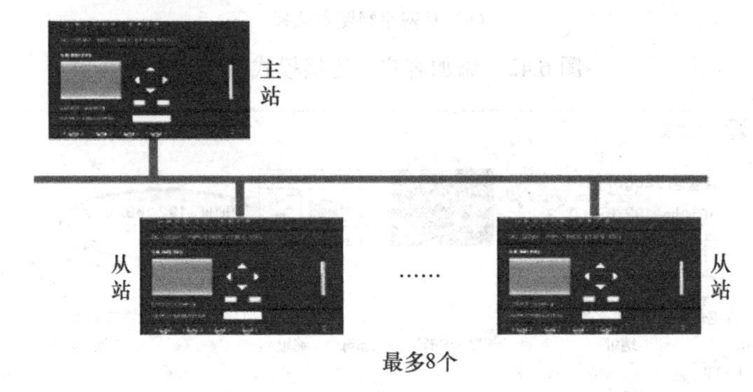

图 6.45 采用 LOGO!0BA7 进行主从站组网的示意图

6.3.1 添加主站从站设备

将 LOGO!设置为主站的方法已在上节介绍，本节介绍将 LOGO!设置为从站的方法。设置方法有两种：通过 LOGO!操作面板设置和通过编程软件 LOGO!Soft Comfort 设置，本节只介绍后者。

在图 6.2 所示的选择设备界面，添加“网络项目”中的主站和从站设备，假设网络项目中有 3 个 LOGO!站点，主站为 LOGO!8.FS4，2 个从站分别为 LOGO!0BA8 和 LOGO!0BA7。添加过程中，每个站点都显示相应的设备名、IP 地址、子网掩码和默认网关，如图 6.2 中右侧的“配置”。添加后的“网络项目”如图 6.46 所示，显示界面的左侧部分“网络项目”中，主站有程序“LOGO! 8.FS4_1电路图”，从站中没有程序，如图 6.46（a）所示。显示界面的右侧部分“网络视图”显示了 3 个站点，如图 6.46（b）所示。主站 LOGO!下方有 8 个“■”，表示主站可以连接 8 个站点。右侧的 2 个站点为从站，每个从站的 LOGO!下方都只有 1 个“■”，表示只能连接 1 个站点。下方“电路图编辑器”中的程序“LOGO!8.FS4_1 电路图”只在主站的 LOGO!中，从站 LOGO!中的程序可有可无，即使内部有程序也不执行，界面中也不会出现。

在图 6.2 所示的选择设备界面，添加“网络项目”中的从站设备，在左侧下方的“LOGO!从站”可选项中，根据实际情况进行选择。在图 6.47（a）和（b）中，选择了 2 个从站，相应的设备名和地址出现在右侧的“配置”中。单击“确定”按钮后，“网络视图”中出现了所选择的 LOGO!设备，如图 6.46 所示，其中主站和各个从站的“子网掩码”和“默认网关”都相同。

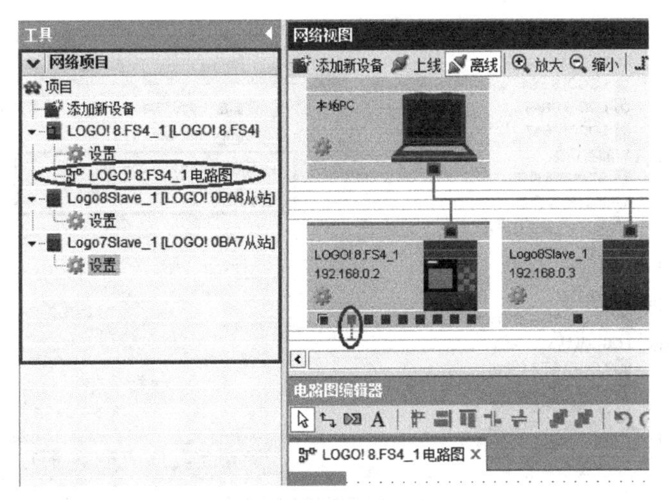

（a）“网络项目”中的“项目”

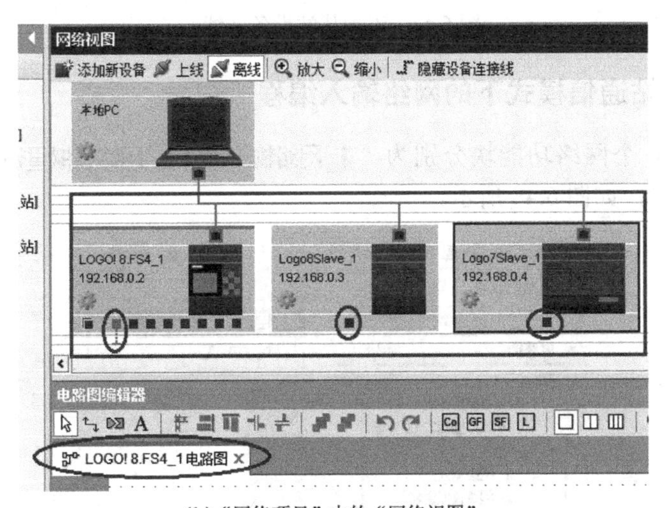

（b）“网络项目”中的“网络视图”

图 6.46　主从站以太网网络项目

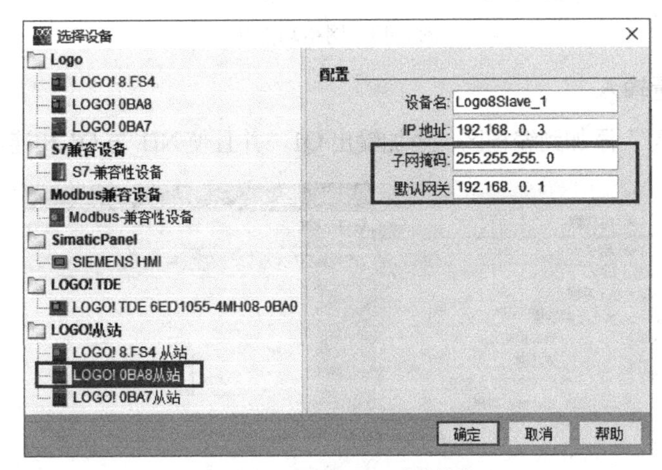

（a）选择 LOGO!0BA8 作为从站

图 6.47　添加从站设备

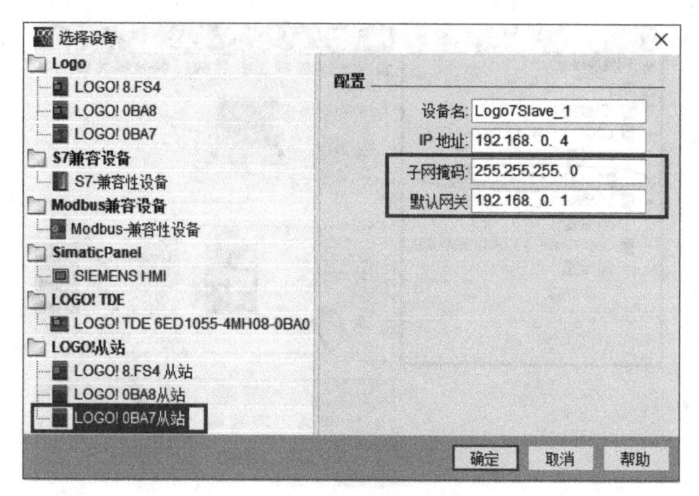

（b）选择 LOGO!0BA7 作为从站

图 6.47　添加从站设备（续）

6.3.2　主从站通信模式下的网络输入编程

工具栏中的 4 个网络功能块分别为“网络输入”“网络模拟量输入”“网络输出”“网络模拟量输出”，如图 6.48 所示。

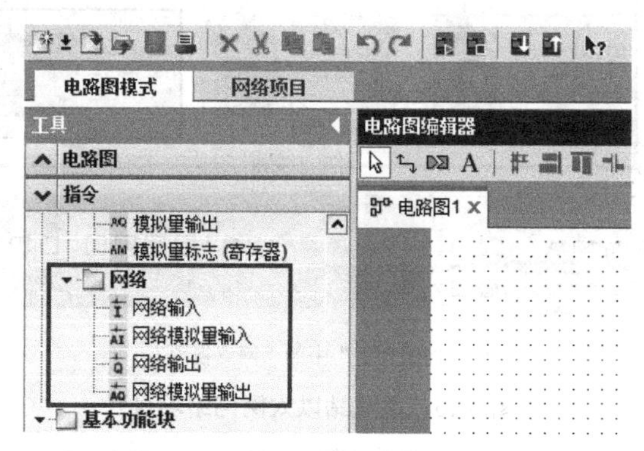

图 6.48　网络功能块

1. 网络数字量输入

将“网络输入”添加到编程区，添加输出 Q1，并且使 NI1 与 Q1 相连，如图 6.49 所示。

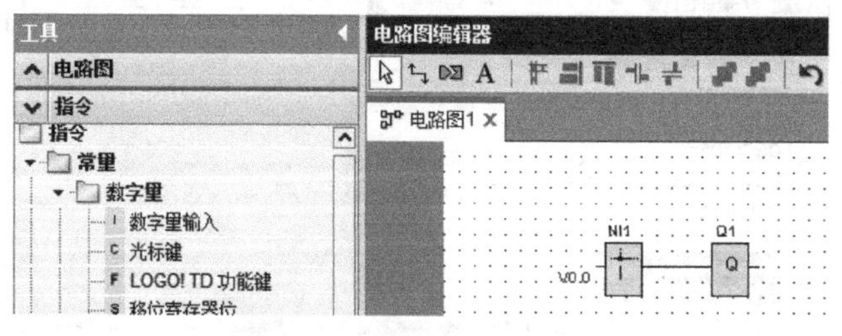

图 6.49　添加“网络输入”

双击功能块图中的网络输入“NI1”或右击“NAI1”并选择“块属性”，选择“远程设备”，出现“NI1[网络输入]”对话框。在该对话框中填入相应的 IP 地址、功能块类型和块号，如图 6.50 所示。单击“确定”按钮后，完成参数设置，出现图 6.51 所示的界面。从该界面可以看到，在 IP 地址为 192.168.0.4 的 LOGO!0BA7 从站中，当输入 I1 为 1 状态时，主站的 Q1 输出也为 1 状态。

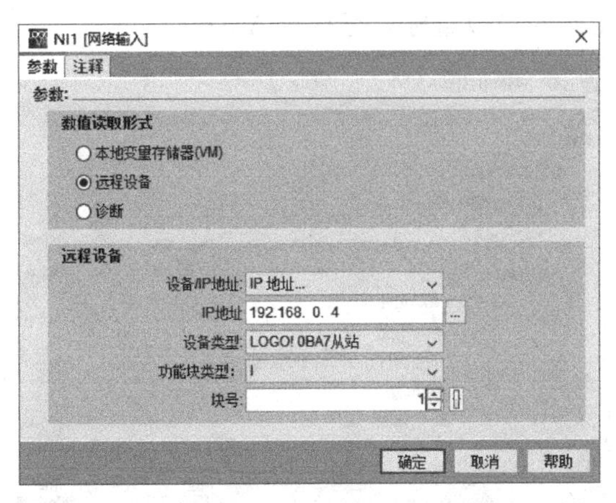

图 6.50 添加“网络输入”参数

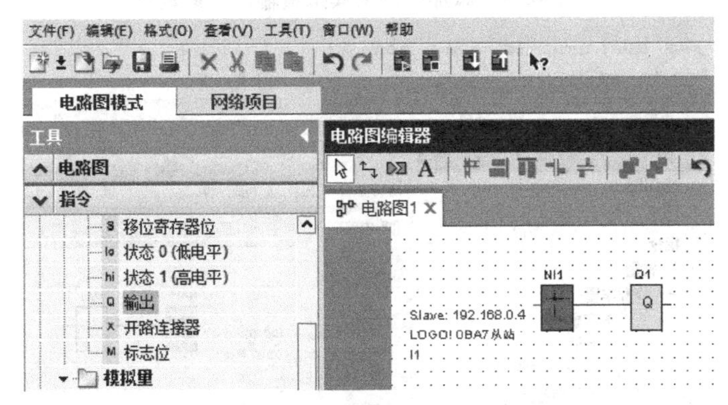

图 6.51 LOGO!0BA7 从站数字量输入到主站

2. 网络模拟量输入

将“网络”工具栏中的“AI 网络模拟量输入”添加到编程区，添加模拟量标志寄存器 AM1，并使二者相连，如图 6.52 所示。

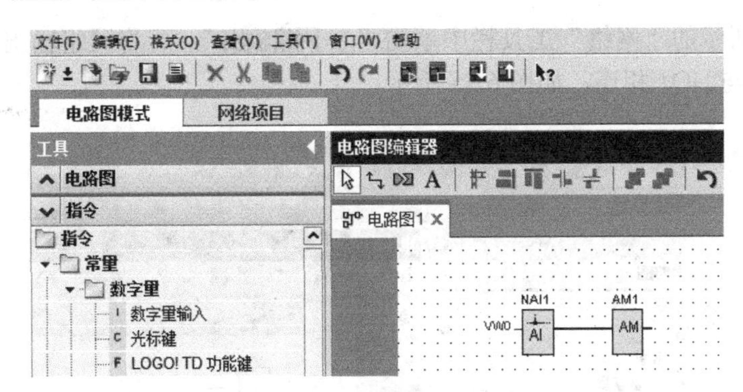

图 6.52 添加“网络模拟量输入”

双击功能块图中的网络模拟量输入“NAI1”或右击“NAI1”并选择“块属性”，选择

“远程设备”，界面出现“NAI1[网络模拟量输入]”对话框。在该对话框中填入相应的IP地址、功能块类型和块号，如图6.53所示。单击“确定”按钮后，完成了参数设置，出现图6.54所示的界面。这样即可实现从站LOGO!0BA7（IP地址为192.168.0.4）的模拟量输入AI1的数值传送给主站的模拟量标志寄存器AM1。

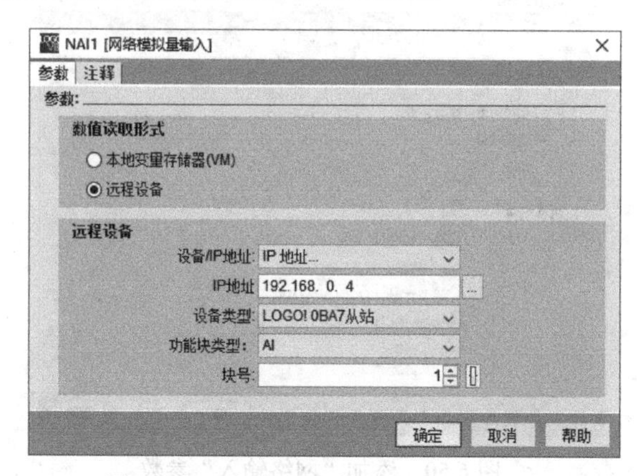

图6.53　添加“网络模拟量输入”参数

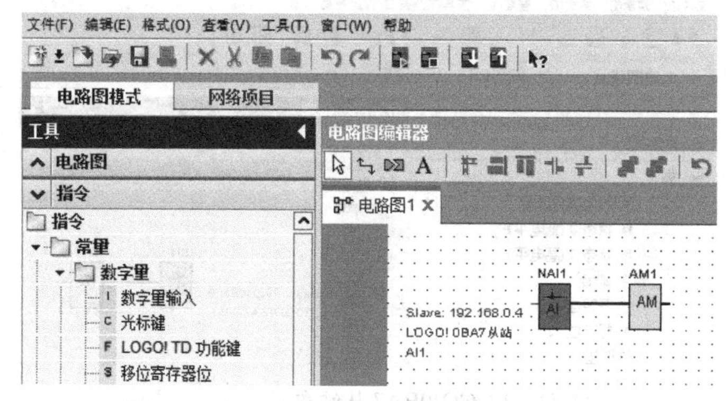

图6.54　LOGO!0BA7从站模拟量输入到主站

6.3.3　主从站通信模式下的网络输出编程

1. 数字量输出

在图6.48所示的“网络”工具栏中单击“网络输出”，可将网络输出添加到编程区，添加输入I2，并与NQ1相连，如图6.55所示。

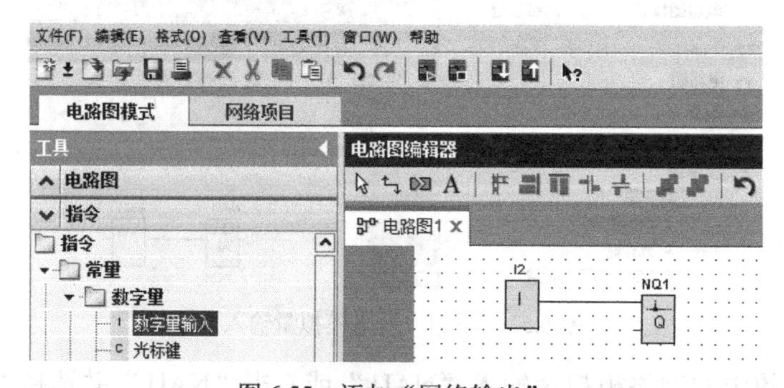

图6.55　添加“网络输出”

双击逻辑功能图中的网络输出“NQ1”或右击“NQ1”并选择“块属性”，出现“NQ1[网络输出]”对话框。在该对话框中填入相应的 IP 地址、功能块类型和块号，如图 6.56 所示。单击“确定”按钮后，完成了参数设置，显示界面如图 6.57 所示。这样，当主站的输入 I2 为 1 状态时，IP 地址为 192.168.0.4 的从站的输出 Q1 会随之变为 1 状态。

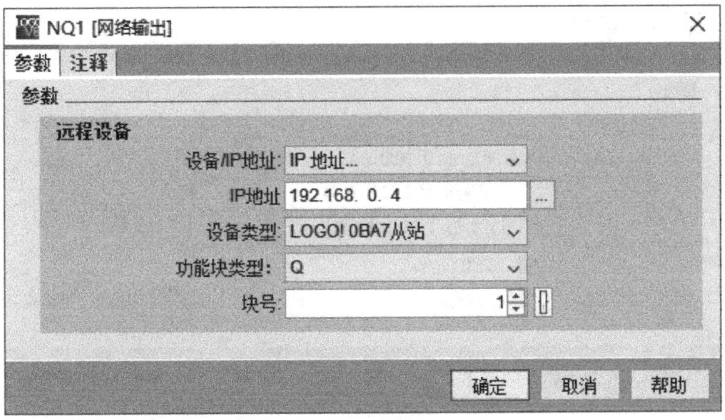

NQ1 [网络输出]
参数　注释
参数
远程设备
设备/IP地址: IP 地址...
IP地址 192.168. 0. 4
设备类型: LOGO! 0BA7从站
功能块类型: Q
块号: 1
确定　取消　帮助

图 6.56　添加“网络输出”参数

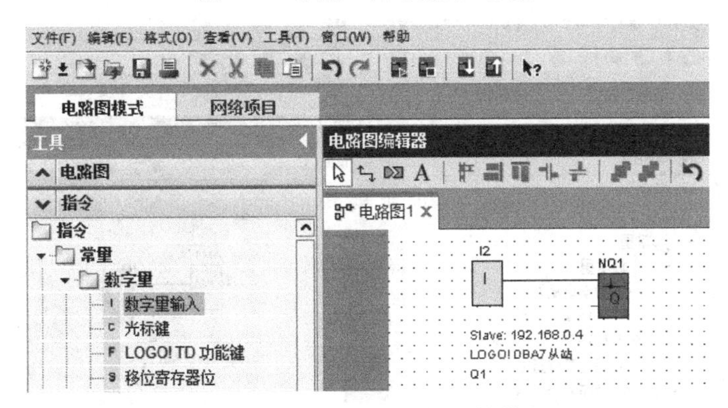

图 6.57　LOGO!0BA7 从站的输出

2. 模拟量输出

将“网络”工具栏中的“AQ 网络模拟量输出”添加到编程区，添加模拟量标志寄存器 AM1，并使二者相连，如图 6.58 所示。

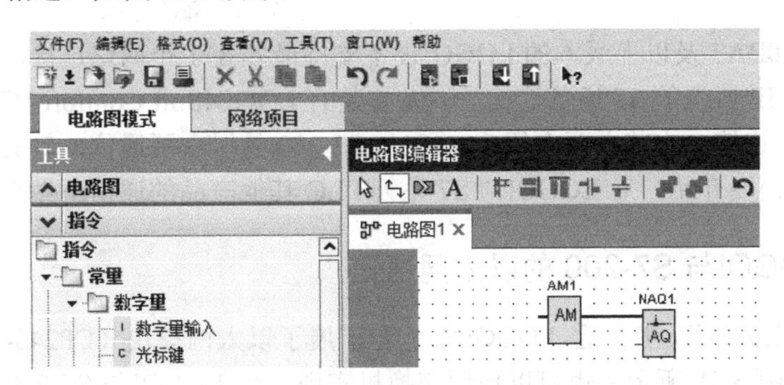

图 6.58　添加“网络模拟量输出”

双击功能块图中的网络模拟量输出“NAQ1”或右击“NAQ1”并选择“块属性”，选择

“远程设备”，界面出现“NAQ1[网络模拟量输出]”对话框。在该对话框中填入相应的 IP 地址、功能块类型和块号，如图 6.59 所示。单击“确定”按钮后，完成了参数设置，出现图 6.60 所示的界面，实现了将主站模拟量标志寄存器 AM1 中的数据传送给 IP 地址为 192.168.0.4 的从站 LOGO!0BA7 的模拟量输出 AQ1 端。

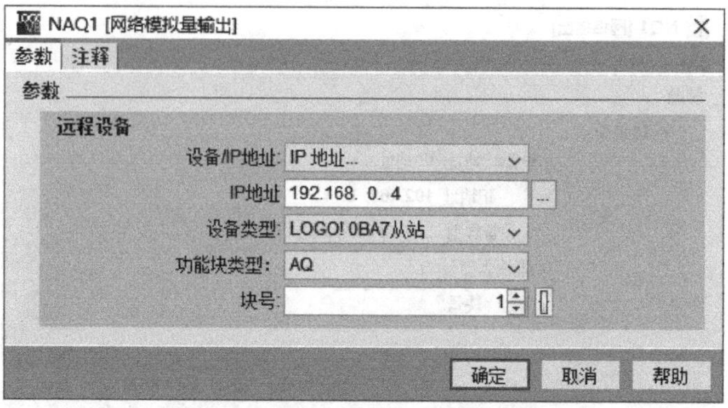

图 6.59 添加“网络模拟量输入”参数

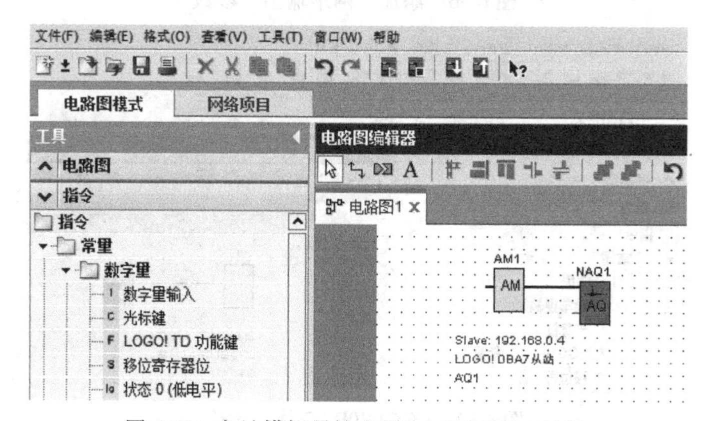

图 6.60 主站模拟量输出到 LOGO!0BA7 从站

6.4 LOGO!与 S7 系列 PLC 的以太网通信简介

1 台 LOGO!0BA7 及以上版本的 LOGO!设备支持最多 8+1 个网络连接，即可以实现与最多 8 个基于 TCP/IP 协议的 S7 通信连接，以及安装有 LOGO!Soft Comfort V7.0 或以上版本的 PC 之间的以太网连接。本节主要介绍 LOGO!与 S7-200 的以太网通信，对 LOGO!与 S7-1200 的以太网通信做简要介绍，对 LOGO!与 S7 系列 PLC 其他产品的通信不做介绍。

6.4.1 LOGO!与 S7-200 的以太网通信

通过以太网连线可以使 1 台 LOGO!与 1 台扩展了以太网模块（CP243-1）的 S7-200 直接进行通信，如图 6.61 所示。也可以使用交换机实现多台 LOGO!与 S7-200 和 PC 的以太网通信，如图 6.62 所示。LOGO!与 S7-200 进行以太网通信连接时，可以把 S7-200 作为服务器，LOGO!作为客户端；反之，也可把 LOGO!作为服务器，S7-200 作为客户端。

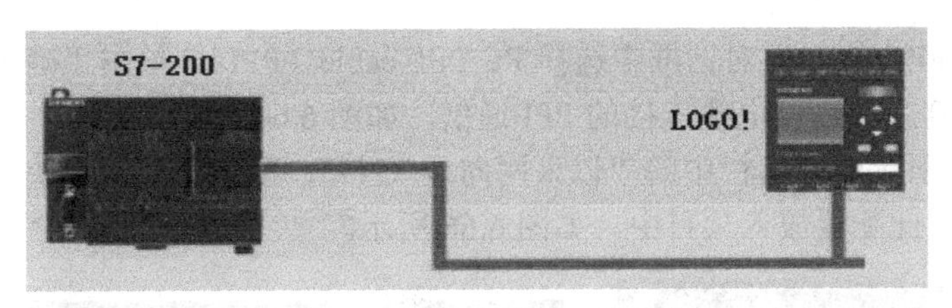

图 6.61 1 台 LOGO!与 1 台扩展了以太网模块的 S7-200 直接通信

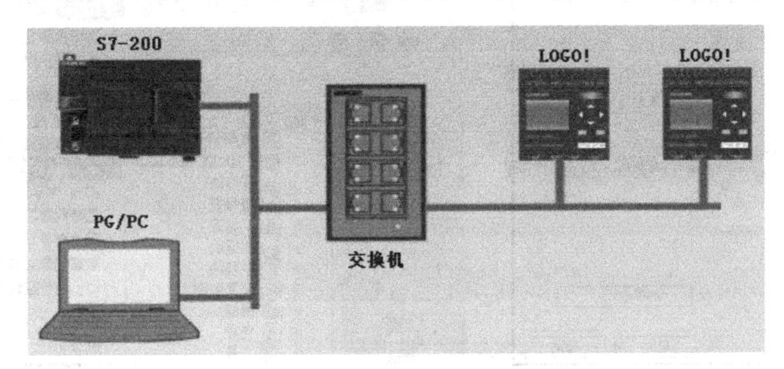

图 6.62 使用交换机实现多台 LOGO!与 S7-200 的以太网通信

1．S7-200 为服务器、LOGO!为客户端的以太网连接方式设置

设置分 2 步：S7-200 的设置、LOGO!的设置。

1）S7-200 的设置

在安装有 S7-200 编程软件 STEP7-Micro/WIN V4.0 的计算机上，进入编程界面，设置 PG/PC 接口，如图 6.63 所示。

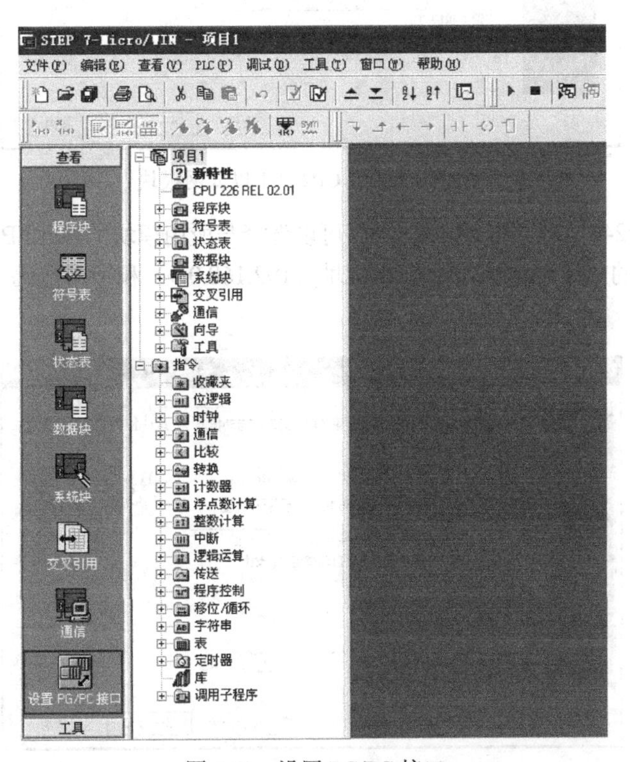

图 6.63 设置 PG/PC 接口

在“设置 PG/PC 接口”对话框中选择 PC/PPI cable（PPI），单击“确定”按钮，从而设置了 PC 与 S7-200 之间通过电缆连接的 PPI 通信，如图 6.64 所示。

单击图 6.65 所示的工具栏中的“以太网向导（N）”，配置以太网模块 CP243-1，并为该模块定义参数，将此配置放入项目中，如图 6.66 所示。

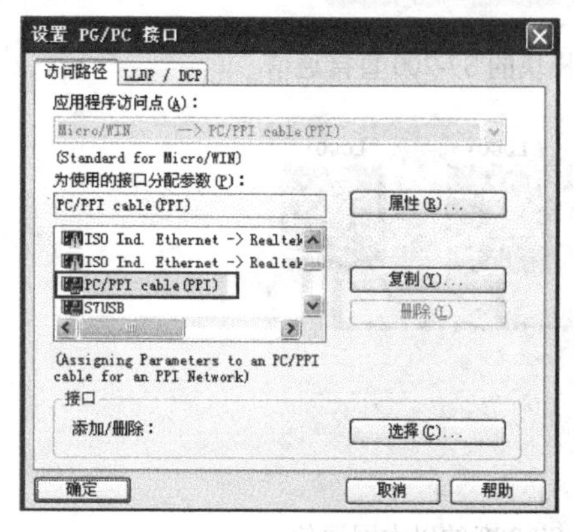

图 6.64　选择 PC/PPI cable（PPI）

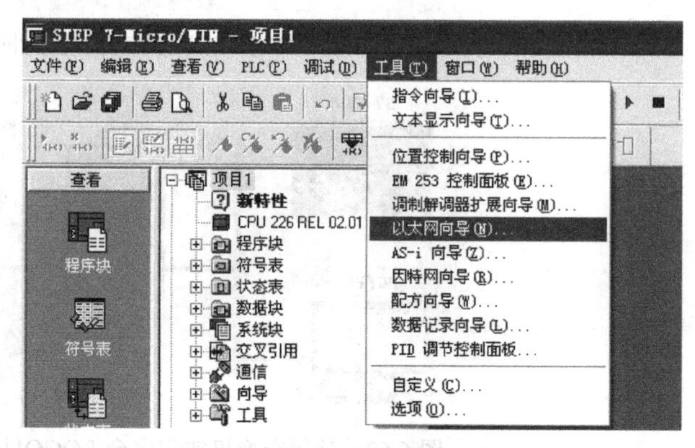

图 6.65　进入“以太网向导（N）”

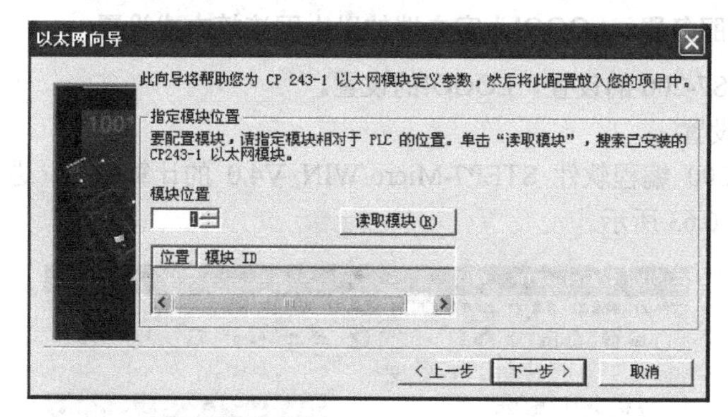

图 6.66　配置 CP243-1 以太网模块

如果要查看 CP243-1 支持的具体功能，可以选择与所用模块的 MLFB（订货号）相匹配的版本。输入 S7-200 的“模块地址”——IP 地址（192.168.0.5）和子网掩码（255.255.255.0），如图 6.67 所示。

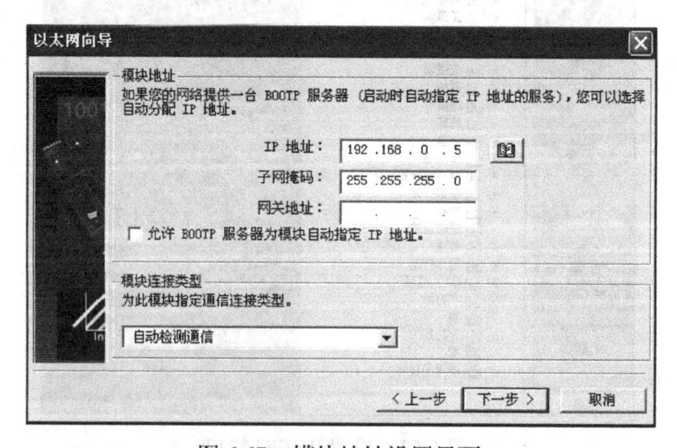

图 6.67　模块地址设置界面

在 CP243-1 模块的“对等连接”项，选择该模块配置的连接数目为“1”。在“配置连接”对话框中，选择“此为服务器连接：服务器对来自远程客户机的连接请求做出响应”，并在“仅从以下客户机接受连接请求”处输入 LOGO!的 IP 地址（192.168.0.6），在“远程属性[客户机]”的 TSAP 中输入 10.00，记下“本地属性[服务器]”和“远程属性[客户机]”的 TSAP，如图 6.68 所示。在接下来的 LOGO!设置中，两个 TSAP 需要相互对应。

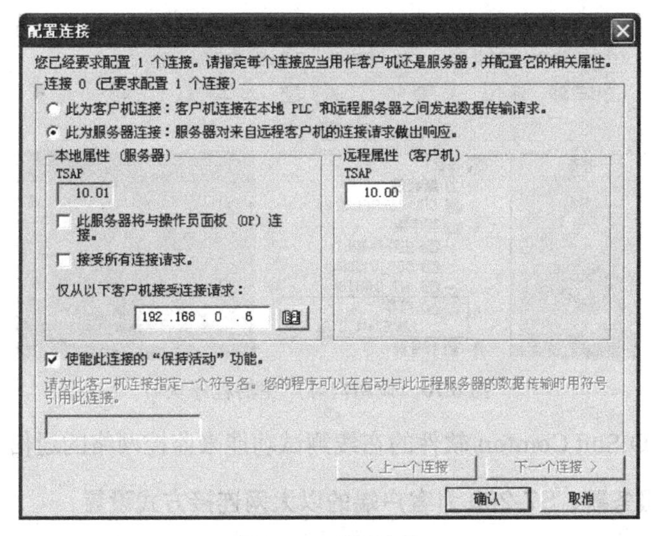

图 6.68　配置连接

随后，在“CRC 保护界面”，“为数据块中的此配置生成 CRC 保护”，进入“为配置分配存储区”，在“建议地址（S）”处，使用默认的“VB0”，单击“完成”按钮，则完成了以太网向导，如图 6.69 所示。

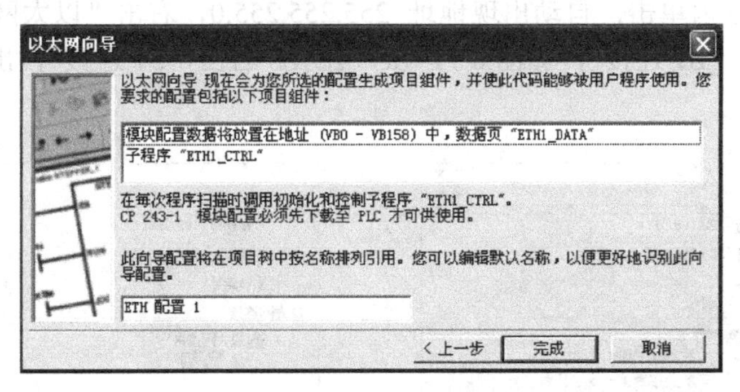

图 6.69　以太网向导

随后，在程序中调用向导产生的程序块，如图 6.70 所示。单击左侧工具栏中的“通信”，在弹出的通信对话框的右侧部分双击“刷新”后，出现 S7-200 的型号，之后，即可调用程序。

单击快捷菜单上的下载命令，弹出提示对话框，按照提示进行操作。程序下载完成后，按照提示进入运行模式，修改 PG/PC 接口，随后进行“通信”对话框的相关参数设置，来验证 S7-200 网络地址设置的正确性。

2）LOGO!的设置

参考图 6.65～图 6.68 连接以太网，输入 LOGO!的 IP 地址（192.168.0.4）和子网掩码，建立新的连接。在“连接（客户端）”选择“客户端连接”，选择“此为服务器连接：客户机连接在本地 PLC 和远程服务器之间发起数据传输请求”。在“远程属性[服务器]”的 TSAP 中输入 10.01，在 IP 地址处输入 192.168.0.5，该地址同 S7-200 的地址交叉对应。在“数据传输”中，添加读取操作和写入操作，从而设置了 LOGO!，将 S7-200 中的某些数据读取到 S7-200 的本地数据区中。最后，通过 LOGO!Soft Comfort 软件将网络设置下载到 LOGO!中。

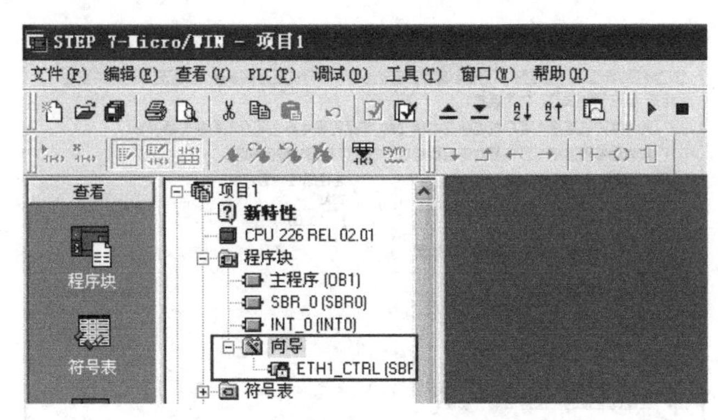

图 6.70　调用向导产生的程序块

可以通过 LOGO!Soft Comfort 软件的在线测试功能来监控网络的通信情况。

2. LOGO!为服务器、S7-200 为客户端的以太网连接方式设置

设置过程同样分为两个步骤。先进行 LOGO!的设置，然后对 S7-200 进行设置。

1）LOGO!的设置

打开 LOGO!Soft Comfort V7.0 或以上版本的软件，单击“工具”菜单栏中的“以太网连接”，如图 6.71 所示。在弹出的对话框中输入 LOGO!模块的 IP 地址（192.168.0.4），在“子网掩码”的地址内单击，自动出现地址 255.255.255.0，右击“以太网连接”，选择“添加服务器连接”→“S7 连接”，如图 6.71（a）所示。右击“S7 连接”，出现图 6.71（b）所示的对话框。

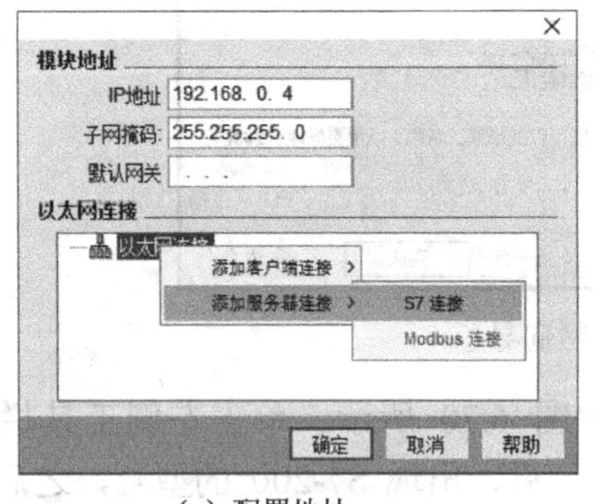

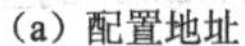
（a）配置地址

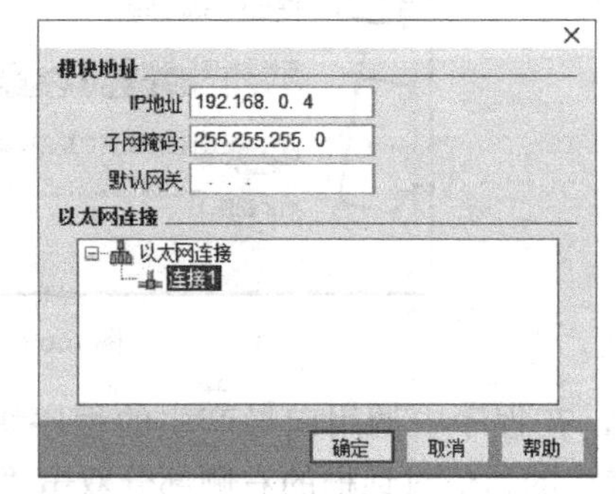

（b）以太网连接

图 6.71　LOGO!配置地址与以太网连接

双击图 6.71（b）中的“连接 1”，选择“本地属性[服务器]”连接，在“仅对于此连接”处输入 S7-200 的 IP 地址（192.168.0.5），在“远程属性[客户端]”的 TSAP 中输入 10.00，界面如图 6.72（a）所示。“本地属性[服务器]”和“远程属性[客户端]”的 TSAP 两个地址在与后面 S7-200 的网络设置中要交叉对应。单击“确定”按钮，出现图 6.72（b）所

示的对话框。设置完成后，将网络设置下载到 LOGO!中。

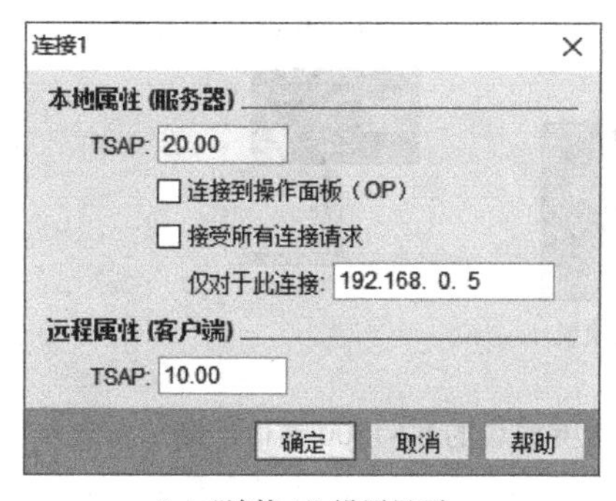

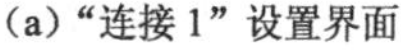
（a）“连接 1”设置界面

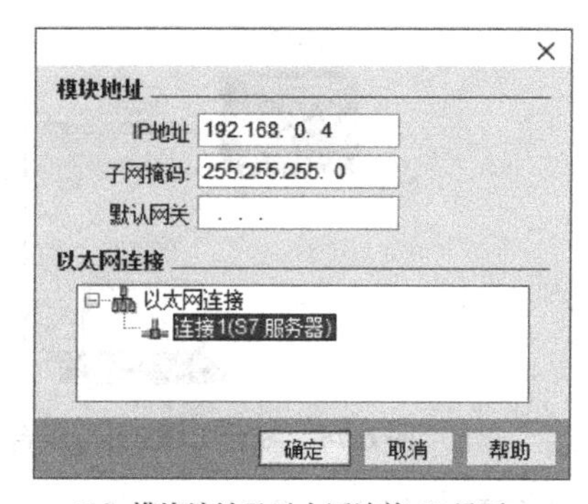

（b）模块地址及以太网连接 S7 界面

图 6.72　LOGO!服务器与 S7 客户端的连接设置界面

2）S7-200 的设置

打开编程软件 STEP7-Micro/WIN V4.0，先设置 PG/PC 接口，使用 S7-200 的以太网向导。在“配置连接”对话框中选择“此为客户机连接”，在“远程属性（服务器）”中的 TSAP 处输入 20.00，在“为此连接指定服务器的 IP 地址”处填入 LOGO!的 IP 地址（192.168.0.4）。单击“数据传输”，添加一个数据传输，在“配置 CPU 至 CPU 数据传输”对话框中选择“将数据写入远程服务器连接”，在“应当向服务器写入多少字节的数据？”处填入传输数据的数量（比如 4），在“数据位于本地 PLC 的何处？”处填入存放数据的字节范围（比如 VB1000～VB1003），在“数据应当存储在服务器的何处？”处填入地址范围（比如 VB0～VB3）。这样，就设置了将 S7-200（VB1000～VB1003）中的数据写入 LOGO!中的数据区（VB0～VB3）。最后，在程序中调用“向导”生成的程序块并下载程序。通过分别打开 S7-200 和 LOGO!的在线监控数据表来查验数据传送的正确与否。

6.4.2　LOGO!与 S7-1200 的以太网通信

通过以太网连线可以使 1 台 LOGO!0BA7 及以上版本的产品与 1 台带有以太网模块的 S7-1200 进行以太网通信连接，如图 6.73 所示。也可以使用交换机实现多台 LOGO!0BA7 及以上版本的产品与 S7-1200 和 PC 的以太网通信，如图 6.74 所示。LOGO!与 S7-1200 进行以太网通信连接时，可以把 S7-1200 作为服务器，把 LOGO!作为客户端；反之，也可把 LOGO!作为服务器，把 S7-1200 作为客户端。

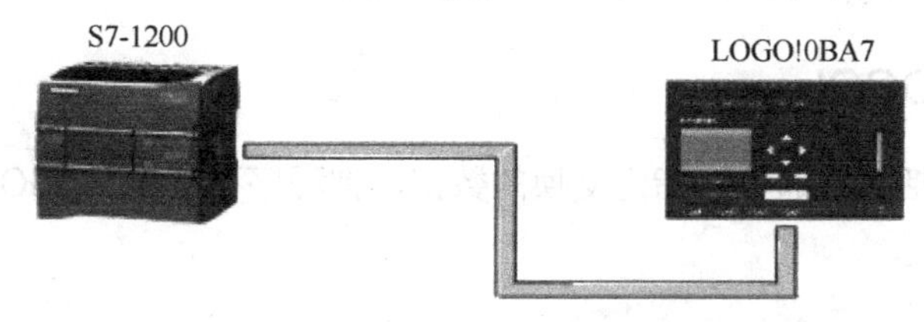

图 6.73　1 台 LOGO!与 1 台带有以太网模块的 S7-1200 通信连接

下面以 S7-1200 作为服务器、LOGO!0BA7 作为客户端为例进行简要介绍。在装有 S7-1200 编程软件（博途软件 TIA Portal V10 以上版本，TIA：Totally Integrated Automation）的计算机上，双击编程软件画面，建立 1 个新项目，选择组态设备，选择 S7-1200 的出厂号，进入组态界面，然后按照如下步骤进行操作。

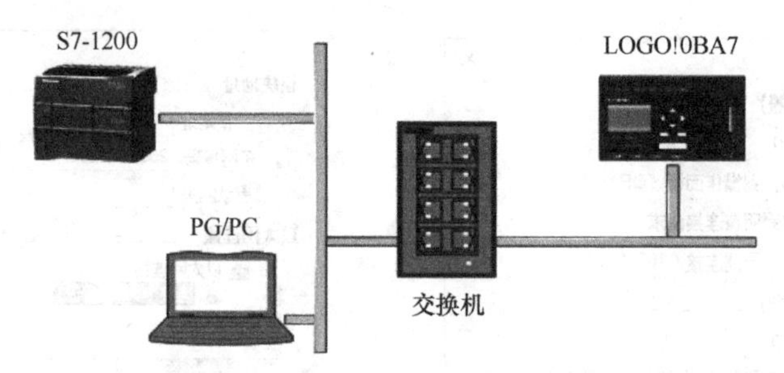

图 6.74　多台 LOGO!与 1 台带有以太网模块的 S7-1200 通信连接

（1）进行硬件组态，分配 S7-1200 的 IP 地址。

（2）组态完成后，手动生成 2 个 DB 块——数据_块_1（DB1）和数据_块_1（DB2）。

（3）将程序和组态下载到 S7-1200。先搜索设备，选中 S7-1200，单击“下载”，系统会自动编译，然后下载。

（4）打开 LOGO!Soft Comfort V7.0 软件，单击“以太网连接”，配置地址与连接。在模块地址处输入 LOGO!0BA7 的模块地址和子网掩码，在“点对点连接处”新建“连接 1”，修改“连接 1”属性，在“连接 1[客户端]”属性对话框中选择“客户端连接：请求在本地 PLC 与远程 PLC 之间进行数据传输”，在“远程属性[服务器]”中输入 TSAP 的值和 S7-1200 的 IP 地址，在“数据传输[读取：本地←远程；写入：本地→远程]”中添加“读取”和“写入”的相关操作、数据长度和地址。设置完成后，单击“确定”按钮，把设置结果下载到 LOGO!0BA7 中。

（5）通过“在线监测”监控网络在线情况。

6.5　LOGO!与触摸屏的以太网通信

本节以 LOGO!0BA7 为例进行介绍。LOGO!0BA7 与西门子人机界面（HMI，Human Machine Interface）的连接基于 SIMATIC S7 协议通信，是服务器与客户端的通信，HMI 设备是客户端，其传输服务访问点 TSAP 的设置是 02.00。在 LOGO!与 HMI 之间进行数据传输之前，先对 LOGO!进行配置，在设置数据交换区域 VW 后，方可与 HMI 进行数据交换。LOGO!0BA7 与 HMI 的连接需要对二者分别进行设置。

6.5.1　设置 LOGO!

LOGO!的设置包括配置通信、指定交换的数据、把程序下载到 LOGO!中。

1. 配置通信

按照如下步骤进行配置。

（1）选择工具菜单下的“以太网连接”，如图 6.17 所示。

（2）在图 6.71 所示的“模块地址”对话框进行“IP 地址”和“子网掩码”的设置。

（3）双击“连接 1”，出现图 6.72（a）所示的“本地属性[服务器]”对话框，选择“连接到操作面板（OP）”，并输入触摸屏地址（192.168.0.110），如图 6.75 所示。

（4）输入 LOGO!的“远程属性[客户端]”的 TSAP（02.00），如图 6.76 所示。

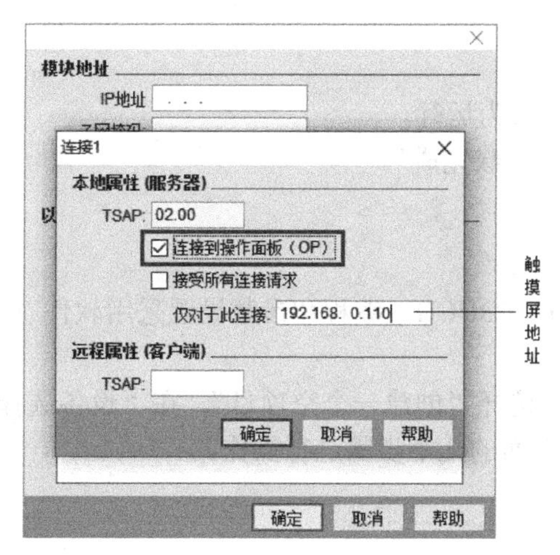

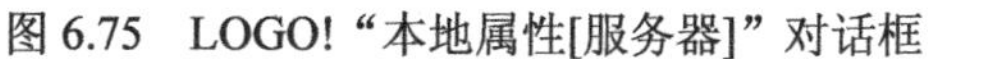
图 6.75　LOGO!“本地属性[服务器]”对话框

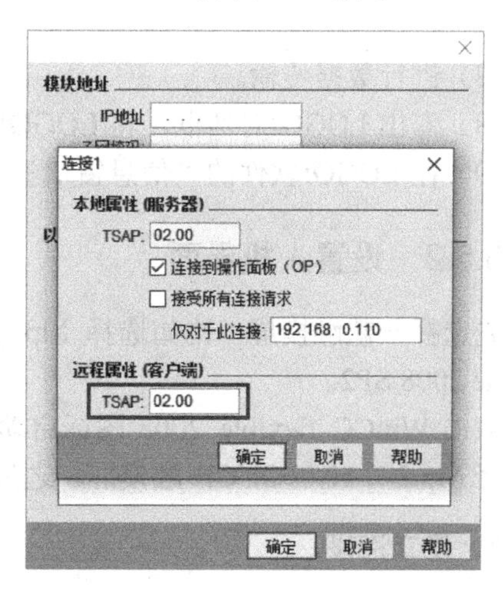

图 6.76　LOGO!“远程属性[客户端]”对话框

2．指定交换的数据

LOGO!中给出了 I/O 与 VM 之间的一一对应关系，可直接使用，如图 6.77 所示。

至此，LOGO!中的设置完成。

DI	VM 地址	DQ	VM 地址
I1	V923.0	Q1	V942.0
I2	V923.1	Q2	V942.1
I3	V923.2	Q3	V942.2
I4	V923.3	Q4	V942.3
I5	V923.4	Q5	V942.4
I6	V923.5	Q6	V942.5
I7	V923.6	Q7	V942.6
I8	V923.7	Q8	V942.7
I9	V924.0	Q9	V943.0
I10	V924.1	Q10	V943.1
I11	V924.2	Q11	V943.2
I12	V924.3	Q12	V943.3
I13	V924.4	Q13	V943.4
I14	V924.5	Q14	V943.5
I15	V924.6	Q15	V943.6
I16	V924.7	Q16	V943.7

AI	VM 地址	AQ	VM 地址
AI1	VW926	AQ1	VW944
AI2	VW928	AQ2	VW946
AI3	VW930		
AI4	VW932		
AI5	VW934		
AI6	VW936		
AI7	VW938		
AI8	VW940		

图 6.77　I/O 与 VM 之间的对应关系

3．把程序下载到 LOGO!中

（1）单击下载图标，如图 6.78 所示。

（2）弹出配置 IP 地址对话框，单击“选择”按钮，弹出“选择 IP 地址”对话框。

（3）在对话框中单击“添加”，弹出配置 IP 地址对话框，输入 LOGO!的“IP 地址”和“子网掩码”。

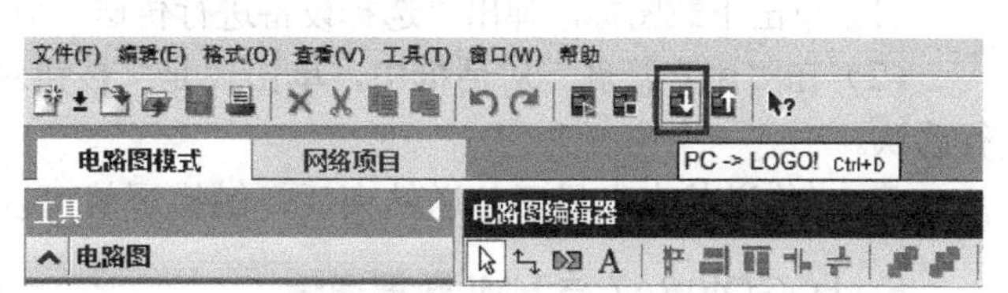

图 6.78　单击下载图标

（4）返回“选择 IP 地址”对话框，单击“检测”按钮，检测到 LOGO!的 IP 地址时，在“状态”处显示“是”，单击“确定”按钮。

（5）弹出 LOGO!对话框，将 LOGO!由运行改为停止。

（6）弹出 LOGO!Soft Comfort 对话框，提示将 LOGO!中原有程序覆盖，单击“确定”按钮。

（7）进行数据传输。

（8）弹出 LOGO!对话框，将 LOGO!由停止改为运行。

（9）在 LOGO!软件的“信息窗口”，提示“下载完成”。

6.5.2 设置人机界面

先选择一款触摸屏，比如选择 Mp 277 10″ TOUCH，编程和参数设置采用软件 WinCC flexible 2008 SP2。

双击 WinCC flexible 2008 图标启动程序，选择“创建一个空项目”，在“设备选择”界面选择 Mp 277 10″TOUCH 触摸屏，之后按照下面的几个步骤进行操作。

1．建立连接

（1）选择“连接”。

（2）选择 S7-200 的通信程序。

（3）选择“以太网”接口，输入 HMI 面板的 IP 地址。

（4）输入 LOGO!0BA7 的 IP 地址。

2．添加变量

（1）选择“变量”。

（2）输入变量名称、数据类型和地址，确保与 LOGO!映射表中的地址相对应。

3．设置触摸屏的画面

（1）选择画面。

（2）添加 2 个文本框，编辑文字为“模拟量输入”和“数字量输入”。

（3）在“模拟量输入”的旁边添加 1 个 I/O 域，关联变量 AI 实时反映 LOGO!的 AI 端数值。

（4）在“数字量输入”的旁边添加 1 个图形圆，定义“动画”，当 I1=1 时圆为绿色，当 I1=0 时圆为白色。

（5）添加“按钮”，定义“事件”，单击时停止运行。

4．下载程序到触摸屏

（1）单击下载图标，弹出“选择设备进行传送”对话框，选择“传送模式”为“以太网”。

（2）在“用户管理”对话框中，单击“是”按钮对“是否要覆盖设备上的现有管理？”进行确认。

（3）“传送状态”显示传送结束后，触摸屏就可以和 LOGO!进行数据交换了。

5．LOGO!0BA7 与 HMI 数据通信

完成上述步骤后，HMI 即可显示 LOGO!中的相关内容了。比如当 LOGO!中的 AI=0、I1=0 时，触摸屏显示如图 6.79（a）所示；当 LOGO!中的 AI=502、I1=1 时，触摸屏显示如

图 6.79（b）所示。图 6.80 所示为 LOGO!显示的内容，与图 6.79（b）所示的内容一致。

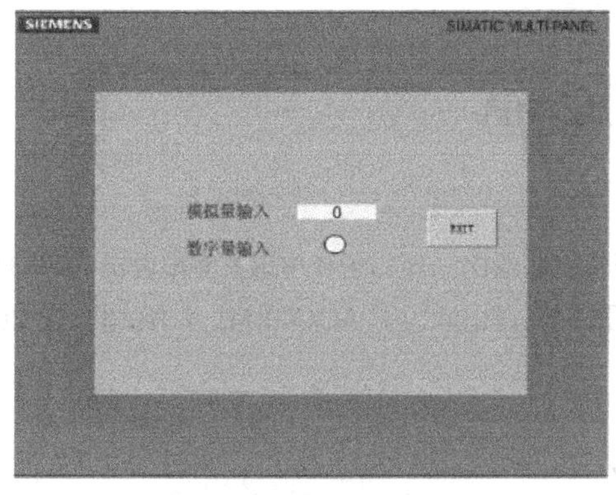

（a）显示 AI=0 和 I1=0

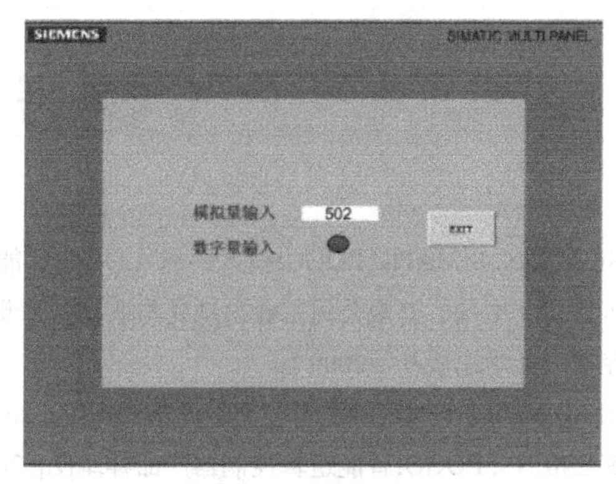

（b）显示 AI=502 和 I1=1

图 6.79　HMI 显示 LOGO!中的内容

（a）显示 I1=1

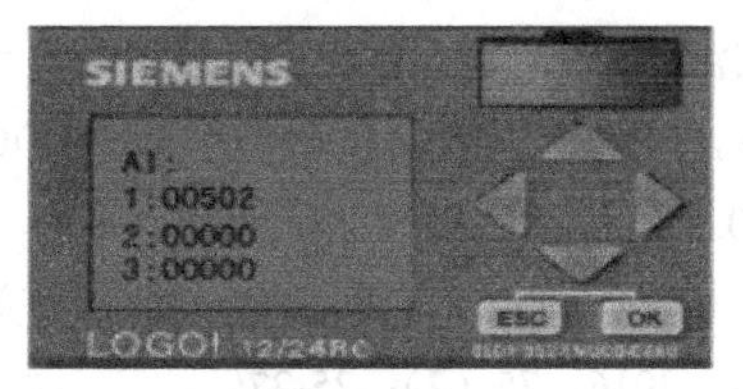

（b）显示 AI=502

图 6.80　LOGO!显示的内容

本 章 小 结

本章介绍了在 LOGO!Soft Comfort V8.2 界面下进行网络项目的建立、网络项目下程序的上传、下载、在线测试、移植及将程序导入网络项目。对于 LOGO!之间的主主以太网通信、主从以太网通信，结合示例进行了介绍，包括网络项目中设备的添加、IP 地址和端口号的设置、网络输入编程、网络输出编程等。对于网络模式下 LOGO!8 之间的通信，只进行了概况性介绍。对 LOGO!与 S7 系列 PLC 的以太网通信，主要以 S7-200 和 S7-1200 为对象进行介绍，不具备 S7 系列 PLC 知识的读者可以暂时不学习这部分内容。LOGO!与触摸屏的以太网通信通过设置二者的相关参数来实现。

习　题　6

1．在网络项目界面添加 3 个组网的 LOGO!，3 个 LOGO!分别为 LOGO!0BA7、LOGO!0BA8 和 LOGO!8.FS4。

2．请在“网络视图”中查看已连接的 LOGO!设备及其 IP 地址。

3．请把 LOGO!0BA7 中的程序移植到 LOGO!0BA8 中。

4．请在网络模式下建立 2 个 LOGO!8 的通信连接。

5．将某个程序移入网络模式中。

参 考 文 献

[1] SIEMENS. SIMATIC LOGO!技术手册 LOGO!智能逻辑控制器[Z]. 西门子（中国）有限公司，2008.07.

[2] 西门子（中国）有限公司工业自动化与驱动技术集团. 深入浅出西门子 LOGO![M]. 2 版. 北京：北京航空航天大学出版社，2009.10.

[3] SIEMENS. LOGO!智能逻辑控制器产品样本[Z]. 2015.

[4] SIEMENS. LOGO!智能逻辑控制器产品样本[Z]. 2017.

[5] SIEMENS. LOGO!8.2 系统手册[Z]. 2017.

[6] 郭荣祥，贾华，许光颖. 用一台自耦变压器起动多台电动机[J]. 自动化与仪表，1999.14（69）:76-78.

[7] 郭荣祥，田海. 电气控制及 PLC 应用技术[M]. 北京：电子工业出版社，2019.9.

[8] Uwe Graune，Mike Thielert，Ludwig Wenzl. LOGO!控制器实训教程[M]. 张子义，译. 北京：机械工业出版社，2010.3.

[9] 郭荣祥，王豪男，杨文革，等. 采用一台自耦变压器启动两台电动机的低成本方法[J]. 兰州石化职业技术学院学报，2016，75（2）：25-27.

[10] 郭荣祥，孟照阳，甄文超. 用一台自耦变压器实现三台电动机的降压起动[J]. 安阳工学院学报，2014，13（6）：5-6，15.

[11] 郭荣祥，耿雪泰. 矿井加热机组温度自动控制系统的设计与实现[J]. 测控技术，2013，32（3）：41-44.

[12] SJR5—X 系列电机软起动器使用说明书（资料版本 V1.3）[Z]. 山东深川变频科技股份有限公司，2016.8.

[13] 低压交流传动变频器 ACS510-01 用户手册（1.1…110kW）[Z]. 北京 ABB 电气传动系统有限公司，2010.08.

[14] SVF—G7 系列高性能矢量通用变频器使用说明书（资料版本 V6.15）[Z]. 山东深川变频科技股份有限公司，2017.2.

[15] SIEMENS—PLC—LOGO!—LOGO!在线学习[EB/OL]. http://www.ad.siemens.com.cn/service/elearning/cn/.